鋼 構造シリーズ 39

鋼橋の
改築・更新と災害復旧
－事例と解説－

土木学会

Steel Structures Series 39

Renovation, Renewal, and Disaster Restoration of Steel Bridges
— Examples and Commentary —

Edited by

Keizo Otsuka

Subcommittee for Surveying Renewal and Renovation of Steel Bridges

Published by
Committee on Steel Structures
Japan Society of Civil Engineers
Yotsuya 1-chome, Shinjyu-ku,
Tokyo, 160-0004 Japan

September 2024

まえがき

　鋼橋の大規模な更新，改築に関しては，2013 年 6 月～2016 年 5 月の間に「鋼橋の大規模修繕・大規模改築に関する調査研究小委員会（委員長：水口和之）」が設置され，我が国において大規模修繕，大規模更新が本格的に開始されることに先立ち，それまでに行われた鋼橋の大規模な構造改良工事，床版取替え工事，架替え工事などの事例を収集・整理し，橋梁の更新計画や設計に携わる技術者の参考となるよう，鋼構造シリーズ 26「鋼橋の大規模修繕・大規模更新－解説と事例－」として 2016 年 7 月に取りまとめられている．

　先の小委員会の活動時期は，首都高速道路株式会社をはじめとして NEXCO3 社，阪神高速道路株式会社が相次いで高速道路資産の長期的な保全や大規模更新のあり方等に関する検討委員会を設置し，橋梁の架替えを伴う大規模な更新や，部材の取替えを含めた橋梁単位での予防保全としての大規模な修繕等の検討が進められ，各社それぞれに委員会からの提言に基づき，大規模更新・修繕事業の事業化がなされた時期である．

　本小委員会はその後の国内における鋼橋の大規模な改築・更新事例を調査・検討するため 2020 年 10 月に設置され，約 3 年間にわたり活動を行った．2014 年～2015 年に高速道路会社各社で相次いで事業化された大規模更新事業の中から実施された代表的な事例を取り上げるとともに，前回報告書に記載された事例以外の国内の大規模な改築事例，大規模な更新事例を調査・検討した．またこれに加え，近年増加している自然災害等により重大な損傷を受けた橋梁の復旧事例も加えることとし，大規模な改築事例，更新・架替え事例，災害復旧事例の 3 種類に分類し，それぞれのワーキンググループ（WG）を構成して WG の中で事例を選定，情報を収集，整理し，各事例における技術的課題と対応を中心として検討し，取りまとめた．

　取り上げた事例は委員の構成の関係から道路橋に関連するものに限定されているが，道路橋以外の鋼橋の改築，更新，災害復旧においても十分参考にしていただけるものと考えている．本報告書が幅広い多くの技術者の参考になれば幸いである．

　最後に，幹事長として全体をとりまとめいただいた志賀，熊野の両氏をはじめ，コロナ禍にあって制約の大きい中での委員会活動で多大なご尽力をいただいた委員の皆様に心より感謝申し上げる．

2024 年 9 月

鋼橋の更新・改築事例検討小委員会

委員長　大塚敬三

土木学会　鋼構造委員会

鋼橋の更新・改築事例検討小委員会

委員構成

（50 音順，敬称略）

委員長	大塚	敬三	大成建設株式会社（元首都高速道路株式会社）
幹事長	熊野	拓志	JFE エンジニアリング株式会社
委員	相場	健一	株式会社 IHI インフラシステム
委員	市川	翔太	東日本高速道路株式会社
委員	臼井	恒夫	一般財団法人 首都高速道路技術センター
委員	大道	裕紀	首都高速道路株式会社
委員	小倉	浩則	ショーボンド建設株式会社
委員	加藤	順一	東京都
委員	神田	恭太郎	JFE シビル株式会社
委員	溝江	慶久	川田工業株式会社
委員	後藤	俊吾	中日本高速道路株式会社
委員	坂巻	直紀	大成建設株式会社
委員	高田	基樹	株式会社横河ブリッジ
委員	谷口	祥基	阪神高速道路株式会社
委員	田原	徹也	首都高速道路株式会社
委員	豊田	雄介	西日本高速道路株式会社
委員	服部	雅史	株式会社高速道路総合技術研究所
委員	林	光広	宮地エンジニアリング株式会社
委員	深谷	道夫	JFE エンジニアリング株式会社
連絡幹事	上坂	健一郎	首都高速道路株式会社

旧委員（幹事長）	志賀	弘明	JFE エンジニアリング株式会社
旧委員	浅野	貴弘	西日本高速道路株式会社
旧委員	鎌田	将史	本州四国連絡高速道路株式会社
旧委員	木村	直登	元川田工業株式会社
旧委員	久保田	成是	首都高速道路株式会社
旧委員	桑山	豊六	宮地エンジニアリング株式会社
旧委員	小林	和史	宮地エンジニアリング株式会社
旧委員	曽我	恭匡	阪神高速道路株式会社

目　　次

第1章 はじめに

1.1 はじめに

鋼橋の更新，改築工事を行う際には，一般に既存の道路利用者や周辺環境への配慮が強く求められる．既設道路の機能を極力維持したまま施工を行うため，施工法に厳しい制約を受けることや施工プロセスが非常に複雑になることが多く，場合によっては既設道路を通行止めせざるを得ないこともある．また，設計・施工を行う際には対象となる既設構造物の健全性や耐荷性能，応力状態の把握が必要であるが，補修・補強履歴が不明なことや不可視部分があることなどにより現況を正確に把握できない場合がある．このような場合には，不確実な点も想定した検討を実施することが重要である．さらには，施工ステップの各段階では下部構造も含めた安全性や使用性を確保しなければならないため，難度の高い設計・施工技術と判断が要求されるなど，高度で多面的な技術が要求される．

鋼橋の更新・改築事例検討小委員会では，最近の鋼道路橋の更新・改築事例や，近年多発している災害に起因する被害の復旧事例も含めて調査し，それぞれの事例で何が課題であったのか，その課題に対してどのように対応したのかを中心に検討し，取りまとめた．なお，本委員会では事例を以下に示す三つの種別に分類し，それぞれのワーキンググループ（WG）に分かれて事例を収集し，事例ごとに特に技術的課題とその対応を検討・整理した．

大規模な改築事例（改築事例WG）（第2章：事例，第3章：解説）
更新・架替え事例（更新事例WG）（第4章：事例，第5章：解説）
災害復旧事例（災害復旧事例WG）（第6章：事例，第7章：解説）

1.2 改築事例について

第2章では，大規模な改築事例として上部構造の拡幅・構造改良，耐震補強や，文化財に指定されている橋梁の復原工事を6事例取り上げた．事例の選定にあたっては，改築の目的や技術的課題の解決方法などが多岐にわたるよう，また，今後の参考となるような事例を抽出するように留意した．選定した事例について報文調査とヒアリング調査を行い，事業目的・工事概要や当該工事での課題と対応方法を客観的な視点で整理した．

第3章では，前章で紹介した各事例を「改築工事」という観点から総括的に整理・分析した．3.1において，各事例に共通する課題を抽出して課題と対応事例の要点を表形式で簡潔にまとめた．多岐にわたる技術的課題に対し実際の施工でどのように解決したのかを参照できると考えている．3.2では，執筆を担当したWGにおいて，新設工事との違いを意識しながら改築工事に重要な留意点（例えば既設構造物の現況・応力状態を調査しながらの施工が必要なことなど）を整理して記述した．ここでは，今後の鋼橋の改築事業を進めるにあたり有益な情報となるように，失敗事例など報文には記述し難い内容も含め，またWG委員の主観的な意見も踏まえて議論し，特徴的な10項目に整理し「解説」の形にまとめた．

1.3 更新事例について

第4章で更新・架替え事例として取り上げたものは，改築事例よりさらに規模が大きい道路橋の上下部構造あるいは上部構造の更新・架替えと歩道橋の全面更新に関する5つの事例である．

一般に，鋼橋では定期点検・診断とそれに応じて行われる補修・補強工事により，道路として必要な機能や性能が保持されている．しかしながら，長年にわたる重交通や厳しい自然環境にさらされたことにより劣化が進行し，補修・補強工事では劣化した機能や性能を回復・向上させることが困難な事例が多くなっている．その場合には，対象となる既設構造物の一部または全部の更新により，機能・性能を抜本的に回復させる，いわゆる大規模更新・架替え工事が実施されることとなる．大規模更新・架替え工事は長期間にわたる通行規制を伴うため社会や経済に与える影響が大きく，また，既設構造物の安全も確保した上での施工が必

要なため，非常に厳しい施工条件となることが多い．したがって，新設・改築工事とは異なる特殊な条件も考慮して構造や施工法を選択する必要がある．これらを踏まえ，第4章では選定した事例について各事例の報文調査や関係者へのヒアリングを行い，事業目的・工事概要・課題と対応方法を客観的な視点から整理した．

　第5章では，前章で紹介した各事例について「更新・架替え工事」という観点から総括的に整理・分析した．5.1において，各事例に共通する課題として交通影響の低減ほかの計6項目を抽出し，これら課題と対応事例の要点を項目ごとに表形式にまとめて「改築事例」と同様に参照できるようにした．5.2では，執筆を担当した WG において，新設工事や改築工事との違いを意識しながら各事例について議論し，更新・架替え工事における留意点を取りまとめた．更新・架替え工事も改築工事と同様に既設構造物を対象として施工するものであるため，留意すべき点には共通する部分が多くなる．ここでは更新・架替え工事で特に重要と考えられる事項に着目し交通影響への配慮ほか5項目を挙げ，WG 委員の主観的な意見も踏まえて整理し「解説」の形にまとめており，第3章とあわせて参照頂ければ理解がより深まるものと考えている．

1.4　災害復旧事例について

　第6章では，大規模な災害復旧事例として地震・台風などいわゆる自然災害による被害，火災による被害，船舶の衝突事故による被害，点検により発見された致命的な損傷の事例など最近の事例9件を取り上げた．

　我が国は世界的にも自然災害による社会インフラの被災リスクが最も高い国の一つであり，また，老朽化に伴う社会インフラの損傷リスクも近年，急速に高まっている．また，交通事故や船舶衝突事故などに起因する想定外かつ突発的に発生する損傷事例も多くなっている．損傷した鋼橋の復旧方法は被災状況や環境条件などによりそれぞれ異なるものの，初動対応・応急復旧・本復旧の各段階で重要な検討項目や留意点には共通する部分がみられる．第6章では，まず選定した被災・損傷・復旧事例について報文調査やヒアリング調査を行い，被害状況・現地調査・復旧工事の概要・課題と対応方法などを客観的に整理した．

　第7章では，前章で紹介した各事例について「災害復旧事例」という観点から総括的に整理・分析した．7.1において，各事例に共通する課題として段階的な復旧，早期復旧，不確実性に対する安全性確保の計3項目を抽出し，これら課題に対し災害の分類ごとに対応事例の要点を表形式にまとめた．7.2では，前節で整理した内容を踏まえて，災害復旧工事の各段階で実施すべき事項や各段階で重要となる考え方・プロセス・留意点，チェックシート例をまとめた．まとめにあたっては，執筆を担当した WG において議論した主観的な意見や，今後の開発・整備が期待される技術や体制も含めて記述している．

　改築，更新，災害復旧は既設橋梁を取扱うこと，既に供用している交通への配慮が求められることなど共通している点が多いが，更新では交通影響の規模が特に大きいことや，復旧では特に時間的制約が大きいことなど，特有の特徴が挙げられる．事例の紹介や解説では，共通のフォーマットを設定したうえで WG メンバーによる議論を踏まえてそれぞれの特徴が分かるようにまとめている．今後新たに実施される改築，更新，災害復旧工事において目的にあわせて参照頂きたい．

第2章 鋼橋の改築事例

　本章は，「鋼構造シリーズ 26，鋼橋の大規模修繕・大規模更新─解説と事例─（土木学会，2016）」に取り上げられていない事例のうち，既設橋梁の改築事例について取りまとめている．なお，規模の大きい更新・架替え事例については，「第4章　鋼橋の更新事例」にて紹介する．

　改築事例としては，

● 　鋼橋の規模，改築の目的，技術的課題，問題の解決方法などが多岐にわたること

● 　今後の構造改良工事において参考となるように，一般的な事例であること

を念頭に置き，**表-2.1** に示す6事例を抽出して紹介することとした．

　事例については，該当事例の報文調査や関係者へのヒアリングを行い，「事業目的」「工事概要」「課題と対応」について客観的に示している．

　なお，「土木学会 鋼構造委員会 鋼橋の更新・改築事例検討小委員会」のなかで本章の執筆を担当したワーキンググループ（改築事例 WG）において各事例について議論し，改築における留意点等を「第3章　改築事例の解説」に取りまとめているので参考にされたい．

表-2.1　鋼橋の改築事例一覧

2.1	タイトル	都市部の厳しい条件下における上部構造拡幅の事例 〜阪神高速道路　西船場ジャンクション改良工事〜
	概要	上部構造拡幅にあたり，損傷制御設計を導入した事例および供用下での長期仮受け・梁再構築により対応した事例
2.2	タイトル	既設桁の負担に配慮した上部構造拡幅の事例 〜首都高速道路　小松川ジャンクション改良工事〜
	概要	既設橋を拡幅する際に既設桁への負担を最小限にする架設施工ステップを採用した事例
2.3	タイトル	設計の妥当性を現地計測により確認した歩道拡幅の事例 〜主要地方道安城碧南線　見合橋改良工事〜
	概要	既設下部構造などへの負担軽減を目的としたアルミニウム製床版による歩道拡幅において，鈑桁の補強に外ケーブルを採用し，その補強効果を確認しながら施工を実施した事例
2.4	タイトル	特殊橋梁（方杖ラーメン橋）の耐震補強の事例 〜横浜横須賀道路　田浦第二高架橋耐震補強工事〜
	概要	特殊橋梁（方杖ラーメン橋）の耐震補強として，RC 橋脚・橋台の支承取替え（免震構造化），方杖橋脚の剛性低減のための横支材取替えおよび座屈拘束構造の設置，方杖橋脚基部への負反力対策構造の設置等を行った事例
2.5	タイトル	維持管理に配慮したゲルバーヒンジ部の構造改良の事例 〜首都高速1号羽田線　鋼箱桁ゲルバーヒンジ部改良工事〜
	概要	点検困難な鋼箱桁ゲルバーヒンジ部に対し，維持管理性の改善のため，鈑桁化による構造改良を実施した事例
2.6	タイトル	歴史的資産を活用した地域活性化のための橋梁復原の事例 〜登録有形文化財　森村橋復原工事〜
	概要	既設橋梁を解体，部材等の健全性を確認して既設部材を極力再利用し，明治期に建造された橋梁を復原した事例

2.1　都市部の厳しい条件下における上部構造拡幅の事例
　　～阪神高速道路　西船場ジャンクション改良工事～

2.1.1　事業目的

　本事業は，**図-2.1.1**に示すとおり，阪神高速道路 16 号大阪港線東行きと 1 号環状線北行きを信濃橋渡り線（約 180m）で連結するとともに，大阪港線 1 車線拡幅（約 800m），環状線 1 車線拡幅（約 710m），信濃橋入路（約 260m）の一部改築を行う事業である．本事業により，湾岸・神戸方面から池田・守口方面に向かう際に環状線等の半周迂回が不要となる．走行距離が短縮されることにより，時間的損失の解消，CO_2 排出量の削減，従来は半周迂回していた区間の混雑緩和等を目的として事業が実施された．

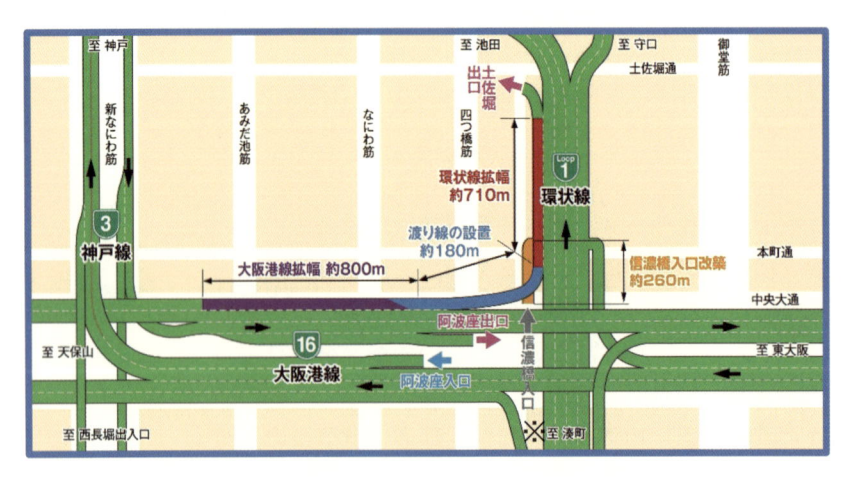

図-2.1.1　西船場ジャンクション改築事業概要図

2.1.2 工事概要

本事業は，**図-2.1.1** に示すとおり，大阪港線拡幅部，渡り線部，環状線拡幅部，信濃橋入口改築部に区分される．本節では，このうち大阪港線拡幅部の事例について取り上げる．工事概要を**表-2.1.1** に示す．

表-2.1.1 工事概要

路　線　名	阪神高速 16 号大阪港線
所　在　地	大阪府大阪市西区本町付近
供用開始年	1974（昭和 49）年
管　理　者	阪神高速道路株式会社
改築後供用	2018（平成 30）年
構造形式	**表-2.1.2** に示す

大阪港線拡幅部の標準断面を**図-2.1.2**，平面図を**図-2.1.3**，側面図を**図-2.1.4**，横断面図の一例を**図-2.1.5**に示す．図中に赤色で着色した個所が拡幅部にあたる．大阪港線拡幅部事業は，既設の 23 橋脚（東下 P34～P56），8 橋（22 径間）で構成される高架橋に 1 方向 1 車線を付加するために，既設車線を 2.75m 拡幅するものである．東下 P56 の終点側分流ノーズを経てこの車線が信濃橋渡り線に接続される．本事業箇所は，大阪市街地の中心部に位置し，既存の阪神高速道路高架橋や地下鉄，幹線道路，オフィスビルなどと近接している．また，現場着工後に想定を上回る地中障害物や拡幅予定の既設 RC 橋脚梁に著しい ASR（アルカリシリカ反応）劣化が発見されるなど，いくつもの課題に直面した．このような厳しい条件下における上部構造拡幅が本事例の特徴である．

拡幅部の構造形式一覧を**表-2.1.2** に示す．幹線道路と交差する部分は鋼単純鋼床版箱桁 2 橋である．残りの区間については過年度の工事において連続桁化されており，3～7 径間の鋼連続合成鈑桁（RC 床版）6 橋から成る．拡幅部の上部構造形式については，降雨時の走行安全性等の観点から，縦目地を設けず，新設拡幅部と既設構造部が一体の上部構造となるものとして計画された．拡幅部の床版および主桁は既設構造と接合するために，既設構造形式と合わせることが基本とされた．

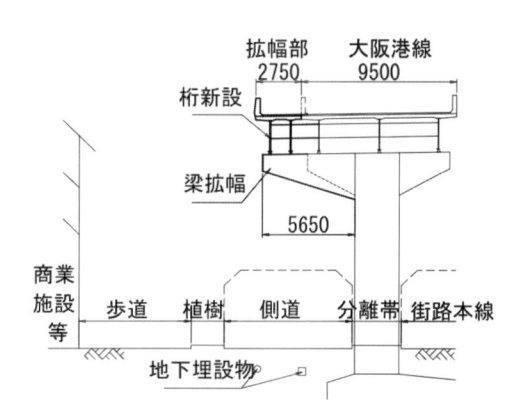

図-2.1.2 標準断面（大阪港線拡幅部）

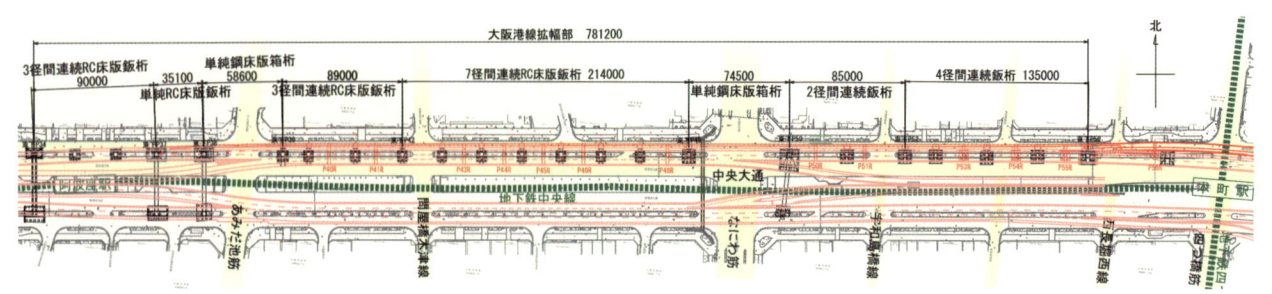

図-2.1.3　平面図（大阪港線拡幅部）

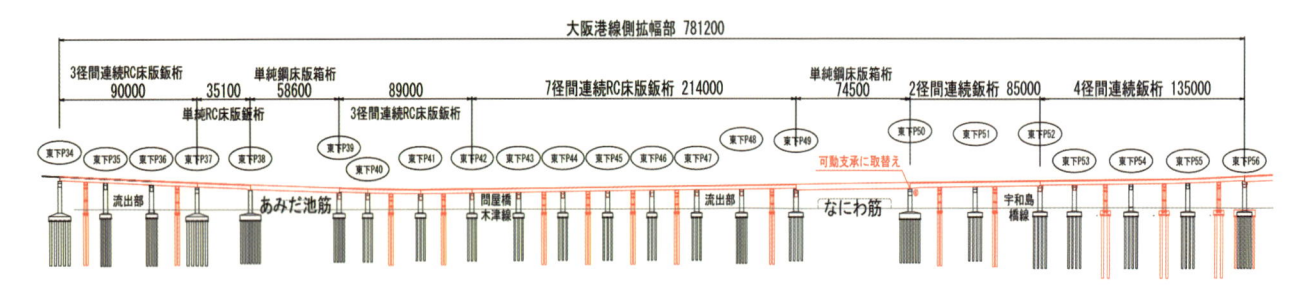

図-2.1.4　側面図（大阪港線拡幅部）

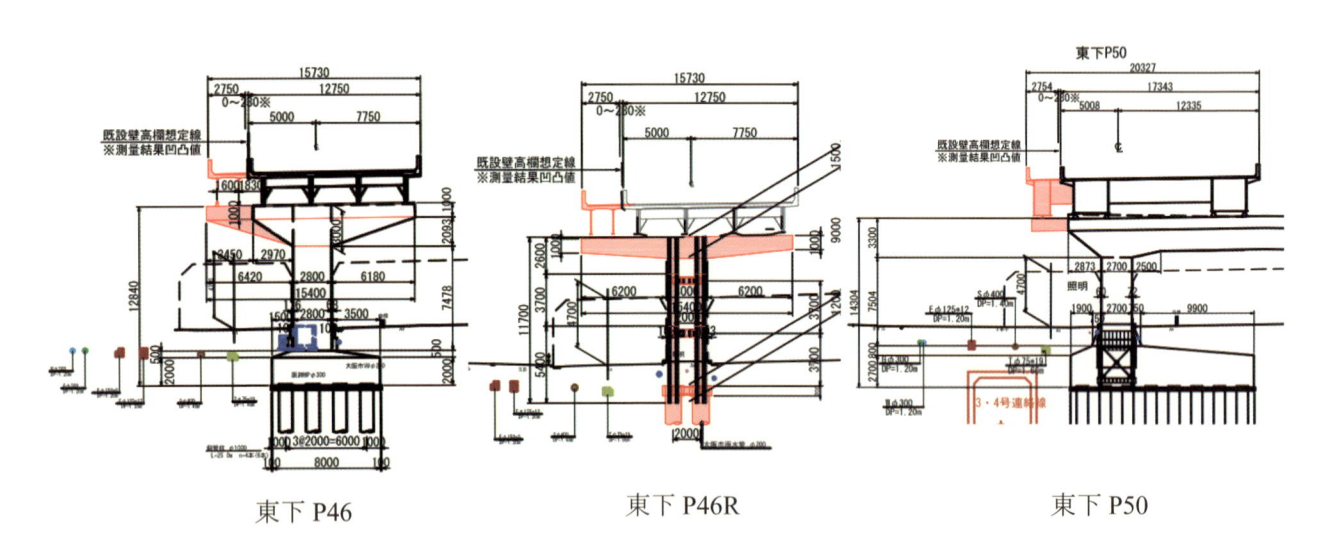

東下 P46　　　　　　　　　東下 P46R　　　　　　　　　東下 P50

図-2.1.5　横断面図（大阪港線拡幅部）

表-2.1.2 構造形式一覧（大阪港線拡幅部）

凡例： ■ 下部その他工事　　■ 鋼桁及び鋼製橋脚工事

中間橋脚（新設）上段

					東下P 40R	東下P 41R		東下P 43R	東下P 44R	東下P 45R
基礎	−	−	−	−	鋼管杭 φ1.2×4本 L=25.5m	鋼管杭 φ1.2×4本 L=25.5m	−	鋼管杭 φ1.2×4本 L=26.0m	鋼管杭 φ1.2×4本 L=26.0m	鋼管杭 φ1.2×4本 L=26.0m
橋脚	−	−	−	−	鋼管集成橋脚 φ800-4本	鋼管集成橋脚 φ800-4本	−	鋼管集成橋脚 φ800-4本	鋼管集成橋脚 φ800-4本	鋼管集成橋脚 φ800-4本
支承（軸/直）	−	−	−	−	鋼製ストッパー (F/F)	鋼製ストッパー (F/F)	−	鋼製ストッパー (F/F)	鋼製ストッパー (F/F)	鋼製ストッパー (F/F)

橋脚番号 上段

橋脚番号	東下P 36	東下P 37	東下P 38	東下P 39	東下P 40	東下P 41	東下P 42	東下P 43	東下P 44	東下P 45	P46
基礎 既設	場所打ち杭 φ1.0×10本 L=24.0m	場所打ち杭 φ1.0×8本 L=22.5m	場所打ち杭 φ1.0×8本 L=22.0m	場所打ち杭 φ1.0×12本 L=22.0m	場所打ち杭 φ1.0×10本 L=22.0m	場所打ち杭 φ1.0×10本 L=21.5m	場所打ち杭 φ1.0×10本 L=22.0m	場所打ち杭 φ1.0×10本 L=22.0m	場所打ち杭 φ1.0×10本 L=21.5m	場所打ち杭 φ1.0×10本 L=21.5m	
橋脚 既設	RC橋脚 2.8m×2.8m	鋼製橋脚 2.5m×2.5m	鋼製橋脚 2.5m×2.5m	RC橋脚 2.8m×2.8m	RC橋脚 2.8m×2.8m	RC橋脚 2.8m×2.8m	RC橋脚 2.8m×2.8m	RC橋脚 2.8m×2.8m	RC橋脚 2.8m×2.8m	RC橋脚 2.8m×2.8m	
梁 改築		〔梁補強〕 鋼製梁	〔梁補強〕 鋼製梁	〔梁拡幅〕 RC梁	〔梁拡幅〕 PRC梁(外ケーブル)	〔梁拡幅〕 PRC梁(外ケーブル)	〔梁拡幅〕 PRC梁(外ケーブル)	〔梁拡幅〕 PRC梁(外ケーブル)	〔梁拡幅〕 PRC梁(外ケーブル)	〔梁拡幅〕 PRC梁(外ケーブル)	
支承 新設桁				機能分離 (E/F)	機能分離 (E/F)	機能分離 (E/F)	機能分離 (E/F)	機能分離 (E/F)	機能分離 (E/F)	機能分離 (E/F)	
上部工 改築	〔ブラケット拡幅〕 鋼3径間連続鈑桁 RC床版(拡幅)	〔拡幅〕 鋼単純鈑桁 RC床版(拡幅)	〔拡幅〕 単純鋼床版箱桁 鋼床版	〔拡幅〕 鋼3径間連続鈑桁 RC床版(拡幅)	→	→	→	〔拡幅〕 鋼7径間連続鈑桁 RC床版(拡幅)	→	→	→
支間長	30.000 m	35.100 m	58.600 m	19.000 m	35.000 m	35.000 m		30.500 m	29.500 m	29.500 m	29.5 m
橋長	90.000 m	35.100 m	58.600 m	89.000 m	→	→	→	214.000 m	→	→	→

中間橋脚（新設）下段

	東下P 46R		東下P 48R		東下P 50R	東下P 51R		東下P 53R	東下P 54R	東下P 55R
基礎	鋼管杭 φ1.2×4本 L=26.0m	−	鋼管杭 φ1.2×4本 L=26.0m	−	鋼管杭 φ1.2×4本 L=26.0m	鋼管杭 φ1.2×4本 L=27.5m	−	場所打ち杭 φ1.5×4本 L=31.0m	場所打ち杭 φ1.5×4本 L=31.5m	場所打ち杭 φ1.5×4本 L=31.5m
橋脚	鋼管集成橋脚 φ800-4本	−	鋼管集成橋脚 φ800-4本	−	鋼管集成橋脚 φ800-4本	鋼管集成橋脚 φ800-4本	−	鋼管集成橋脚 φ900-4本	鋼管集成橋脚 φ900-4本	鋼管集成橋脚 φ900-4本
支承（軸/直）	鋼製ストッパー (F/F)	−	鋼製ストッパー (F/F)	−	鋼製ストッパー (F/F)	鋼製ストッパー (F/F)	−	鋼製ストッパー (F/F)	鋼製ストッパー (F/F)	鋼製ストッパー (F/F)

橋脚番号 下段

橋脚番号	東下P 46	東下P 47	東下P 48	東下P 49	東下P 50	東下P 51	東下P 52	東下P 53	東下P 54	東下P 55	東下P 56
基礎 既設	場所打ち杭 φ1.0×10本 L=21.5m	場所打ち杭 φ1.0×10本 L=21.5m	場所打ち杭 φ1.0×10本 L=23.0m	場所打ち杭 φ1.0×16本 L=22.0m	場所打ち杭 φ1.0×8本 L=22.0m	場所打ち杭 φ1.0×16本 L=22.0m	場所打ち杭 φ1.0×10本 L=25.5m	場所打ち杭 φ1.0×10本 L=26.0m	場所打ち杭 φ1.0×10本 L=26.0m	場所打ち杭 φ1.0×10本 L=26.0m	場所打ち杭 φ1.0×10本 L=26.0m
橋脚 既設	RC橋脚 2.8m×2.8m	RC橋脚 2.8m×2.8m	RC橋脚 2.8m×2.8m	RC橋脚 2.8m×2.8m	鋼製橋脚 2.5m×2.5m	RC橋脚 2.7m×2.7m	RC橋脚 2.7m×2.7m	RC橋脚 2.7m×2.7m	RC橋脚 2.7m×2.7m	RC橋脚 2.7m×2.7m	RC橋脚 2.7m×2.7m
梁 改築	〔梁拡幅〕 PRC梁(外ケーブル)	〔梁拡幅〕 PRC梁(外ケーブル)	〔梁拡幅〕 PRC梁(外ケーブル)	〔梁拡幅〕 PRC梁(外ケーブル)	〔梁拡幅〕 鋼製梁	〔梁拡幅〕 PRC梁(外ケーブル)	〔梁拡幅〕 PRC梁(外ケーブル)	〔梁拡幅〕 PRC梁(外ケーブル)	〔梁拡幅〕 PRC梁(外ケーブル)	〔梁拡幅〕 PRC梁(外ケーブル)	〔梁拡幅〕 PRC梁(外ケーブル)
支承 既設桁							ゴム沓 可動化 (M/M)	ゴム沓 可動化 (M/M)	ゴム沓 可動化 (M/M)	ゴム沓 可動化 (M/M)	ゴム沓 可動化 (M/M)
支承 新設桁	機能分離 (E/F)	機能分離 (E/F)	機能分離 (E/F)	機能分離 (E/F)	機能分離 (M/F)	機能分離 (E/F)	機能分離 (M/F)	機能分離 (E/F)	機能分離 (M/F)	機能分離 (M/F)	機能分離 (M/M)
上部工 改築	〔拡幅〕 鋼7径間連続鈑桁 RC床版(拡幅)	→	→	→	〔拡幅〕 単純鋼床版箱桁 鋼床版	〔拡幅〕 鋼2径間連続鈑桁(RC床版) RC床版(拡幅)	→	〔拡幅〕 鋼4径間連続鈑桁(RC床版) RC床版(拡幅)	→	→	→
支間長	29.5 m	29.500 m	29.500 m	36.000 m	74.500 m	42.500 m	42.500 m	22.500 m	37.500 m	37.500 m	37.500 m
橋長	214.000 m	→	→	→	74.500 m	85.000 m	→	135.000 m	→	→	→

合計 781.2 m

2.1.3　課題と対応

本事例では，表-2.1.3に示す課題とその対応を行った．以下にその内容を概説する．

表-2.1.3　課題と対応の一覧表

課題		対応
技術的課題	1	上部構造拡幅に伴う下部構造への対応	損傷制御設計による対震橋脚の適用
	2	供用下での長期仮受け・梁再構築への対応	橋梁全体系での安全性確保

◆課題1：上部構造拡幅に伴う下部構造への対応 [2.1.1)]

縦目地を設けず一体とした上部構造とするためには，既設側と新設側の桁による活荷重によるたわみを合わせる必要がある．既設橋脚の横に橋脚を増設できる場合は，増設橋脚上に支承を設けることで，既設と新設の支点位置を合わせることができる．

本事業着手前において，大阪港湾線は中央大通上に位置しており，既設橋脚は街路の側道と本線の分離帯内に設置されていた．拡幅部は中央大通の側道上に計画されており，歩道部に橋脚を増設し，門型橋脚として上部構造を支持する構造も考えられたが，関係機関との協議から既設橋脚の横に増設橋脚を設けることはできないこととなった．また橋脚を増設せず，既設橋脚を補強した上で梁を拡幅して支承を設けることも検討されたが，図-2.1.2に示す位置関係から，既設橋脚補強時に街路や側道の建築限界を確保することが困難であった．

◇対応：損傷制御設計による対震橋脚の適用

課題への対応として，損傷制御設計による「鋼管集成橋脚（対震橋脚）」を用いた新しい拡幅構造の適用を検討した．この橋脚の概念は，既設橋脚間へ増設する鋼管を増設することによって，橋脚を増設せず既設橋脚補強のみで対応する案，既設橋梁部補強橋梁全体の地震時性能を向上させ，既設橋脚の耐震補強を低減または省略する構造である．なお，この橋脚は地震に対応する橋脚であることから「対震橋脚」と呼ぶ．対震橋脚は，常時荷重を分担せず，地震時の水平力のみ分担することとされた．地震時に既設橋脚の荷重の一部を分担し，せん断パネルに損傷を集中させることで既設橋脚の応答を低減させる．上下部構造間にストッパーを設置し，相対変位が遊間を超えると，ストッパーを介して対震橋脚に水平力が伝達される構造とされた．遊間は，橋軸方向，橋軸直角方向ともにレベル1地震時に確実に対震橋脚に水平力が伝達されるように設定された．

大阪港湾線拡幅部の拡幅構造について，橋脚を増設せず既設橋脚補強のみで対応する案，既設橋梁部補強と併せせ中間橋脚としてRC橋脚，鋼製橋脚，鋼管集成橋脚を増設する案の計4案で比較・検討を行った．図-2.1.6が既設橋脚を補強する場合で，図-2.1.7が既設橋脚間に鋼管集成橋脚を新設する場合である．新設する橋脚は地震時水平力のみを負担するものとし，鉛直荷重は負担しない橋脚としている．

ここで，鋼管集成橋脚は，写真-2.1.1に示すように複数本の鋼管を低降伏点鋼材によるせん断パネルと有する横つなぎ材により一体化した構造である．阪神高速道路の海老江JCTにおいて実構造物が完成している．本形式は従来の鋼製橋脚に比べ建設時のコスト，工期おおよび地震後の復旧性に優れているといった特徴がある．

造であり，2013年に阪神高速道路2号淀川左岸線の海老江JCTにおいて実構造物が完成している．本形式は従来の鋼製橋脚に比べ建設時のコスト，工期おおよび地震後の復旧性に優れているといった特徴がある．

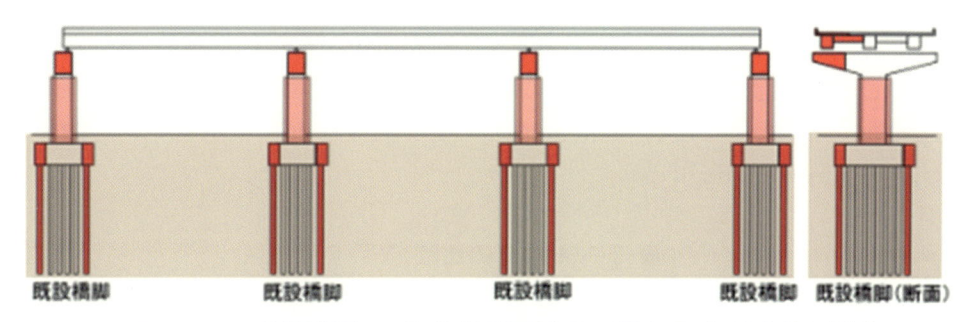

図-2.1.6　既設橋脚・基礎を耐震補強（着色部分が改築）[2.1.1]

（出典：小坂崇，金治英貞，森川信，堀岡良則，丹羽信弘，仲村賢一：西船場ジャンクション設計コンセプトと構造計画，橋梁と基礎，Vol.53，No.2，pp.8-14，2019）

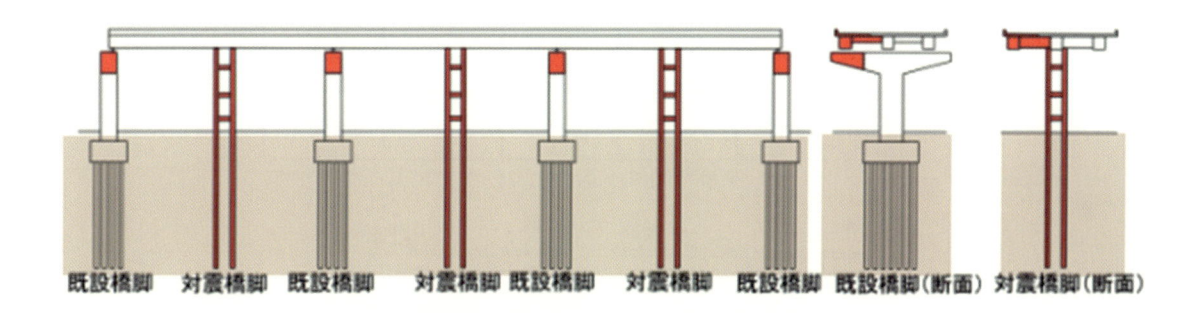

図-2.1.7　対震橋脚を新設する構造（着色部分が改築）[2.1.1]

（出典：小坂崇，金治英貞，森川信，堀岡良則，丹羽信弘，仲村賢一：西船場ジャンクション設計コンセプトと構造計画，橋梁と基礎，Vol.53，No.2，pp.8-14，2019）

写真-2.1.1　鋼管集成橋脚による対震橋脚（西船場 JCT）[2.1.1]

（出典：小坂崇，金治英貞，森川信，堀岡良則，丹羽信弘，仲村賢一：西船場ジャンクション設計コンセプトと構造計画，橋梁と基礎，Vol.53，No.2，pp.8-14，2019）

　　比較結果を表-2.1.4 に示す．比較に際しては，「工事費用」，「工事期間」，「施工ヤード」，「街路の見通し」，「地震時復旧」が重要な観点であった．本事業では特に，施工ヤードが限られていること，同時期に付近で地下鉄工事が施工中であったことから，「工事期間」と「施工ヤード」には重点的な配慮が必要とされた．

　　検討の結果，新たに中間橋脚として構築する鋼管集成橋脚が，「工事期間」に関して 4 案の中で最も短く，他の案に比べて 1 ヵ月以上短縮することが可能であり，「施工ヤード」に関しても 4 案の中で最も優位とされた．また，「工事費用」の面でも鋼管集成橋脚による対震橋脚を用いた構造が優位とされた．さらに，「地震時復旧」の面で鋼管集成橋脚は，復旧が必要な損傷を受けた場合でも，せん断パネルを取り換えるだけで元の構造に復旧することができるため，4 案の中で最も優位とされた．以上を踏まえ，既設橋脚間へ増設す

る対震橋脚 12 基の全てで鋼管集成橋脚が適用された.

　対震橋脚には，**図-2.1.8** に示す基礎一体型とフーチング型が用いられた．基礎一体型は，フーチングを用いずに柱と基礎を直接接合する構造であり，鋼管杭と地下埋設物との干渉がなくなるのと同時に，施工時の道路占用範囲の縮減が可能となった．基礎一体型の鋼管杭 4 本で構造成立しなかった対震橋脚については，フーチング型構造が採用された.

表-2.1.4　橋脚の比較 [2.1.1)]

（出典：小坂崇，金治英貞，森川信，堀岡良則，丹羽信弘，仲村賢一：西船場ジャンクション設計コンセプトと構造計画，橋梁と基礎，Vol.53，No.2，pp.8-14，2019）

	既設橋脚補強	対震橋脚		
		RC 橋脚	鋼製橋脚	鋼管集成橋脚
費用の比率	2.17	1.04	1.37	1.00
工事期間	4 ヶ月	4.8 ヶ月	3.6 ヶ月	2.6 ヶ月
施工ヤード	△	△	△	○
街路見通し	○	×	×	△
地震時復旧	×	△	△	○

※　工事期間は 1 基あたりの現場施工期間を示す

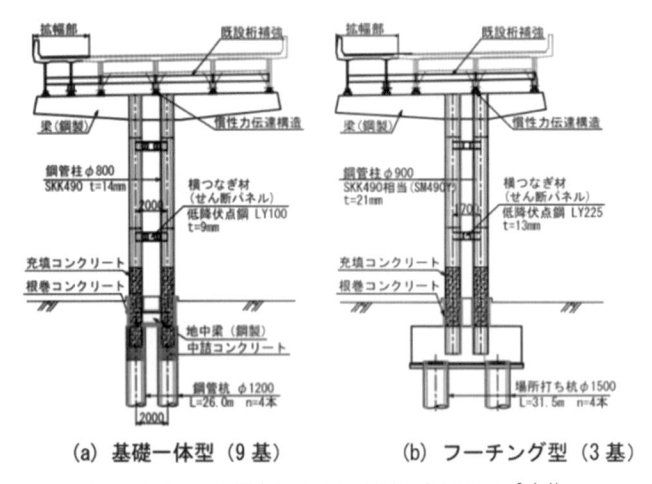

(a)　基礎一体型（9 基）　　　　　　(b)　フーチング型（3 基）

図-2.1.8　対震橋脚（鋼管集成橋脚） [2.1.1)]

（出典：小坂崇，金治英貞，森川信，堀岡良則，丹羽信弘，仲村賢一：西船場ジャンクション設計コンセプトと構造計画，橋梁と基礎，Vol.53，No.2，pp.8-14，2019）

◆課題 2：供用下での長期仮受け・梁再構築への対応

　大阪港線拡幅部における既設橋脚の梁部補強として，当初計画では既設 RC 橋脚梁部にコンクリートを増し打ちし，外ケーブルによる補強を行う予定とされていた．しかし，現場着工後の調査により，拡幅対象 17 基のうち 10 基で ASR による劣化が認められ，6 基は表面保護工を設置して劣化進行を防ぐ処置が行われたが，4 基は所要の安全性を確保できないことから，既設 RC 橋脚梁部を撤去・再構築することとされた．供用中の大阪港線上部構造を鋼製の仮受け構台で支えながら，橋脚梁部の撤去・再構築を行うことは，当初想定されておらず，また前例のない工事であり，各種制約条件がある中において安全に設計，施工することが課題であった.

◇対応：橋梁全体系での安全性確保

　施工に際して，仮受けが長期にわたること，供用下での作業であることが留意点となった．長期仮受け期間中の構造物の安全性確保のため，仮受け構台および前述の鋼管集成橋脚を含む橋梁全体系で安全性が確保された．供用下での橋脚再構築にかかる施工ステップを**図-2.1.9** に示す.

a）仮受け構台の設計

　既設 RC 橋脚梁部の撤去・再構築にあたっては，5 万台／日を超える重交通路線の高架橋を約 9 ヵ月にわたって仮受けする必要があるため，道路橋示方書に基づいた耐震性能とした．仮受け構台は支持杭形式とし，新設の鋼管集成橋脚も仮受け機能として活用するものとして設計された．その結果，仮受け構台および鋼管集成橋脚を含む橋梁全体系でレベル 2 地震動に対する安全性が確保された．

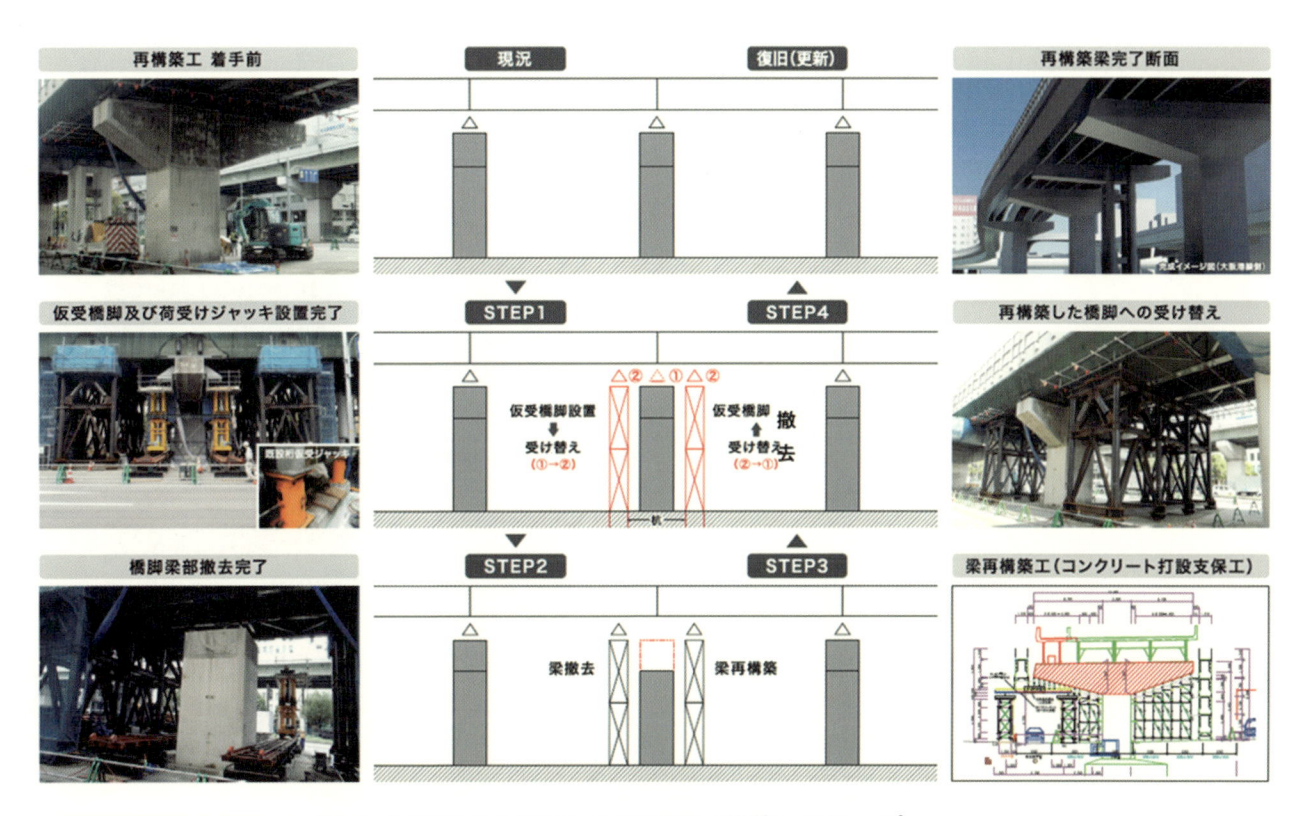

図-2.1.9　供用下での橋脚再構築のステップ

写真-2.1.2　既設 RC 橋脚梁部撤去 [2.1.2)]

（出典：野崎悟，曽我恭匡，藤林健二，若槻晃右：西船場ジャンクション改築事業における特徴的な設計および施工，阪神高速グループ技報，第 30 号，pp.64-75，2021）

b) 仮受け構台の施工

　仮受け構台は既設桁直下に設置するため，約 9.5m の厳しい空頭制限を受ける．また，既設橋脚と新設鋼管集成橋脚との離隔が小さく，平面的にも制約の厳しい施工条件であった．そこで，基礎杭形式の選定においては，狭隘部の施工に適し，かつ近隣施設への環境対策として低振動，低騒音および無排土で施工が可能な先端翼付き回転貫入鋼管杭が採用された．また，仮受け構台の天端と既設桁下端との離隔がわずか 600 mm での施工が必要であった．このため，杭施工後に空頭制限を受けない本線桁外にて仮受け構台が組まれ，別途設置した軌条設備により横移動させて，所定の位置に設置された．

c) 既設桁の補強

　図-2.1.10 に示すとおり，仮受けに伴い支点位置が変更になることで本来の支点位置の発生曲げモーメントの正負が逆転することから，既設桁を一部補強する必要があった．また，対象となる既設桁は過去に桁連結補強された複雑な構造であるため，補強効果を FEM 解析により評価・確認したうえで，**写真-2.1.3** に示す補強が行われた．さらに，仮受けの支承は，施工条件，工期，経済性などから BP-B 支承が選定された．

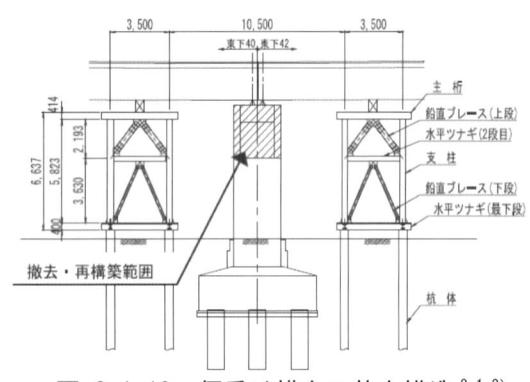

図-2.1.10　仮受け構台の基本構造 [2.1.2)] 　　写真-2.1.3　支点上の既設桁補強 [2.1.2)]

（出典：野崎悟，曽我恭匡，藤林健二，若槻晃右：西船場ジャンクション改築事業における特徴的な設計および施工，阪神高速グループ技報，第 30 号，pp.64-75，2021）

d) 既設 RC 橋脚梁部の撤去

　仮受け構台へ支点を移し替え，供用中の桁をジャッキアップして既設支承が撤去された．ジャッキアップ時は路面の平坦性が目視で確認され，供用路線への影響が慎重に監視された．さらに，仮受け期間中は，既設桁の応力変化を 24 時間計測し，設定した管理値を超えないかのモニタリングが行われた．次に，梁撤去は騒音や振動の影響を考慮し，ワイヤーソー工法にて大割の 4 ブロック（最大重量 36.8t）に切断され撤去された．撤去時は，既設桁の空頭制限により切断位置でクレーンにて吊ることができなかったことから，自走式荷受けジャッキを用いて横引きされ，120t クレーンにて吊り降ろして撤去された．**写真-2.1.2** に既設 RC 橋脚梁部の撤去状況を示す．

e) 梁再構築

　梁再構築のコンクリート打設では，桁下空間が約 40cm と狭く，過密配筋であったことからバイブレーターによる締固めが困難なため，高流動コンクリートが採用された．打設完了後，仮受け支承から本支承へ桁を受け替え，仮受け構台の解体が行われ，無事に再構築工が完工された．

　本節は，参考文献 2.1.1)，2.1.2)の一部を再構成したものである．

参考文献

2.1.1)　小坂崇，金治英貞，森川信，堀岡良則，丹羽信弘，仲村賢一：西船場ジャンクション設計コンセプトと構造計画，橋梁と基礎，Vol.53，No.2，pp.8-14，2019.

2.1.2)　野崎悟，曽我恭匡，藤林健二，若槻晃右：西船場ジャンクション改築事業における特徴的な設計および施工，阪神高速グループ技報，第 30 号，pp.64-75，2022.

2.2　既設桁の負担に配慮した上部構造拡幅の事例
〜首都高速道路　小松川ジャンクション改良工事〜

2.2.1　事業目的

　両国ジャンクション（以下，JCT とする.）から江戸川区に至り京葉道路に接続される首都高速 7 号小松川線と大井 JCT から葛西 JCT を環状につなぐ首都高速中央環状線は立体交差していたものの，両路線を接続する連結路がなかった. 埼玉方面と千葉方面を結ぶ連結路である小松川 JCT（図-2.2.1）を新設することで，都心部に集中する交通の迂回・分散を促進し，渋滞の緩和に大きな効果を発揮することが期待され，中央環状線の機能強化事業の一つとして実施された.

図-2.2.1　小松川 JCT 位置図　提供）首都高速道路（株）

2.2.2　工事概要

　本工事は，首都高速 7 号小松川線と首都高速中央環状線を接続する連結路である小松川 JCT の新設工事であり，ランプ橋の新設と既設橋への拡幅・擦り付けが行われた. 小松川線との接続部や出入口新設が含まれる陸上の範囲を陸上部工事，中央環状線との接続部が含まれる河川上の範囲を河川部工事として，大きく 2 つに分けられる. 図-2.2.2 に小松川 JCT の平面図を示す. 本事例では，主に中川左岸から千葉方面を範囲とする陸上部工事について紹介する.

　陸上部工事は，連結路の新設，入口の追加，出口の付替えを行うことから，用地拡幅が行われ，首都高速 7 号小松川線と並走する附属街路が移設された. 小松川 JCT 陸上部の断面を図-2.2.3 に示す. 附属街路および既設高速道路の交通を開放した状態で主桁の架設を行う必要があったため，附属街路と首都高速 7 号小松川線に挟まれた狭隘な空間で工事が実施された.

　小松川 JCT 陸上部は，図-2.2.4 に示すように本線である首都高速 7 号小松川線の上部構造拡幅部と，本線上部構造と独立した構造となる連結路部と ON・OFF ランプから構成されている. 新設される上部構造の構造形式は既設橋に合わせ，コンクリート床版 I 桁が基本となっているが，一部，既設主桁の負反力対策として鋼床版 I 桁が採用された. また，住宅が近接しており，車両走行時の騒音，振動が懸念される箇所では，騒音，振動の低減を目的に伸縮装置は設置せず，ノージョイント化が行われている. 工事概要を表-2.2.1 に示す.

表-2.2.1　工事概要 ^{2.2.2)を参考に作成}

路　線　名	首都高速 7 号小松川線，首都高速中央環状線
所　在　地	東京都江戸川区小松川町地先
供用開始年	1970（昭和 45）年
管　理　者	首都高速道路株式会社
改　築　年	2019（平成 31）年
橋　梁　形　式	鋼単純合成 I 桁橋（既設拡幅）9 連，鋼単純合成 I 桁橋（新設単独）1 連， 鋼 6 径間連続非合成 I 桁橋　1 連，鋼 3 径間連続非合成 I 桁橋　2 連， 鋼単純鋼床版 I 桁橋（既設拡幅）2 連，縦桁拡幅　1 連
橋　　　長	【A 連結路】313.0m（OFF ランプ 94m 含む） 【B 連結路】432.0m（ON ランプ 91m 含む）
施　工　内　容	上部工 　（A 連結路，B 連結路，支承工，塗装工，現場継手工） 付属物工 　（伸縮継手工，点検通路工，落橋防止装置工，排水装置工，遮音壁設置工，標識工） 床版工 　（鉄筋コンクリート床版，床版接続工，鉄筋コンクリート壁高欄工，鋼製高欄工） 既設床版連結工 　（ノージョイント化）

図-2.2.2　小松川 JCT 平面図 ^{2.2.1)}

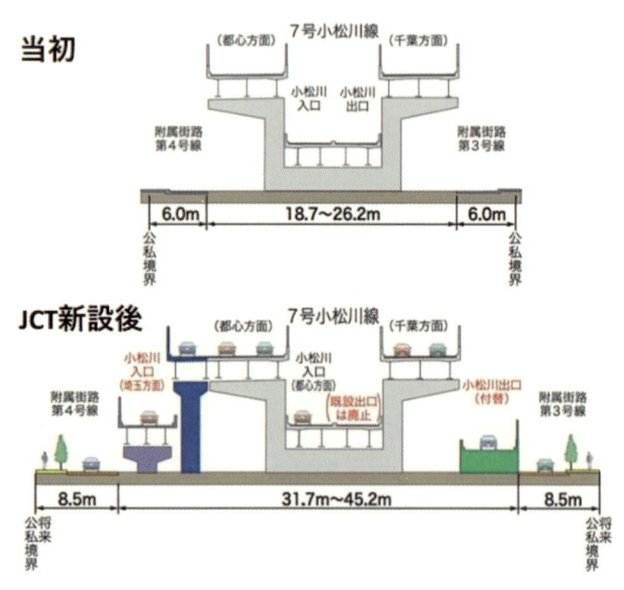

図-2.2.3　小松川 JCT 陸上部の断面 ^{2.2.1)}

（出典：臼井恒夫：首都高中央環状線機能強化事業の概要，橋梁と基礎，Vol.52，No.5，pp.25-29，2018.5.）

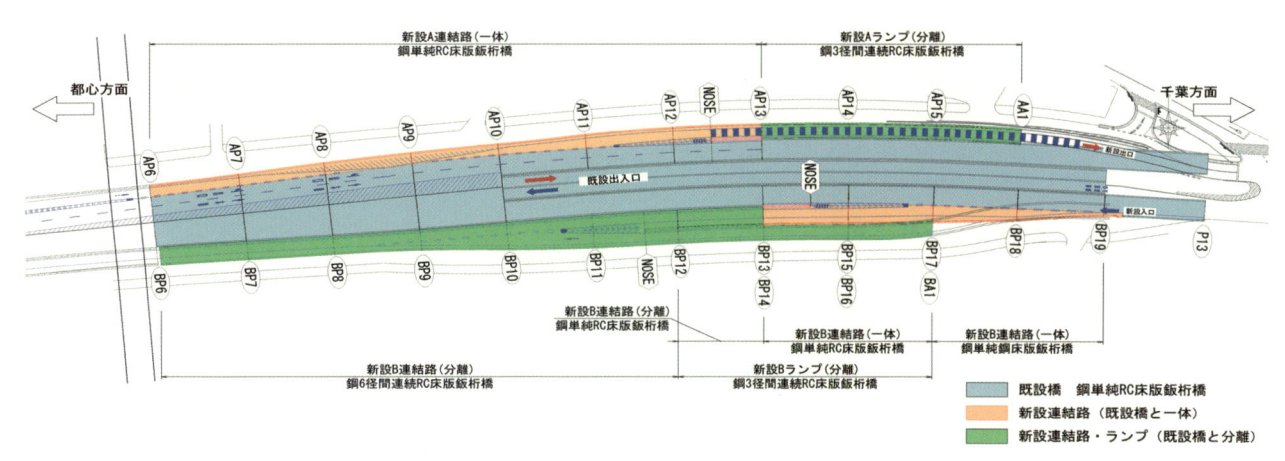

図-2.2.4　小松川 JCT 陸上部平面図 [2.2.3)]

（出典：藤井裕士，溝口勝，森井茂幸：小松川 JCT 既設上部工の改築　〜既設上部工拡幅工事の設計・施工〜，川田技報 Vol.39 2022）

2.2.3　課題と対応

本事例では，**表-2.2.2** に示す課題とその対応を行った．以下にその内容を概説する．

表-2.2.2　課題と対応の一覧表

		課題	対応
技術的課題	1	既設上部工との一体化における出来形計測	測量の再実施
	2	拡幅部の一体化に伴う既設桁への影響	既設桁への負担が小さい施工ステップの採用
	3	施工ヤードの制約	現場状況に応じた架設方法の採用
	4	上部工負反力への対応	負反力の軽減と対策の実施
	5	床版連結に伴う既設橋 RC 床版配筋の出来形	現場の配筋状況に応じた連結部配筋の実施

◆課題 1：既設上部工との一体化における出来形計測

既設の首都高速 7 号小松川線は昭和 45 年に竣功しており，詳細な線形データがなかった．さらに，既設橋の座標系は現在の世界測地系ではなく，日本測地系であった．日本測地系と世界測地系では，準拠している楕円体が異なるため，平面座標だけでなく，標高も大きく異なる．過年度に既設橋の測量が行われていたものの，平成 23 年（2011 年）に発生した東北地方太平洋沖地震（東日本大震災）の影響により，既設橋の座標も異なっている事が考えられた．

◇対応：測量の再実施

改良工事で既設橋の出来形を計測することは，既設部材の出来形を新設部材に反映する上で重要である．本工事では，道路管理者から貸与された座標値が現況の構造物の座標値と異なることが想定されたため，工事着手前に既設橋の測量が実施された．測量は，トータルステーションを用いて行われた．

◆課題 2：拡幅部の一体化に伴う既設桁への影響

　既設橋の設計に用いられた活荷重は，しゅん功当時の設計基準である TL-20 となっており，現行基準の B 活荷重で既設主桁の応力照査を満足させるためには，既設橋梁への補強が必要となることが予想された．照査結果によっては補強が膨大となることも考えられ，既設主桁への負担を少なくする工夫が必要となった．

◇対応：既設桁への負担が小さい施工ステップの採用

　本工事での施工ステップを**図-2.2.5** に示す．本工事では，拡幅部死荷重の既設桁への負担を少なくするため，既設桁と拡幅桁を分離した状態で，拡幅桁に床版・壁高欄や遮音壁設置の死荷重を載荷させ，その後，既設と横桁を連結させる施工ステップを採用した．この施工ステップにより，既設桁に付加される拡幅部の死荷重を最小限とした．

◆課題 3：施工ヤードの制約

　本工事の施工ヤードは，移設した附属街路と高速 7 号小松川線に挟まれており，幅員 7m と狭隘であった．街路，既設高速の交通を開放した状態で主桁の架設を行う必要があったため，限られた施工ヤードで架設方法の検討が求められた．

◇対応：現場状況に応じた架設方法の採用

　街路を通行止めしないために，架設対象の隣の径間にクレーンを設置し，橋脚を跨いで順次片押しで架設することを基本とした．しかし，横断街路のある箇所や下部工工事の橋脚構築工程や隣接する上部工工事との関連から落とし込み架設をする必要がある箇所では，街路規制回数や架設作業時間による通行止め時間を短縮できる架設計画が採用された．

　図-2.2.6 に示す AP6 橋脚-AP7 橋脚間の架設では，隣接工区の主桁と本工事施工済の主桁に挟まれた状況下の架設になるため，街路へのクレーンの設置が避けられなかった．地組ブロックを大型クレーンで架設する計画から，単材を小型クレーンで架設する計画へ変更することで，街路上に配置するクレーンの組み立て時間と架設作業時間を短縮し，街路規制時間の短縮が図られている．AP6 橋脚-AP7 橋脚間の架設状況を**写真 -2.2.1** に示す．

STEP1:拡幅部主桁架設

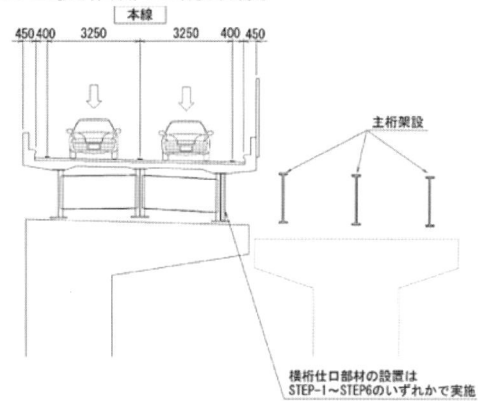

STEP2:拡幅部床版コンクリート打設（1次）

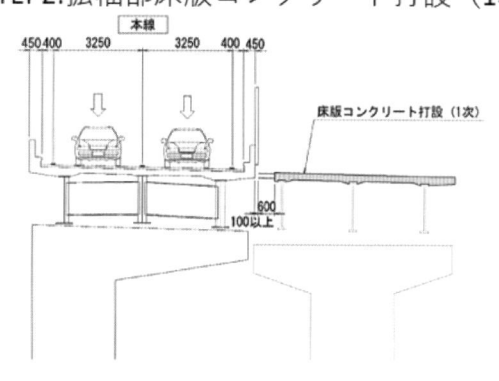

STEP3:拡幅部壁高欄設置

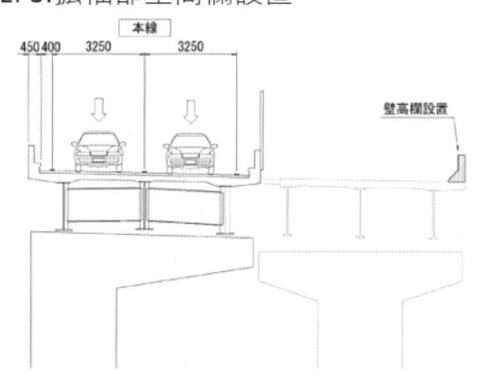

STEP4:拡幅部遮音壁設置

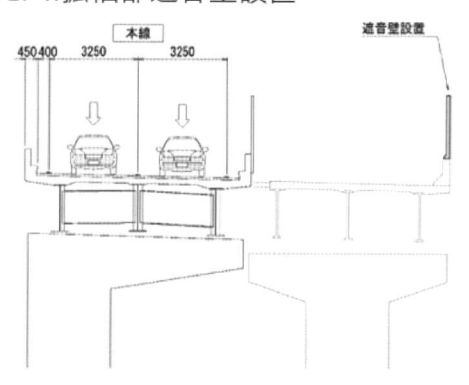

STEP5:仮設防護柵設置
　　　既設の壁高欄・遮音壁等撤去

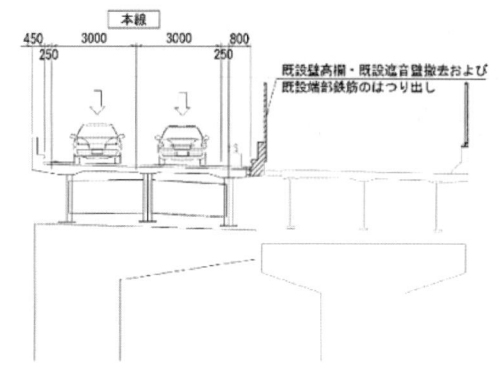

STEP6:既設の壁高欄・遮音壁等撤去
　　　新設の横桁・縦桁架設

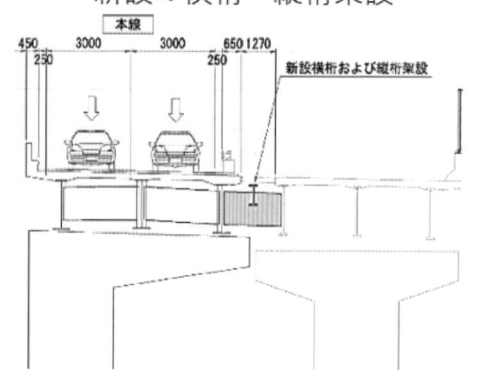

STEP7:拡幅部床版コンクリート打設（2次）

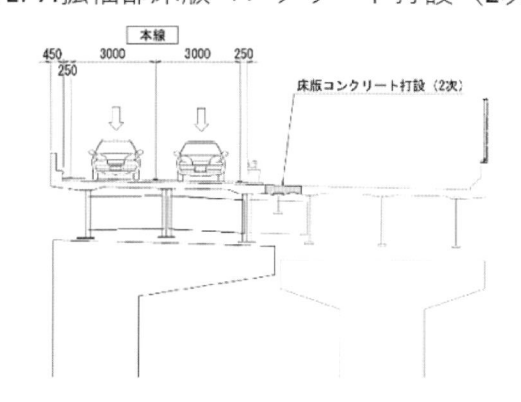

STEP8:橋面工（防水工・舗装工）

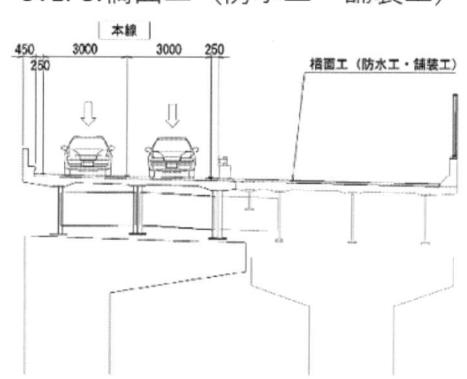

図-2.2.5　施工ステップ

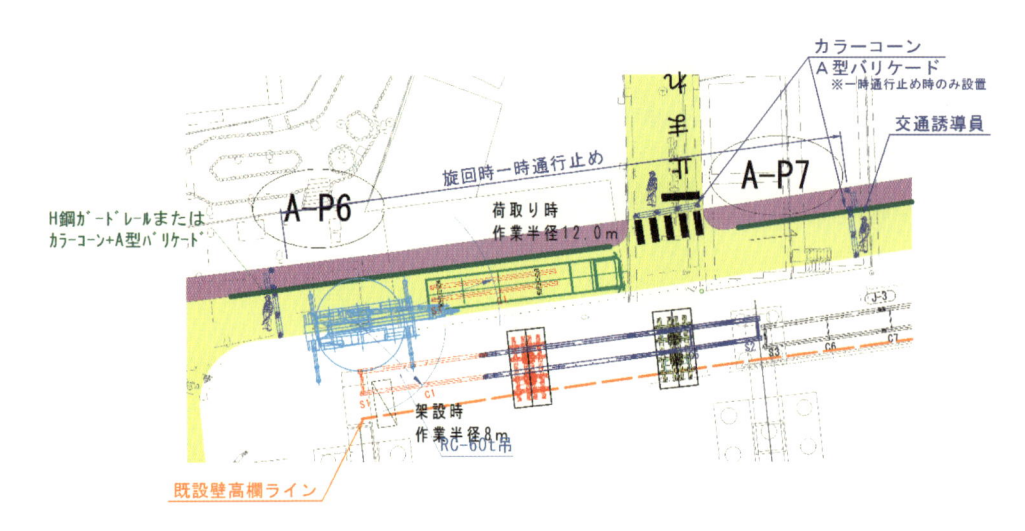

図-2.2.6　AP6-7 架設状況

写真-2.2.1　AP6-7 架設状況 [2.2.4)]

（出典：濱野真彰，堀内佑樹，藤井裕士，溝口勝，谷森祐二，松山成利：小松川ジャンクション陸上部の設計・施工，橋梁と基礎，Vol.52, No.5, pp.59-63, 2018.5）

◆課題４：上部工負反力への対応

　新設する上部構造のうち，BP17 と BP18 橋脚上は，図-2.2.7 に示すように桁下新設路の建築限界の制約から，橋脚の横梁幅が短く，新設支承の配置が限定されたため，床版の張出長が長くなり，中桁の支承部に負反力が作用する構造となった．

◇対応：負反力の軽減と対策の実施

　本工事では，負反力が作用する構造に対し，以下の３つの対策が実施された．

① 　BP15-BP18 間の壁高欄を鋼製高欄とすることで軽量化が図られた．（図-2.2.8）
② 　BP17-BP19 間では，拡幅部の床版を鋼床版とすることで軽量化が図られた．（図-2.2.8）
③ 　負反力に耐えうる支承構造と負反力を解消するケーブル緊張構造が採用された．（図-2.2.9，写真-2.2.2）

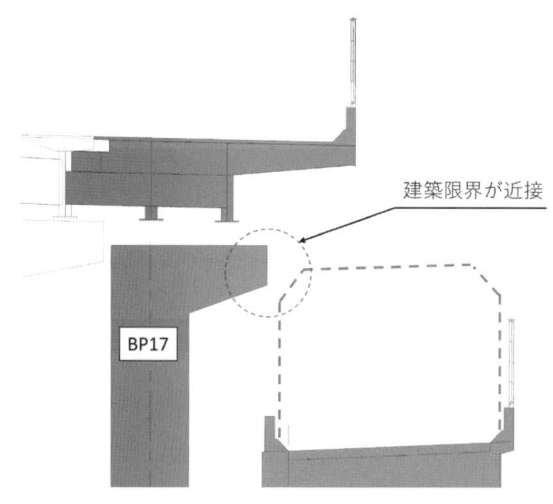

図-2.2.7　BP17 橋脚横断図

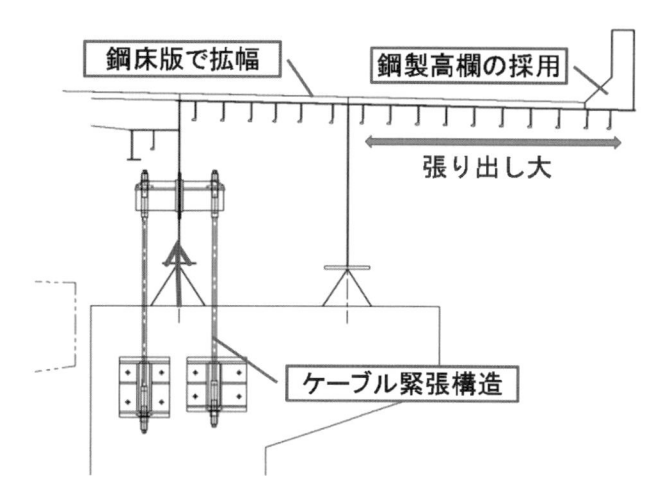

図-2.2.8　負反力対策 [2.2.3)]

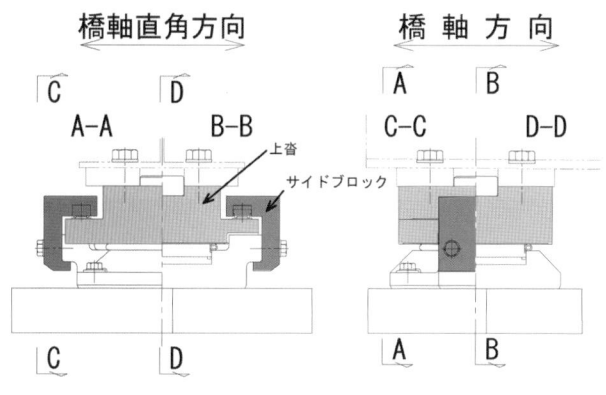

図-2.2.9　負反力対策支承形状

写真-2.2.2　ケーブル緊張構造

（出典：藤井裕士，溝口勝，森井茂幸：小松川 JCT 既設上部工の改築　〜既設上部工拡幅工事の設計・施工〜，川田技報 Vol.39, 2022）

　①と②の方法により，張出先端に作用する死荷重を小さくすることで，既設主桁に作用する負反力の低減が図られている．しかし，負反力の解消には至らなかったため，負反力対策支承が採用された．負反力対策支承は**図-2.2.9** に示すようにサイドブロックにより上沓のアップリフトを抑える構造となっている．負反力に抵抗するサイドブロックの疲労が懸念されたため，負反力対策支承に加え，ケーブル緊張構造（**図-2.2.8，写真-2.2.2**）も採用され，負反力に対して 2 重の対策が取られている．負反力対策ケーブルに導入する緊張力は，負反力照査式（式（2.2.1），（2.2.2））によって求めた負の反力のうち不利な値をケーブル本数（1 支点あたり 2 本）で割った値とされた．この緊張力を設計荷重とし，ケーブル，ブラケットの設計が行われている．

$$R = 2R_{L+I} + R_{D1} + \frac{R_{D2}}{1.5} \quad （常時） \tag{2.2.1}$$

$$R = R_D + R_W \quad （風荷重時） \tag{2.2.2}$$

　ここに，R は支承に生じる反力（N），R_{L+I} は衝撃を含む活荷重による最大負反力（N），R_{D1} は支承に負の反力を生じさせる部分に加わる死荷重による支承反力（N），R_{D2} は支承に正の反力を生じさせる部分に加わる死荷重による支承反力（N），R_D は死荷重による支承反力（N），R_W は風荷重による最大負反力（N）である．なお，ここに記載した負反力照査式のうち，式（2.2.1）は，首都高速道路（株）の橋梁構造物設計施

工要領［Ⅰ共通編］（平成 27 年 6 月）に規定されているものであり，道路橋示方書Ⅰ共通編での負反力照査式（RU=αRL+1＋RD）とは異なっている．

◆課題 5：床版連結に伴う既設橋 RC 床版配筋の出来形

　本工区では住宅が近接しており，騒音・振動の低減が求められたことから，いくつかの箇所では，伸縮装置を設置せず，床版を連結するノージョイント化が行われた．新設の床版を連続桁の中間支点上のように連続した構造とするだけでなく，その横断方向で一体化される既設部においても，既設の伸縮装置を撤去し，ノージョイント化が行われている．

　既設橋の伸縮装置は過去に取替が行われており，ノージョイント化をする際，既設床版のはつり出した鉄筋が短い，使用できないなど図面に記載の鉄筋配置と実際の鉄筋配置が異なることが施工前に予想された．

◇対応：現場の配筋状況に応じた連結部配筋の実施

　床版をはつる範囲を広くすることで，設計上必要な重ね継手長を確保することも可能であったが，既設高速道路の規制時間を短くするためにコンクリートをはつり取る範囲を最小限とし，平面的に鉄筋の通りが合わない場合や鉄筋がはつり出せなかった場合の対応について協議が行われた．

　既設 RC 床版を連結する部分の橋軸方向鉄筋の継手方法は，図-2.2.10 に示すような片側ずつエンクローズ溶接した鉄筋同士を重ね継手で接続する方法が採用された．また，既設床版の端部には，写真-2.2.3 に示すように，コンクリート打設時の型枠を兼用するとともに，将来的に端部コンクリートの欠け落ちを防止するための塞ぎ板が配置されている．

　既設伸縮装置付近の鉄筋配置を事前に詳細に確認することは難しく，高速道路の車線規制による長時間工事等でコンクリートをはつり出し，鉄筋の通りを確認した上で，連結部分の配筋を変更する必要も生じる．そこで，本工事においては，図-2.2.11 に示した鉄筋の配筋要領が定められた．

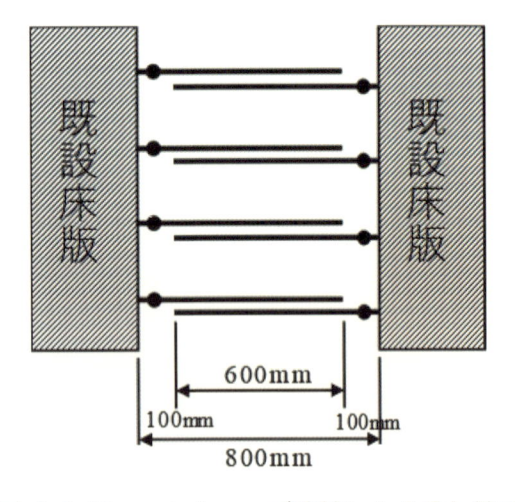

図-2.2.10　エンクローズ溶接による重ね継手

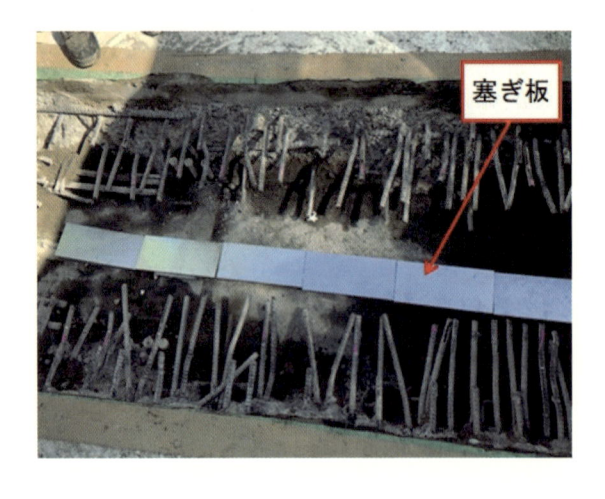

写真-2.2.3　塞ぎ板設置状況　提供）首都高速道路㈱

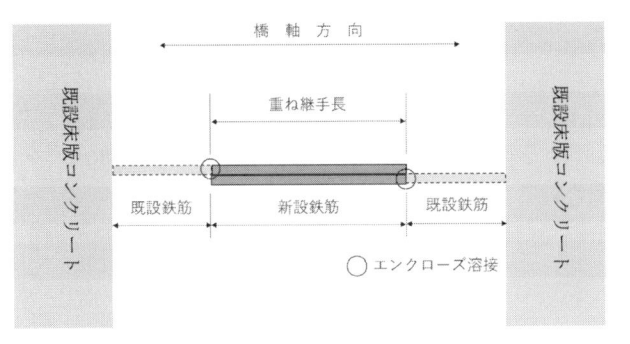

1) 平面的に鉄筋の通りが合う場合

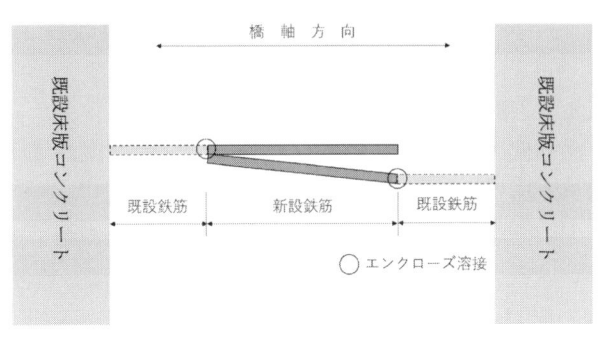

2) 平面的に通りが合わない場合

3) 既設鉄筋が片側のみの場合

4) 既設鉄筋がない場合

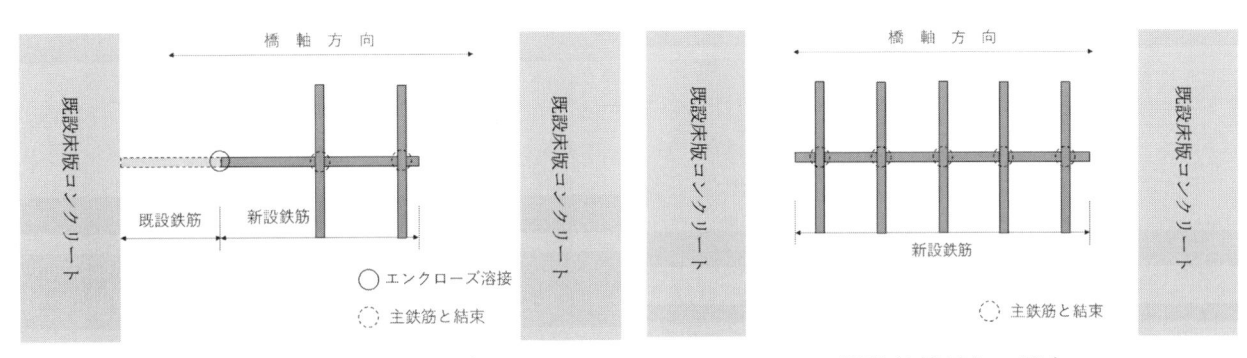

図-2.2.11　橋軸方向鉄筋の配筋要領

　本節は，参考文献 2.2.1), 2.2.2), 2.2.3)の一部を再構成したものである．

参考文献

2.2.1)　臼井恒夫：首都高中央環状線機能強化事業の概要，橋梁と基礎，Vol.52，No.5，pp.25-29，2018.5

2.2.2)　濱野真彰，堀内佑樹，藤井裕士，溝口勝，谷森祐二，松山成利：小松川ジャンクション陸上部の設計・施工，橋梁と基礎，Vol.52，No.5，pp.59-63，2018.5

2.2.3)　藤井裕士，溝口勝，森井茂幸：小松川 JCT 既設上部工の改築　〜既設上部工拡幅工事の設計・施工〜，川田技報 Vol.39，2022

2.2.4)　首都高速道路 CSR レポート 2017

2.3　設計の妥当性を現地計測により確認した歩道拡幅の事例
　　～主要地方道安城碧南線　見合橋改良工事～

2.3.1　事業目的

　愛知県の主要地方道安城碧南線が二級河川油ヶ淵を渡河する箇所に位置する見合橋は，橋長 99.00m，全幅員 9.45m の片側歩道を有する 3 主桁の鋼単純合成鈑桁橋である（**写真-2.3.1**）．この見合橋前後の取付け道路においては歩道有効幅員が 3.0m となっているが，橋での歩道有効幅員は 1.0m であり歩道利用者が通行しづらい状況となっていた（**写真-2.3.2**）．さらに，見合橋近隣にある油ヶ淵水辺公園が整備完了予定で，この公園の開園により見合橋の歩道利用者の増加が見込まれたことから，橋の歩道有効幅員を 3.0m へ拡幅する工事が計画された．また，本橋は昭和 47 年に供用開始された一等橋（TL-20）であったため，歩道拡幅にあわせて主桁補強を実施し，B 活荷重に対応させることとされた．

写真-2.3.1　橋梁全景 [2.3.1)]　　　　　　　　　写真-2.3.2　拡幅前歩道 [2.3.1)]

（出典：愛知県知立建設事務所：平成 27 年度　交差点改良工事（交付金）の内設計業務委託　主要地方道安城碧南線（見合橋）安城市東端町地内始め　業務報告書（設計編），平成 28 年 6 月）

2.3.2　工事概要

　本事業の工事概要を**表-2.3.1**に示す．

表-2.3.1　工事概要

路　　線　　名	主要地方道安城碧南線
橋　　　　　名	見合橋
所　　在　　地	愛知県安城市東端町
供 用 開 始 年	1972（昭和 47）年
管　　理　　者	愛知県
改　　築　　年	2017（平成 29）年
適 用 示 方 書	（建設時）鋼道路橋設計示方書（昭和 39 年） （改築時）道路橋示方書・同解説（平成 24 年）
橋 梁 形 式	鋼単純合成鈑桁橋（3 連）
橋　　　　長	99.0m
支　　間　　長	32.3m＋32.3m＋32.3m
施 工 内 容	歩道拡幅：アルミニウム製床版設置 主桁補強：外ケーブル

本事業の歩道拡幅方法ついては，当初計画では新たに主桁を設けて 4 主桁とし，既設 RC 床版を拡幅する案（**図-2.3.1**）が検討された．しかし，主桁増設に伴う下部構造の拡幅においては仮桟橋および支保工が必要となり，工事期間が長期化して公園開園までに施工が完了しないことや，事業費が増大することなどが懸念された．

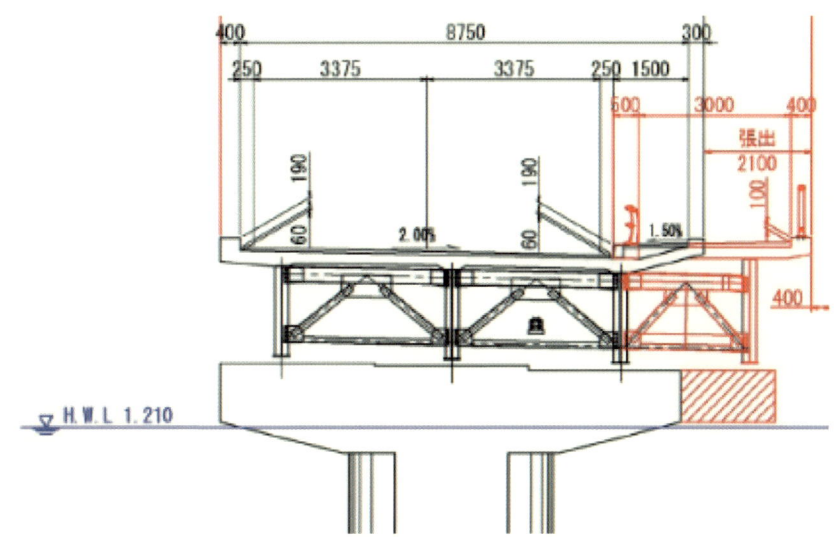

図-2.3.1　主桁増設による RC 床版拡幅案 [2.3.1)]

（出典：愛知県知立建設事務所：平成 27 年度　交差点改良工事（交付金）の内設計業務委託　主要地方道安城碧南線（見合橋）安城市東端町地内始め　業務報告書（設計編），平成 28 年 6 月）

そこで，既設の下部構造や支承への負担軽減を目的として比較的軽量なアルミニウム製床版（鋼に比べて単位体積重量が約 1/3）を用い，主桁と接合した鋼製ブラケットで支持する構造が採用された．アルミニウム製床版の採用により上部構造の死荷重増は拡幅前の約 1 割程度であったが，新たに付加される拡幅部の群集荷重により既設主桁の耐荷力が不足するため，主桁断面を外ケーブルで補強することとされた．外ケーブルの配置は主桁下フランジ位置が河川の計画高水位からほとんど余裕がなかったため，偏向部が下フランジより低くならないようにクイーンポスト配置が採用され，プレストレス力は支間中央での下フランジの応力超過が解消されるように設定された．

本橋梁の断面は，**図-2.3.2** に示すように歩道拡幅が片側のみで非対称な構造であることから，歩道拡幅側 G3 のプレストレス力は 1800kN と大きく，G2 は 700kN，G1 は 400kN と小さく設計されている．

歩道拡幅完了後の橋梁一般図を**図-2.3.3** に示す．

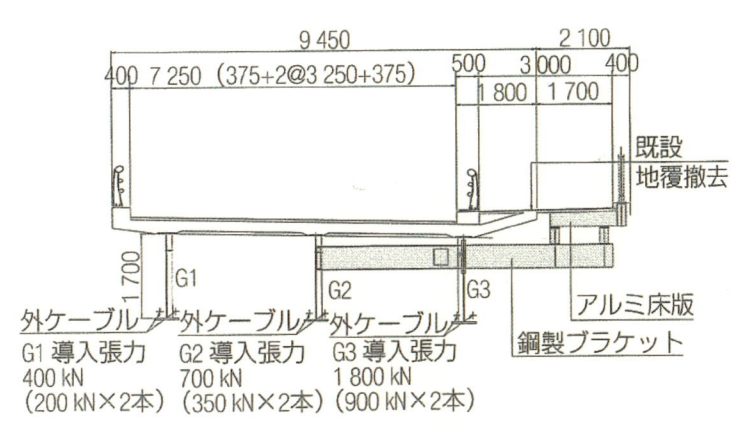

図-2.3.2　橋梁断面図（歩道拡幅完了後）[2.3.2)]

（出典：伊藤慎吾，渡邉英，山本一博，宮本政英，野形繁利：見合橋歩道拡幅工事の設計と施工，橋梁と基礎，Vol.52，No.9，pp.15-19，2018.9）

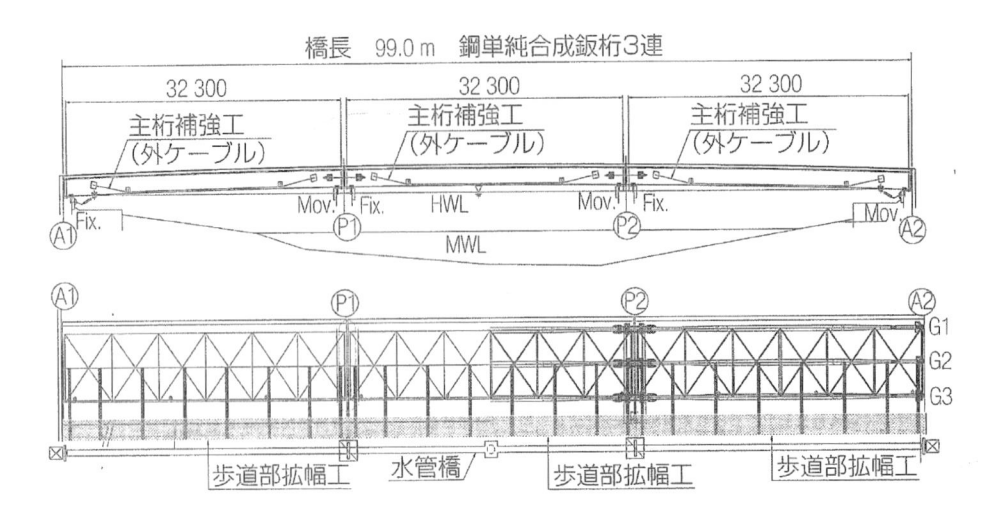

図-2.3.3　橋梁一般図（歩道拡幅完了後） [2.3.2)]

（出典：伊藤慎吾，渡邉英，山本一博，宮本政英，野形繁利：見合橋歩道拡幅工事の設計と施工，橋梁と基礎，Vol.52,
No.9, pp.15-19, 2018.9）

2.3.3　課題と対応

本事例では，**表-2.3.2** に示す課題とその対応を行った．以下にその内容を概説する．

外ケーブルによる鋼橋の補強工法は近年では補修工事等でも採用されているが，実績としてはまだ少ない状況であった．そこで，設計の妥当性および採用した補強工法の効果を確認するために，載荷試験や施工時にひずみ計測が実施された．

表-2.3.2　課題と対応の一覧表

		課題	対応
技術的課題	1	格子解析モデルの妥当性確認	載荷試験による挙動の確認
	2	主桁ごとに変化させたプレストレス力の影響確認	FEM 解析による照査
	3	プレストレス導入による応力改善効果の確認	プレストレス導入時のひずみ計測

◆課題1：格子解析モデルの妥当性確認

活荷重合成桁である本橋の補強設計時においては，既設橋梁に著しい損傷が見られず，ずれ止めが健全であると想定し，完全合成桁として断面力を格子解析にて算出されていた．しかし，本橋は補強設計時において竣工から44年経過しており，この設計時の想定が妥当であるかが懸念された．

◇対応：載荷試験による挙動の確認

格子解析モデルの精度確認のため，荷重車を用いた静的載荷試験を実施し，主桁の計測ひずみから算出した応力度と格子解析値の比較がなされた．荷重車は総重量 20t の 3 軸トラックとし，支間中央付近の歩道拡幅側（G2～G3 間）に 2 台載せるケースで実施された．荷重車の載荷位置と荷重車諸元を**図-2.3.4**に示す．ひずみゲージの設置箇所は各主桁の支間中央部とし，上フランジ下側と腹板の上側・中央付近・下側では腹板を挟んで各 2 箇所，下フランジではフランジ下面中央 1 箇所の合計 9 か所とされた．載荷試験の結果，**表-2.3.3**に示すように計測ひずみから求めた下フランジ応力度は，格子解析値に対して4～7割程度となった．以上より，完全合成桁と仮定した格子解析は安全側の評価を与えると判断し，検討を進めることとした．また，中立軸位置については G3 の計測値が格子解析値より床版側となった．これは設計計算上で無視している歩道のマウントアップ部が合成断面として有効に作用していることが考えられ，このマウントアップ部を

考慮した断面にて中立軸位置を算出すると 93mm となり，計測値の 64mm との差異は 29mm であった．この補正した断面に対してプレストレス力を導入しても死荷重状態において床版に引張が発生しないことが確認され，また，格子解析値を用いてもプレストレス導入時におけるコンクリート床版への影響に対しては安全側となることから，解析モデルの見直しまでは行わないこととされた．

　また，格子解析結果ではアルミニウム製床版の架設前に全プレストレス力を導入した場合，既設床版のコンクリート上面に引張応力が作用することとなり，逆にプレストレス力導入前にアルミニウム製床版を架設した場合には，特定の条件下で下フランジ応力が許容値を超過することとなった．そのため，アルミニウム製床版の架設前に設計プレストレス力の 50%を導入（1 次緊張）し，床版架設後に残りの 50%を導入（2 次緊張）する手順とされた．

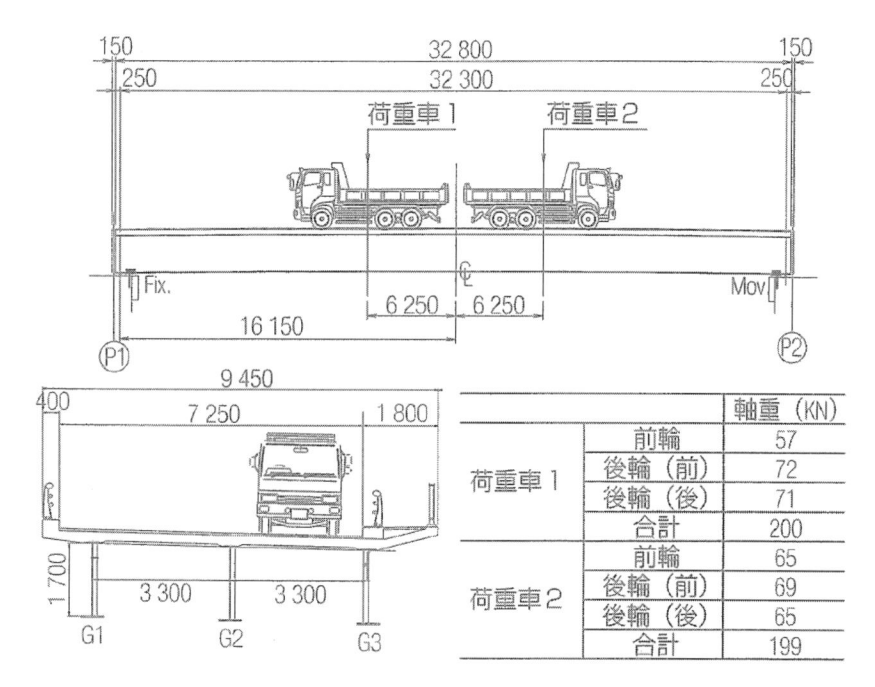

図-2.3.4　荷重車の載荷位置と荷重車諸元 [2.3.2)]

（出典：伊藤慎吾，渡邉英，山本一博，宮本政英，野形繁利：見合橋歩道拡幅工事の設計と施工，橋梁と基礎，Vol.52，No.9，pp.15-19，2018.9）

表-2.3.3　載荷試験計測結果と格子解析値の比較 [2.3.2)]

（出典：伊藤慎吾，渡邉英，山本一博，宮本政英，野形繁利：見合橋歩道拡幅工事の設計と施工，橋梁と基礎，Vol.52，No.9，pp.15-19，2018.9）

		G1	G2	G3
応力度（上フランジ）(N/mm^2)	① 計測値	−1.6	−1.2	−0.4
	② 格子解析値	−2.2	−3.5	−6
	① ／②	73%	34%	7%
応力度（下フランジ）(N/mm^2)	① 計測値	8.8	11.4	15.2
	② 格子解析値	12	29.2	37.9
	① ／②	73%	39%	40%
中立軸位置（mm）	計測値	291	175	64
	格子解析値	271	188	233

◆課題 2：主桁ごとに変化させたプレストレス力の影響確認

　設計活荷重が TL-20 から B 活荷重へ変更となり，歩道拡幅による死活荷重増と車道部の活荷重増に対する主桁補強として外ケーブルが計画された．しかし，本橋は片側のみの歩道拡幅構造で，外ケーブルのプレストレス力が主桁ごとで異なり非対称なケーブル配置となることから，緊張力について詳細な検討が必要であるとされた．

◇対応：FEM 解析による照査

　主桁ごとに異なるプレストレス力が床版やスタッドへ与える影響を把握するため，汎用 FEM 解析ソフトを用いた線形解析が実施された．解析モデル要素を**表-2.3.4**に，材料特性を**表-2.3.5**に示す．線形解析の結果，スタッドに生じる発生応力度は許容せん断応力度に対して最大で 8 割程度であった．また，床版コンクリートについてはケーブル緊張力による引張応力は生じないことが確認され，プレストレス力の設定に問題が無いことが確認された．プレストレス導入時における床版上面の橋軸方向応力度を**図-2.3.5**に示す．

表-2.3.4　解析モデル要素 [2.3.3)]

（出典：愛知県知立建設事務所：平成 27 年度　交差点改良工事（交付金）の内設計業務委託　主要地方道安城碧南線（見合橋）安城市東端町地内始め　FEM 解析報告書，平成 28 年 6 月）

部材名	モデル要素
床版	ソリッド要素
主桁・横桁・拡幅ブラケット	シェル要素
対傾構・横構	梁要素
定着装置・偏向装置・補強部材（形鋼）	シェル要素
ケーブル	ロッド要素
スタッド	弾性バネ要素

表-2.3.5　材料特性 [2.3.3)]

	ヤング率	ポアソン比	熱膨張係数
鋼材	2.00×10^5 N/mm²	0.300	-
床版 （σ_{ck}=24N/mm²）	2.50×10^4 N/mm²	0.167	-
ケーブル	1.95×10^5 N/mm²	0.300	12×10^{-6}

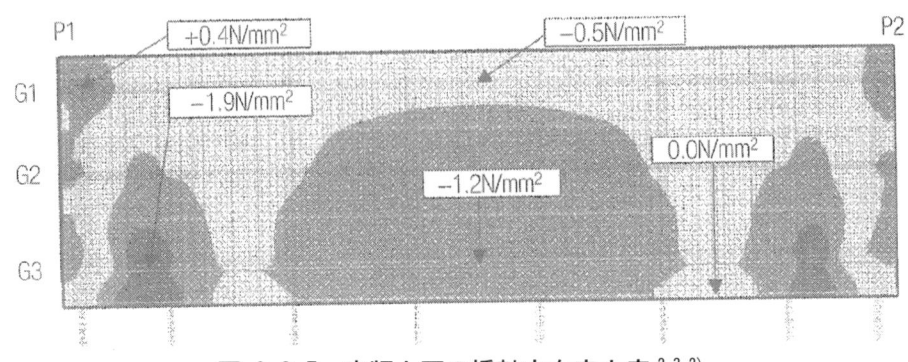

図-2.3.5　床版上面の橋軸方向応力度 [2.3.2)]

（出典：伊藤慎吾，渡邉英，山本一博，宮本政英，野形繁利：見合橋歩道拡幅工事の設計と施工，橋梁と基礎，Vol.52，No.9，pp.15-19，2018.9）

◆課題 3：プレストレス導入による応力改善効果の確認

　外ケーブルによる鋼橋の補強は実績が少ないため，外ケーブルによる補強効果の確認が必要と判断された．

◇対応：プレストレス導入時のひずみ計測

　外ケーブルによる補強効果の確認のため，プレストレス導入（1 次緊張・2 次緊張）直後に主桁のひずみ計測が実施された．ひずみ計測位置は荷重車による静的載荷試験と同位置で，プレストレス導入時の計測ひずみから求めた下フランジ応力度と格子解析値を比較している．プレストレス導入時における下フランジ応力度を**表-2.3.6** に示す．各桁の計測ひずみは載荷試験時と同様に格子解析値と差異が生じ，G2，G3 では下フランジ応力度が格子解析値に対し 56 ％，46 ％となったが，載荷試験結果での G2，G3 の応力度も格子解析値に対し 40 ％程度であったことから，おおむね妥当な有効プレストレス量が導入されたと判断されている．なお，格子解析と載荷試験の下フランジ応力度に差異が生じた理由としては，解析において考慮していない歩道の調整コンクリートや地覆・高欄が合成断面として抵抗したものと推察される．参考として併記された FEM 解析値に対しても 4 割程度の差異が生じているが，これは歩道の調整コンクリートや地覆・高欄をモデル化しなかったことが要因と推察されている．

表-2.3.6　プレストレス導入時の下フランジ応力度 [2.3.2)]

（出典：伊藤慎吾，渡邉英，山本一博，宮本政英，野形繁利：見合橋歩道拡幅工事の設計と施工，橋梁と基礎，Vol.52，No.9，pp.15-19，2018.9.）

		G1	G2	G3
下フランジ応力度 (N/mm^2)	1 次緊張時	−7.5	−11.2	−14.9
	2 次緊張時	−7.6	−11.5	−15.4
	①計測値計	−15.1	−22.7	−30.3
	②格子解析値	−12.2	−40.3	−65.8
	①／②	124%	56%	46%
	③FEM解析値	−26.1	−39.2	−48.2
	①／③	58%	58%	63%

　本節は，参考文献 2.3.1)，2.3.2)，2.3.3) の一部を再構成したものである．

参考文献

2.3.1) 愛知県知立建設事務所：平成 27 年度　交差点改良工事（交付金）の内設計業務委託　主要地方道安城碧南線（見合橋）安城市東端町地内始め　業務報告書（設計編），平成 28 年 6 月

2.3.2) 伊藤慎吾，渡邉英，山本一博，宮本政英，野形繁利：見合橋歩道拡幅工事の設計と施工，橋梁と基礎，Vol.52，No.9，pp.15-19，2018.

2.3.3) 愛知県知立建設事務所：平成 27 年度　交差点改良工事（交付金）の内設計業務委託　主要地方道安城碧南線（見合橋）安城市東端町地内始め　FEM 解析報告書，平成 28 年 6 月

2.4　特殊橋梁（方杖ラーメン橋）の耐震補強の事例
　　　〜横浜横須賀道路　田浦第二高架橋耐震補強工事〜

2.4.1　事業目的

　横浜横須賀道路は，一般国道 16 号のバイパス道路として三浦半島地域と横浜市を結ぶ自動車専用道路であり，災害時には緊急輸送道路としての機能を発揮することが求められる重要な路線である．災害時の救急救命活動や復旧支援活動を支えるため，緊急輸送道路上の橋梁については，耐震補強（大規模な地震時でも軽微な損傷に留まり，速やかな機能回復が可能となる対策）が推進されている．横浜横須賀道路　田浦第二高架橋の耐震補強工事は，大規模地震発生時の緊急輸送道路の機能確保を目的として行われた．

2.4.2　工事概要

　本事業の工事概要を**表-2.4.1** に，耐震補強前の一般図を**図-2.4.1** に，耐震補強前の構造概要を**表-2.4.2** に示す．

表-2.4.1　工事概要

路　線　名	一般国道１６号（横浜横須賀道路）	
橋　　　　名	田浦第二高架橋	
所　在　地	神奈川県横須賀市田浦泉町地先	
供用開始年	1984（昭和 59）年	
管　理　者	東日本高速道路株式会社	
改　築　年	2021（令和 3）年	
適用示方書	（建設時）道路橋示方書・同解説（下部工：昭和 48 年，上部工：昭和 55 年） （改築時）道路橋示方書・同解説（平成 24 年）	
	上り線	下り線
橋 梁 形 式	鋼 4 径間連続方杖ラーメン箱桁橋	鋼 3 径間連続方杖ラーメン箱桁橋
橋　　　長	175.37m	174.45m
支　間　長	45.0m＋53.0m＋40.0m＋35.0m	51.0m＋70.0m＋51.0m
有 効 幅 員	9.0m	9.0m
施 工 内 容	支承（RC 橋脚・橋台）：支承取替え（免震） 方　　杖　　橋　　脚：横支材取替え（箱断面→I 断面） 　　　　　　　　　　　座屈拘束ブレース設置 　　　　　　　　　　　負反力抵抗構造（PC ケーブル）設置	

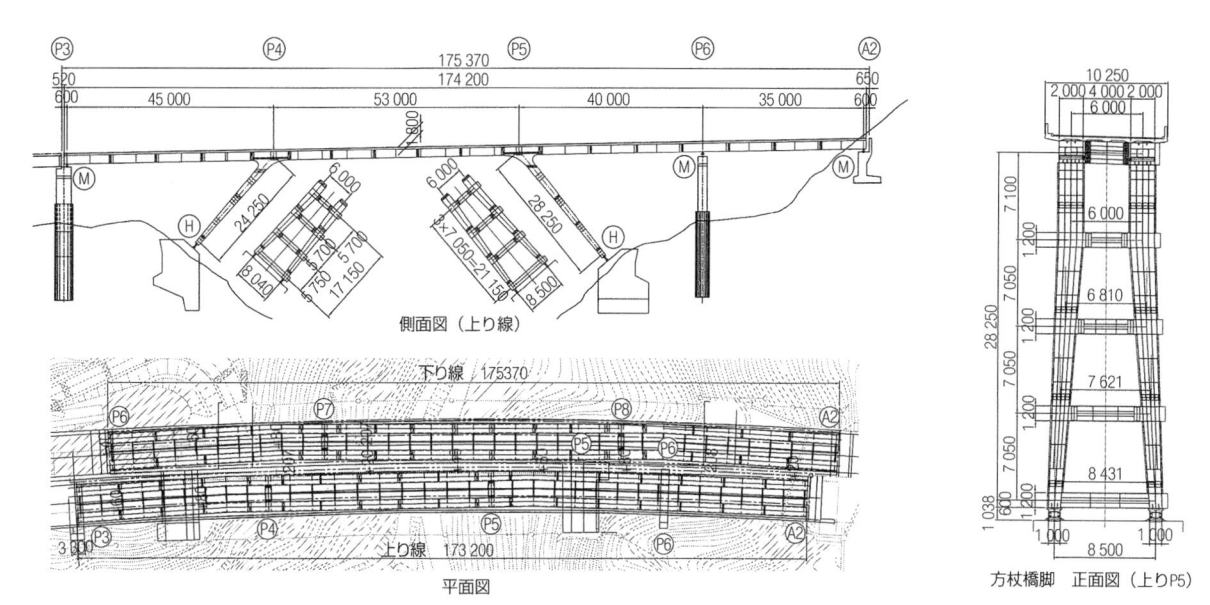

図-2.4.1　橋梁一般図（耐震補強前）[2.4.1]

（出典：平野勝彦，小田優介，浅井貴幸，奈良崎泰弘，澤田寛幸，渕靖文：鋼方杖ラーメン橋の耐震補強設計─横浜横須賀道路　田浦第二高架橋─，橋梁と基礎，Vol.55，No.11，pp.35-40，2021）

表-2.4.2　耐震補強前の構造概要[2.4.1]

（出典：平野勝彦，小田優介，浅井貴幸，奈良崎泰弘，澤田寛幸，渕靖文：鋼方杖ラーメン橋の耐震補強設計─横浜横須賀道路　田浦第二高架橋─，橋梁と基礎，Vol.55，No.11，pp.35-40，2021）

上り線					
橋脚・橋台	Ｐ３	Ｐ４	Ｐ５	Ｐ６	Ａ２
上部工	鋼4径間連続方杖ラーメン箱桁橋				
支承	鋼製ピボットローラー沓	鋼製ピボット沓（橋脚基部）	鋼製ピボット沓（橋脚基部）	鋼製ピボットローラー沓	鋼製ピボットローラー沓
	可動	固定	固定	可動	可動
下部工	ＲＣラーメン橋脚	鋼製橋脚	鋼製橋脚	ＲＣラーメン橋脚	ＲＣ逆Ｔ式橋台
基礎工	深礎杭基礎	直接基礎	直接基礎	深礎杭基礎	直接基礎
下り線					
橋脚・橋台	Ｐ６	Ｐ７	Ｐ８	Ａ２	
上部工	鋼3径間連続方杖ラーメン箱桁橋				
支承	鋼製ピボットローラー沓	鋼製ピボット沓（橋脚基部）	鋼製ピボット沓（橋脚基部）	鋼製ピボットローラー沓	
	可動	固定	固定	可動	
下部工	ＲＣ壁式橋脚	鋼製橋脚	鋼製橋脚	ＲＣ逆Ｔ式橋台	
基礎工	直接基礎	直接基礎	直接基礎	直接基礎	

　本橋は上下線ともに鋼連続方杖ラーメン箱桁橋であり，上部構造は2主箱桁，上り線は方杖ラーメン構造を形成する3径間に加えて連続桁形式の側径間を有している構造である．下部構造は方杖橋脚部が鋼製橋脚，

終点側の橋台が RC 逆 T 式橋台，上り線の起点側掛違い橋脚および中間橋脚が RC ラーメン橋脚，下り線の掛違い橋脚が RC 壁式橋脚である．地盤条件としては橋梁全体において泥岩が地表面に露出しており，基礎形式は上り線のラーメン橋脚が深礎杭基礎で，その他は直接基礎である．

本橋のレベル 2（L2）地震動に対する現況構造の耐震性能照査結果を**図-2.4.2** および**表-2.4.3** に示す．橋軸方向，橋軸直角方向の加振に対し，**表-2.4.3** に示す部位において許容値を満足しない結果であった．

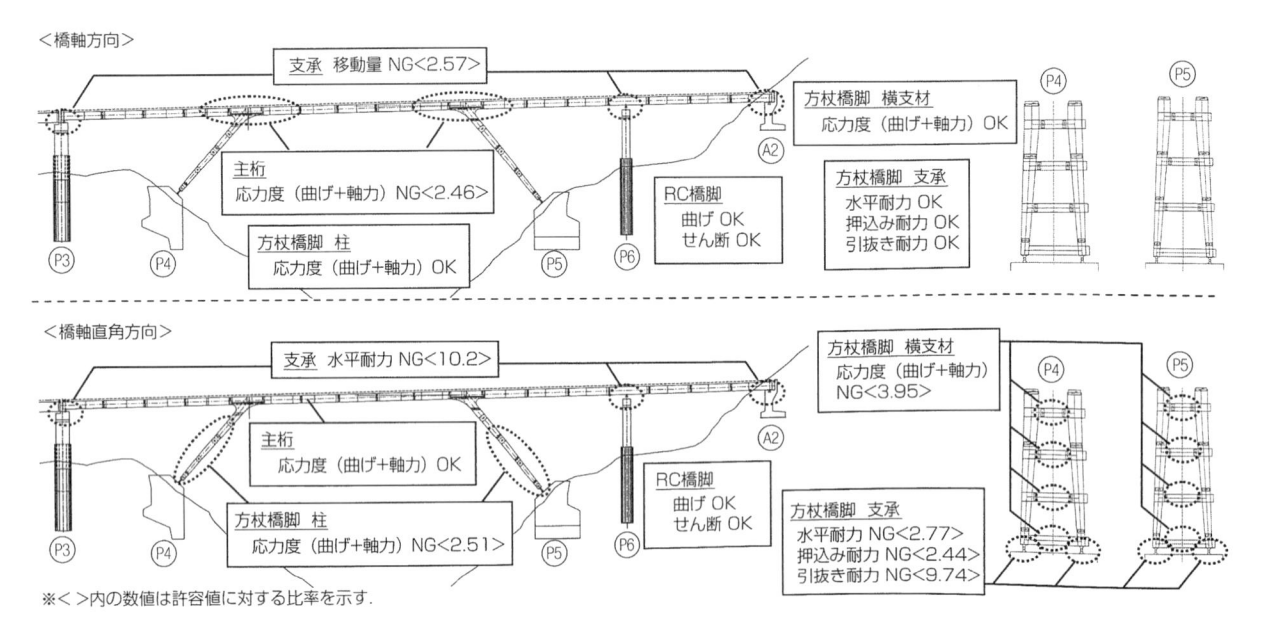

図-2.4.2　現況構造に対する耐震性能照査結果[2.4.1)]

（出典：平野勝彦，小田優介，浅井貴幸，奈良崎泰弘，澤田寛幸，渕靖文：鋼方杖ラーメン橋の耐震補強設計—横浜横須賀道路 田浦第二高架橋—，橋梁と基礎，Vol.55，No.11，pp.35-40，2021）

表-2.4.3　耐震性能照査を満足しない現況構造の部位[2.4.1)]

（出典：平野勝彦，小田優介，浅井貴幸，奈良崎泰弘，澤田寛幸，渕靖文：鋼方杖ラーメン橋の耐震補強設計—横浜横須賀道路 田浦第二高架橋—，橋梁と基礎，Vol.55，No.11，pp.35-40，2021）

加振方向	部位	照査結果
橋軸方向	主桁	許容応力度の超過
	支承（RC 橋台・RC 橋脚部）	許容移動量の超過
	桁遊間	移動量が桁遊間を超過
橋軸直角方向	方杖橋脚	許容応力度の超過
	支承（方杖橋脚基部）	水平力・押込み・引抜きに対する耐力超過
	支承（RC 橋台・RC 橋脚部）	水平力に対する耐力超過
	上下線の離隔	高欄相互の衝突

本橋の目標とする耐震性能は，既設橋梁であることを踏まえ，「国土交通省国土技術政策総合研究所，独立行政法人土木研究所：既設橋の耐震補強設計に関する技術資料，国総研資料第 700 号，土研資料第 4244 号，2012.」を参考に設定され，既設橋脚の塑性化を許容する対象は比較的復旧が容易である RC 橋脚のみとし，復旧が困難と想定される方杖橋脚については地震時応答を弾性領域内に収めることと設定されている．各部材の目標とする限界状態と評価指標を**表-2.4.4** に示す．なお，考慮する地震動は平成 24 年道路橋示方書のタイプ I，タイプ II の標準波形である．

　図-2.4.3 に上り線の補強一般図を示す．具体的な補強および対策の内容は課題と対応に合わせて 2.4.3 に後述するが，補強方針としては，橋軸方向は橋梁全体の変形抑制，橋軸直角方向は方杖橋脚の剛性低減を行っていくこととして検討が進められた．

表-2.4.4　各部材の目標とする限界状態と評価指標 [2.4.1)]

（出典：平野勝彦，小田優介，浅井貴幸，奈良崎泰弘，澤田寛幸，渕靖文：鋼方杖ラーメン橋の耐震補強設計―横浜横須賀道路　田浦第二高架橋―，橋梁と基礎，Vol.55，No.11，pp.35-40，2021.）

部材	限界状態	評価指標	許容値
主桁・横桁	力学特性が弾性域を超えない限界の状態	応力度	H24 道路橋示方書に規定される許容応力度（割増係数 1.7）
方杖橋脚・横支材			
既設支承・取替え支承（鋼部材）			
取替え支承（高減衰積層ゴム）	エネルギー吸収が確保できる限界の状態	ゴムのひずみ	250 %
制震デバイス		軸力	降伏軸力
RC 橋脚	損傷の修復を容易にできる限界の状態	曲率	許容曲率 $\phi_a = \dfrac{\phi_u - \phi_{y0}}{\alpha}$ ϕ_u：終局曲率 ϕ_{y0}：初降伏曲率 α：安全係数
既設可動支承	可動機能が確保できる限界の状態	移動量	許容移動量
主構造相互の離隔	相互に衝突しない状態	移動量	桁遊間上下線の離隔

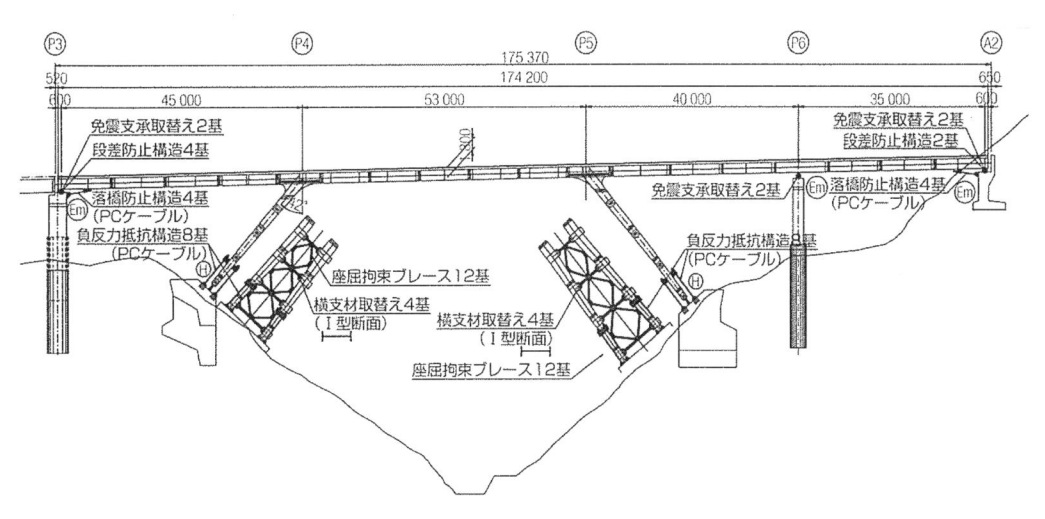

図-2.4.3　補強一般図（上り線） [2.4.2)]

（出典：澤田信之，平野勝彦，小田優介，渕靖文，中島浩一，奈良崎泰弘：交通機能を確保しながら実施した鋼方杖ラーメン橋の耐震補強工事―横浜横須賀道路　田浦第二高架橋―，橋梁と基礎，Vol.55，No.12，pp.31-36，2021）

2.4.3　課題と対応

本事例では，**表-2.4.5**に示す課題とその対応を行った．以下にその内容を概説する．

表-2.4.5　課題と対応の一覧表

課題			対応
(1)事業計画の課題	1.1	施工地点へのアプローチ	横浜横須賀道路から交通規制不要な工事用道路を構築
	1.2	吊り足場の組立て解体方法および起終点間の移動	張出し施工が可能なパネル式吊り足場の採用および中央支間部への連絡通路用吊り足場設置
	1.3	補強部材等の取付け部近傍までの搬入方法	走行用軌条レールと 2.8t 吊り電動トロリおよび電動チェーンブロックで構成される仮設クレーン設備
(2)技術的課題	2.1	方杖橋脚の塑性化への対応	方杖橋脚の剛性低減（横支材取替え（箱断面→I 断面），座屈拘束ブレース設置）
	2.2	方杖橋脚基部支承の引抜きへの対応	負反力抵抗構造（PC ケーブル）の設置
	2.3	横支材の撤去および新規取付け構造	既設仕口およびボルト孔の有効活用
	2.4	方杖橋脚の横支材取替え時の安全性	施工ステップごとの構造安定性を動的解析にて確認
	2.5	支承取替え時の安全性	仮固定ブラケットを設置
	2.6	方杖橋脚の近接目視点検と点検時の安全性	方杖橋脚上面に階段状の検査路を設置

(1)　事業計画における課題と対応
◆**課題 1.1：施工地点へのアプローチ**

本橋の架橋環境は，急峻な谷地に位置しており，一般道から桁下の施工地点に到達することができない状況であった．また，横浜横須賀道路は三浦半島地域の基幹交通軸であり，本橋が位置する区間は，上下線合わせて 47,000 台/日を超える断面交通量を有している．そのため，工事に伴って交通規制を長期間実施するような社会的影響の大きい施工方法を計画することができず，平時の交通機能を確保しながら耐震補強工事を行う施工計画の立案が課題であった．

◇**対応：横浜横須賀道路から交通規制不要な工事用道路を構築**

横浜横須賀道路から施工地点に到達するための工事用道路を，横浜横須賀道路における平時の交通規制を伴わない構造として計画，構築された．

起点側（A1 側）の工事用道路は，横浜横須賀道路（下り線）の路肩に進入用出入口を造成し，建設当時の工事用道路（以下，旧工事用道路）を再利用する計画とされた．旧工事用道路は建設当時から 35 年が経過しており，当時の原形をとどめていなかったため，ヤード内の伐木と表土のすき取りを行い，砕石路盤 12cm と加熱アスファルト 5cm の敷設によって復旧した．起点側工事用道路の位置関係を**図-2.4.4**に示す．進入用出入口には交通誘導員を配置し，工事車両が安全に本線へ流入・流出できる体制が構築された．これにより，起点側において資機材搬入出を行うための動線の確保と，桁端橋脚（上り線 P3 橋脚，下り線 P6 橋脚）の施工地点に進入する場合の交通規制が不要となる施工が可能となった．一方で，谷地の中でも最も急峻な場所に位置する鋼方杖橋脚（上り線 P4 橋脚，下り線 P7 橋脚）への近接は工事用道路からも不可能であるため，後述する吊り足場計画と架設クレーン設備計画を併用する検討がされた．

終点側（A2 側）では，横浜横須賀道路（上り線）から進入できる出入口を A2 背面ヤードに造成すること

とし，A2 背面ヤードから方杖橋脚基部までは 25m 程度の高低差があることから，下り勾配の仮設桟橋が計画された．仮設桟橋は，**図-2.4.5** および**写真-2.4.1** のように，路面勾配 15%の下り勾配として鋼方杖橋脚付近まで最短で到達できる路面線形として計画された．さらに架設桟橋の終点部には，**写真-2.4.2** のように構造高さ 30m 程度の作業構台を谷地に構築して，耐震補強工事で必要となる補強部材の荷取りスペースが確保された．

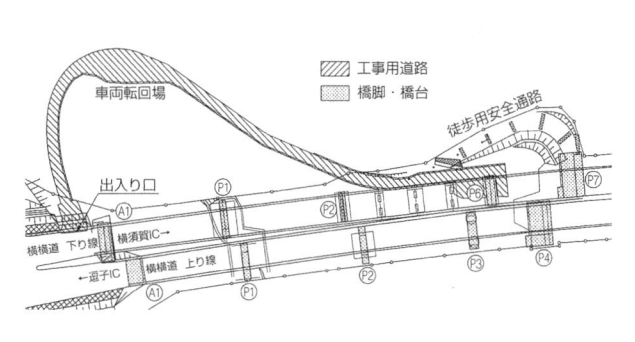

図-2.4.4 起点側工事用道路 [2.4.2)

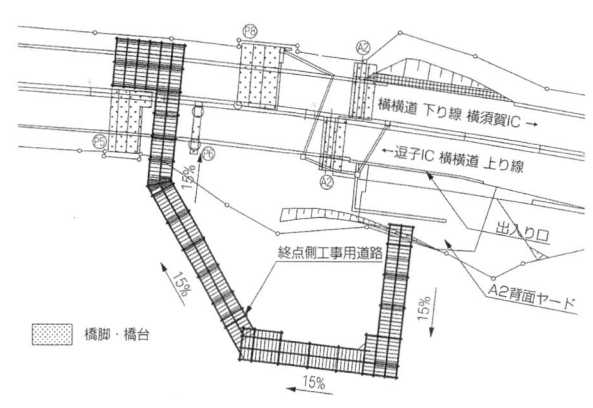

図-2.4.5 終点側工事用道路 [2.4.2)

写真-2.4.1 仮設桟橋 [2.4.2)

写真-2.4.2 作業構台 [2.4.2)

（出典：澤田信之，平野勝彦，小田優介，渕靖文，中島浩一，奈良崎泰弘：交通機能を確保しながら実施した鋼方杖ラーメン橋の耐震補強工事―横浜横須賀道路 田浦第二高架橋―，橋梁と基礎，Vol.55，No.12，pp.31-36，2021）

◆課題 1.2：吊り足場の組立て解体方法および起終点間の移動

　上部構造に取り付ける吊り足場の組立解体では，高所作業車を用いた施工方法が一般的であるが，本橋のような急峻な地形では高所作業車を使用することができなかった．また，一般的な単管吊り足場の組立解体には熟練した技術を要するだけでなく，墜落・転落の危険性を伴う．

　一方，起終点の工事用道路は谷地を挟んで分断されることになり，工事用道路間の連絡は横浜横須賀道路を経由した車両移動が必要となる．

◇対応：張出し施工が可能なパネル式吊り足場の採用および中央支間部への連絡通路用吊り足場設置

　吊り足場の組立解体にあたっては，本工事では，**図-2.4.6** のように身を乗り出さずに張出し施工が可能なパネル式吊り足場を採用して足場組立て解体時の施工安全性を高めている．なお，足場の組立て解体に必要な資材は，工事用道路から供給することで横浜横須賀道路の車線規制を伴わずに吊り足場を組立て解体する計画とされた．

　起終点間の移動については，**図-2.4.7** のように鋼方杖ラーメン箱桁橋の中央支間部に連絡通路用の吊り足場を設置して，工事用道路間の徒歩移動や小資機材の足場上運搬ができる足場を設置して施工効率を高めている．方杖橋脚部の吊り足場は，上部構造の吊り足場と同様にパネル吊り足場を設置する計画とし，足場施工時の墜落・転落に対する安全性をさらに向上させるため，**写真-2.4.3** のように先行安全ネットを設置している．

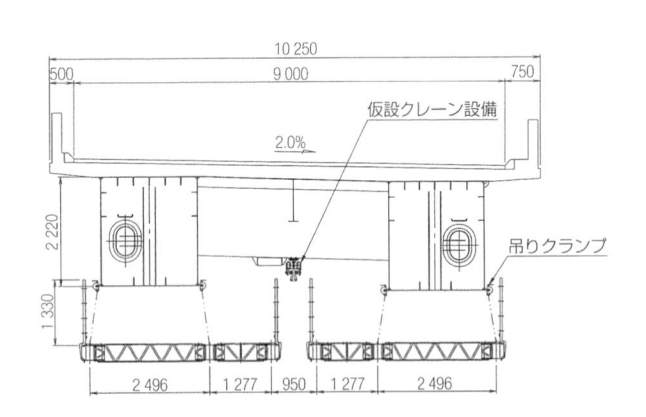

図-2.4.6　上部構造用パネル足場断面 [2.4.2)]

写真-2.4.3　方杖橋脚部の足場と安全ネット [2.4.2)]

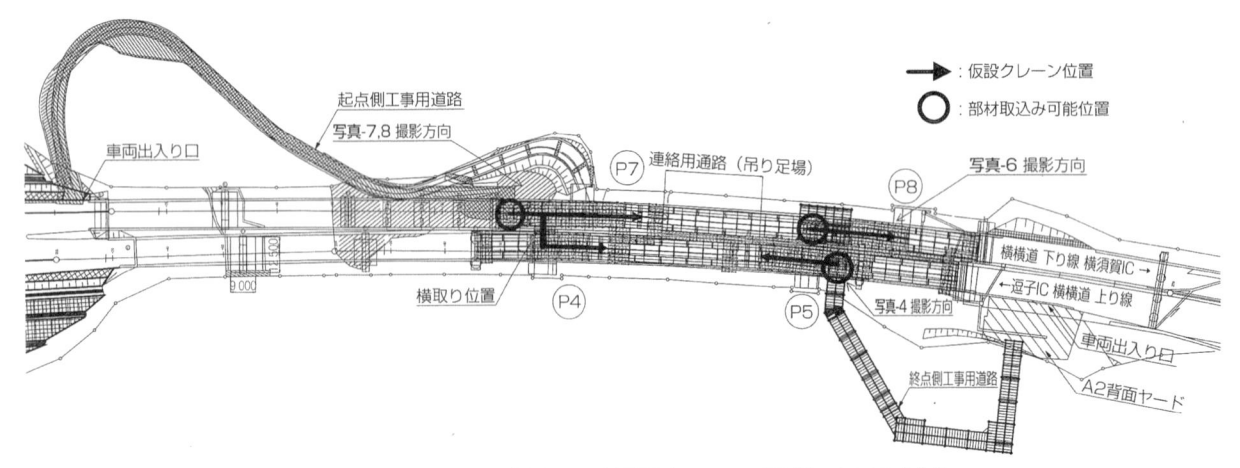

図-2.4.7　吊り足場および仮設クレーン設備の配置 [2.4.2)]

（出典：澤田信之，平野勝彦，小田優介，渕靖文，中島浩一，奈良崎泰弘：交通機能を確保しながら実施した鋼方杖ラーメン橋の耐震補強工事―横浜横須賀道路　田浦第二高架橋―，橋梁と基礎，Vol.55, No.12, pp.31-36, 2021）

◆課題 1.3：補強部材等の取付け部近傍までの搬入方法

　工事に必要な補強部材等の取付け部近傍までの搬入は，横浜横須賀道路の交通規制を行い，交通規制内からクレーンにて荷下ろしすることが一般的と考えられる．しかし，この搬入方法の場合，日々の交通規制を伴うため，横浜横須賀道路の交通機能に影響を与えてしまうことになる．

◇対応：走行用軌条レールと 2.8t 吊り電動トロリおよび
**　　　　電動チェーンブロックで構成される仮設クレーン設備**

　補強部材等の取付け部近傍までの搬入は，整備した工事用道路から行うこととし，交通規制を伴うことなく工事を実施する仮設クレーン設備が計画された．この仮設クレーンは，上部構造の横桁に設置した走行用軌条レールと，2.8t 吊り電動トロリおよび電動チェーンブロックで構成されるクレーン設備である（**写真-2.4.4**）．この仮設クレーンを方杖橋脚部の直上にそれぞれ 1 セット設置し，**写真-2.4.5** および**写真-2.4.6** に示すように工事用道路から搬入した耐震補強部材を方杖橋脚部の補強地点まで縦取り運搬できる計画としている．なお，**図-2.4.7** に示すとおり，P4 橋脚への縦取り運搬途中で橋軸直角方向への部材横取りが必要となる．橋軸直角方向への部材横取りにあたり，地形条件の影響で部材の地上への仮置きはできないため，**図-2.4.8** のように，仮設クレーンに部材を玉掛けした状態で，横取り用のチェーンブロックに部材を吊り替えながら部材を横取り運搬するものとし，その際，吊り足場を 2 層構造にして安全に玉掛け作業を行えるように計画された．

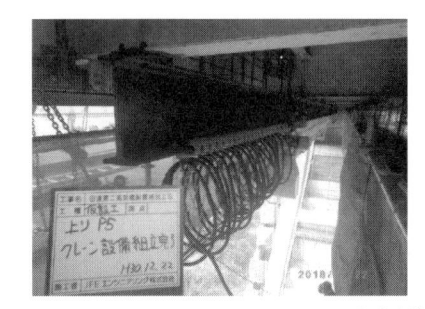

写真-2.4.4　仮設クレーン設備[2.4.2)]

写真-2.4.5　仮設クレーン設備
による縦取り運搬（終点側）
[2.4.2)]

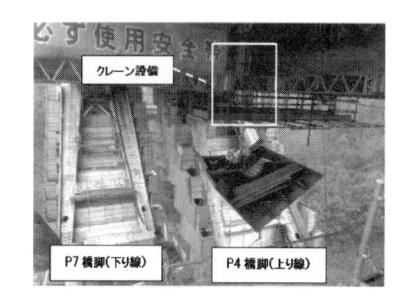

写真-2.4.6　仮設クレーン設備
による縦取り運搬（起点側）
[2.4.2)]

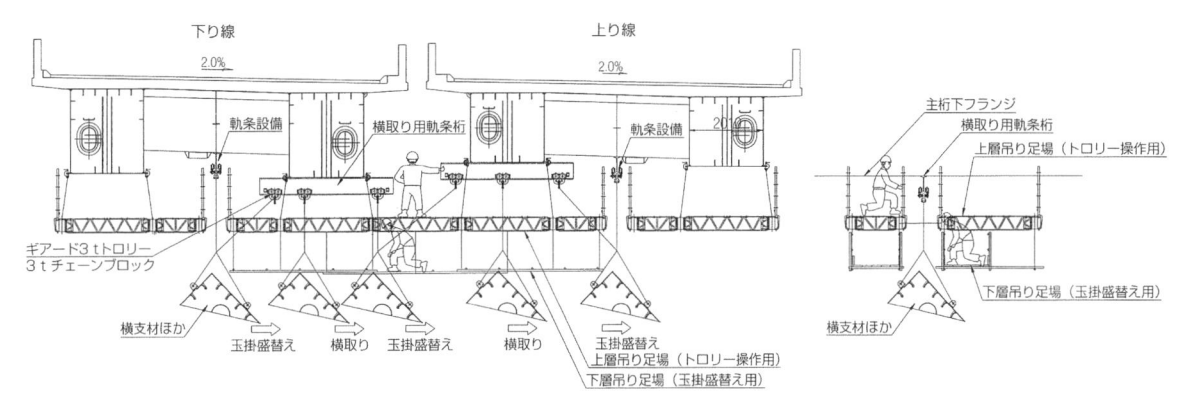

図-2.4.8　仮設クレーン設備による横取り運搬の詳細[2.4.2)]

（出典：澤田信之，平野勝彦，小田優介，渕靖文，中島浩一，奈良崎泰弘：交通機能を確保しながら実施した鋼方杖ラーメン橋の耐震補強工事—横浜横須賀道路 田浦第二高架橋—，橋梁と基礎，Vol.55，No.12，pp.31-36，2021）

(2)　技術的課題と対応

◆課題 2.1：方杖橋脚の塑性化への対応

　橋軸直角方向の照査結果で方杖橋脚の塑性化が生じた要因として，橋梁の固有周期が比較的短いために応答加速度が大きくなっていたことが挙げられており，その原因は方杖橋脚の横支材が箱断面構造であるため，橋脚全体の剛性が高いことによるものとされた．また，橋脚の剛性が高いことで方杖橋脚のロッキング挙動が卓越し，その影響により方杖橋脚基部の支承に生じる押込み・引抜き力が増大する結果が導かれているものと推察された．特に引抜き力は死荷重を大きく上回る力が作用し，上沓と下沓の固定キャップやアンカー部における耐力超過が顕著であった．

　方杖橋脚基部の支承取替えは，支承規模が大きいだけでなく，常時高軸力も作用していることから，施工の確実性も踏まえて困難であると想定された．また，その他の対策として支承部全体をコンクリートで巻き立てる工法も考えられるが，橋脚基部が回転方向に剛になることにより，橋脚本体を含む方杖橋脚基部の応答をさらに増加させてしまうことが懸念された．

◇対応：方杖橋脚の剛性低減（横支材取替え（箱断面→I 断面），座屈拘束ブレース設置）

　固有周期を長周期化するため，横支材を剛な箱断面から I 断面に取り替えることで，橋脚全体の剛性低減を行うこととされたが，この対策のみでは剛性が過小になり，常時およびレベル 1（L1）地震時の照査を満足しないことから，座屈拘束ブレースを斜材として追加することで剛性の不足を補うこととされた．斜材として追加した座屈拘束ブレースは L1 地震動に対しては弾性応答するように設計し，L2 地震動に対しては塑性化するように橋脚の剛性を低減しつつエネルギー吸収を図ることとされている（**表-2.4.6**）．なお，横支材を箱断面のままで座屈拘束ブレースを設置する案も検討したが，橋脚内での相対変形が小さく，効果が限定的な結果であった．

　これらの対応により，橋軸直角方向地震時の橋梁全体の応答は**図-2.4.9** のとおり大きく低減され，方杖橋脚基部の支承応答は対策前の 50 ％以下となった（**図-2.4.10**）．その結果，**図-2.4.11** のとおり橋軸方向，橋軸直角方向ともに方杖橋脚基部支承の引抜きを除く既設部材の照査を満足したとされている．

表-2.4.6　常時・L1 地震時および L2 地震時に対する採用工法の特性 [2.4.1]

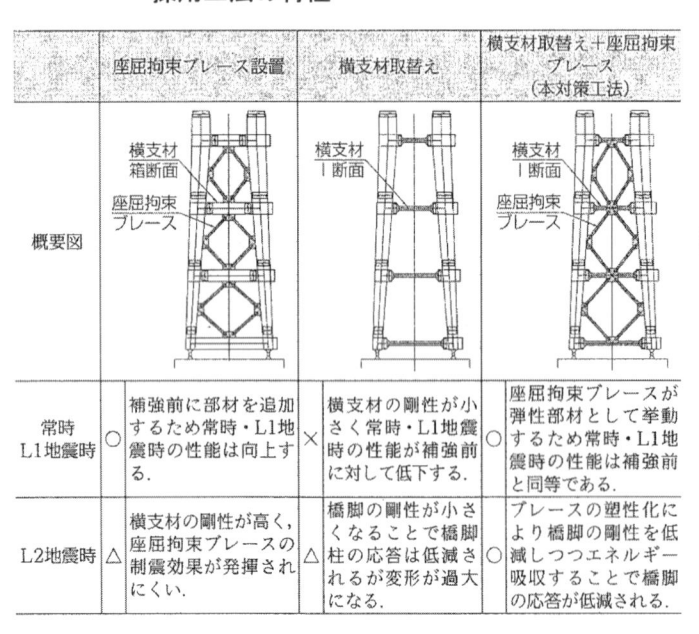

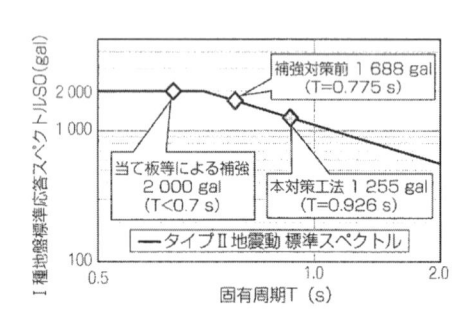

図-2.4.9 補強対策前後の標準応答加速度 [2.4.1]

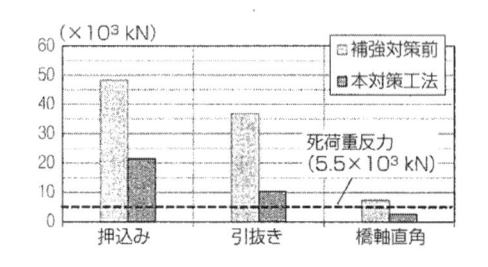

図-2.4.10 補強対策前後の方杖橋脚支承反力 [2.4.1]

（出典：平野勝彦，小田優介，浅井貴幸，奈良崎泰弘，澤田寛幸，渕靖文：鋼方杖ラーメン橋の耐震補強設計―横浜横須賀道路 田浦第二高架橋―，橋梁と基礎，Vol.55，No.11，pp.35-40，2021）

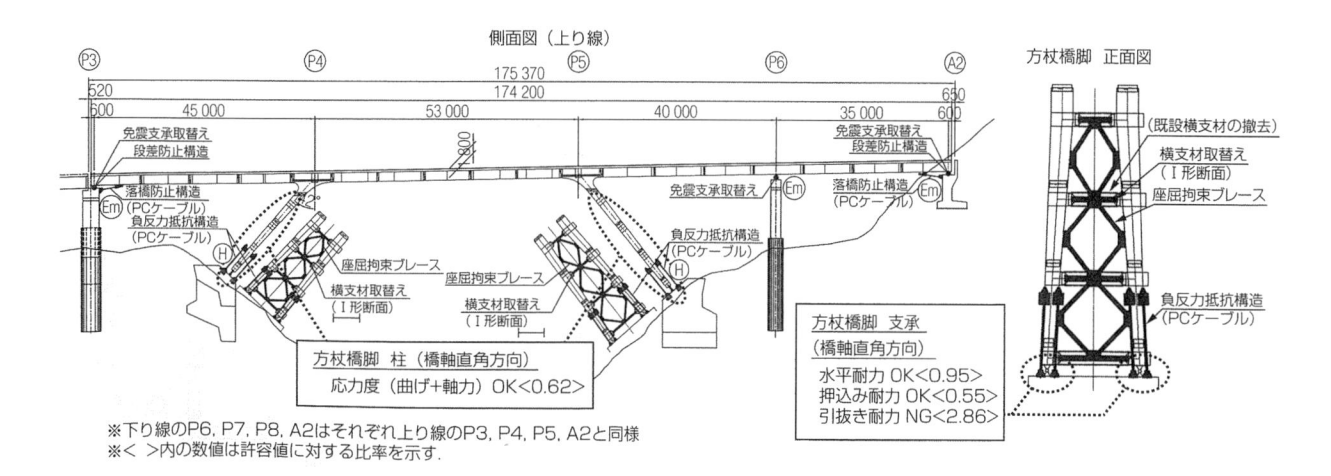

図-2.4.11　補強一般図および補強対策後の既設部材照査結果 [2.4.1]

（出典：平野勝彦，小田優介，浅井貴幸，奈良崎泰弘，澤田寛幸，渕靖文：鋼方杖ラーメン橋の耐震補強設計―横浜横須賀道路　田浦第二高架橋―，橋梁と基礎，Vol.55，No.11，pp.35-40，2021）

◆課題2.2：方杖橋脚基部支承の引抜きへの対応

方杖橋脚基部支承の引抜きに対しては，既設支承の設計荷重が小さく支承耐力の超過が避けられなかった．

◇対応：負反力抵抗構造（PCケーブル）の設置

引抜き力に対する支承の固定機能を補完する構造として，各橋脚基部に PC ケーブルを設置することとされた．また，上下線それぞれの主桁の橋軸直角方向変位が小さくなり，両者の高欄相互の衝突も生じない結果となった．

耐震補強工法の比較結果を**表-2.4.7**に示す．他の工法に対し，主として構造性・施工性・経済性に優れていたことから案3が補強工法として採用された．概算では対案に対して工事費が20〜30％程度少ない結果となったとされている．

表-2.4.7　耐震補強工法の比較 [2.4.1)]

（出典：平野勝彦，小田優介，浅井貴幸，奈良崎泰弘，澤田寛幸，渕靖文：鋼方杖ラーメン橋の耐震補強設計―横浜横須賀道路 田浦第二高架橋―，橋梁と基礎，Vol. 55, No. 11, pp. 35-40, 2021）

		案1 ブレース設置＋当て板補強＋グラウンドアンカー	案2 当て板補強＋グラウンドアンカー	案3 横支材取替え＋座屈拘束ブレース＋PCケーブル
方杖橋脚の補強概要		ブレース・ガセット（H断面8本/脚）　当て板補強（t=22〜25 mm）　メナーゼヒンジ＋グラウンドアンカー（19xφ12.7L=17 m 32本/脚）	当て板補強（t=22〜50 mm）　メナーゼヒンジ＋グラウンドアンカー（19xφ12.7L=17 m 22本/脚）	横支材交換（箱断面→I断面 4本/脚）　座屈拘束ブレース（上り：Py=1 100 kN 下り：Py=1 500 kN 12本/脚）　PCケーブル（Py=3 667 kN 8本/脚）
構造性	方杖橋脚	× 柱基部に当て板補強が必要になる．	× 当て板補強範囲が広く板厚が大きい．	○ 応答低減により補強が不要となる．
	方杖橋脚支承	方杖橋脚のロッキング挙動が増長し，支承の押込み・引抜きが大きくなる．	方杖橋脚のロッキング挙動による支承の押込み・引抜きは現況と同程度である．	方杖橋脚のロッキング挙動の影響が小さくなり支承の応答が低減される．
施工性		× ブレース材のガセットが橋脚柱と横支材の交点や柱の添接部に位置し，施工が困難である．　グラウンドアンカーが密に配置されるため，施工が困難である．	× 柱と横支材の交点は当て板施工が困難であり，既設橋脚に対する孔明けが最も多い．　グラウンドアンカーが密に配置されるため，施工が困難である．	○ 施工量が最も少なく，工程が短い（-3カ月）．　PCケーブル設置はグラウンドアンカーに比べて供台の削孔量が大きく低減される．
維持管理性		△ 部材数と当て板補強範囲が最も大きいため点検性に劣り，将来的な塗装塗替え面積も大きい．	× ボルト本数が最も多いため点検性に劣り，塗装劣化もしやすい．	○ 座屈拘束ブレースは変位計測器によりL2地震時の応答変位が確認できる．
経済性	方杖橋脚	× ブレース・ガセットの施工量が大きく，案3に対して高価である．	△ 当て板補強の施工量が大きく，最も高価である．	○ 横支材取替えや座屈拘束ブレースの設置を伴うものの，取付け部材が小規模であり，最も安価である．
	方杖橋脚支承	× グラウンドアンカーの本数・延長が大きく最も高価である．	グラウンドアンカーの本数・延長が大きく案3に対して高価である．	PCケーブルはグラウンドアンカーに比べて小規模であり，最も安価である．
	工費比率	1.00	0.85	0.69
採否		× 構造性・施工性・経済性等が劣るため不採用	× 構造性・施工性・経済性等が劣るため不採用	◎ （本対策工法）構造性・施工性・経済性に優れるため採用

◆課題 2.3：横支材の撤去および新規取付け構造

新設横支材はⅠ断面であることに対して既設横支材は箱断面であることから，その既設の撤去および新設の接合方法に課題があった．

◇対応：既設仕口およびボルト孔の有効活用

既設横支材の取付け構造は，方杖橋脚柱と一体となった仕口に対してボルト接合するものであった．取替え後の横支材の取付けにあたり，孔明け等，極力，既設橋脚の改変を回避するため，既設横支材をボルト接合境界部で撤去することとし，新設横支材の取付けは，残存させた既設仕口およびボルト孔を有効活用することとされた．新設横支材はⅠ断面に対して既設仕口は箱断面であるため，図-2.4.12のように既設仕口内部に十字形のガセットプレートを取り付け，それを介して新設横支材を取り付ける構造とされた．

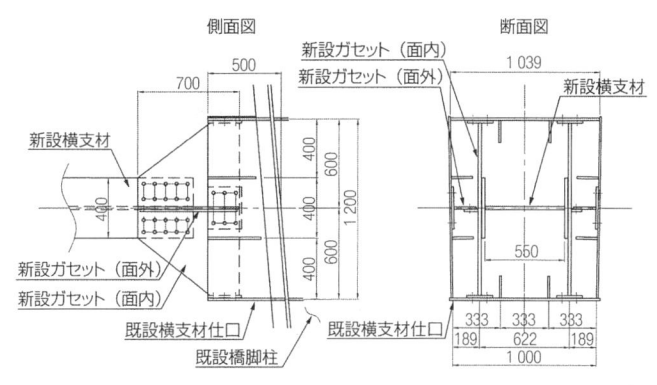

図-2.4.12　新設横支材仕口部の取付け構造概要 [2.4.1)]

（出典：平野勝彦，小田優介，浅井貴幸，奈良崎泰弘，澤田寛幸，渕靖文：鋼方杖ラーメン橋の耐震補強設計—横浜横須賀道路　田浦第二高架橋—，橋梁と基礎，Vol.55，No.11，pp.35-40，2021）

◆課題 2.4：方杖橋脚の横支材取替え時の安全性

　方杖橋脚の耐震補強は，既設横支材を箱断面から I 断面に取替えを行うとともに，座屈拘束ブレースを設置する工法が採用されており，既設横支材の取替えにあたり，本工法は一時的に既設横支材数が減少する状態が発生する．

◇対応：施工ステップごとの構造安定性を動的解析にて確認

　施工ステップごとの構造安定性を動的解析にて確認して，上段の横支材の取替え後に座屈拘束ブレースを設置し，次段の横支材取替えおよび座屈拘束ブレース設置を行う段階的な補強ステップが採用されている．方杖橋脚の耐震補強ステップを**図-2.4.13** に示す．

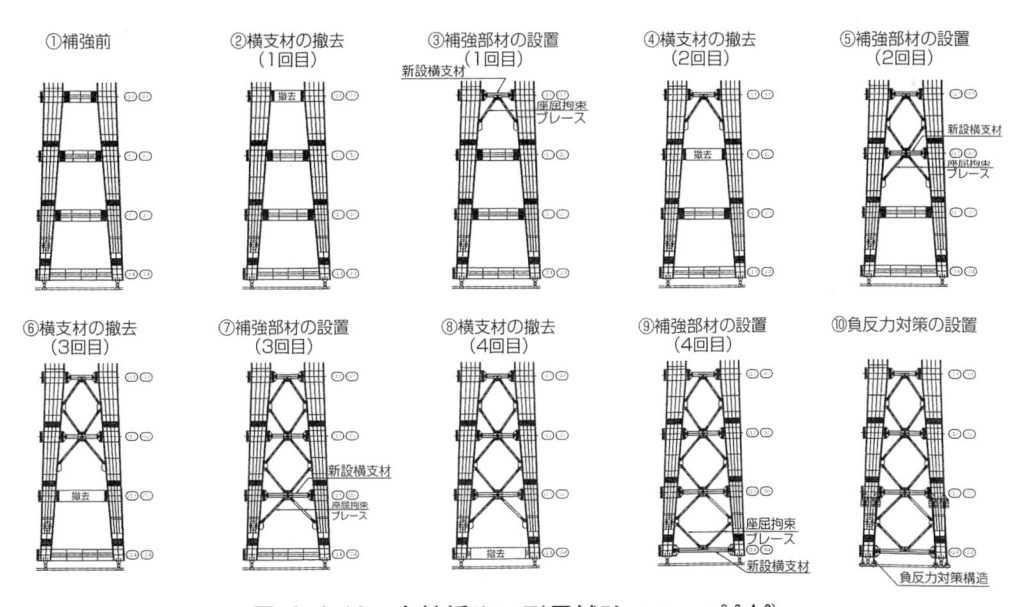

図-2.4.13　方杖橋脚の耐震補強ステップ [2.4.2)]

（出典：澤田信之，平野勝彦，小田優介，渕靖文，中島浩一，奈良崎泰弘：交通機能を確保しながら実施した鋼方杖ラーメン橋の耐震補強工事—横浜横須賀道路　田浦第二高架橋—，橋梁と基礎，Vol.55，No.12，pp.31-36，2021）

◆課題 2.5：支承取替え時の安全性

　支承取替えは，支承取替え時に既設橋梁をジャッキアップし，仮設材に上部構造が受け換えられるため，既設支承が一時的に撤去された状態が発生することから，その際の安全対策が課題とされていた．

◇対応：仮固定ブラケットを設置

　1 支承線上に配置された 2 基の支承を同時にジャッキアップしたうえで，1 基ずつ支承取替え作業を行う際，主桁から橋脚に橋軸直角方向の水平力を伝達する構造として仮固定ブラケットを設置して地震時水平力に対する安全性を確保している．設計水平力は（死荷重）×（L1 地震時水平震度 0.20）とし，許容応力度の割増は 1.5 として設計されている．仮固定ブラケットの設置概要を**図-2.4.14** に示す．橋軸方向については，既設橋脚が必要桁かかり長を満足していることを確認したうえで支承取替えが実施された．

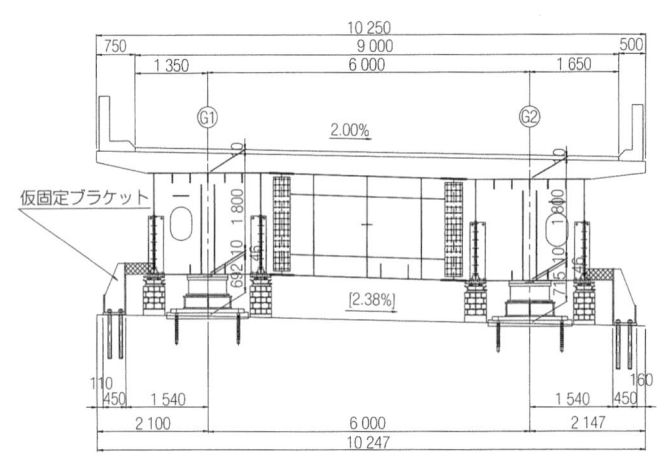

図-2.4.14　仮固定ブラケット設置概要 [2.4.2)]

（出典：澤田信之，平野勝彦，小田優介，渕靖文，中島浩一，奈良崎泰弘：交通機能を確保しながら実施した鋼方杖ラーメン橋の耐震補強工事─横浜横須賀道路 田浦第二高架橋─，橋梁と基礎，Vol.55，No.12，pp.31-36，2021）

◆課題 2.6：方杖橋脚の近接目視点検と点検時の安全性

　本橋は，急峻な地形に位置することから，桁下から方杖橋脚の近接目視が困難であるとともに，方杖橋脚自体が 45°程度の急傾斜であり，従前設備で方杖橋脚に近接するためには，方杖橋脚上面および橋脚箱内のはしごを昇降する必要があり，極めて点検が困難な状況であった．

◇対応：方杖橋脚上面に階段状の検査路を設置

　方杖橋脚上面に階段状の検査路を計画し，特殊な車両や方法によらない点検が可能とされた．点検の動線は，本橋の橋面上（路面）から橋台橋座面に降り，主桁間の検査路を通じて方杖橋脚上面および方杖橋脚基部にアクセスするように計画された．橋脚上面の階段は昇降時の転落防止のために橋脚格点部に踊り場を設けるとともに，点検着目点の 1 つとなる変位計測器の設置箇所には**写真-2.4.7** のように平場を設け，補強箇所の 1 つである方杖橋脚基部にも歩廊を設置した．検査路計画概要を**図-2.4.15** に示す．

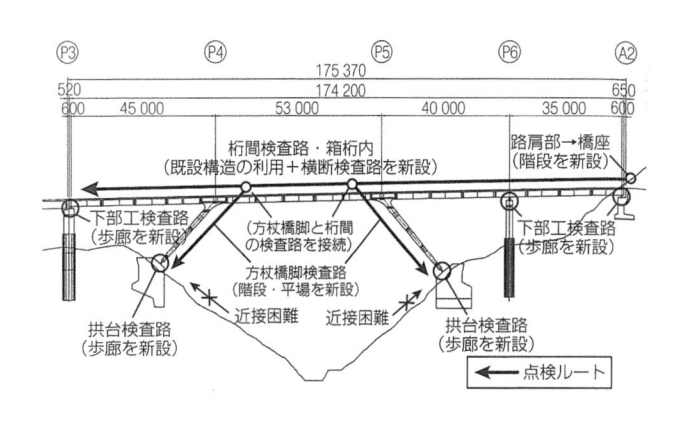

写真-2.4.7　方杖橋脚検査路の配置 [2.4.1)]　　　図-2.4.15　鋼方杖ラーメン橋の検査路計画概要 [2.4.1)]

（出典：平野勝彦，小田優介，浅井貴幸，奈良崎泰弘，澤田寛幸，渕靖文：鋼方杖ラーメン橋の耐震補強設計—横浜横須
賀道路　田浦第二高架橋—，橋梁と基礎，Vol.55，No.11，pp.35-40，2021）

　本節は，参考文献 2.4.1)，2.4.2)の一部を再構成したものである．

参考文献

2.4.1)　平野勝彦，小田優介，浅井貴幸，奈良崎泰弘，澤田寛幸，渕靖文：鋼方杖ラーメン橋の耐震補強設計—
　　　横浜横須賀道路　田浦第二高架橋—，橋梁と基礎，Vol.55，No.11，pp.35-40，2021

2.4.2)　澤田信之，平野勝彦，小田優介，渕靖文，中島浩一，奈良崎泰弘：交通機能を確保しながら実施した鋼
　　　方杖ラーメン橋の耐震補強工事—横浜横須賀道路　田浦第二高架橋—，橋梁と基礎，Vol.55，No.12，pp.31-
　　　36，2021

2.5　維持管理に配慮したゲルバーヒンジ部の構造改良の事例
　　～首都高速 1 号羽田線　鋼箱桁ゲルバーヒンジ部改良工事～

2.5.1　事業目的

　供用から 50 年以上が経過した首都高速 1 号羽田線の勝島地区のゲルバー橋のゲルバーヒンジ部は，2 室鋼箱桁に対し 3 つの支承が配置されている構造であった．構造改良前のゲルバーヒンジ部の状況を**写真-2.5.1** に，構造イメージ図を**図-2.5.1** に示す．本ゲルバーヒンジ部は，支承部の高さが低く桁遊間が狭いことから，3 つの支承のうち，中央の支承は完全に視界が遮られ，外観目視および支承補修が不可能な状況であった．

　さらに，箱桁内部には複雑にダイアフラムが配置され，複数の密閉された空間が存在していた．また，既往の点検結果により，外観目視が可能な外桁のゲルバーヒンジ部では，**写真-2.5.2** のとおり，ゲルバー切り欠き部における応力集中による疲労き裂や伸縮継手からの漏水による腐食が報告されており，点検が困難な中央の支承部も同様の損傷が発生しているものと想定される状況であった．

　以上を踏まえ，維持管理性の改善を目的とし，当該鋼箱桁ゲルバーヒンジ部の改良工事が実施されることとなった．また，あわせて支承取替や縁端拡幅ブラケット設置等の耐震性向上を目的とした改良も実施されることとなった．

写真-2.5.1　ゲルバーヒンジ部の状況（構造改良前）

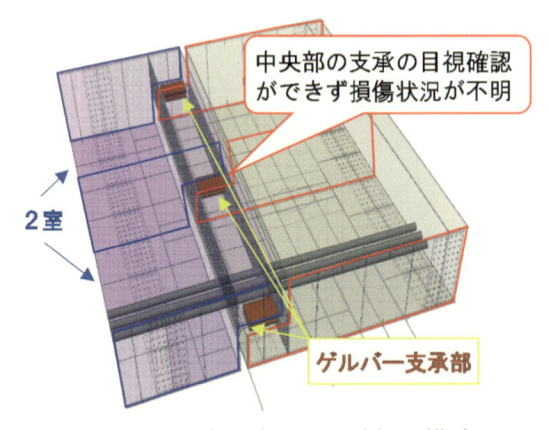

図-2.5.1　ゲルバーヒンジ部の構造

写真-2.5.2　外桁のゲルバーヒンジ部における損傷状況
（左：桁切欠き部のき裂，右：受桁下フランジの腐食）

2.5.2　工事概要

　本工事の対象橋梁は，首都高速 1 号羽田線勝島付近における橋長 60m の 2 径間連続鋼箱桁橋および橋長 90m の 3 径間連続鋼箱桁橋の 2 連の橋梁である．当該 2 連の橋梁には，鋼箱桁ゲルバーヒンジ部が 3 箇所存在する．**図-2.5.2** に橋梁一般図を，**表-2.5.1** に工事概要を示す．

　前述のとおり，当該ゲルバーヒンジ部は，2 室鋼箱桁に対し 3 つの支承が配置されており，特に中央の支承は完全に視界が遮られており，維持管理性に劣る構造であった．そのため，本工事は維持管理性の改善を目的とし，ゲルバーヒンジ部の構造改良を行う工事である．また，構造改良にあわせて耐震性向上を目的とし，支承取替や縁端拡幅ブラケット設置等の施工も実施された．

　本工事の施工ステップを**図-2.5.3** に示す．ベント設備を設置後，桁をジャッキアップし，桁切断が実施された．桁切断を実施することにより，点検困難であった中央支承部における内部状況調査を実施した上で，補強，支承の撤去・設置が実施された．

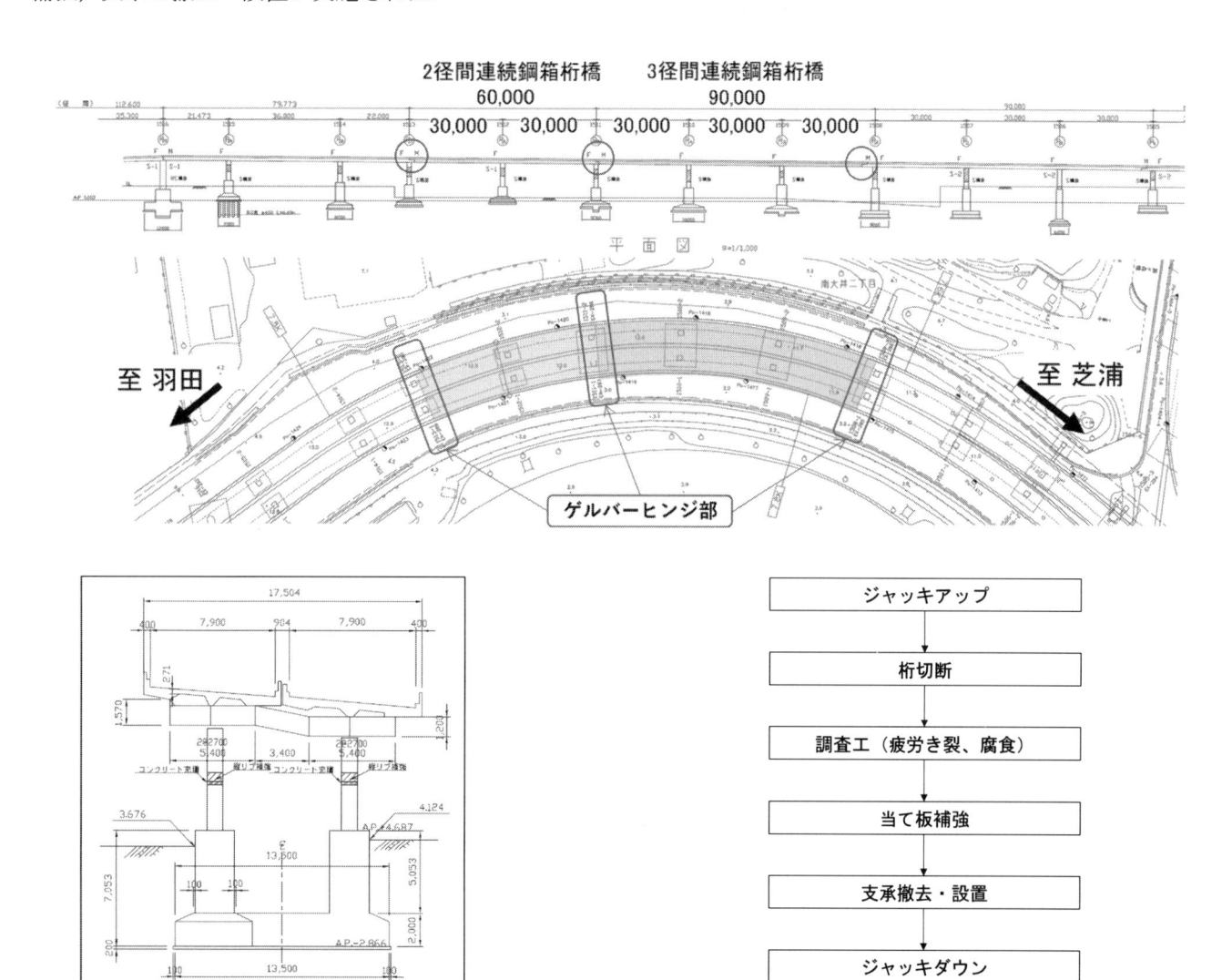

　　　　図-2.5.2　橋梁一般図　　　　　　　　　　　図-2.5.3　改良工事施工ステップ

表-2.5.1　工事概要

路　線　名	首都高速 1 号羽田線
所　在　地	東京都品川区勝島付近
供用開始年	1964（昭和 39）年
管　理　者	首都高速道路株式会社
改　築　年	2017（平成 29）年
橋梁形式	2 径間／3 径間連続鋼箱桁橋
橋　　　長	60.0m／90.0m
支　間　長	30.0m+30.0m／30.0m+30.0m+30.0m
施　工　内　容	ゲルバーヒンジ部：2 室鋼箱桁の断面変更（鈑桁化） 　　　　　　　支承取替（タイプ A⇒タイプ B） 　　　　　　　変位制限撤去 　　　　　　　縁端拡幅ブラケット新設 橋脚支点部：支承取替（タイプ A⇒タイプ B） 　　　　　　　変位制限撤去

2.5.3　課題と対応

　本事例では，**表-2.5.2** に示す課題とその対応を行った．以下にその内容を概説する．

表-2.5.2　課題と対応の一覧表

		課題	対応
技術的課題	1	点検・補修が困難な鋼箱桁ゲルバーヒンジ部の維持管理性の改善	鋼箱桁ゲルバーヒンジ部の鈑桁化による維持管理性の向上
	2	耐震性能の向上	断面変更にあわせた耐震補強
	3	構造改良後の耐荷性能の検証	FEM 解析による構造照査
	4	施工途中段階に新たに確認された損傷への対応	損傷状況に応じた受桁部の改造
	5	複雑な構造に対する施工性の確保	縮小版模型と実物大模型の製作
	6	都道への交通影響	斜ベント構造の採用

◆課題 1：点検・補修が困難な鋼箱桁ゲルバーヒンジ部の維持管理性の改善

　前述のとおり，当該ゲルバーヒンジ部は，2 室鋼箱桁に対し 3 つの支承が配置されており，支承部の高さが低く桁遊間が狭いことから，中央の支承は，完全に視界が遮られ，目視確認ができない状態であった．また，箱桁内部には複雑にダイアフラムが配置され，複数の密閉された範囲が存在していた．ゲルバーヒンジ部の改良にあたっては，維持管理性の改善を図る構造とする必要があった．

◇対応：鋼箱桁ゲルバーヒンジ部の鈑桁化による維持管理性の向上

　検討に際し，当該鋼箱桁ゲルバーヒンジ部は橋脚支点部の近くに位置し，発生曲げモーメントが小さく，断面剛性に余裕があることに着目され，箱桁の下フランジおよび受梁部の一部を切欠き，鈑桁化することとして計画された．鈑桁化することでゲルバーヒンジ部周辺の空間を確保し，点検および補修が可能な構造とする計画であった．ゲルバーヒンジ部は，支承幅分を残してフランジを現場切断により開口され，1 主 2 室鋼箱桁から 3 主鋼鈑桁に変更する構造とされた．また，構造改良前のゲルバーヒンジ部は 1 支承に対し 2 枚もしくは 3 枚のウェブにより支持されており，密閉状態となっていたが，1 支承に対し 1 ウェブとなるように

切断範囲が決定された.

　ゲルバーヒンジ部は，切断開口により支承を支持するウェブの枚数が減少するため，残したウェブの断面補強を行う必要があった．主桁ウェブの断面補強は割込みフランジを有した構造とし，切欠き部の補強を兼ねる構造とされた.

　図-2.5.4 に本工事の構造改良の概要図，図-2.5.5 に施工手順図を示す.

　なお，構造改良にあたっては，桁連続化や橋脚増設案も検討されたが，既設構造に対する影響や現地の施工条件等からいずれも実現困難な状況であり，総合的に判断して鈑桁化が採用された.

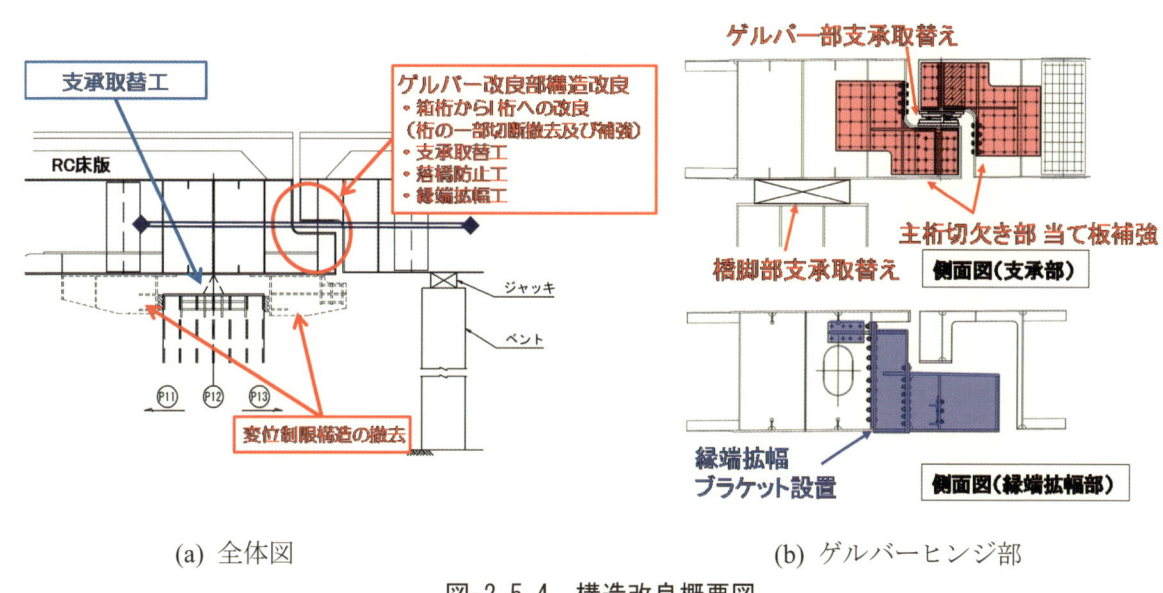

(a) 全体図　　　　　　　　　　　　　　(b) ゲルバーヒンジ部

図-2.5.4　構造改良概要図

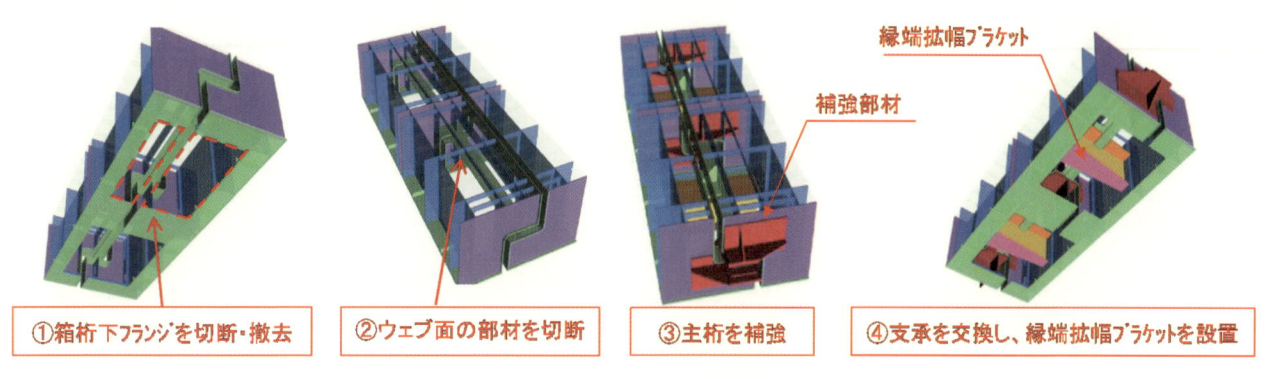

図-2.5.5　施工手順図

◆課題 2：耐震性能の向上

本橋梁におけるゲルバーヒンジ部および橋脚上の支承は，平成 14 年の道路橋示方書で定義されるタイプ A の支承であり，変位制限構造と補完して地震動に抵抗する構造であった．変位制限構造は，視界の妨げにもなり，維持管理性をさらに悪化させている状況であった．

◇対応：断面変更にあわせた耐震補強

ゲルバーヒンジ部および橋脚上のタイプ A 支承をタイプ B に交換することにより，耐震性の向上に加え，目視の妨げになっていた変位制限構造の撤去を可能とし，さらなる維持管理性の改善を図った．取替え後の支承は，ゲルバーヒンジ部および橋脚部とも支承設置高さが低いことから，コンパクトゴム支承が採用された．

また，耐震性向上のため，断面変更にあわせて新たに生み出された I 断面主桁のウェブ間に，横桁で支持する縁端拡幅構造を新たに設け，桁かかり長の確保を図ることとされた．

表-2.5.3 に，工事概要の一覧表を示す．

表-2.5.3　工事概要一覧表

		構造改良前	構造改良後
ゲルバーヒンジ部	設計活荷重	TL-20	B 活荷重
	上部工形式	1 主桁 2 室鋼箱桁	3 主桁鋼 I 桁
	桁端切り欠き部補強	なし	割込みフランジ補強
	支承	線支承 （タイプ A）	ゴム支承 （タイプ B）
	変位制限構造	鋼製ブラケット	撤去
	落橋防止構造	PC ケーブル	PC ケーブル
	縁端拡幅ブラケット	なし	設置
橋脚部	支承	BP-A 支承 （タイプ A）	ゴム支承 （タイプ B）
	変位制限構造	鋼製ブラケット	撤去

◆課題 3：構造改良後の耐荷性能の検証

2 室鋼箱桁から 3 主桁鋼鈑桁への構造改良は，施工事例が少ないことから，事前に構造の妥当性検証する必要があった．

◇対応：FEM 解析による構造照査

補強構造の妥当性，構造改良前後における応力状態の変化，構造改良後の定着桁側および吊り桁側の主桁の横倒れ座屈に対する耐力の変化を確認するため，FEM 解析を用いた構造検証が実施された．構造改良前後のモデルを作成し，構造妥当性の検証および構造改良前後の応力状態の変化，座屈耐力の確認を行った．

解析結果により，構造改良前に比べ構造改良後は応力集中が緩和されており，割込みフランジを設けた補強の妥当性が確認された．応力コンター図を図-2.5.6 に示す．また，構造改良後においても十分な座屈耐力を有していることが確認された．

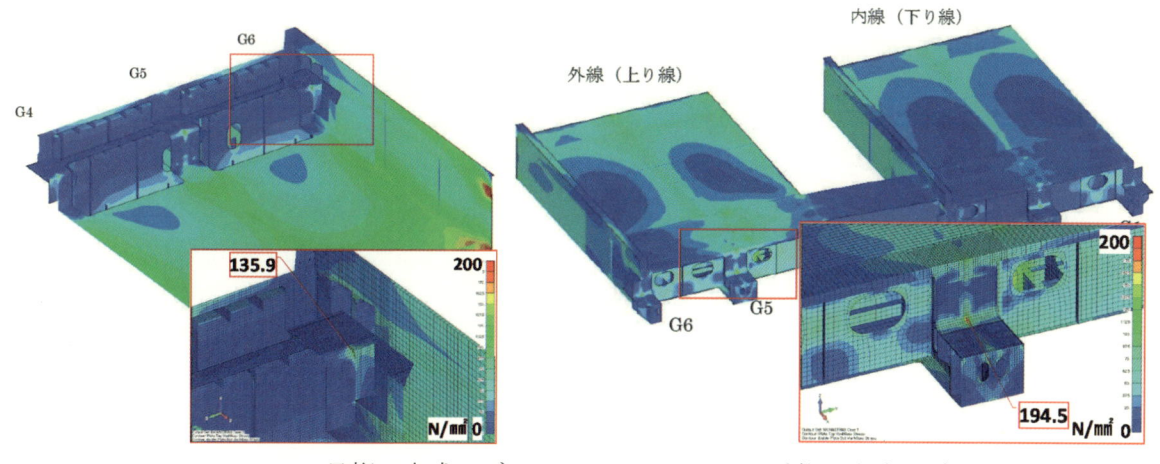

(a)　吊桁，完成モデル　　　　　(b)　受桁，完成モデル

図-2.5.6　FEM 解析における発生応力コンター図

◆課題 4：施工途中段階に新たに確認された損傷に対する対応

　ゲルバーヒンジ部の改良工事の進捗に伴い，これまで点検が困難であった部位が確認できるようになった．その結果，新たに腐食などの損傷が確認され，構造の一部において当初計画していた構造を変更する必要が生じた．

　ベント設置後に既設支承反力を受替え，箱桁下フランジを切断し，点検困難であった中央支承部における内部状況調査が実施された結果，**写真-2.5.3** および**写真-2.5.4** に示すような支点部付近の垂直補剛材，受桁部に腐食損傷が多数確認された．特に受桁部の上フランジは腐食による大きな断面欠損が生じていた．

◇対応：損傷状況に応じた受桁部の改造

　調査結果を踏まえ，全 18 箇所の受桁のうち 8 箇所については，当て板補強が困難とされ，**図-2.5.7** に示すように既設の受桁を切断し，新設受桁に取替える構造とされた．

　主桁切り欠き部の当て板補強状況を**写真-2.5.5**，当て板困難箇所での新設受桁取替状況を**写真-2.5.6**，箱桁下フランジ切り欠き状況を**写真-2.5.7** に，改良後の状況を**写真-2.5.8** 示す．

  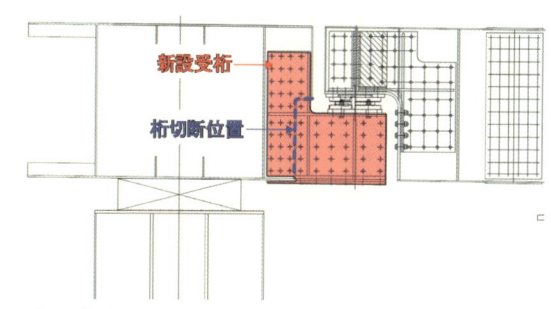

写真-2.5.3　垂直補剛材の腐食　**写真-2.5.4　受桁上フランジの腐食**　　　**図-2.5.7　受桁取替え**

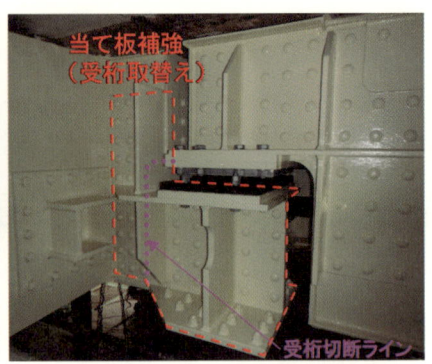

写真-2.5.5　当て板補強状況　　　　　写真-2.5.6　受桁取替状況

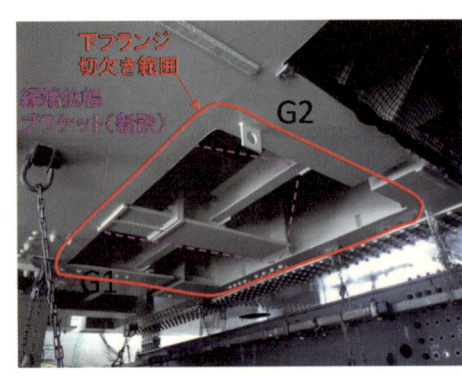

写真-2.5.7　下フランジ切り欠き状況　　　写真-2.5.8　ゲルバーヒンジ部の状況（改良後）

◆課題 5：複雑な構造に対する施工性の確保

　箱桁内部は，非常に狭隘で複雑な構造となっており，また，ゲルバーヒンジ部の補強部材においては，1 箇所ごとに一品一様（形・方向）の組合せ部材数が多くなったため，作業員に対し，作業内容を分かりやすく周知し，勘違いや手戻りなどヒューマンエラーの防止に努める必要があった．

◇対応：縮小版模型と実物大模型の製作

　作業員に対し，複雑な構造を立体的に理解できるように，**写真-2.5.9** のように，施工対象範囲の縮小版模型（1/15）を作成し，誤って計画外の箇所を切断しないよう，あらかじめ切断シミュレーション等を行い，認識の統一が図られた．

　切断については，既設桁の上下フランジ，支点部補強材等をガスで切断し，切断面をディスクグラインダーにて仕上げた．桁の切断にはガス溶断，プラズマ切断，セーバーソー等を併用し，既設構造物への熱影響を減少させることとされた．

　ゲルバーヒンジ部の補強部材においては，組合せ部材数が多くなったため，工場塗装後に全数組み立てを行って現場搬入し，各設置場所へ荷揚げ・運搬を行ってから解体・設置することで，設置間違いを無くし，取り付け作業の効率化を図った．

　また，補強部材は，主桁ウェブ間の狭隘なスペースから搬入する必要があったため，**写真-2.5.10** のとおり，実物大模型を製作し，事前に既設構造物との干渉，作業性，設置箇所でのハンドリング等の確認を行った上で施工が実施された．

写真-2.5.9　縮小版模型（1/15）

写真-2.5.10　実物大模型製作

◆課題 6：都道への交通影響

　本工事では，ゲルバーヒンジ部の施工に際し，桁のジャッキアップを実施するため，ベント設備を設置する必要があった．対象箇所の高架下状況は，都道の上下各 3 車線に挟まれた中央分離帯であり，中央分離帯内は駐車場として利用されていた．しかし，本橋梁の主桁は中央分離帯の駐車場の幅よりも大きく，都道上にも平面的に重なっていたことから，施工に際し通常のタワーベントが採用された場合，都道の上下各 1 車線を長期にわたり常設規制する必要があった．

◇対応：斜ベント構造の採用

　施工は長期間にわたるため，都道への交通影響を最小限にするため，常設規制を必要としないベント構造の設置が検討された．都道の建築限界や荷重の照査等の検討の結果，高架下の駐車場敷地内に柱材を収め，本橋梁の上下線の桁を 1 本の頂部梁で支える，斜ベント構造が採用された．**図-2.5.8** に斜ベント構造概要を，**写真-2.5.11** に斜ベント設置状況を示す．

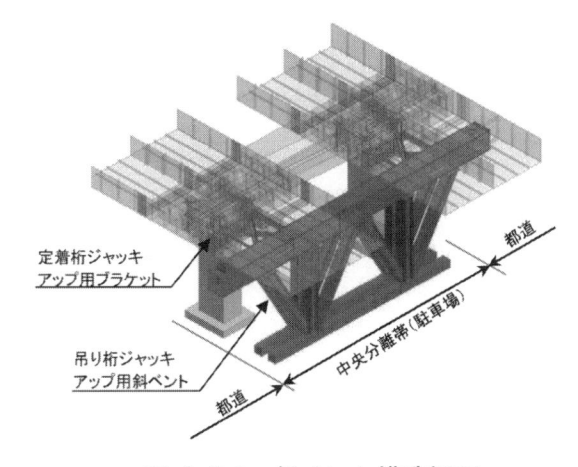

図-2.5.8　斜ベント構造概要

写真-2.5.11　斜ベント設置状況

　本節は，参考文献 2.5.1)の一部を再構成したものである．

参考文献

2.5.1)　村井啓太，中野博文：鋼箱桁ゲルバー支承部の鈑桁化構造改良，土木学会第 72 回年次学術講演会講演概要集，VI-691，pp.1381-1382，2017

2.6　歴史的資産を活用した地域活性化のための橋梁復原の事例
　　　～登録有形文化財　森村橋復原工事～

2.6.1　事業の目的

　　森村橋の損傷・劣化，補修の経過略歴を**表-2.6.1**に示す．森村橋は 1906 年（明治 39 年）に建設されたトラス橋であり，近代産業遺産として 2005 年（平成 17 年）には国登録有形文化財に登録されている．「平成 29年度森村橋復原工事」は，文化財の保存と活用を目的として，復原後に歩道橋として活用できるよう部材の補修・補強を実施し復原した工事である．森村橋自体は老朽化のため，2003 年（平成 15 年）から通行止めされており，管理者である小山町によって地域活性化での活用を目的として，森村橋の復原事業が決定されている．

表-2.6.1　森村橋の損傷・劣化，補修の経過略歴 [2.6.3)を一部改変]

年		経年	事柄	供用
1906	（明治 39）年	0	開通（富士紡創業 10 周年）	軌道 車 歩行者
1923	（大正 12）年	17	関東大震災被災（支承水平移動）	
1945	（昭和 20）年	39	沼津大空襲で銃撃（中央部垂直材（複数）に弾痕跡）	
1948	（昭和 23）年	42	コンクリート床版へ打替	
1955	（昭和 30）年	49	端支柱，支承補修，格点ピン交換	
1965	（昭和 40）年	59	防食塗装，軽量コンクリート床版，木製縦桁一部交換	
1968	（昭和 43）年	62	鋼床版へ交換，縦桁交換，下弦材，斜め材，横桁，垂直材追加，支承周りコンクリート打設等の大改造	車 歩行者
2003	（平成 15）年	97	車通行止め（新森村橋開通）	通行止め
2005	（平成 17）年	99	登録有形文化財に登録	

2.6.2　工事概要

　　工事概要を**表-2.6.2**に示す．本工事は，老朽化した橋梁を解体，再利用可能な部材を工場にて補修・補強を行い，再利用できない部材は新規に製作し，再び元の場所に歩道橋として架設を行う工事である．これにより森村橋を文化財として保存・活用することを目的としている．

　　また，森村橋の復原工事に合わせて，森村橋周辺の整備工事を続けて行っており，橋梁周辺を広場として利用できるように整備を行い，地域活性化につなげられている．

表-2.6.2　工事概要

路　線　名	町道 1647 号線
所　在　地	静岡県駿東郡小山町
供用開始年	1906 年（明治 39 年）
管　理　者	静岡県小山町
改　築　年	2020（令和 2）年
橋　梁　形　式	鋼単純下路式曲弦プラットトラス橋
橋　　　長	40.4m
支　間　長	39.0m
施　工　内　容	既設橋梁の解体 部材の健全性確認 橋梁の再組立

2.6.3　課題と対応

本事例では，**表-2.6.3** に示す課題とその対応を行っている．以下にその内容を概説する．

表-2.6.3　課題と対応の一覧表

		課題	対応
(1)事業計画の課題	1.1	文化財としての対応	周辺整備を含めた事業計画
	1.2	事業費の確保	財源確保のための条例の制定
(2)技術的課題	2.1	既設部材の再利用	橋面工の事前実施，横取り架設・鋼製橋脚の現場溶接・構造細目の工夫
	2.2	新設部材と再利用部材の接合	既設部材の健全性の確認
	2.3	図面と実構造物の相違	既設部材の特性を生かした溶接継手の採用
	2.4	解体時の荷重の受替え方法	実際の寸法を計測
	2.5	施工時荷重の増加に対する試験載荷による確認	作業用の仮設トラスの採用
	2.6	施工誤差調整を踏まえた部材の接合	施工時荷重の増加に対する試験載荷による確認

(1)　事業計画における課題と対応

◆課題 1.1：文化財としての対応

　森村橋は，本工事での解体直前までに 113 年（1906 年（明治 39 年）～2019 年（平成 31 年））が経過しており，ピン連結された部材の腐食が著しく，劣化がかなり進行し，土木遺産を守るためにもなるべく早い時期の補修・補強が必要であった．

　また，既に老朽化のため，2003 年（平成 15 年）に森村橋に隣接して新森村橋が架設され，これに伴い森村橋自体は通行止めにされており，実際の通行には新森村橋が使われ，復原された森村橋の利活用方法の検討が必要となっていた．

◇対応：周辺整備を含めた事業計画

　現況調査が行われ，その調査結果が 2015 年に報告され [2.6.2)]，復原工事が 2018 年 2 月から着手された．森村橋の復原工事とともに，周辺を整備する工事が別途発注され，森村橋単体ではなくその周囲も合わせて整備されることで，復原後は広場として利用できるよう工事が行われている．

(a) 正面からの写真　　　　　　　　　　　　　　　(b) 側面からの写真 2.6.8)

(c) 建設当時の正面からの写真

写真-2.6.1　復原工事前の森村橋　写真提供）静岡県小山町

(a) 正面からの写真　　　　　　　　　　　　　　　(b) 側面からの写真

写真-2.6.2　復原工事後の森村橋 2.6.6)

◆課題 1.2：事業費の確保

　森村橋は 2005 年（平成 17 年）に「登録有形文化財」として国に登録され，静岡県小山町が管理者となっていた．「登録有形文化財」の補修・修理についての費用負担は所有者が行うと文化財保護法に定められており，事業費の確保が課題であった．

◇対応：財源確保のための条例の制定

　森村橋の復原工事における財源と設計・工事費用を**表-2.6.4**に示す．森村橋の所有者である小山町は，補修・修理費用を捻出するために，「文化財保護基金条例」を制定，ふるさと納税の一部を文化財の保全に使えるような仕組みがつくられ，設計費・工事費の費用を賄ったとされている．

表-2.6.4　森村橋復原工事の財源と設計・工事費用 [2.6.5) 2.6.7)] を参考に作成

	名称	金額
財源	県観光施設整備事業補助金	1 億円
	文化財保護基金（ふるさと納税）	2 億 6836 万円
	企業版ふるさと納税	100 万円
工事費	設計費	1663 万 2000 円
	復原工事	3 億 9689 万 2800 円
	広場整備工事	3589 万 9600 円

(2)　技術的課題と対応

◆課題 2.1：既設部材の再利用

　今回の事業では，文化財保護の観点から可能な限り建設当時の姿に復原することが求められていた．つまり，できる限り既設部材を再利用する必要があった．

◇対応：既設部材の健全性の確認

　解体した部材を工場に搬入し，塗膜を剥離した後，目視により欠損の有無や劣化の状態など，部材の健全性の確認がされている．この中で，健全性が確認できた部材を可能な限り再利用し，腐食が著しい箇所は部材を新規製作して再利用部材と接合している．

◆課題 2.2：新設部材と再利用部材の接合

　再利用部材との接合方法の選定に当たり，既設部材に使用されている鋼材を検討し，建設時期から材質は，ベッセマー鋼と想定され溶接に不適である可能性があったとされている．ここで，ベッセマー鋼とは，1855 年に H・ベッセマーにより発明・特許を取得したベッセマー法によって精錬された鋼材であり，製法上リンが残留しやすく，靱性・溶接性に劣るという特性を有するものである．既設部材と新設部材の接合を高力ボルト接合にすると，既設部材の断面が小さく，ボルト配置が制約され，ボルト数が増加するため連結板が長くなり，継手位置が格点部から離れることで，再利用部材の範囲が減少することとなることが問題であったとされている．

◇対応：既設部材の特性を生かした溶接継手の採用

　ボルト接合ではなく溶接継手を採用し既設鋼材をなるべく多く残す方策がとられた．ただし溶接継手の採用に当たっては，代表個所において鋼材成分試験，溶接施工試験，機械試験を実施して，溶接性の検討を行い，ベッセマー鋼の特性を考慮して溶接する際の条件を設定して溶接することとされている（**表-2.6.5**）．

表-2.6.5　溶接時の条件設定（森村橋の例）[2.6.1] を参考に作成

項目	条件，対応
① 接合断面	全個所成分試験を実施 　→試験結果と同様の傾向の場合は溶接を実施 　→結果が異なる場合は，改めて試験を実施
② 溶接箇所，仕様の制限	部材軸方向板継ぎ溶接・完全溶け込み溶接のみ 　（板厚方向に拘束する溶接，すみ肉溶接，部分溶込み溶接は不可）
③ 施工中トラブル対応	割れ発生時は溶接を中止，高力ボルト接合に変更する
④ 溶接施工後	全線非破壊検査を実施，有害なキズの有無を確認

◆課題 2.3：図面と実構造物の相違

　既設部材は，建設時の図面が残されていたため設計寸法は確認できていたが，建設当初に設けられた部材のキャンバーや製作・架設誤差，供用中に受けた塑性変形により，寸法が設計寸法と異なっていたことが問題とされている．

◇対応：実際の寸法を計測

　実際の寸法計測を実施，上弦材格点の折れ角については光波測定を実施し，その他の寸法は鋼製巻尺により計測を行っている．

◆課題 2.4：解体時の荷重の受替え方法

　施工面では，森村橋が架かっている鮎沢川は出水期（6~10 月）の流量が多く，桁下からの作業は渇水期（11~5 月）に限られていたが，渇水期であっても 1，2 月以外は一時的に流量が多くなることがあり，ベントの設置は困難と判断されている．

◇対応：作業用の仮設トラスの採用

　写真-2.6.3 に示すような作業用の仮設トラスを架設し，解体から架設までの間，仮設トラスによって既設橋梁および復原橋梁の荷重を支持する工法が採用されている．

写真-2.6.3　設置された仮設トラス（撮影：大村拓也）[2.6.4]

（出典：真鍋政彦：仮設トラスとの合成が成す難復元，日経コンストラクション，第 732 号，pp. 16-23，2020. 3）

◆課題 2.5：施工時荷重の増加に対する試験載荷による確認

　解体に先立って吊足場の設置が必要であるため，既設橋梁に吊足場分の重量（10t 程度）を新たに負担させる必要があり，また下弦材および斜材は昭和 43 年にバイパス材によって補強されており，力の伝達経路が不明確なことが問題であった．

◇対応：施工時荷重の増加に対する試験載荷による確認

　吊り足場設置時の安全性および有効部材の確認のために，既設橋梁の荷重載荷試験を行い，鉛直変位や各部材のひずみが計測されている．載荷試験の結果，腐食は著しいものの構造系としてはある程度健全であり，吊り足場設置のための安全性は確保できていると判断したとされている．

◆課題 2.6：施工誤差調整を踏まえた部材の接合

　森村橋は，鋼単純下路式曲弦プラットトラス橋（**図-2.6.1**）であり，圧縮部材である上弦材および柱は，主にドイツの BURBACH 社製の形鋼をリベットで組み合わせて構成されていた．一方，引張部材である下弦材および斜材はアイバーが用いられており，各点の結合は，端柱と上弦材および上弦材どうしは剛結構造，鉛直材，斜材および下弦材の両端はピン連結構造となっていた．ピン挿入作業に当たっては，設計上ピン径と孔径の差が 0.5mm しか無く，さらに下側のピンは最大 12 枚，上側のピンは最大 7 枚の部材を貫通する必要があり，施工誤差の調整が課題であったとされている．

◇対応：ピン形状の工夫

　本ピンを挿入しやすくするため，テーパーの付いた砲弾形状のピンをねじで連結したもの（**図-2.6.2**）が採用されている．砲弾のテーパー角度は 2.6 度，くさび効果により引込み力の約 4 倍程度の力が押し広げの力となるようにして，孔の位置合わせが行えるよう工夫して施工を行っている．

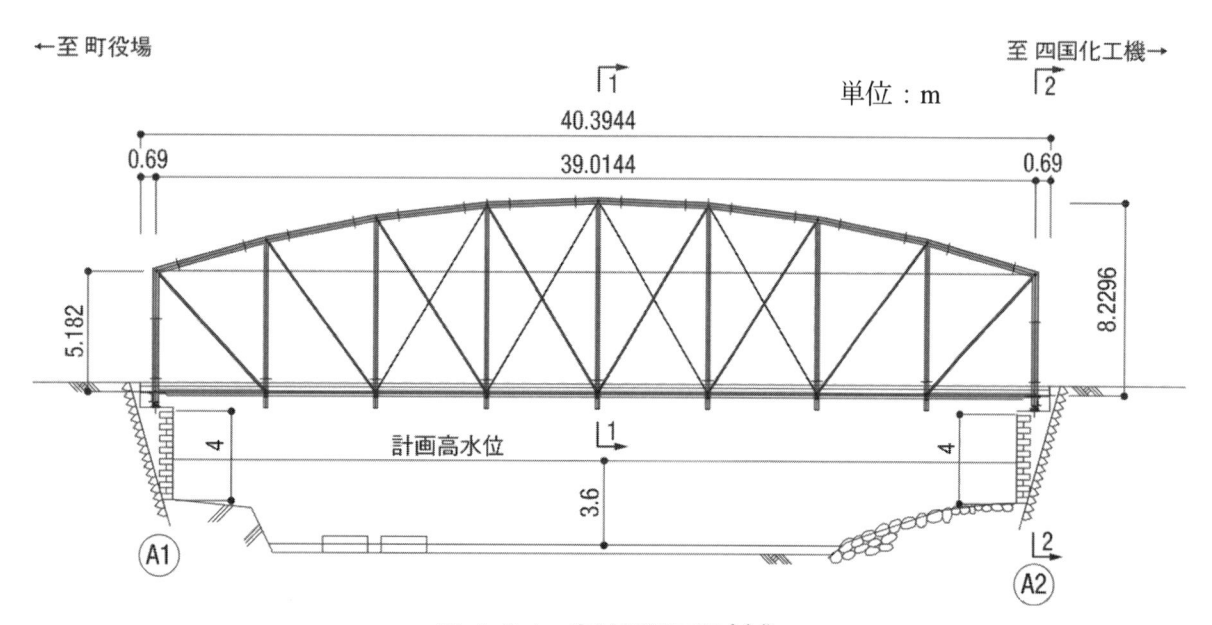

図-2.6.1　森村橋側面図 [2.6.4)]

（出典：真鍋政彦：仮設トラスとの合成が成す難復元，日経コンストラクション，第 732 号，pp.16-23，2020.3）

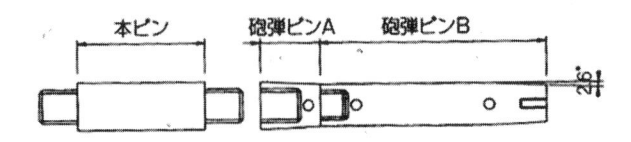

図-2.6.2　砲弾形状のピン [2.6.1)]

（出典：大谷恵治，小松原和也，竹田圭一，西村晃，福井敦史，河西亮輔：国登録有形文化財「森村橋」の復原工事，橋梁と基礎 2021-2，pp. 7-12，2021.2）

　本節は，参考文献 2.6.1)，2.6.4)，2.6.5)の一部を再構成したものである．

参考文献

2.6.1) 大谷恵治，小松原和也，竹田圭一，西村晃，福井敦史，河西亮輔：国登録有形文化財「森村橋」の復原工事，橋梁と基礎 2021-2，pp.7-12，2021.2

2.6.2) 五十畑弘：登録有形文化財森村橋の現況調査，土木史研究講演集，Vol.35，pp.9-14，2015

2.6.3) 五十畑弘，溝口久，永富大亮，永村景子：登録有形文化財森村橋の修復計画　〜供用下にある歴史的鋼橋の補修・補強事例として〜，土木史研究講演集，Vol.37，2017

2.6.4) 真鍋政彦：仮設トラスとの合成が成す難復元，日経コンストラクション，第 732 号，pp.16-23，2020.3

2.6.5) 真鍋政彦：大人も子どもも楽しめるトラス橋，日経コンストラクション，第 770 号，pp.42-27，2021.10

2.6.6) 土木学会：土木学会 HP，土木学会賞，田中賞作品部門受賞一覧，令和 2 年度，https://www.jsce.or.jp/prize/prize_list/7_tanakasakuhin.shtml，最終アクセス：2023 年 10 月 30 日

2.6.7) 島原市教育厚生委員会：教育厚生委員会行政調査報告書，pp.25-31，2020

2.6.8) 小山町：小山町 HP，森村橋，豊門会館など富士紡績関連資料，http://www.fuji-oyama.jp/kankoubunka_spot_culture_M4txzAVx.html，最終アクセス：2024 年 3 月 3 日

第3章　改築事例の解説

　改築工事は新設や更新・架替えに比べ，施工規模は小さいものの，既設構造物の状況，状態を加味しながら改築するため，その技術的課題が多岐にわたり，これを解決しながらプロジェクトを遂行することが特に求められる．第2章では，改築の事例紹介とともに課題と対応を整理した．ここでは，改築の主な特徴と留意点について，今回収集した事例を交えながら解説する．

3.1　事例のまとめ

　第2章で示した6つの改築事例より鋼橋の改築における主な課題についてまとめると，**表-3.1.1** のような課題が抽出される．なお，表中には対応した方法についても合わせて記載している．

表-3.1.1　第2章の課題のまとめ（1/3）

No.	課題	主な事例	課題の概要	対応例
1	工事期間，施工ヤード，周辺環境,供用下施工など制約条件がある中で工事を計画する必要がある	首都高速道路　小松川ジャンクション改良工事（2.2）	隣接街路の通行止めが難しい	順次片押しで架設する計画とすることで街路の規制を縮小
		首都高速1号羽田線鋼箱桁ゲルバーヒンジ部改良工事（2.5）		斜ベントを用いることで街路の規制を縮小
			複雑で狭隘な個所に施工しなければならない	縮小版模型や実物大模型を用いた作業性や干渉確認を実施
		横浜横須賀道路　田浦第二高架橋耐震補強工事（2.4）	急峻な谷地でアクセスが難しく,かつ本線交通量も多いため本線規制が困難である	本線から交通規制不要な工事用道路を構築,かつ足場の組立や解体,材料の小運搬など施工方法も工夫
2	迂回路などの仮設構造物であっても,安全に配慮する必要がある	阪神高速道路　西船場ジャンクション改良工事（2.1）	供用下で長期間仮受けする必要がある	仮受け時の橋梁全体系で安全性を照査
3	既設部材と新設部材を接合する必要がある	阪神高速道路　西船場ジャンクション改良工事（2.1）	上部構造拡幅に伴い下部構造への負担が増大する	損傷制御設計による対震橋脚といった新技術で対応
		主要地方道安城碧南線見合橋改良工事（2.3）	左右非対称となる拡幅工事のプレストレス力の影響が不明瞭である	ひずみ計測による施工管理
		横浜横須賀道路　田浦第二高架橋耐震補強工事（2.4）	既設の矩形断面に軸力部材を取り付ける必要がある	既設の仕口をそのまま利用できるように,新設の横支材を設計
		登録有形文化財　森村橋復原工事（2.6）	古い鋼材（ベッセマー鋼)を溶接接合する必要がある	鋼材成分,溶接施工,機械的性質の試験を行い,溶接条件を設定

表-3.1.1　第 2 章の課題のまとめ（2/3）

No.	課題	主な事例	課題の概要	対応例
4	既設構造物の形状や座標が,しゅん工図と一致しないことがある	首都高速道路　小松川ジャンクション改良工事（2.2）	既設橋の建設時の座標系と現状が異なる	既設橋の測量を新たに実施
		登録有形文化財　森村橋復原工事（2.6）	設計寸法と実際の形状に差異がある	光波測定など形状測定を実施
5	既設構造物の健全度や内力状態が完全には把握できない	首都高速道路　小松川ジャンクション改良工事（2.2）	構造改良により支点の負反力が生じる可能性がある	部材でなく橋全体を考えた負反力軽減を検討
		主要地方道安城碧南線見合橋改良工事（2.3）	格子解析結果を現状の橋に適用できるのか不明である	載荷試験により挙動を確認
		登録有形文化財　森村橋復原工事（2.6）	長期の供用で形状変化があり,健全度や内力状態が完全に把握できない	架設トラスで死荷重も受けることで,施工時の安全性を確保
6	既設構造物の設計基準と現在の設計基準で差異がある	首都高速道路　小松川ジャンクション改良工事（2.2）	既設橋と改築の際の設計活荷重が異なる	既設桁への影響を小さくするような施工ステップを検討
		横浜横須賀道路　田浦第二高架橋耐震補強工事（2.4）	既設橋と改築の際の設計地震動が異なる	固有周期を長周期化するため,部材剛性を低減
7	施工において,新設時にはない部材撤去というステップが加わることがある	横浜横須賀道路　田浦第二高架橋耐震補強工事（2.4）	方杖橋脚柱の横支材の撤去,設置を繰り返す施工ステップを踏む必要がある	ステップごとの構造安全性を動的解析で確認
8	施工を進めていくうちに,前提とした状況と異なる事象がみつかることがある	首都高速道路　小松川ジャンクション改良工事（2.2）	既設床版の鉄筋に新設鉄筋を重ね継手とする計画だが,平面的に鉄筋の通りが合わない場合や鉄筋がはつり出せなかった場合がある	想定される不安事項に関して,受,発注者間で事前に協議
		首都高速 1 号羽田線鋼箱桁ゲルバーヒンジ部改良工事（2.5）	工事の進捗に伴い,既設構造物の不可視部分が確認できるようになることで初めて腐食がみつかる	補強の計画を部材取替に変更

表-3.1.1　第2章の課題のまとめ（3/3）

No.	課題	主な事例	課題の概要	対応例
9	歴史的構造物であれば，既設部材を安易に取替できないことがある	登録有形文化財　森村橋復原工事	文化財保護の観点から可能な限り建設当時の姿に復原することが求められる	解体した部材を工場に搬入して健全度を診断し，健全性が確認できた部材を可能な限り再利用
10	既設構造物の当初の役割とこれからの役割が異なることがある	登録有形文化財　森村橋復原工事	道路としての当初の役割はなく，文化財または広場として保存される役割となる	役割の変更に応じた計画，設計
11	既設構造物の今までの維持管理の経験を踏まえて，改築後の構造物に対する維持管理性の向上を図る必要がある	横浜横須賀道路　田浦第二高架橋耐震補強工事	改築により座屈拘束ブレースが設置されることを踏まえて，その部材の点検のための検査路が必要	階段状の検査路を設置
		首都高速1号羽田線鋼箱桁ゲルバーヒンジ部改良工事	箱桁ゲルバーヒンジ部において支承が目視確認できない．不要となる変位制限構造がある．	箱桁部を鈑桁化変位制限構造の撤去

3.2　事例を踏まえた改築の特徴と留意点

　前節でまとめた事例を踏まえ，改築の特徴と留意点について当小委員会において本章の執筆を担当したワーキンググループ（改築事例WG）で議論した結果を取りまとめた．事例は報文調査や当事者ヒアリングを踏まえて客観的に紹介しているが，成功事例以外に失敗事例など報文などで紹介しにくい部分も含めて，今後の鋼橋の改築を進めるにおいて有益な情報となると考えられるものを改築事例WGの委員の主観的な意見も踏まえてまとめている．総括すると以下の点が改築における特徴として抽出された．

1) 設計供用期間とライフサイクルコスト
2) 工事着手前の計画段階での前提条件の整理
3) 既設構造物の状態や性能の評価
4) 構造改良後の目標性能
5) 既設部材と新設部材の接合方法
6) 施工ステップに応じた構造系の変化
7) 現状の用途を維持したままの工事
8) 施工時の場所，工程，作業時間の制約
9) 工事着手後の想定外事象への対応
10) 安全の確保

　表-3.1.1で整理した11課題と，上記の改築における特徴の10項目を対応表として整理したものを**表-3.2.1**に示す．

　また，これらの10項目に関して以下で解説する．

表-3.2.1　課題と改築における特徴の対応表

		特徴No.1 設計供用期間とライフサイクルコスト	特徴No.2 工事着手前の計画段階での前提条件の整理	特徴No.3 既設構造物の状態や性能の評価	特徴No.4 構造改良後の目標性能	特徴No.5 既設部材と新設部材の接合方法	特徴No.6 施工ステップに応じた構造系の変化	特徴No.7 現状の用途を維持したままの工事	特徴No.8 施工時の場所,工程,作業時間の制約	特徴No.9 工事着手後の想定外事象への対応	特徴No.10 安全の確保
課題 No.1	制約条件があるなかで工事を計画する必要がある	—	○	—	—	—	—	○	○	—	○
課題 No.2	仮設構造物であっても,安全に配慮する必要がある	—	—	—	—	—	—	○	—	—	○
課題 No.3	既設部材と新設部材を接合する必要がある	—	—	○	—	○	—	—	—	—	—
課題 No.4	既設構造物と竣功図が一致しないことがある	—	○	○	—	—	—	—	—	○	—
課題 No.5	既設構造物の健全度や内力状態が完全に把握できない	—	—	○	—	—	—	—	—	—	○
課題 No.6	既設構造物と現在の設計基準で差異がある	○	—	—	○	—	—	—	—	—	—
課題 No.7	部材撤去というステップが加わることがある	—	—	—	—	—	○	○	—	○	○
課題 No.8	前提とした状況と異なる事象がみつかることがある	—	—	○	—	—	—	—	—	○	—
課題 No.9	既設部材を安易に取替できないことがある	○	—	—	—	○	—	○	—	—	—
課題 No.10	当初とこれからの役割がことなることがある	○	—	—	○	—	—	—	—	—	—
課題 No.11	維持管理性の向上を図る必要がある	—	—	—	○	—	—	—	—	—	—

鋼構造シリーズ39　鋼橋の改築・更新と災害復旧　―事例と解説―

3.2.1 設計供用期間とライフサイクルコスト

どういった維持管理シナリオをもって構造改良を行うのかを整理しないと改築の計画や設計ができないこととなる．そのため，設計供用期間とライフサイクルコストの試算をしながら，改築の計画を進めるのが望ましい．なお，設計供用期間やライフサイクルコストの用語の定義については「2022 年制定　鋼・合成構造標準示方書（土木学会）」による．設計供用期間が明確に設定できればよいが，そうでない場合は，例えば，道路橋示方書に記載のある目安として 100 年を設定する考え方もある．2.6 で紹介した事例のように，歴史的構造物の保存という観点での改築の場合は，使用実態が多岐にわたる．例えば，本来の構造物としての利用方法の他に，文化財として保存することが主目的となる場合や，ランドマークやイベントスペースとしての用途が変更される場合もある．そういった，用途を踏まえた設計供用期間の設定が肝要である．

設計供用期間を設定することで，ライフサイクルコストの試算が可能となる．ライフサイクルコストが最小となるように事業を計画することが望ましい．場合によっては，補修を繰り返す維持管理シナリオがライフサイクルコスト最小となる場合も考えられる．ライフサイクルコストの算出において，以降で解説する 3.2.2〜10 の点も考慮することが望ましい．

3.2.2 工事着手前の計画段階での前提条件の整理

前節で紹介した事例においても，計画段階の未決事項が原因となり，工事の大きな方針変更となったものがあった．工事着手前に計画変更の原因となりうる事項は決定しておくことが重要である．計画にあたって事前に把握しておくべき基本事項の例を**表-3.2.2，3.2.3** に示す．対象となる橋梁諸元の把握と，現場での施工条件の把握に分類して示した．

鋼橋は道路，鉄道，河川などと交差若しくは並行して立地している場合が多く，それらの影響を受け施工方法や施工時間などが制約されやすく，工事着手にあたっては法令に基づく許可申請や届出なども必要になる場合が多い．工事着手する際に工事の制約が新たに判明して工法変更の必要が生じることや，法令手続きの協議が難航し許可まで時間を要して工事着手が遅延することなどが見受けられる．工事の計画段階から鋼橋の管理者への意見聴取や，関係しそうな行政窓口への相談を行い，可能な限り下協議や許可申請手続きを済ませて事業着手することが望ましい．

また，鋼橋に取りつけられている上下水道・ガス・電力・通信等の添架物は，管理者の異なる道路占用物件が多いため鋼橋の管理者が所有している図面に記載がないことが多く，添架物の移設や添架物への影響を避けるための工法の変更などが必要となり工事遅延の原因となる場合がある．計画段階で現地踏査を十分実施することが望ましい．添架物以外でも，構造物本体を複数の管理者で所有している場合もあることから，受発注者間の連絡調整はもちろんのこと，管理者どうしでの連絡調整も肝要である．

工事着手前の計画段階で，全ての前提条件が整理できていることが望ましいが，やむを得ず未決事項がある計画で工事を進める場合も考えられる．その場合は，何が未決であるかを情報開示することが肝要である．

表-3.2.2　計画にあたって事前に把握しておくべき基本事項一覧（橋梁の諸元等）

No.	項目	内容等
1	適用示方書，設計基準等	昭和●年道示適用，●●設計要領適用等
2	橋梁形式	合成桁，非合成桁等
3	完成図面	CAD か，紙か．現地状況が反映されているか．
4	設計計算書	復元設計が必要か
5	塗装履歴	有害物質（PCB，鉛等）含有塗膜か
6	点検報告書	劣化機構
7	その他詳細調査の報告書	
8	補修・補強履歴	耐震補強，B 活荷重対応，腐食・疲労き裂対策など 適用道示，設計基準，図面，設計計算書含む

表-3.2.3　計画にあたって事前に把握しておくべき基本事項一覧（施工条件等）

No.	項目	内容等
1	現場への進入路	本線上からアプローチできるか 高架下からアプローチできるか 工事用道路の必要性等
2	輸送の制約	搬入経路，幅員・高さ・荷重等の制限 船舶の制限 現場内運搬の制限
3	交差・並行等施設の制約	道路・鉄道・河川・占用施設等 施工時期（渇水期等）や施工時間（通学時間除外，夜間，き電停止時間等）の制約 架設等における安全確保 重複管理協定 占用許可条件 河積阻害率 瀬替え等の可否 施工方法の制約
4	地上障害物や埋設物の制約	送電線，通信線，鉄塔，電柱，上下水道・ガス・電力・通信等の埋設管路（架空線との近接距離（特にクレーン等）や埋設管路の上載荷重等） 移設可能か
5	添架物の制約	上下水道・ガス・電力・通信等の橋に添架されている管路 移設可能か
6	事業用地の制約	必要となるクレーン等重機の施工用ヤード（旋回範囲の近接施設等の状況を含む）が事業用地を超える場合に借地等が可能か
7	交通規制等の制約	通行止めや車線規制など交通規制可能な時期，時間（施工する施設または交差・並行施設） 渋滞予測
8	近接施設の制約	近隣住宅，学校（通学路），病院，会社，商業施設等 騒音，振動，低周波音等 施工可能時間の制約
9	電力・用水等の確保	電力の引込み場所，電圧，容量，自家発電 取水設備，水量，廃水処理
10	地盤条件	ベント等の仮設設備が設置可能な地盤か 別途基礎の構築が必要か
11	気象条件	冬季休止期間が必要か
12	法令による規制（許可申請，届出等，許可条件が付される場合がある）	砂防法（砂防指定地内行為許可等） 森林法（林地開発許可，保安林解除申請，伐採及び伐採後の造林の届出書　等） 河川法（河川区域占用許可，河川区域内工作物新築等許可，河川保全区域内行為許可　等） 自然公園法（自然公園特別地域内行為許可，自然公園特別保護地域内行為許可　等） 道路法（道路占用許可，道路施行協議　等） 土壌汚染対策法（一定の規模以上の土地の形質の変更届出書） 景観法（景観計画区域内における行為の届出書） 建設工事に係る資材の再資源化等に関する法律（第 10 条に基づく届出）

3.2.3　既設構造物の状態や性能の評価

　本節で示す 10 項目のうち，最も意見が多いものが既設構造物の状態や性能の評価に関する事項であった．課題としては，以下の項目が挙げられる．

● 　図面と実物の差異
● 　建設時の基準と現行との基準の差異
● 　既設構造物の保有性能や応力状態の正確な把握の困難さ

　図面と実物の差異については，実構造の寸法が図面と異なる場合が挙げられる．対応例としては，事前に現地寸法を調査した上で，設計や補強部材製作に反映させるといったことが考えられる．また，別の例として，図面に記載がない補強部材が設置されている例がある．この場合は，既設構造をどの観点で，どの程度補強している部材なのかを把握することが必要となる．また，補強部材がどういった施工ステップで取り付けられたかで，既設構造物の内力状態が設計の想定と異なってくる．加えて，補強部材がどの設計基準に基づき設計されたかで補強部材が有する性能も異なる．つまり，補強部材の設計思想を十分に確認することが必要となる．仮に，把握が十分できない場合は，やむなく既設の補強部材を撤去することも考えざるを得ない．なお，こういった前例の反省を踏まえ，改築が完了した場合は工事記録をきちんと継承していく仕組みを構築することが肝要である．

　建設時の基準と現行の基準の差異については，次項で示す「構造改良後の目標性能」にも関係するため，詳細は次節で解説する．例えば，道路橋示方書に基づき設計された鋼橋であれば，建設時の基準と現行の基準は大半のケースで異なるため，建設時の基準を最低限満足するように改築をするのか，現行の基準を満足するまで性能を高める改築をするのかを意思決定しておく必要がある．

　構造物の保有性能は，疲労や腐食などの経年劣化や，災害や事故などの被災によって，一般に時間とともに低下していく．また，構造部材の保有性能の低下のみではなく，例えば交通実態の変化による荷重条件の変化や，支承の固着などによる支持条件の変化をうけ，応力状態も変化していく．それらを正確に把握して構造改良を実施することが理想的ではあるが，全てを正確に把握して構造改良に反映することは不可能である．この場合は，載荷試験など構造物の応答を調査することで保有耐力を推定する方法や，計測などで応力状態をモニタリングしながらの施工といった方法がとられた例もある．また，既設構造物の状態や性能の把握の不確実性を踏まえて，安全余裕を意図的に設定するといった方法も考えられるが，その点に関しては 3.2.10 で後述する．

3.2.4　構造改良後の目標性能

　構造改良後の目標性能として，既設橋の建設時の基準に従うのか，現行の基準に従うのかによって，改築の目標レベルが異なる．具体的に道路橋示方書の活荷重に着目すると，TL-20 と B 活荷重は異なる荷重となるため，設計成果にも差異が生じる．道路橋の場合は，部分係数設計法が導入される以前に設計された橋梁は許容応力度設計法に基づいていることから，その設計法の最新の基準である平成 24 年の道路橋示方書に基づき設計される場合が多いが，目標性能について関係者間で十分協議する必要があると考えられる．なお，「「橋・高架の道路等の技術基準」の修繕設計時の適用基準としての当面の取扱いについて（令和 2 年 7 月 20 日付け国土交通省国道・技術課道路メンテナンス企画室課長補佐他事務連絡）」により，橋の修繕にあたって，平成 24 年の道路橋示方書または建設時に適用された技術基準を適用する場合は，橋の耐荷性能以外の性能に関わる措置内容の決定にあたっては，平成 29 年の道路橋示方書に準じた性能が得られるように配慮することとされているため，その点には留意されたい．

　また，次項で示す「既設部材と新設部材の接合方法」にも関係するが，例えば，接合にボルト接合を用いる場合は，既設部材には孔引きによる断面欠損が生じる．コンクリート構造物にアンカーを設置する場合は，鉄筋や PC 鋼材を損傷させるリスクが伴う．そういった，改築による既設構造の性能低下やそのリスクも考慮した目標性能の設定が必要となる．

3.2.5　既設部材と新設部材の接合方法

　既設部材が鋼材の場合は，ボルト接合と溶接接合が主に用いられる．ボルト接合においては，既設部材に対して孔引きによる断面欠損が生じるため，その点を考慮した設計とする必要がある．また，摩擦接合継手を用いる場合は，すべり係数を確保できる適切な施工が難しい場合も考慮しておく必要がある．溶接接合の場合は，既設部材が溶接に適した材料であるかを確認しておく必要がある．

　既設部材がコンクリートの場合は，アンカーなどの荷重伝達機構を既設部材に埋め込む，もしくは取り付ける方法が主に用いられている．既設部材に削孔をする方法を用いる場合は，鉄筋や PC 鋼材を損傷させない方法の検討や，干渉しないと設定できない場合の判断方法について予め検討しておいた方がよいと思われる．例として，アンカーが鉄筋に干渉して想定通りに設置できなかったとしても，新設の取付部材の削孔位置を現場状況に合わせて変更したり，拡大孔などで対応するといった解決方法を取ったものもある．

　既設部材と新設部材は材料による差や，剛性差が極力ない方法とするのが望ましいが，既設部材が古く同等の材料が入手できない場合や，制約によってやむなく異種材料との接続となる場合は，剛性差による応力集中の影響や，異種金属接触腐食や溶接性の問題などを考慮する必要があると思われる．また，新しい接合方法として，接着剤や簡易な機械式継手などの提案がされている．適用に際しては，耐荷性能のみならず，使用性や耐久性を十分に確認するのが望ましい．

　次項で示す「施工ステップに応じた構造系の変化」にも関係するが，接合する際に新設部材に既設部材のうち，どういった内力を分担させるかを十分に考慮する必要がある．場合によっては，想像したように荷重伝達されない場合も考えられるので，施工中や施工後の応力計測モニタリングなどを併用することも一例として考えられる．

3.2.6　施工ステップに応じた構造系の変化

　新設橋の設計においても，施工ステップを考慮する方法が用いられるが，既設鋼橋の構造改良においては，新設の場合に比べ，既設橋梁の内力状態や境界条件の不確実さ，既設部材の撤去や加工のステップ，活荷重作用下での施工など，難易度が高くなる．それらの対策として，3D-FEM で全体系をモデル化しながら，施工ステップに合わせたステップ解析を実施した事例や，不確実さを踏まえてフェールセーフ措置として仮設資材を追加した事例などがある．

3.2.7　現状の用途を維持したままの工事

　構造改良の工事中に一時的に使用停止させることができればよいが，現状の用途を維持したまま工事せざるを得ない場合が多い．例えば，通行止めとせず，車両を通しながらの施工などをせざるを得ないケースがある．施工時の車線運用などの必要となる供用状況と，それが技術的に適用可能であるかとを十分にすり合わせる必要がある．また，供用したままの施工となることで振動などが問題となる可能性がある場合は，振動を考慮した工法の選択や，一時的な用途規制の検討などを進めておくのが望ましい．

3.2.8　施工時の場所，工程，作業時間の制約

　新設時には施工ヤード，工事車両のアクセス，作業時間などに制約がなかったとしても，構造改良の際には周辺環境の変化により制約がある場合がほとんどである．

　橋梁完成後に周囲の宅地開発が進み，住宅地に囲まれる状況となった場合は，騒音対策として使用工具の消音対策や，パネル足場などの飛散防止対策を検討する必要がある．

　工事用道路の制約により本線からの施工になる場合や，高架下など狭小で高さ制限がある作業ヤードしか確保できないこともあり，そういった事項を踏まえて仮設設備の計画や施工計画を立案しなければならない．大規模な工事用道路が必要になる場合などは，工程遅延のリスクになるため計画段階から予め許認可や借地等に関して事前に下協議を進めておき，新たな制約条件が生じないよう調整しておくとよい．

　作業時間に制約がある場合，時間制約を考慮した新設部材の設計が必要なケースもある．

3.2.9　工事着手後の想定外事象への対応

　過去の事例では，工事着手後に以下のような想定外の事象が報告されている．

● 　既設部材を加工してはじめて，図面との相違が判明する．

● 　既設部材を加工してはじめて，既設部材の残存性能に問題があることが判明する．

● 　他事業者で行う計画の支障物の撤去，移設に時間がかかり工事が進められない．

● 　工事渋滞や近隣住民からのクレームにより工事が進められない．

　想定外の事象に対して，予防的に対策を講じることはかなり労力を要するため，想定外が発生した場合に柔軟に対応できるようにしておくことが肝要である．一例として，現場，製作工場との連携を密に実施することで，想定外事象に柔軟に対応できるようにした事例がある．

3.2.10　安全の確保

　改築においては，新設時よりも不確定な事象が多いため，特に安全対策に留意する必要がある．例えば，設計時での安全余裕を新設時よりも十分にとることや，フェールセーフ対策を実施することで不測の事態に対する事故防止を図ることも検討する必要がある．

　構造改良を行うことにより，重要部材の点検が困難となってしまう場合がある．改築後の近接目視点検時の安全確保のため，構造改良を行う際は，必要に応じて新たな点検検査路を整備することが望ましい．点検設備も極力梯子でなく階段を採用することや，特に重点的に点検が必要な箇所には平場を設けるなど，両手が空き点検がし易い配慮を行うとよい．

第4章　鋼橋の更新事例

　本章では，「第2章 鋼橋の改築事例」に対し，さらに規模の大きい更新・架替え事例を紹介する．

　鋼橋の更新・架替えは，補修・補強では対応できない既設構造物の全部または一部の更新により，抜本的な機能や性能の回復・向上を図るものである．

　鋼橋の更新・架替えは，長期間にわたる道路の通行止めや車線数減少による通行規制を伴うことが多く，社会経済に与える影響が甚大で，工事中の交通影響の低減が特に重要な課題となる．また，既設構造物の安全性も確保した上での施工が必要なため，厳しい施工条件となる場合が多い．したがって，新設・改築工事と異なる特殊な条件も考慮した，構造・施工法を選択する必要がある．

　近年，長年にわたる重交通や厳しい腐食環境条件により重大な損傷が多数発生していることなどから，補修・補強では対応困難な鋼橋が増えており，更新・架替えに至る事例が増えてきている．そこで，今後の鋼橋の更新・架替えの参考となるように，**表-4.1**に示す最新の更新・架替え事例を紹介することとした．

　各事例については，該当事例の報文調査や関係者へのヒアリングを行い，「事業目的」「工事概要」「課題と対応」について客観的に示している．

　なお，「土木学会 鋼構造委員会 鋼橋の更新・改築事例検討小委員会」のなかで本章の執筆を担当したワーキンググループ（更新事例WG）において各事例について議論し，更新・架替えにおける留意点等を「第5章 更新事例の解説」に取りまとめているので参考にされたい．

表-4.1　鋼橋の更新・架替え事例一覧

4.1	タイトル	**大規模な迂回路構築による沿岸部の都市高速道路の更新** **〜首都高速羽田線（東品川・鮫洲）更新事業〜**
	更新理由	長年の過酷な使用状況と腐食環境により重大な損傷が多数発生（1963年供用開始）
	更新対象	上下部構造（桟橋，鋼矢板による埋立構造）
4.2	タイトル	**2週間全面通行止めと一括横取りによる河川横断部の都市高速道路の更新** **〜首都高速横羽線　高速大師橋更新事業〜**
	更新理由	特殊な形式の鋼床版各所に重交通による疲労損傷が多数発生（1968年供用開始）
	更新対象	上部構造（鋼3径間連続鋼床版箱桁橋）・下部構造（RC橋脚）
4.3	タイトル	**終日全面通行止め計6回（約40日×3回×2年）よる都市間高速道路の更新** **〜中国道リニューアルプロジェクト　吹田JCT〜中国池田IC間〜**
	更新理由	長年の過酷な使用状況等によりRC床版や鋼桁に多数の損傷が発生（1970年供用開始）
	更新対象	上部構造（鋼単純合成鈑桁橋，鋼連続非合成鈑桁橋，RC床版）
4.4	タイトル	**終日車線規制による都市間高速道路の更新** **〜中国道リニューアルプロジェクト　中国池田IC〜中国宝塚IC間〜**
	更新理由	長年の過酷な使用状況等によりRC床版に多数の損傷が発生（1970年供用開始）
	更新対象	上部構造（RC連続中空床版橋，鋼単純合成鈑桁橋，RC床版）
4.5	タイトル	**供用下での歩道橋の架替え事例** **〜国道246号渋谷駅東口歩道橋架替工事〜**
	更新理由	老朽化，幅員不足，バリアフリー対応，耐震性確保（1968年建設）
	更新対象	上部構造（鈑桁，箱桁）・下部構造

4.1 大規模な迂回路構築による沿岸部の都市高速道路の更新
～首都高速羽田線（東品川・鮫洲）更新事業～

4.1.1 事業目的 [4.1.1) ～4.1.8)]

　首都高速羽田線の東品川・鮫洲区間は，1963 年の供用から 50 年以上経過した延長約 1.9km の区間である（図-4.1.1～図-4.1.3）．そのうち延長約 1.3km の東品川桟橋部は海上部に建設されており，重交通による過酷な使用状況や海水による厳しい腐食環境により，コンクリート剥離や鉄筋腐食などの重大な損傷が多数発生していた（写真-4.1.1(a)）．また，延長約 0.6km の鮫洲埋立部は鋼矢板の二重締切による埋立構造であり，路面陥没等の重大な損傷が過去に発生していた（写真-4.1.1(b)）．これまでは部分的な補修，補強による対応が行われてきたが，点検・補修が困難な構造であり，損傷状況も踏まえると今後の長期的な使用に適さないことから，構造物全体の更新が行われることとなった．参考として，2014 年（平成 26 年）に事業化された本事業箇所以外も含む首都高速道路の大規模更新事業（図-4.1.1）が事業化されるまでの主な経緯を表-4.1.1 に示す．

図-4.1.1 事業箇所 [4.1.1)を改変（加筆修正）して転載]

（出典：首都高速道路株式会社：羽田線（東品川・鮫洲）更新のパンフレット（2021 年 9 月），https://www.shutoko.jp/ss/higashishinagawa/pamphlet.pdf，最終アクセス：2023 年 9 月 15 日）

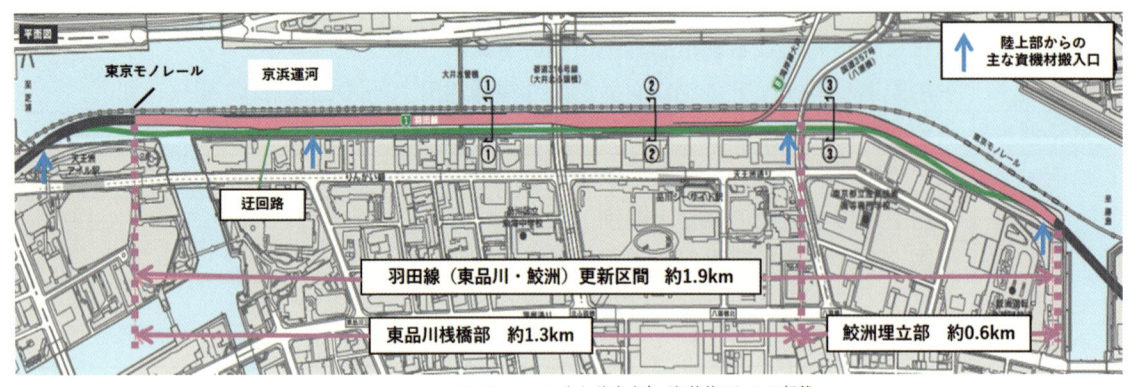

図-4.1.2 事業区間 [4.1.1)を改変（加筆修正）して転載]

（出典：首都高速道路株式会社：羽田線（東品川・鮫洲）更新のパンフレット（2021 年 9 月），https://www.shutoko.jp/ss/higashishinagawa/pamphlet.pdf，最終アクセス：2023 年 9 月 15 日）

【東品川桟橋（1963年開通）】

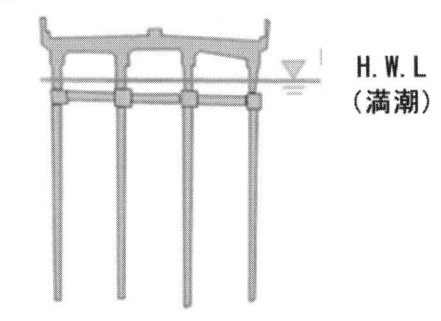

H.W.L
（満潮）

桟橋構造（標準断面図）

【鮫洲埋立部（1963年開通）】

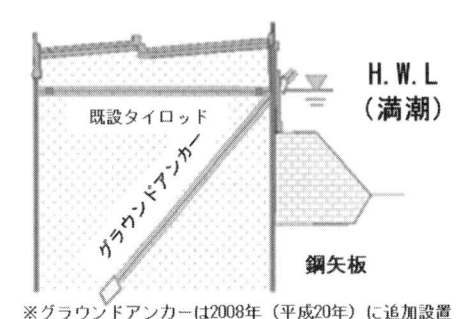

既設タイロッド

グラウンドアンカー

H.W.L
（満潮）

鋼矢板

※グラウンドアンカーは2008年（平成20年）に追加設置

護岸埋立構造（標準断面図）

図-4.1.3　更新前の構造概要 [4.1.2] を改変（加筆修正）して転載

（出典：首都高速道路株式会社：首都高 CSR レポート 2017, pp.16,
https://www.shutoko.co.jp/~/media/pdf/responsive/corporate/company/info/csr/report2017/csrreport2017_all.pdf, 最終アクセス：2023 年 9 月 15 日）

（a）東品川桟橋部

（b）　鮫洲埋立部

写真-4.1.1　損傷事例 [4.1.2]

（出典：首都高速道路株式会社：首都高 CSR レポート 2017, pp.16,
https://www.shutoko.co.jp/~/media/pdf/responsive/corporate/company/info/csr/report2017/csrreport2017_all.pdf, 最終アクセス：2023 年 9 月 15 日）

表-4.1.1　首都高速道路の大規模更新事業が 2014 年（平成 26 年）11 月に事業化されるまでの主な経緯

日時	内容
2013 年（平成 25 年）　1 月	首都高速道路の既存路線から大規模更新を選択すべき箇所を検討する場である「首都高速道路構造物の大規模更新のあり方に関する調査研究委員会」より，大規模更新の具体的な実施区間，概算費用，実施にあたっての課題等について，提言が発出された [4.1.3)].
2013 年（平成 25 年）12 月	上記提言を踏まえつつ，特に重大な損傷が発見されており，大規模更新が必要な箇所について検討が行われ，首都高速道路株式会社より「首都高速道路の更新計画（概略）」として公表された [4.1.4)].
2014 年（平成 26 年）　5 月	高速道路の更新需要に対応するために高速道路の料金徴収期間を 15 年延長するなどの法的措置を講じる「道路法等の一部を改正する法律案（2014 年（平成 26 年）2 月 12 日閣議決定）」が第 186 回国会に提出され，審議の結果，2014 年（平成 26 年）5 月 28 日に成立した [4.1.5)].
2014 年（平成 26 年）　6 月	2013 年（平成 25 年）12 月に公表された計画（概略）を精査した「首都高速道路の更新計画」について，2014 年（平成 26 年）6 月 25 日の国土交通省社会資本整備審議会道路分科会第 12 回国土幹線道路部会において審議が行われた [4.1.6)]. ※審議された主な内容：更新の基本的な考え方，更新計画（実施箇所，事業費等）の概要，今後の更新事業の進め方・検討課題
2014 年（平成 26 年）11 月	首都高速道路の更新事業について，国土交通大臣より事業実施の許可が発出された [4.1.7)]. なお，国土交通大臣の許可に先立ち，関係する地方公共団体の同意を得る手続きも行われた.

4.1.2　工事概要 [4.1.1), 4.1.8), 4.1.9), 4.1.11), 4.1.12)]

　東品川桟橋部は桟橋から鋼多径間連続ラーメン橋への更新，鮫洲埋立部は地盤改良により安定した基礎地盤を造成し，その上に中空プレキャストボックスを構築する構造への更新が行われている. 更新前後の構造概要を**表-4.1.2** に，更新後の完成イメージを**図-4.1.4** に，更新線（東品川桟橋部）の側面図を**図-4.1.5** に示す.

表-4.1.2　更新前後の構造概要

場所	諸元	更新前	更新後
東品川桟橋部	延長	約 1.3km	同左
	総幅員	16.5m	18.2m
	構造概要	桟橋	鋼多径間連続ラーメン橋 5 橋 ※鋼 6 径間連続桁橋 4 橋＋鋼 3 径間連続桁橋 1 橋 ※鋼製橋脚 26 基（鋼管矢板基礎）
鮫洲埋立部	延長	約 0.6km	同左
	総幅員	16.5m	18.2m
	構造概要	鋼矢板による埋立構造	地盤改良により安定した基礎地盤を造成し，その上に中空プレキャストボックスを構築する構造

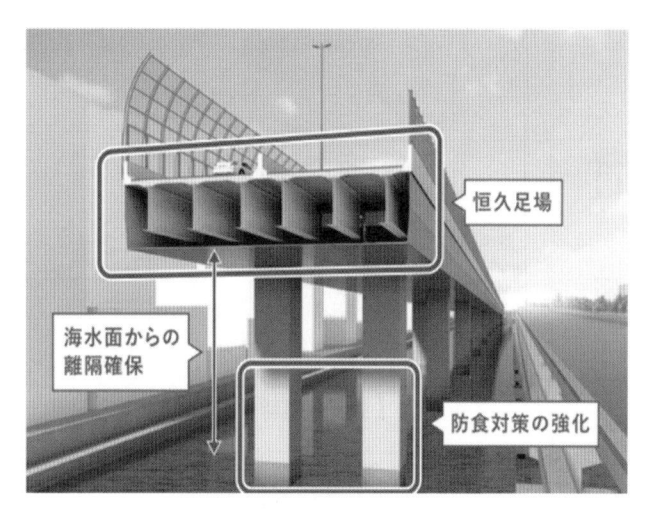 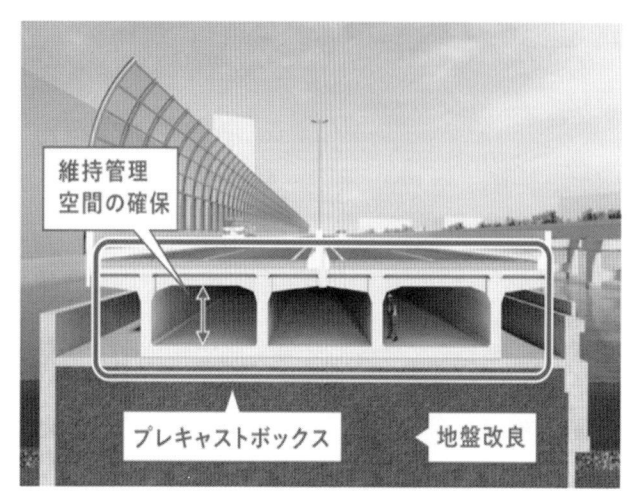

(a)　東品川桟橋部　　　　　　　　　　　　　　　　(b)　鮫洲埋立部

図-4.1.4　更新後の完成イメージ [4.1.1]

（出典：首都高速道路株式会社：首都高速道路株式会社，羽田線（東品川・鮫洲）更新のパンフレット（2021年9月），
https://www.shutoko.jp/ss/higashishinagawa/pamphlet.pdf，最終アクセス：2023年9月15日）

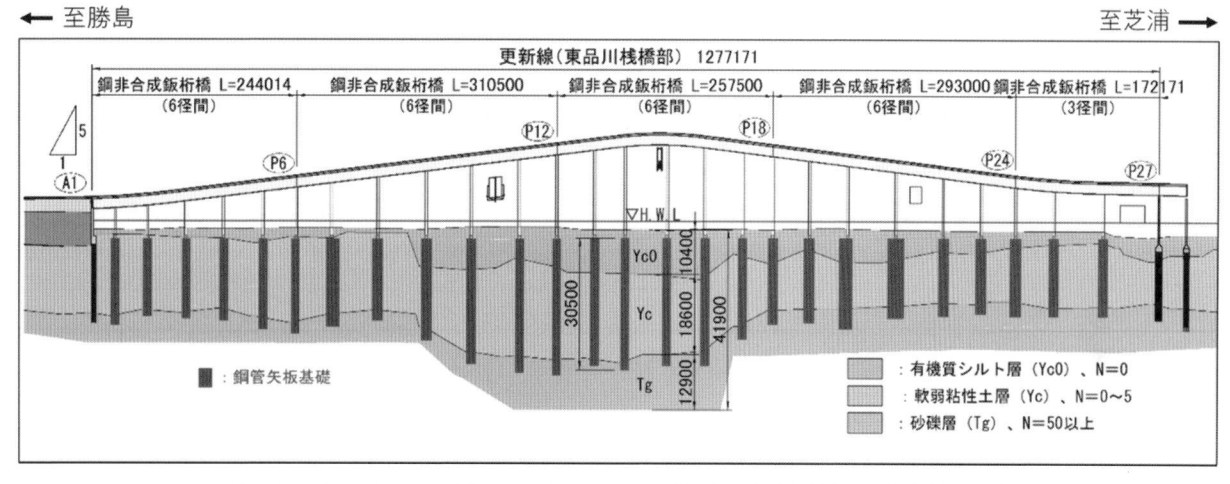

図-4.1.5　東品川桟橋部の側面図（更新後）[4.1.8] を改変（加筆修正）して転載

（出典：椎名陽一，前田純輝，伊藤裕貴，田原大地，玉田和法，河合吾一郎：狭隘な作業空間での段階施工に配慮した鋼
管矢板基礎の設計施工〜首都高速1号羽田線東品川桟橋部（更新I期線）〜，橋梁と基礎 Vol.54 No.7，pp.7-12，2020）

　本工事区間の断面交通量は約7万台/日と重交通であり，長期間の車両通行止めを行った場合の交通影響は
甚大となる．そのため，大規模な迂回路（延長約1.9kmの橋梁形式）を一時的に設置し，広範囲にわたる交
通の切り回しを行い，長期間の車両通行止めを回避できるような段階的な更新工事が行われている．工事は
大きく4段階のステップに分かれ，図-4.1.6に示すようにステップ1で上り線の迂回路を設置し，ステップ
2で迂回路への上り線交通の切替えを行った後に将来上り線（更新I期線）を設置し，ステップ3で将来上
り線への下り線交通の切替え後に将来下り線（更新II期線）を設置し，ステップ4で将来上下線に上下線交
通の切替え後に迂回路を撤去する計画となっている．
　施工空間は護岸と供用中の高速道路，東京モノレールに挟まれた狭隘な空間に限られ，また，図-4.1.2に
示すように陸上部からの資機材の搬入口が延長約1.9kmの工事区間に対し4箇所と非常に少ないなど，厳し
い現場条件である．さらに，2020年（令和2年）7〜9月に開催予定だった東京五輪までに迂回路および更
新I期線を完成させ，損傷の進んだ既設道路上に車両を走行させないことが目標とされるなど，厳しい工程
条件であった．

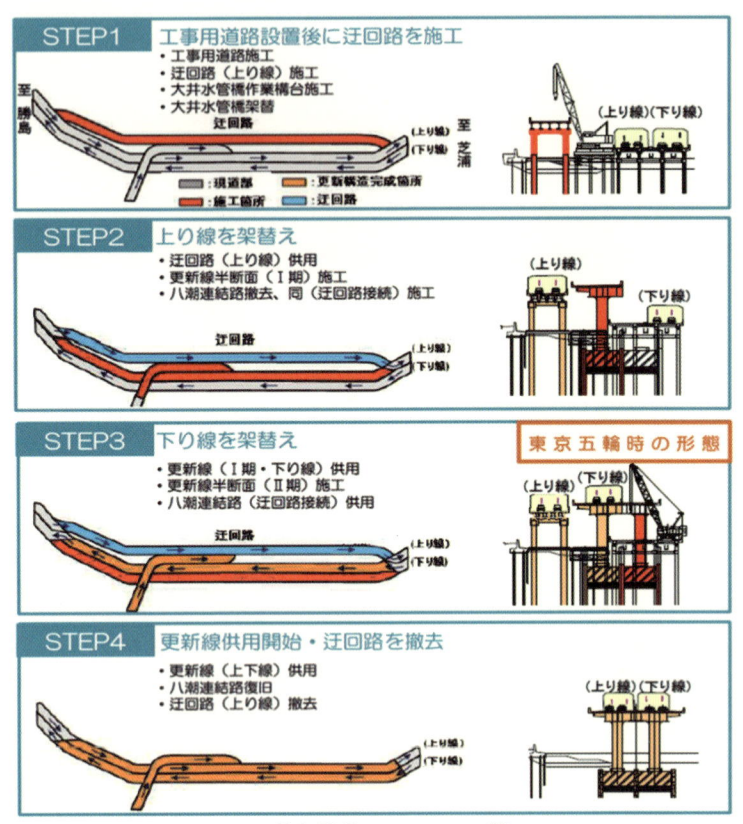

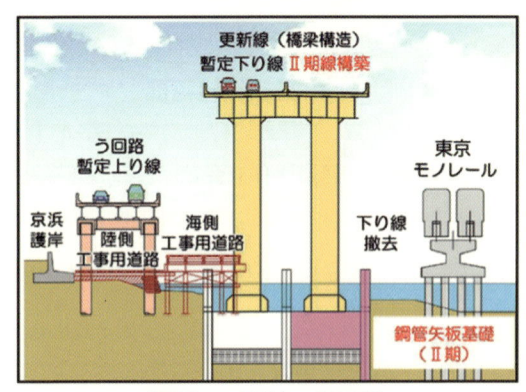

【全体施工ステップ】　　　　　　【更新Ⅱ期線の概要】

図-4.1.6　迂回路設置による段階的な更新手順[4.1.8)]

(出典：椎名陽一，前田純輝，伊藤裕貴，田原大地，玉田和法，河合吾一郎：狭隘な作業空間での段階施工に配慮した鋼管矢板基礎の設計施工〜首都高速 1 号羽田線東品川桟橋部（更新Ⅰ期線）〜，橋梁と基礎 Vol.54 No.7，pp. 7-12，2020)

　これらの厳しい現場・工程条件に配慮した構造・施工法が採用され，2017 年（平成 29 年）9 月に既設上り線の迂回路への交通切替え，2020 年（令和 2 年）6 月に既設下り線の更新Ⅰ期線への交通切替えが行われた．2024 年（令和 6 年）4 月時点においては，更新Ⅱ期線の工事が引き続き実施されているところである．

　以下では，延長約 1.9km の更新区間のうち，橋梁区間である延長約 1.3km の東品川桟橋部を中心に詳述する．

4.1.3　課題と対応

本工事における課題と対応の概要一覧を**表-4.1.3**に示す. 以降，各々について詳述する.

表-4.1.3　本工事における課題と対応

課題			対応
(1)事業計画の課題	1.1	交通規制方法の基本方針	迂回路設置による交通の切り回しによる段階的な更新工事の実施
	1.2	工事難易度を踏まえた工事契約手法	新たな契約方式の採用
(2)技術的課題	2.1	厳しい現場・工程条件等を踏まえた迂回路の構造選定	パイルベント橋脚構造，プレキャスト部材の採用
	2.2	厳しい現場・工程条件，耐久性・維持管理性の確保等を踏まえた更新線の構造選定	鋼製橋脚，少数鈑桁，プレキャスト部材の採用等
	2.3	交通の切り回しによる段階的な施工ステップを踏まえた設計施工の実施	施工ステップを考慮した構造解析や工夫
	2.4	既設橋との接続部付近における既設橋の暫定路面嵩上げ方法	暫定路面嵩上げに伴う既設橋補強，路面嵩上げ方法の工夫
	2.5	厳しい現場条件等を踏まえた更新線の架設工法選定	供用中の道路や鉄道への影響を極力低減できる架設工法の採用
	2.6	厳しい現場条件等を踏まえた更新線に支障する既設水管橋の架替え	供用中の道路や鉄道への影響を極力低減できる架設工法の採用

(1)　事業計画における課題と対応
◆課題1.1：交通規制方法の基本方針 [4.1.9]

本工事区間の断面交通量は約7万台/日と重交通であり，長期間の車両通行止めを行った場合の交通影響は甚大となるため，交通影響が最小となるような交通規制方法による更新が必要とされた.

◇対応：迂回路設置による交通の切り回しによる長期間の車両通行止めの回避

本工事区間においては，既設高速道路に並走する一般道路の計画空間（**図-4.1.7**の破線部）が存在した. そこで，同図に示すように，当該空間を活用して迂回路を一時的に設置し，交通の切り回しにより長期間の車両通行止めを回避できるような段階的な更新工事を行うことが基本とされた.

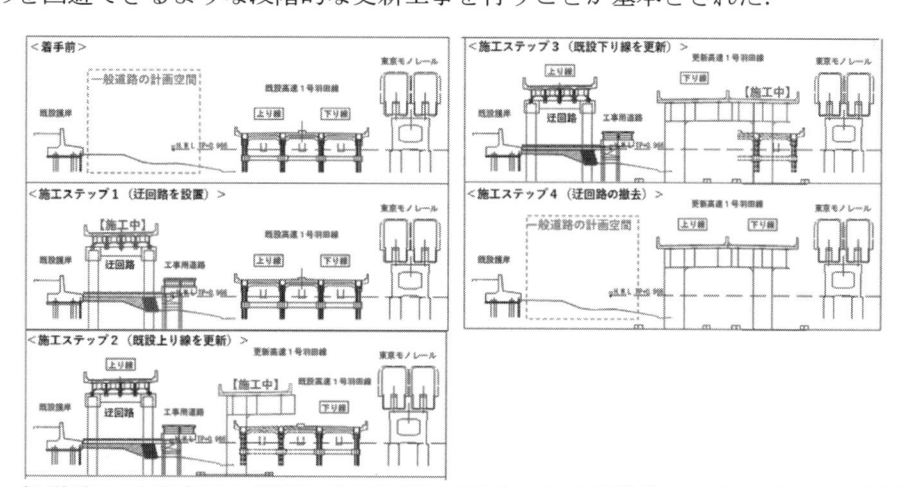

図-4.1.7　一般道路の計画空間を活用した迂回路の設置による段階的な更新工事手順 [4.1.9]を改変（一部修正）して転載
（出典：小島直之，大西達也，野木裕輔，堀田尚史，江野本学，石川誠：高耐久性，維持管理性に配慮した更新橋梁の設計施工～首都高速1号羽田線東品川桟橋部（更新I期線）～，橋梁と基礎 Vol.54 No.7，pp.22-28，2020）

◆課題 1.2：工事難易度を踏まえた工事契約手法 [4.1.10)]

　本工事は，通行止めを行わず重交通の高速道路を約 1.9km にわたり更新する前例のない工事であり，狭隘な現場条件下において，2020 年（令和 2 年）に開催予定であった東京五輪までに交通切り替えを行うことが目標とされ，工程条件も厳しく，工事発注に先立ち最適な仕様まで決定することは困難とされた．

◇対応：新たな契約方式の導入

　多種多様な構造，施工者独自の高度で専門的なノウハウ・工法等の中から，最も優れた技術提案の採用が必要とされ，「公共工事の品質確保の促進に関する法律」第 18 条に基づき，「技術提案を公募の上，技術評価点が最も高い 1 者を優先交渉権者として選定し，選定された者と工法，価格等の交渉を行うことにより仕様を確定した上で契約する」方式（工事の発注機関によって名称は異なるが，国土交通省の直轄工事における技術提案・交渉方式（設計・施工一括タイプ））が導入された．

　図-4.1.8 に契約手続きの流れを示す．本契約方式は，価格も含めた総合評価ではなく，まずは技術評価のみで，優先交渉権者が 1 者に絞り込まれる点が特徴的であり，競争参加者にとっては技術提案の自由度が高い反面，仕様が確定していないことから，場合によっては，提案する目的物の品質・性能と価格等のバランスの判断が困難となり，発注者にとって過剰で高価格な提案となるおそれがある．そのため，競争参加者の提案する目的物の品質・性能のレベルの目安として，あらかじめ，参考額が設定・提示された．技術提案書の内容や価格交渉の審査・評価は，首都高速道路株式会社の社内委員会による審査・評価に加え，さらに中立かつ公正な立場で審査・評価を行うために，学識経験者への意見聴取も行われた．

　本契約方式の導入により，施工者独自の高度で専門的なノウハウ・工法等を取り込んだ最適な仕様に基づく工事契約が可能となった．

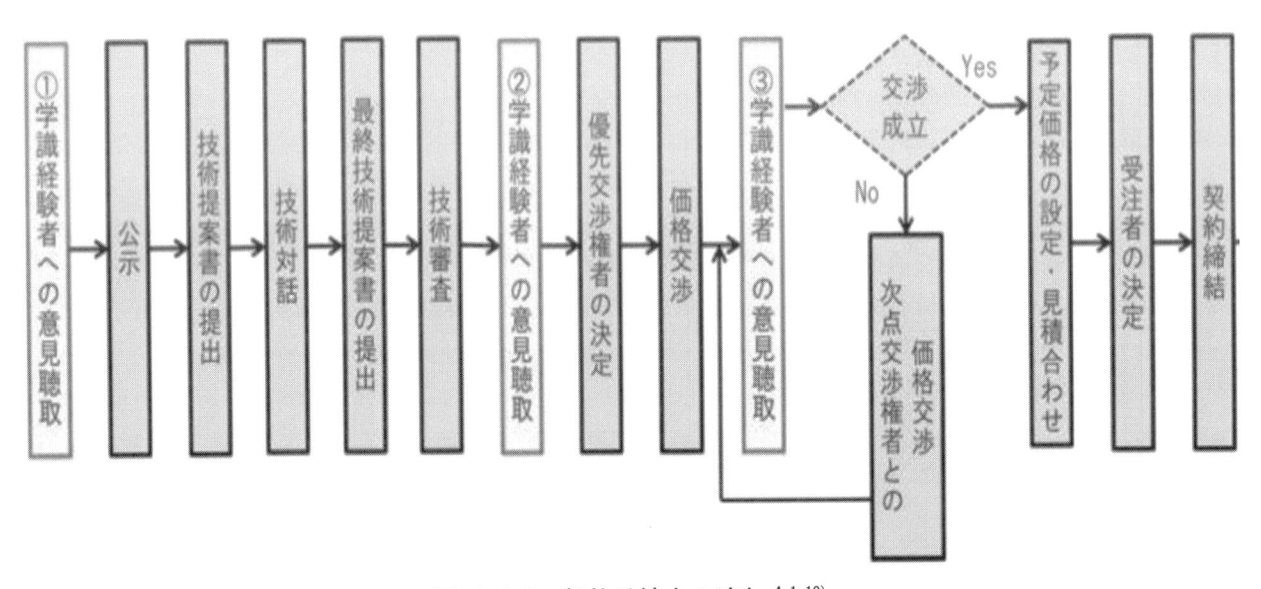

図-4.1.8　契約手続きの流れ [4.1.10)]

(2) 技術的課題と対応

◆課題 2.1：厳しい現場・工程条件等を踏まえた迂回路の構造選定 [4.1.11), 4.1.12)]

　厳しい現場条件（護岸と供用中の高速道路に挟まれた狭隘空間での施工となる等）・工程条件（後工程であるⅠ期線の構築期間を考慮すると約 1.9km の迂回路をわずか 1 年 8 ヶ月で急速施工する必要がある）等を踏まえた適切な迂回路構造の選定が必要とされた.

◇対応：パイルベント構造，プレキャスト部材の採用

＜対応①＞パイルベント構造の採用による十分な工事動線確保，レベル 2 地震動を考慮した設計

　迂回路について，一般的に仮設構造物に採用されることが多い H 鋼杭による桟橋構造とした場合，橋軸直角方向の杭間隔は 1.5m 程度となり，迂回路直下の空間を工事動線として有効活用することができない. そこで，図-4.1.9，写真-4.1.2 に示すように，基礎を 2×2 列の鋼管杭とし，その上にピアキャップを設置するパイルベント構造（計 50 橋脚）が採用された. これにより，橋軸直角方向の杭間隔は 5.5m 程度となり，迂回路直下の空間を工事用道路の一つとして活用することができ，別途設けられた海側工事用道路を含めると 2 系統の工事動線の確保が可能となった. なお，迂回路はⅡ期線が完成するまでの長期間にわたり重交通を支えることになるため，本設構造物と同等の設計が行われ，レベル 2 地震動にも耐えられる構造となっている.

（左）図-4.1.9，（右）写真-4.1.2　パイルベント構造概要 [4.1.11)] を改変（加筆修正）して転載

（出典：齊藤一成，小島直之，藤村博，釘宮晃一：首都高速 1 号羽田線（東品川桟橋・鮫洲埋立部）更新工事～迂回路の構造選定と急速施工～，土木施工 Vol. 58 No. 7，pp. 128-131，2017）

＜対応②＞プレキャスト部材の積極的な採用等による工程短縮

　迂回路構築の工程短縮を図るため，パイルベント構造を構成する鋼管杭については，先端の根固めが不要で排土もなく打設・撤去が容易である回転杭が採用された. また，コンクリート部材については，プレキャスト部材が積極的に採用され，これまで現場で行っていた作業を工場でも並行して行うことにより工程短縮が図られた. 迂回路に採用された鋼管杭とプレキャスト部材の概要を表-4.1.4 に，プレキャスト床版と高欄の設置状況を写真-4.1.3 に示す. 例えば，パイルベント構造を構成するピアキャップの施工期間は，現場打ちコンクリートとした場合は 1 ヶ月/橋脚に対し，プレキャスト部材を使用した場合は 0.75 ヶ月/橋脚となり，プレキャスト部材の採用により後工程である上部工架設の早期着手が可能となった.

　約 1.9km の迂回路の構築のために使える工期は 2016 年（平成 28 年）2 月から 2017 年（平成 29 年）9 月までのわずか 1 年 8 ヶ月と極めて厳しい工程条件であったが，予定どおり無事工事は完了している.

表-4.1.4　工程短縮を図るために迂回路に採用された鋼管杭とプレキャスト部材の概要

構造部位	概要
鋼管杭	回転杭 　特徴 1：全周回転掘削機で回転圧入するため，低騒音・低振動 　特徴 2：排土が無く，掘削土搬出車両が不要 　特徴 3：2枚の半円形鋼板の先端翼により支持力が確保でき杭先端根固めが不要 　特徴 4：圧入時の逆回転により引抜き撤去可能
ピアキャップ	三つのプレキャスト部材（鋼管杭に載せる杭頭部材二つ，杭頭部材を連結する梁部材一つ）を PC 鋼材にて結合
床版	プレキャスト RC 床版（標準サイズ幅 2 m×長さ 9.2m，厚さ 210mm） ※迂回路は仮設構造物であり耐久性を長期にわたり確保する必要はないことから，経済性に配慮して PC 床版ではなく RC 床版を採用 ※継手は，施工性の向上と床版重量の軽減が図れるような継手が採用された
高欄	新型プレキャスト RC 壁高欄 ※従来のプレキャスト RC 壁高欄は，車両衝突後等における取替え性に課題があったため，取替え性等に優れる新型プレキャスト RC 壁高欄が開発・採用された

(a)　プレキャスト RC 床版　　　　　　　　　(b) 新型プレキャスト RC 高欄

写真-4.1.3 プレキャスト床版と高欄の設置状況 [4.1.12)] を改変（加筆修正）して転載

（出典：小島直之，堀田尚史：首都高速 1 号羽田線（東品川桟橋・鮫洲埋立部）更新事業におけるプレキャスト部材を活用した迂回路の設計・施工，土木施工 Vol.59 No.1，pp.57-60，2018）

◆**課題 2.2：厳しい現場・工程条件，耐久性・維持管理性の確保等を踏まえた更新線（東品川桟橋部）の構造選定** [4.1.1)，4.1.8)，4.1.9)，4.1.10)]

　厳しい現場条件（迂回路と供用中の高速道路・東京モノレールに挟まれた狭隘空間での施工となる等）・工程条件（2020 年（令和 2 年）に開催予定であった東京五輪までに I 期線まで開通させる），今後 100 年の耐久性・維持管理性の確保等を考慮した更新線の構造選定が必要とされた.

◇**対応：海水面からの離隔を確保した縦断線形の設定，鋼製橋脚・恒久足場・プレキャスト部材等の採用**
＜**対応①**＞海水面からの離隔を確保した縦断線形の設定

　更新線の縦断線形については，維持管理性の確保等の観点より海水面からの道路構造物の離隔を十分に確保することとされた.　**図-4.1.10** に更新線の縦断線形を示す.　更新線の計画高さに京浜運河を横断する大井水管橋（橋長 165m の 2 径間鋼ランガーアーチ橋）が交差しており，そのうち 1 径間が支障となるため，水管橋 1 径間の架替えも実施された.

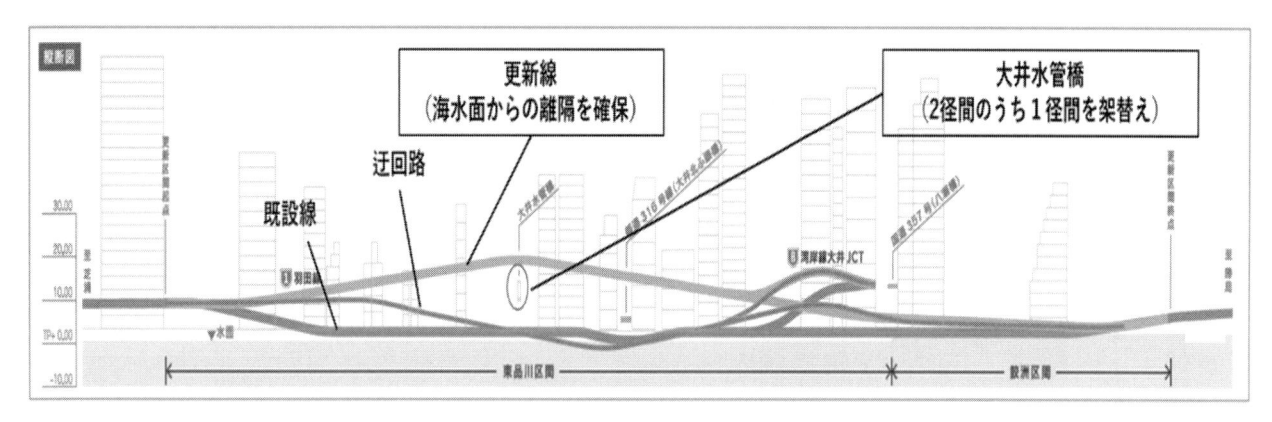

図-4.1.10　更新線の縦断線形 [4.1.1)] を改変（加筆修正）して転載

（出典：首都高速道路株式会社：羽田線（東品川・鮫洲）更新のパンフレット（2021 年 9 月），
https://www.shutoko.jp/ss/higashishinagawa/pamphlet.pdf，最終アクセス：2023 年 9 月 15 日）

＜対応②＞鋼製橋脚・少数鈑桁・プレキャスト部材等の採用

更新線（東品川桟橋部）の構造部位毎の構造概要と採用理由を**図-4.1.11**および**表-4.1.5**に示す.

基礎は，水中部での施工実績の多い鋼管矢板基礎を採用し，供用中の既設構造物への影響を低減するために，既設基礎との離隔は 2.0m 以上確保された.

橋脚は，工程短縮を図るために，鋼製橋脚が採用された．海上部という厳しい腐食環境下に設けられることから，橋脚の防食対策として海上大気部にはアルミニウム・マグネシウム合金溶射と重防食塗装との組合せを，飛沫干満帯から海中部にはステンレスライニングが採用された.

主桁は，鈑桁を基本とし，点検が容易となるよう桁高を 2.3m 以下に抑えた上で塩分や紫外線等の鋼桁塗膜の劣化要因の遮断も行える恒久足場を設けることで，維持管理性と耐久性の向上が図られた．恒久足場は，耐久性の高い，ステンレス製のパネルが採用された.

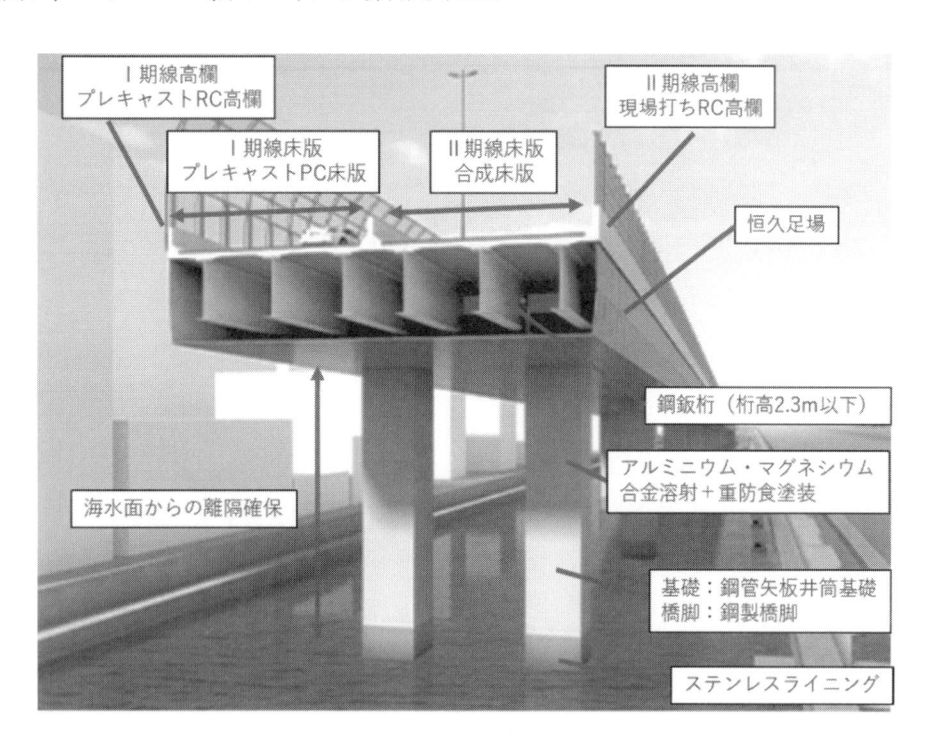

図-4.1.11　更新線（東品川桟橋部）の構造概要 [4.1.1)] を改変（加筆修正）して転載

（出典：首都高速道路株式会社：羽田線（東品川・鮫洲）更新のパンフレット（2021 年 9 月），
https://www.shutoko.jp/ss/higashishinagawa/pamphlet.pdf，最終アクセス：2023 年 9 月 15 日）

表-4.1.5 更新線（東品川桟橋部）の構造概要と主な採用理由

構造部位	構造概要	主な採用理由
基礎	・鋼管矢板基礎	・水中部での採用実績の多い一般的な基礎形式
橋脚	・鋼製橋脚 ・アルミニウム・マグネシウム合金溶射，重防食塗装，ステンレスライニング	・工程短縮 ・耐久性向上
主桁	・鋼鈑桁＋恒久足場	・維持管理性と耐久性向上
床版	・I 期線：プレキャスト PC 床版 ・II 期線：合成床版 ※II 期線の床版コンクリートは現場打ち	・工程短縮 ・工程短縮，経済性
高欄	・I 期線：新型プレキャスト RC 壁高欄 ・II 期線：現場打ち RC 壁高欄	・工程短縮 ・経済性，施工性

　床版は工程短縮を図るために，I 期線はプレキャスト PC 床版が採用された．II 期線は，東京モノレールとの最小離隔が 2 m と極めて近接した施工となり，クレーンの旋回などモノレール上空での作業は，夜間の約 3 時間という限られた時間での施工となる．そのため，架設時にクレーンの旋回が必要なプレキャスト PC 床版を採用した場合，工程と工事費の増大が予想された．そこで，II 期線の床版は合成床版が採用され，極力クレーンを旋回させずに前方吊りにて合成床版パネルの昼間架設が行われた．(**図-4.1.12 および写真-4.1.4**)．架設にあたっては，列車見張員と重機監視員を配置し，列車接近時には重機操作を一時中止するなどの安全対策が実施された．床版コンクリートについては，合成床版パネルの架設後に現場打ち施工が行われた．
　壁高欄について，I 期線は工程短縮を図るために，迂回路と同様のプレキャスト RC 壁高欄が採用された．II 期線は，経済性・施工性に配慮して，現場打ち RC 高欄が採用された．

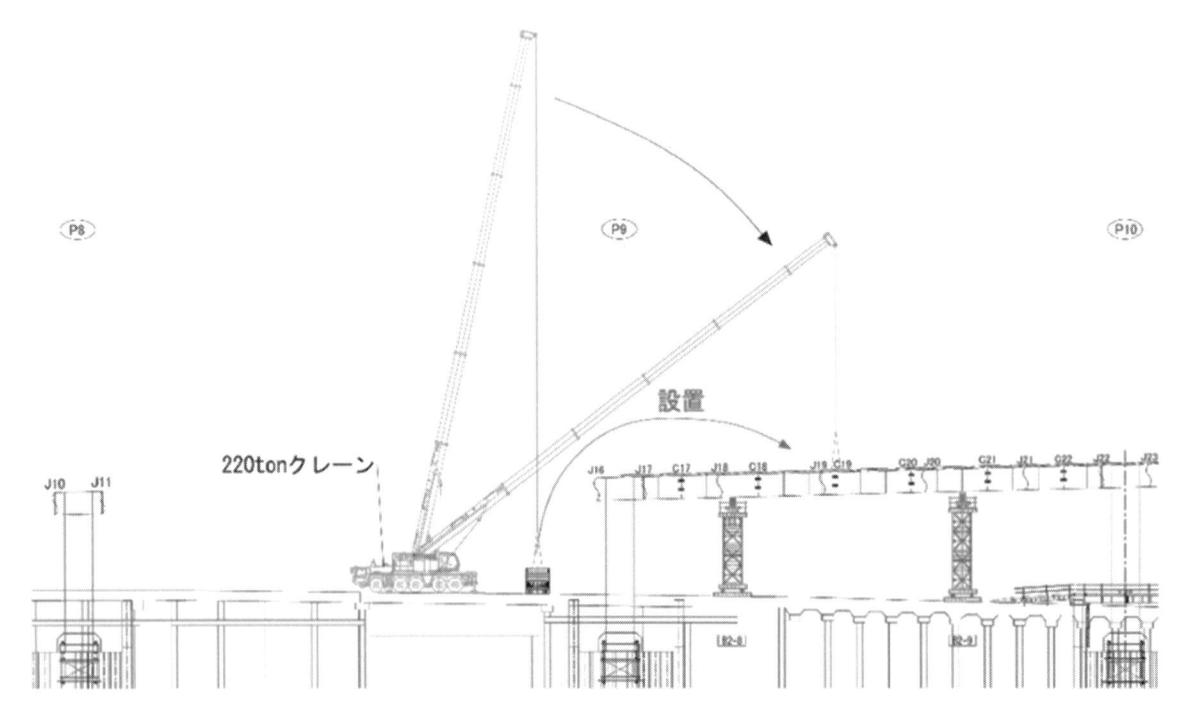

図-4.1.12 合成床版パネルの架設概要

写真-4.1.4　合成床版パネルの架設状況

◆**課題 2.3：交通の切り回しによる段階的な施工ステップを踏まえた設計施工の実施** [4.1.8), 4.1.9)]
交通の切り回しによる段階的な施工ステップを踏まえた設計施工が必要とされた.

◇**対応：施工ステップを考慮した各種構造解析や工夫**
＜対応①＞基礎の一体化（図 4.1.13）

今回の構造のように 2 本の橋脚で橋桁を支持する場合,基礎を分離構造にすることが多い.しかし,今回,橋脚は最終的に上下線で一体化した鋼製のラーメン構造となるため,Ⅰ期線では常時偏心荷重,Ⅱ期線では不等沈下による影響を考慮した設計が必要であり,その結果,柱幅および部材厚が増加する.

Ⅰ期線で常時偏心荷重を受けない構造とするためには,橋脚の柱位置を上部構造の構造中心へと移動する必要があるが,Ⅱ期線側の基礎と近接し,基礎を分離するための十分な離隔が確保できない.そこで,Ⅱ期線側の基礎をⅠ期線と一体化することで,Ⅰ期線における常時偏心荷重の影響を抑制し,不等沈下による影響も無くすことにされた.なお,Ⅰ期線とⅡ期線で基礎を一体化する場合,先にⅠ期線側の基礎に死荷重が作用した状態でⅡ期線側の基礎を接続することとなる.そのため,鋼管矢板基礎の設計では,Ⅰ期線側の死荷重の影響も踏まえた照査も実施された.

上記の工夫により,一般的な構造に比べ,柱幅は 3.0m から 2.5m となり鋼重が約 10%低減された.

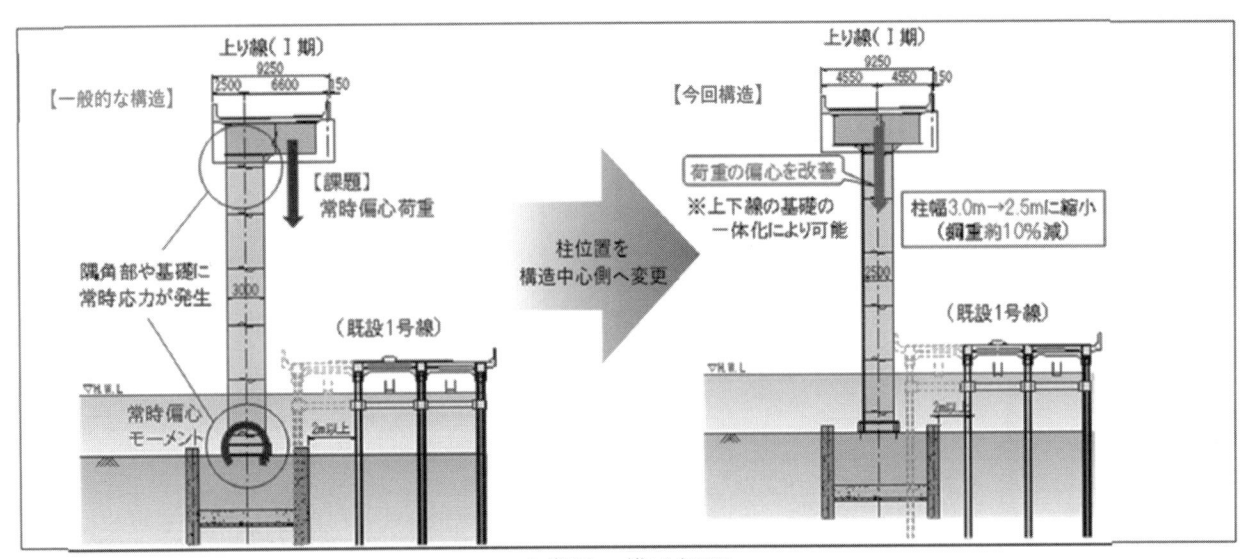

Ⅰ期線の構造概要

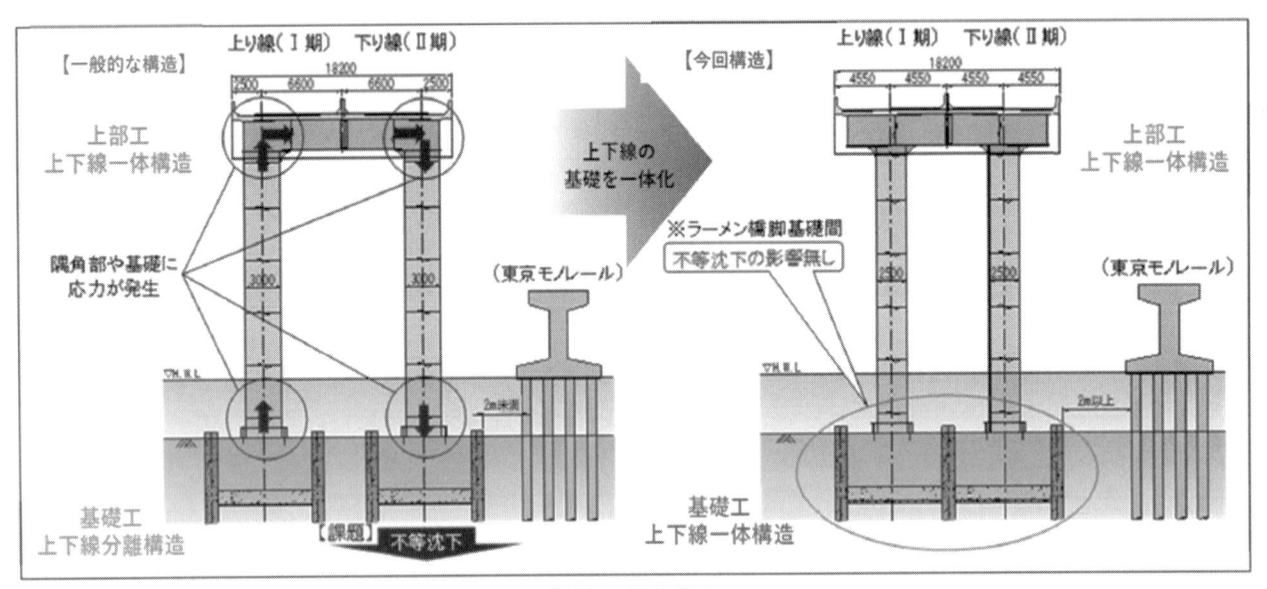

Ⅱ期線の構造概要

図-4.1.13　基礎の一体化の概要 [4.1.8) を改変（加筆修正）して転載

（出典：椎名陽一，前田純輝，伊藤裕貴，田原大地，玉田和法，河合吾一郎：狭隘な作業空間での段階施工に配慮した鋼管矢板基礎の設計施工～首都高速1号羽田線東品川桟橋部（更新Ⅰ期線）～，橋梁と基礎 Vol.54 No.7，pp.7-12，2020）

＜対応②＞施工ステップを考慮した橋脚キャンバー設定（図-4.1.14）

　Ⅰ期線とⅡ期線の橋脚の連結は，Ⅱ期線の橋脚の架設が完了し橋脚自重による変形の完了後に行うこととされた．また，Ⅰ期線とⅡ期線の主桁の横桁による連結は，Ⅱ期線の床版や壁高欄の設置完了後に行うこととされた．これらの施工ステップを考慮した構造解析が実施され，Ⅱ期線供用時の最終的な路面高が設計計画高となるような設計が行われた．そのため，Ⅰ期線供用時はⅡ期線供用時の最終的な路面高よりも高い（キャンバーが0.3mm程度残っている）状態で供用されている．

施工 STEP	解析 STEP	対象死荷重	Ⅰ期Ⅱ期接続部拘束条件	
			橋脚	横桁
Ⅰ 期 線 施 工 STEP2	STEP1	橋脚自重	－	－
	STEP2	上部工鋼重	－	－
		床版、壁高欄	－	－
		恒久足場	－	－
		遮音壁	－	－
		舗装	－	－
Ⅱ 期 線 施 工 STEP3	STEP3	橋脚自重	自由	自由
	STEP4	上部工鋼重	拘束	自由
		床版、壁高欄		
		恒久足場		
	STEP5	落下物防止柵	拘束	拘束
		舗装		

死荷重載荷条件

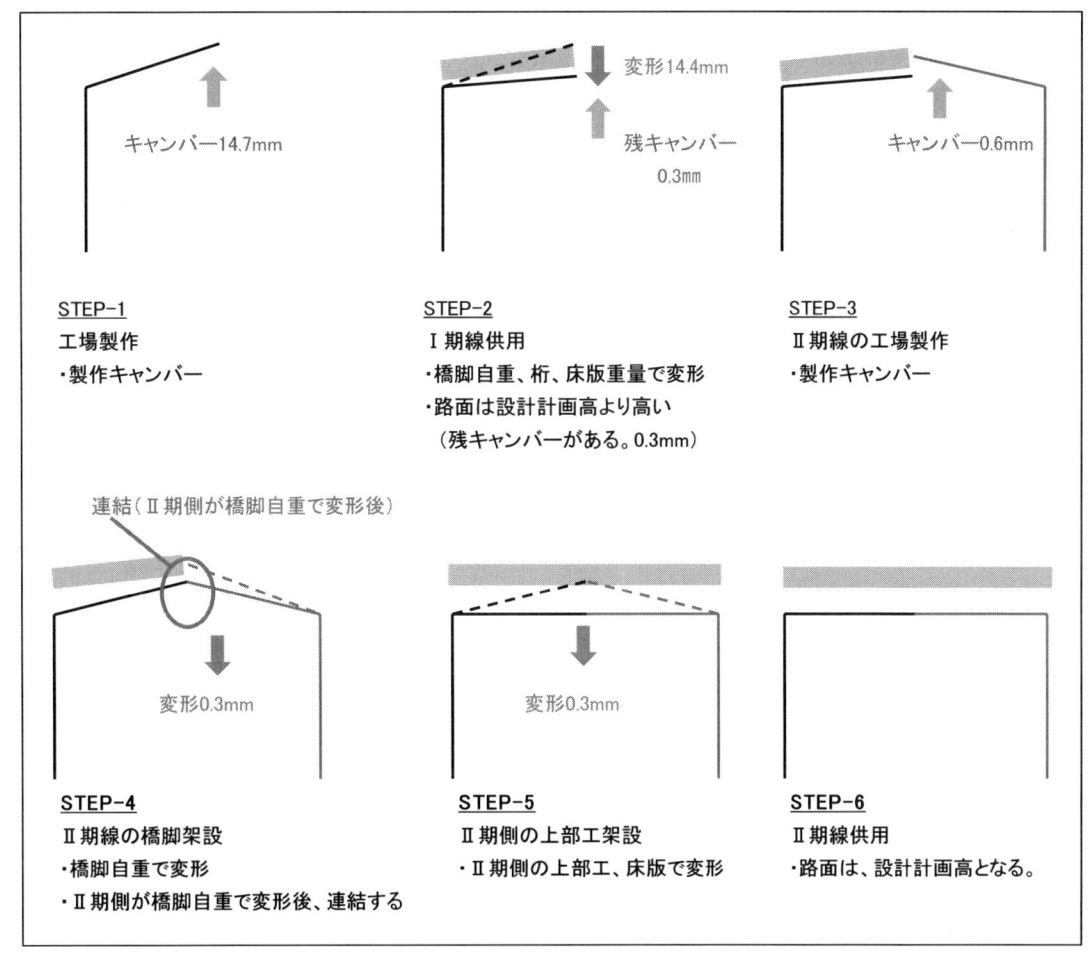

図-4.1.14 死荷重載荷条件と橋脚キャンバー設定方針 [4.1.9)]

（出典：小島直之，大西達也，野木裕輔，堀田尚史，江野本学，石川誠：高耐久性，維持管理性に配慮した更新橋梁の設計施工〜首都高速1号羽田線東品川桟橋部（更新Ⅰ期線）〜，橋梁と基礎 Vol.54 No.7, pp.22-28, 2020)

＜対応③＞排水処理の工夫（図-4.1.15）

　Ⅰ期線はⅡ期線が完成するまでは暫定的に下り線として運用される．そのため，将来的な左路肩の一部を暫定的に車道として運用することになり，排水処理のために利用可能な通水幅が一時的に狭くなり（将来1050mm に対して暫定 550mm），必要桝間隔は 1 m～ 2 m となってしまう．そこで，通水断面確保のために，路肩コンクリートと地覆の間に導水溝を設け，桝間隔が 10m 程度となるような工夫が行われた．

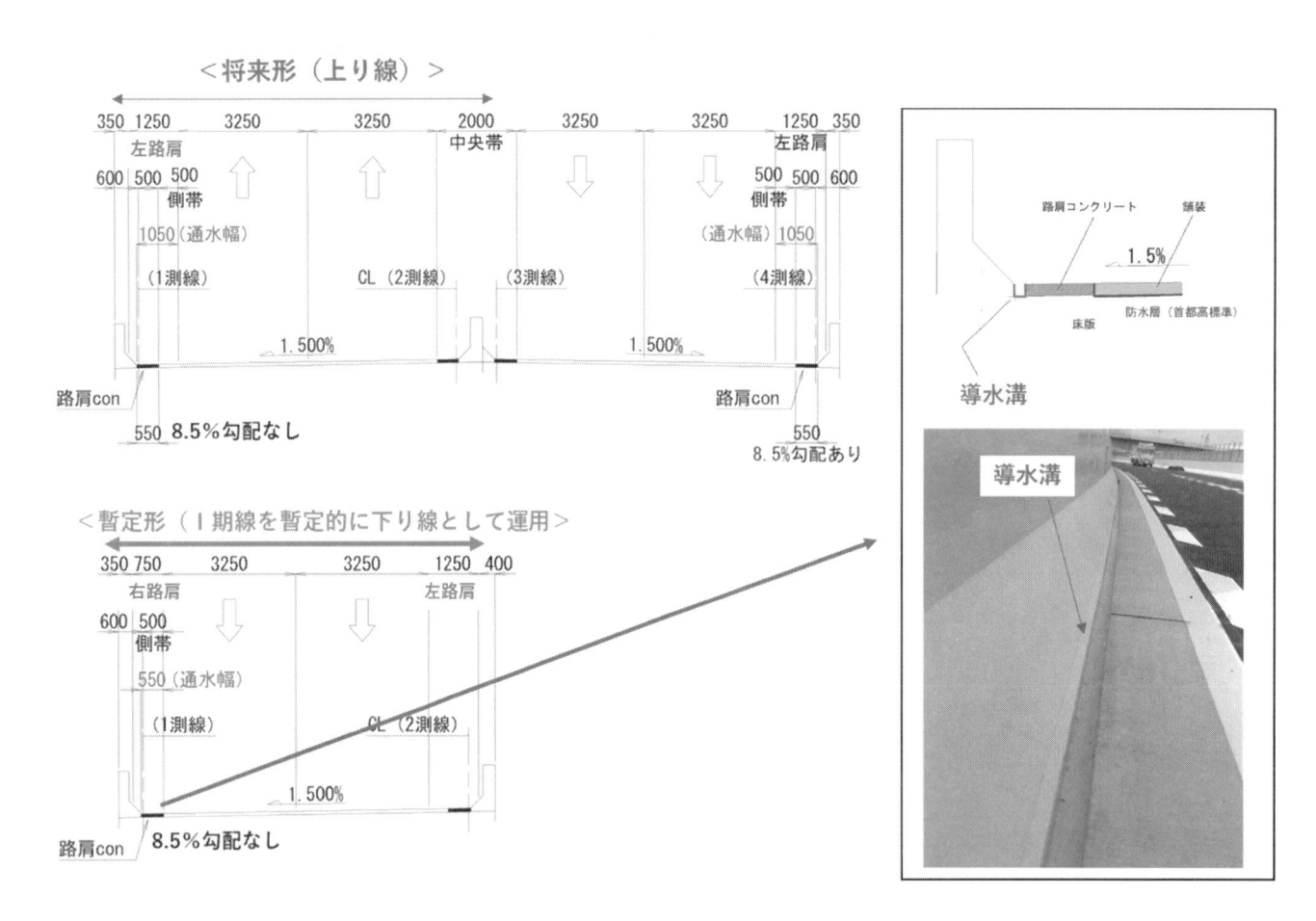

図-4.1.15　排水処理の工夫

◆課題 2.4：既設橋との接続部付近における既設橋の暫定路面嵩上げ [4.1.13]

　施工ステップ 2 の交通運用（上り線：迂回路にて運用，下り線：既設下り線にて運用）から施工ステップ 3 の交通運用（上り線：迂回路にて運用，下り線：更新Ⅰ期線にて運用）に切替える際，更新線と既設橋の接続部付近において既設下り車線を既設上り線側に移行させる必要があった（図-4.1.16）．既設の上下線には高低差があり，円滑な車線移行を行うためには，施工ステップ 2 において供用中の既設下り線の路面を事前に嵩上げしておく必要があった（図-4.1.17）．

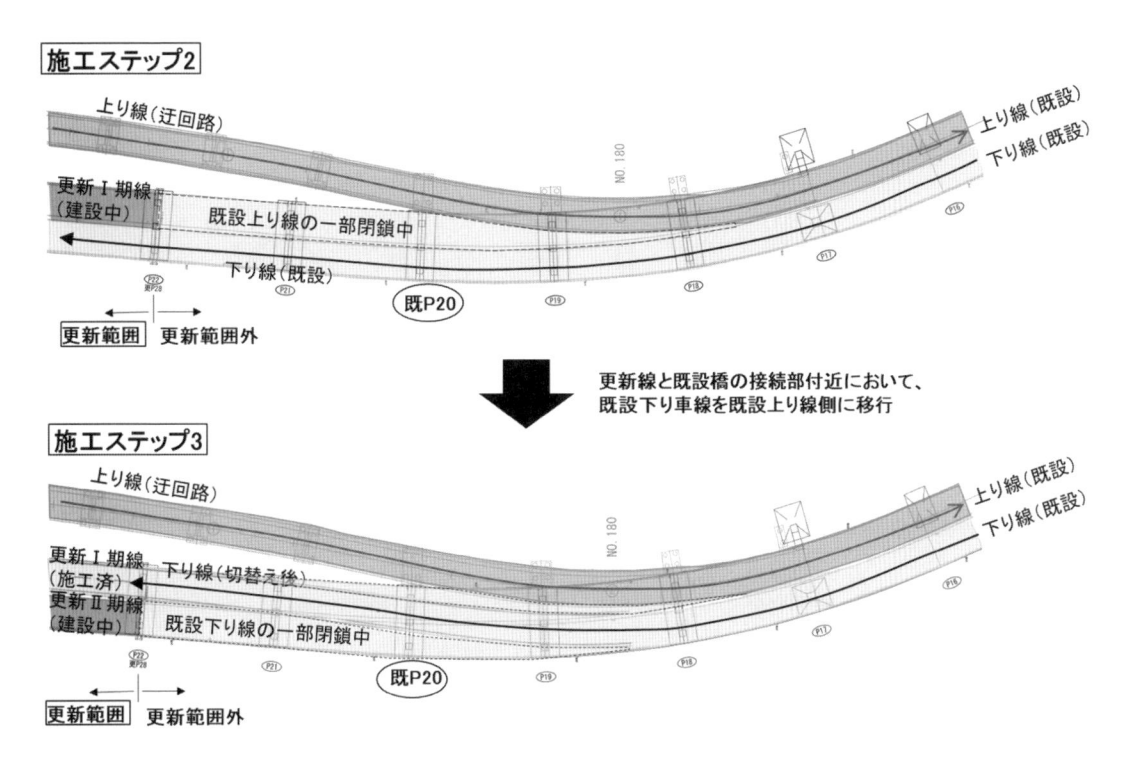

図-4.1.16　施工ステップ 2 と 3 における交通運用

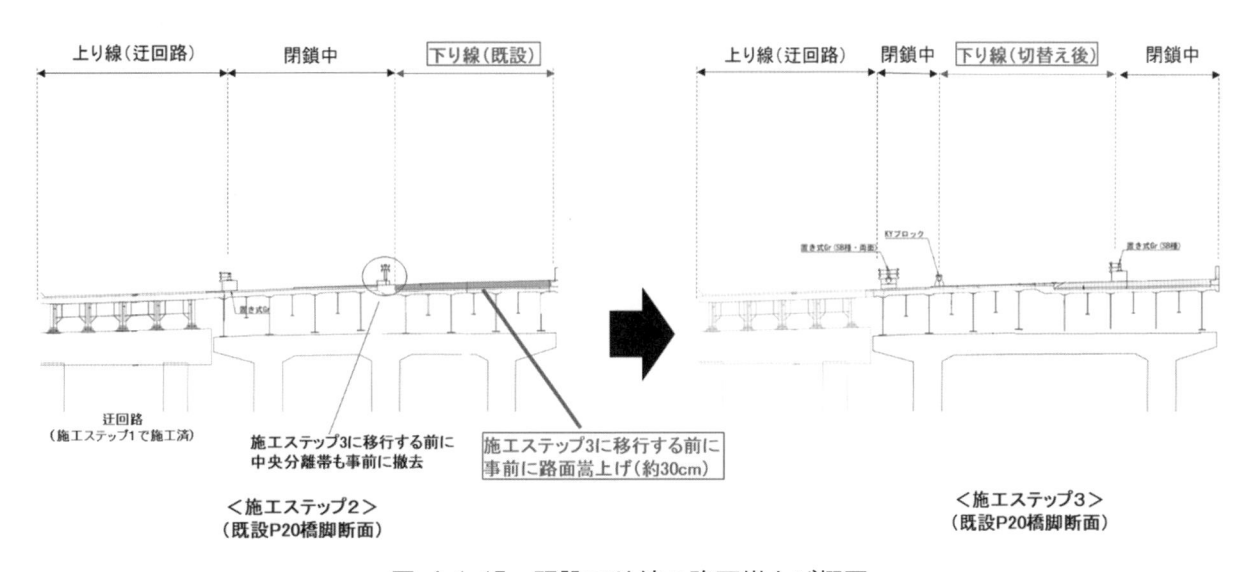

図-4.1.17　既設下り線の路面嵩上げ概要

◇対応：既設橋の補強，路面嵩上げ方法の工夫
＜対応①＞路面暫定嵩上げに伴う死荷重増に対する既設橋の補強

　路面嵩上げが必要となる既設下り線は，曲線区間であり横断勾配が大きいことから，必要となる嵩上げ量は最大 70cm 程度であった．既設橋の路面嵩上げはあくまでも暫定的なもので，更新工事完了時（施工ステップ 4）には不要となるが，この嵩上げによって橋面死荷重が一時的に増加し，既設橋への負担も一時的に増大する．

　上記を踏まえ，既設橋自体を直接補強するのではなく，各径間の支間中央部に仮支持構造が配置された（**図-4.1.18，写真-4.1.5**）．仮支持構造は，鉛直荷重と橋軸方向の地震力，橋軸直角方向の地震力のそれぞれに対して抵抗できるような構造が採用され，施工性に配慮し主に H 鋼にて構成された．柱部材となる H 鋼の向きは，各地震力が作用する方向と強軸方向が一致するように配置された．仮支点部にはそれぞれ支承が配置

され，新たに支持される既設主桁箇所は，支点反力に対する補強が必要となるため，既設主桁には補強材が設置された（**図-4.1.19**）．また，既設 RC 床版の上面および下面に炭素繊維補強を行うことで，路面暫定嵩上げに伴う橋面死荷重増による既設 RC 床版への影響が軽減された．

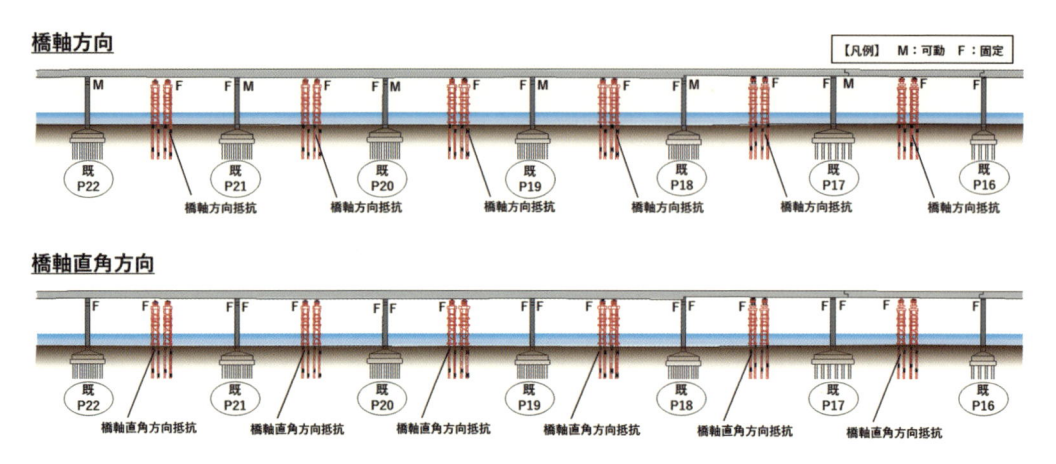

図-4.1.18　仮支持構造概要 [4.1.13)]

（出典：玉田和法，小島直之，堀田尚史，仲田宇史，村上隆弘：首都高速 1 号羽田線更新工事　暫定接続部における既設橋の補強設計および施工，令和元年度土木学会全国大会第 74 回年次学術講演会，Ⅵ-28，2019）

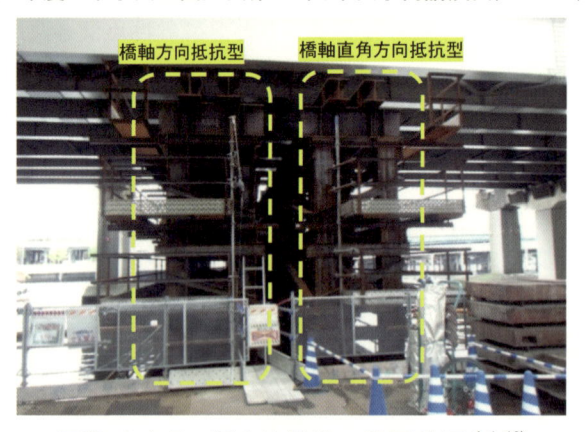

写真-4.1.5　仮支持構造の設置状況 [4.1.13)]

（出典：玉田和法，小島直之，堀田尚史，仲田宇史，村上隆弘：首都高速 1 号羽田線更新工事　暫定接続部における既設橋の補強設計および施工，令和元年度土木学会全国大会第 74 回年次学術講演会，Ⅵ-28，2019）

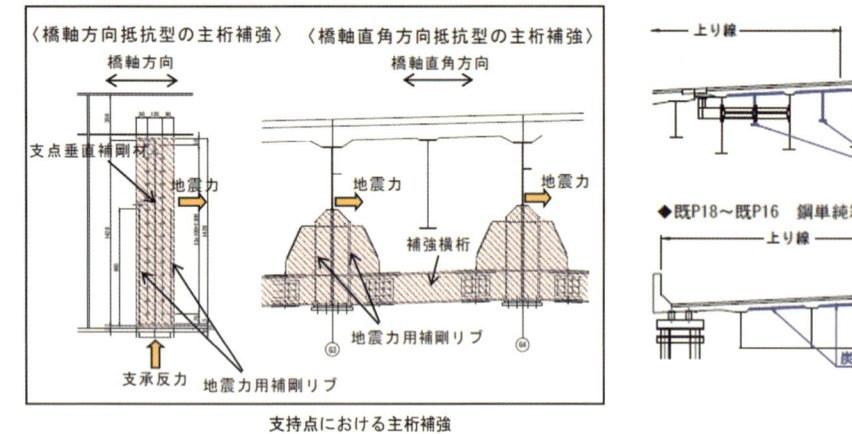

図-4.1.19　仮支持点における主桁補強，既設 RC 床版補強 [4.1.13)]

（出典：玉田和法，小島直之，堀田尚史，仲田宇史，村上隆弘：首都高速 1 号羽田線更新工事　暫定接続部における既設橋の補強設計および施工，令和元年度土木学会全国大会第 74 回年次学術講演会，Ⅵ-28 ，2019）

＜対応②＞路面嵩上げ方法の工夫

　路面嵩上げの施工について，供用中の下り線を 35 時間連続して交通規制する集中工事を4回行う方法が採用された．なお，1回の集中工事で，左右車線を順次規制・開放して最大約 200mm の嵩上げが行われた．

　舗装について，交通開放までの養生時間の短縮が図れる中温化舗装とし，基層は大粒径アスファルト混合物（骨材の最大粒径 30mm），表層は密粒アスファルト（骨材の最大粒径 13mm）が採用された．**図-4.1.20(a)**に集中工事毎に施工された舗装断面構成の概要を示す．

　排水桝について，既設排水桝は将来（施工ステップ4）も利用されるため，既設排水桝周辺に脱着が容易なひと回り大きい排水蓋を有する鋼製枠を全ネジボルトにて設置する構造とし，集中工事時の各路面高さに合せた全ネジボルトを継ぎ足すことで路面高さに対応可能な構造が採用された．例として，**図-4.1.20(b)**に3回目の集中工事における排水桝の嵩上げの概要を示す．

　伸縮装置について，既設伸縮装置は将来（施工ステップ4）も利用するため残置することとし，まずは，集中工事毎に既設伸縮装置上に舗装による嵩上げが行われた．**図-4.1.20(c)**にその概要を示す．集中工事毎の舗装嵩上げの際は，幅 15mm の舗装目地を設け，目地にバックアップ材とひび割れ注入材が注入された．次に，集中工事完了後に改めて夜間車線規制を行い，既設伸縮装置上の舗装を撤去し，路面高さの位置まで後打ちコンクリートの増厚を行い伸縮装置が設置された．なお，嵩上げ量が 100mm 以下と小さい箇所については，伸縮装置を新たに設置するのではなく，既設の伸縮装置上に樹脂モルタルを設置する対応のみが行われた．

　壁高欄について，舗装の嵩上げに伴い既設壁高欄の高さが不足する箇所に対して，高欄天端に鋼製部材が設置された．地覆は，将来容易に撤去できるようアスファルトにて設置された．**図-4.1.20(d)**に壁高欄の暫定嵩上げの概要を示す．

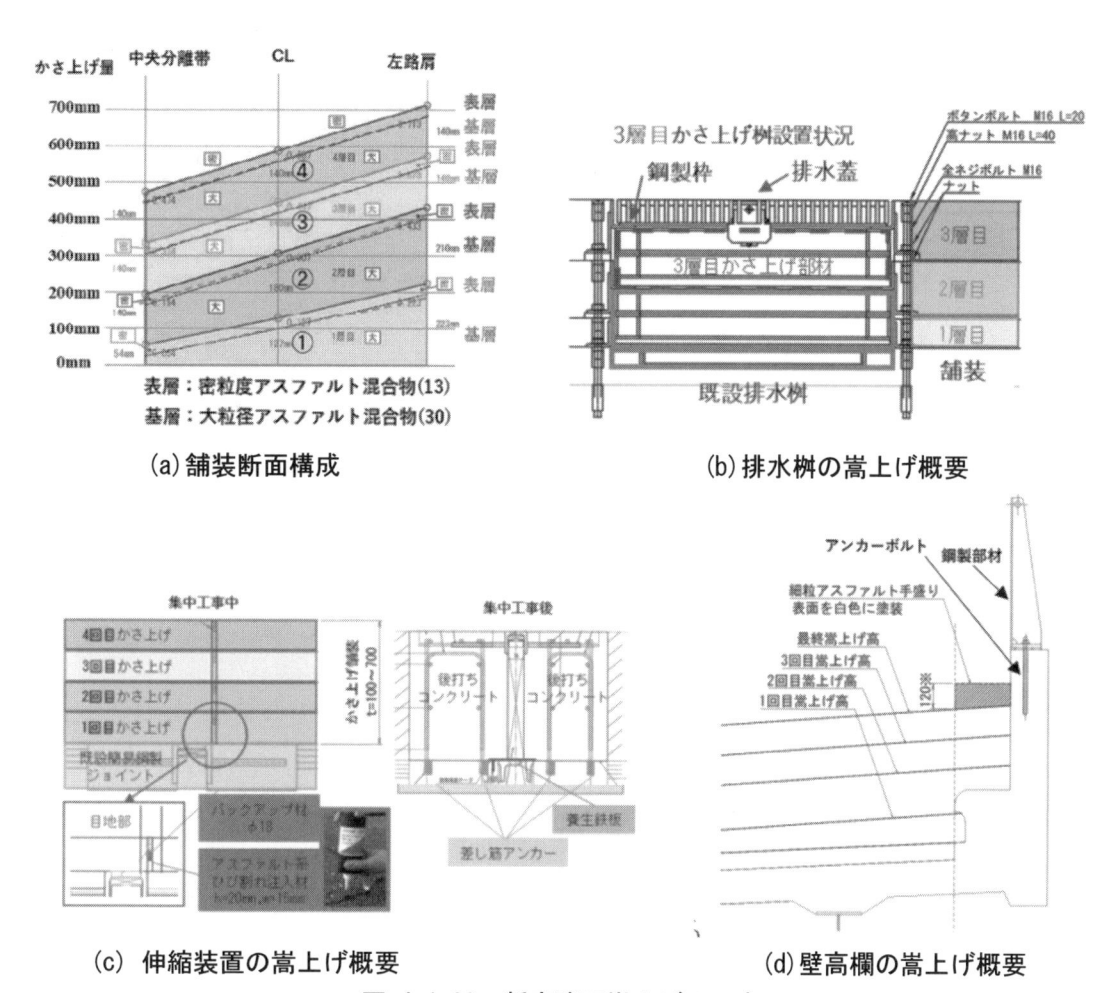

(a) 舗装断面構成　　　　　　　　　　(b) 排水桝の嵩上げ概要

(c) 伸縮装置の嵩上げ概要　　　　　　(d) 壁高欄の嵩上げ概要

図-4.1.20　暫定路面嵩上げの工夫

◆課題 2.5：厳しい現場条件等を踏まえた更新線の架設工法選定

　供用中の高速道路，東京モノレールに近接した狭隘空間での更新線の桁架設が必要とされた．

◇対応：現場条件に応じた適切な架設工法の採用

　Ⅰ期線は，供用中の高速道路に近接した架設となるため，主として次の架設工法が採用された（**図-4.1.21**）．

＜トラッククレーンベント工法＞

　工期・費用に優れる当該工法が最も多く採用された．標準としては，100t〜200t 吊オルテレーンクレーンによる昼間架設が行われた．都道交差部などは，都道の規制作業を極力削減するため，550t 吊オルテレーンクレーンにより，恒久足場を取り付けた桁を 3 ブロックに地組して，夜間架設された．

＜トラッククレーン相吊工法＞

　吊り上げ部材が供用中の高速道路の俯角 75° に入る箇所においては，必要に応じて桁や恒久足場を地組し，オルテレーンクレーンにより相吊りすることで，規制作業が削減された．

＜一括吊上げ工法＞

　供用中の高速道路と最も近接する箇所において，桁や恒久足場を地組し，一括吊り上げ架設することで，規制作業の低減，作業の安全性が確保された．

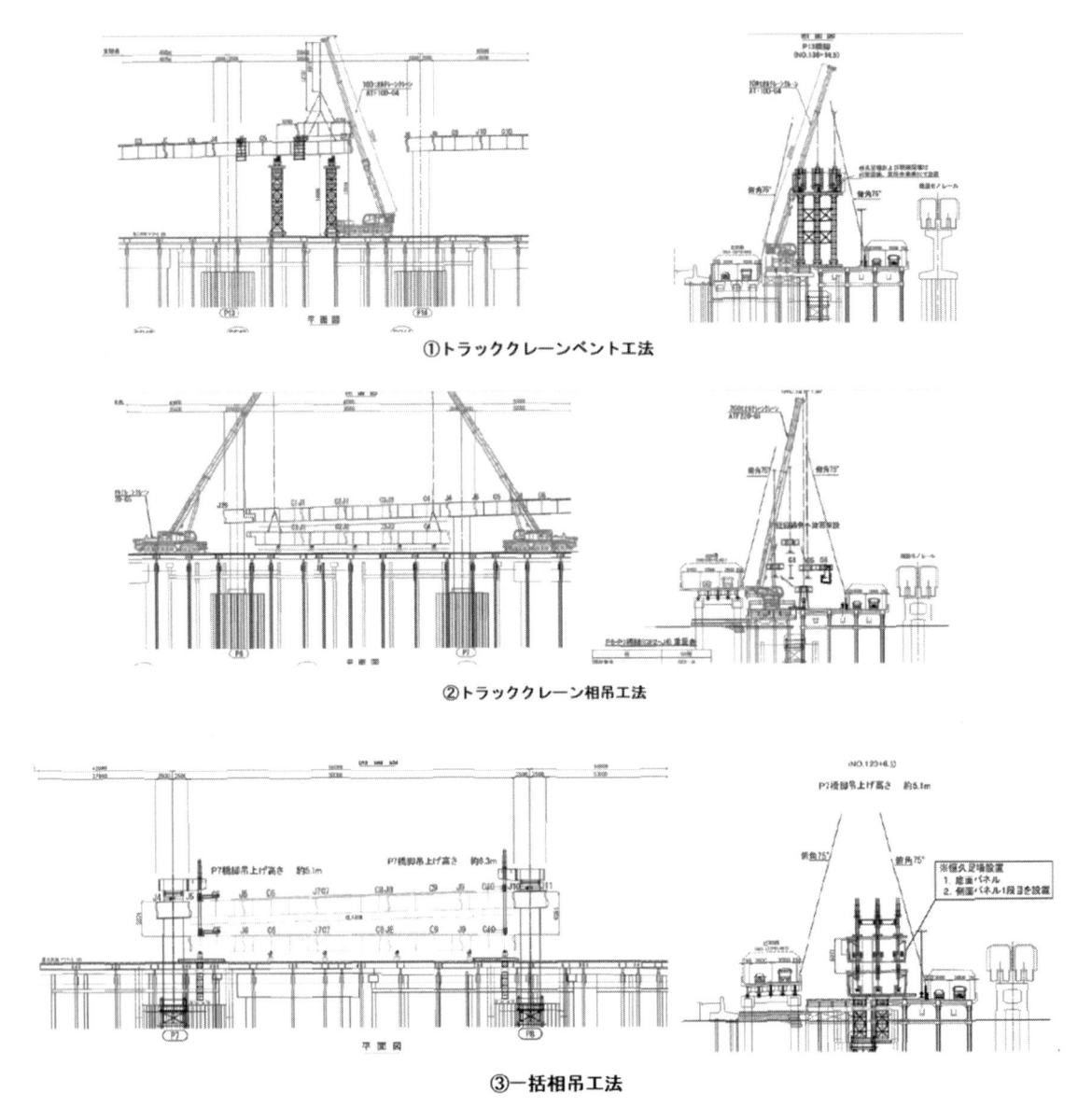

図-4.1.21 　Ⅰ期線の桁架設の概要

　Ⅱ期線は供用中の高速道路（Ⅰ期線）に加え東京モノレールにも近接した架設となるため，主として次の架設工法が採用された（**図-4.1.22**）.

＜東京モノレールに近接するG9桁の夜間架設＞

　東京モノレールに近接するG9桁の架設は，東京モノレールの影響範囲に入るため，トラッククレーンベント工法による夜間架設が行われた.

＜高速道路に近接するG7，G8桁の昼間架設＞

　供用中の高速道路（Ⅰ期線）への安全対策として，供用中の高速道路にあらかじめ防護フェンスが設置された．その上で，昼間施工を可能とするために，G7桁については，供用中の高速道路に設置した防護フェンスより桁を上げないようG8桁付近で吊上げ，その後，高速道路側に横スライドし，落とし込みを行う工法が採用された．G8桁については，G7桁の架設完了後，トラッククレーンベント工法による昼間架設が行われた.

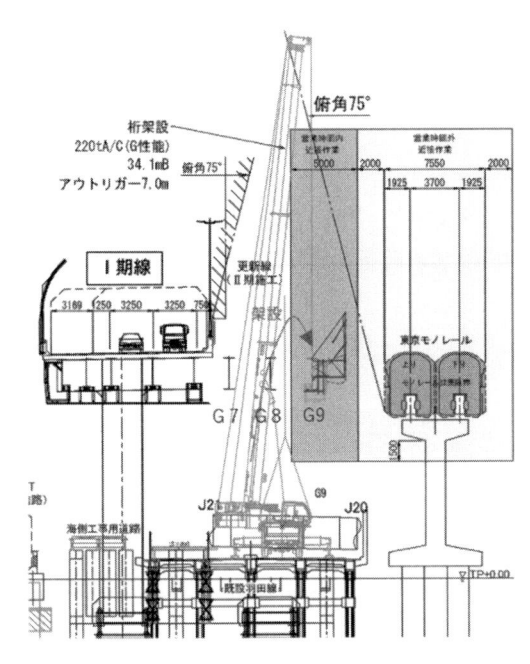
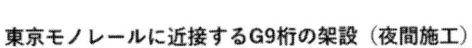
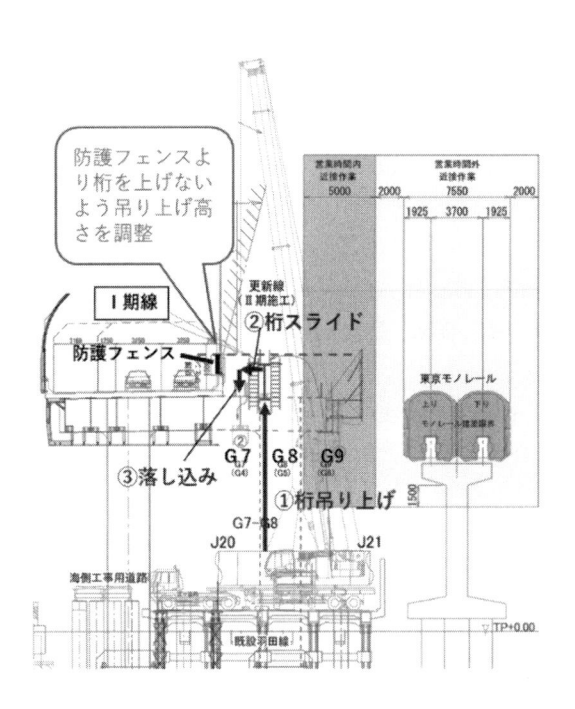

東京モノレールに近接するG9桁の架設（夜間施工）　　　高速道路に近接するG7桁の架設（昼間施工）

図-4.1.22　Ⅱ期線の桁架設の概要

◆課題2.6：厳しい現場条件等を踏まえた更新線に支障する既設水管橋の架替え [4.1.14)]

　課題2.2で述べたように更新線の計画高さに京浜運河を横断する既存の大井水管橋（橋長165mの2径間鋼ランガーアーチ橋）が交差しており，そのうち1径間が支障となり架替えを行う必要があり，現場条件等を踏まえた適切な工法を採用する必要があった.

◇対応：供用中の高速道路および東京モノレールへの影響に配慮した工法の採用

　上越しする更新線の計画高さを極力下げるため，ライズ10mのアーチ橋は桁高4.2mのトラス橋に構造変更された（**図-4.1.23**）．工事実施にあたっては，水道配水への影響に配慮し，工事中の断水期間は5か月以内とされた．また，水管橋は供用中の高速道路および東京モノレールと交差していることから，安全性の確実な確保と架替え時間の短縮が可能な工法が採用された．以下にその概要を示す.

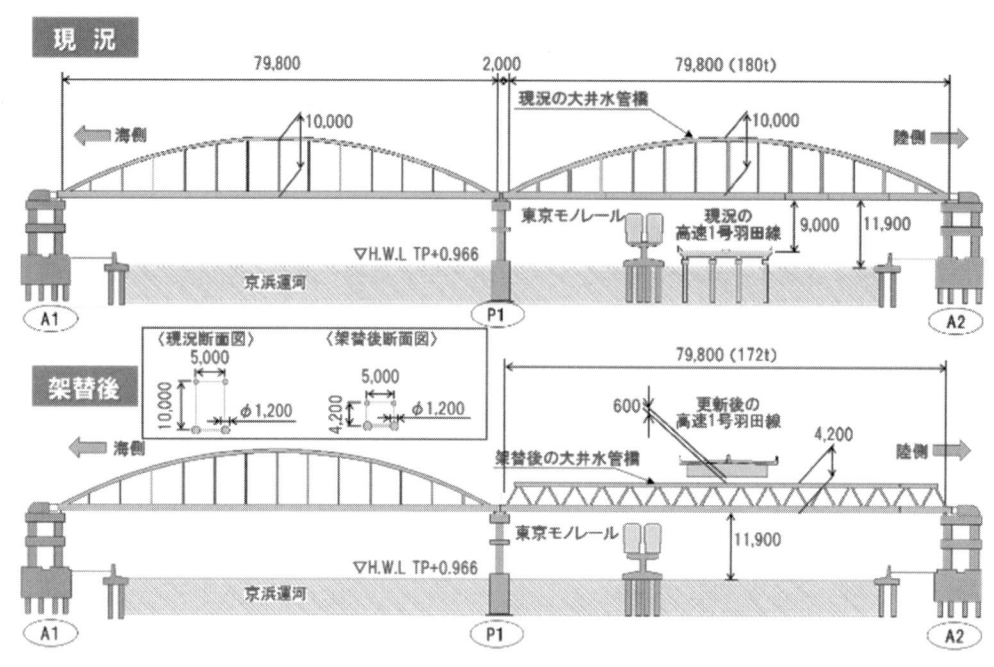

図-4.1.23　大井水管橋の架替え概要 [4.1.14)]

（出典：角田浩，池田博久，小島直之，小玉芳文，田口吉彦，江野本学：首都高速 1 号羽田線更新事業に伴う大井水管橋の架替え工事，橋梁と基礎 Vol.51 No.8，pp.100-103，2017）

＜対応①＞既設水管橋の撤去にかかる工夫

　既設水管橋は，事前に橋軸方向に 6 ブロックに切断し，その後，高速道路の夜間通行止め等を行い順次撤去された．

　水管橋の事前切断にあたり，まず，水管橋をベントで支持し，次に，切断位置にエレクションピースおよび応力開放装置が設置された（**写真-4.1.6，図-4.1.24**）．その後，応力開放装置にて作用力を受け替え，エレクションピース相互を高力ボルトで接合し，作用力の変化をひずみゲージで計測しながら，切断が行われた．

　水管橋の事前切断後に行われた，高速道路の夜間通行止めを伴う中央 3 ブロックの撤去手順を**図-4.1.25**に示す．残り 3 ブロックは，高速道路および東京モノレール影響範囲外のため，後日撤去が行われた．

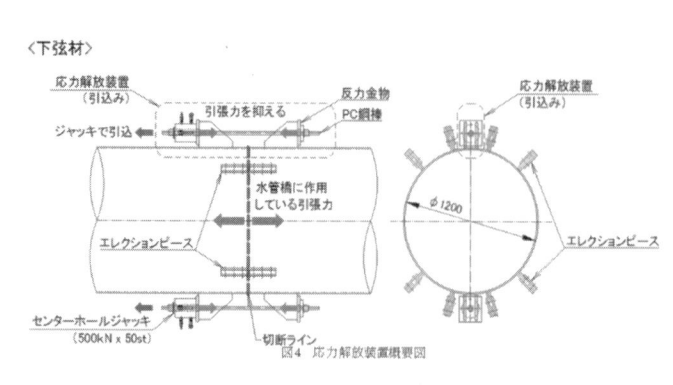

写真-4.1.6，図-4.1.24　既設橋の応力解放装置 [4.1.14)]

（出典：角田浩，池田博久，小島直之，小玉芳文，田口吉彦，江野本学：首都高速 1 号羽田線更新事業に伴う大井水管橋の架替え工事，橋梁と基礎 Vol.51 No.8，pp.100-103，2017）

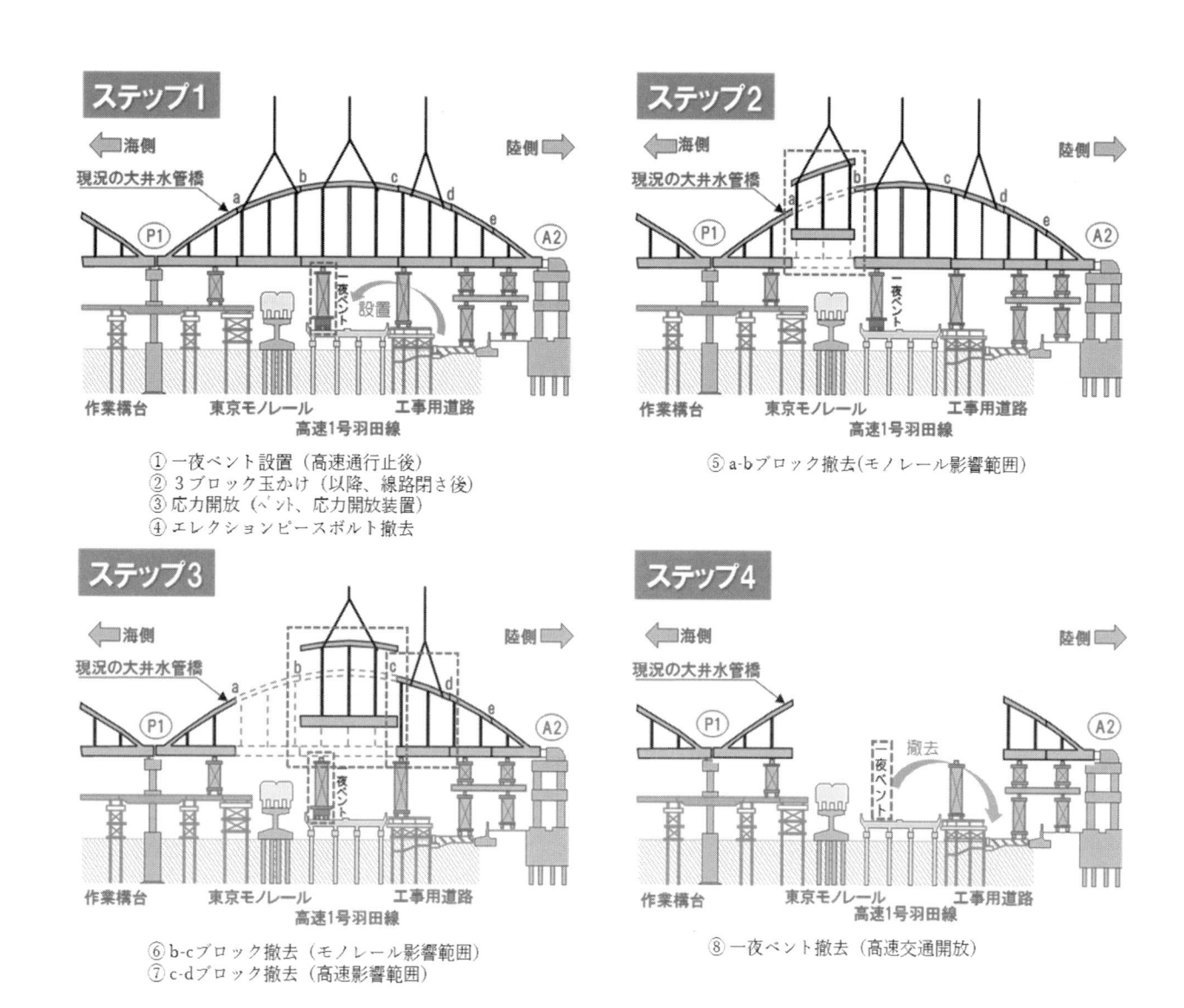

図-4.1.25 既設大井水管橋の撤去概要 [4.1.14)]

（出典：角田浩，池田博久，小島直之，小玉芳文，田口吉彦，江野本学：首都高速1号羽田線更新事業に伴う大井水管橋の架替え工事，橋梁と基礎 Vol. 51 No. 8, pp. 100-103, 2017）

＜対応②＞新設水管橋の架設にかかる工夫

　新設水管橋約80mのうち，約66m（鋼重約140t）は高速道路およびモノレールを跨いだ状態での架設が必要となる．そのため，移動台車を用いた縦取りと横取りによる一括架設が実施された．その手順を**図-4.1.26**に，架設状況を**写真-4.1.7**に示す．移動させるトラスは常に前後2箇所の移動台車で支持し，トラス先端到達時・縦取りから横取りへの移行時には移動台車の盛り替えが行われた．なお，高速道路とモノレールを跨ぐ区間の縦取り時には，トラスが前方に約36m張り出した片持ち状態となるため，転倒対策として，後方トラス上に60tのカウンターウェイトが搭載された．

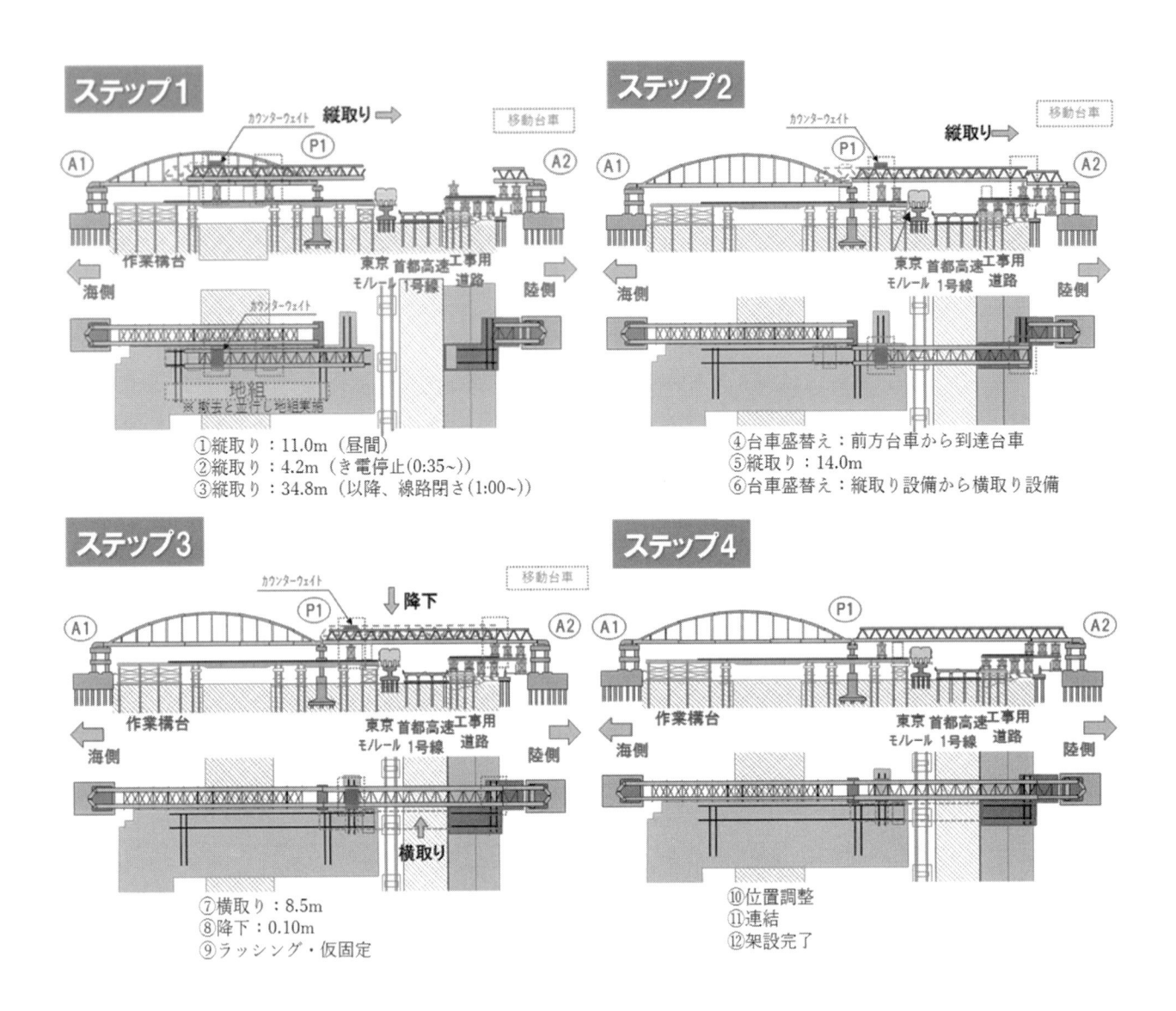

図-4.1.26　新設大井水管橋の架設概要 [4.1.14)]

（出典：角田浩，池田博久，小島直之，小玉芳文，田口吉彦，江野本学：首都高速1号羽田線更新事業に伴う大井水管橋の架替え工事，橋梁と基礎 Vol.51 No.8, pp.100-103, 2017)

写真-4.1.7　新設大井水管橋の架設状況（左）と架設完了状況（右）[4.1.14)]

（出典：角田浩，池田博久，小島直之，小玉芳文，田口吉彦，江野本学：首都高速1号羽田線更新事業に伴う大井水管橋の架替え工事，橋梁と基礎 Vol.51 No.8, pp.100-103, 2017)

　本節は，参考文献 4.1.8)，4.1.9)，4.1.10)，4.1.11)，4.1.13)，4.1.14)の一部を再構成したものである．

参考文献

4.1.1) 首都高速道路株式会社：羽田線（東品川・鮫洲）更新のパンフレット（2021 年 9 月），
　　　 https://www.shutoko.jp/ss/higashishinagawa/pamphlet.pdf，最終アクセス：2023 年 9 月 15 日

4.1.2) 首都高速道路株式会社：首都高 CSR レポート 2017，PP16，
　　　 https://www.shutoko.co.jp/~/media/pdf/responsive/corporate/company/info/csr/report2017/csrreport2017_all.pdf，
　　　 最終アクセス：2023 年 9 月 15 日

4.1.3) 首都高速道路株式会社：首都高速道路構造物の大規模更新のあり方に関する調査研究委員会，
　　　 https://www.shutoko.co.jp/company/enterprise/road/largescale/，最終アクセス：2023 年 9 月 15 日

4.1.4) 首都高速道路株式会社：首都高速道路の更新計画（概略）について，
　　　 https://www.shutoko.co.jp/company/press/h25/data/12/25_plan/，最終アクセス：2023 年 9 月 15 日

4.1.5) 国土交通省：道路法等の一部を改正する法律の公布について，
　　　 https://www.mlit.go.jp/road/road_fr4_000031.html，最終アクセス：2023 年 9 月 15 日

4.1.6) 首都高速道路株式会社：首都高速道路の更新計画について，
　　　 https://www.shutoko.co.jp/company/enterprise/road/plan/260625/，最終アクセス：2023 年 9 月 15 日

4.1.7) 首都高速道路株式会社：更新事業の事業許可について，
　　　 https://www.shutoko.co.jp/company/press/h26/data/11/20_jigyoukyoka/，
　　　 最終アクセス：2023 年 9 月 15 日

4.1.8) 椎名陽一，前田純輝，伊藤裕貴，田原大地，玉田和法，河合吾一郎：狭隘な作業空間での段階施工に配
　　　 慮した鋼管矢板基礎の設計施工〜首都高速 1 号羽田線東品川桟橋部（更新 I 期線）〜，橋梁と基礎 Vol.54
　　　 No.7，pp.7-12，2020

4.1.9) 小島直之，大西達也，野木裕輔，堀田尚史，江野本学，石川誠：高耐久性，維持管理性に配慮した更新
　　　 橋梁の設計施工〜首都高速 1 号羽田線東品川桟橋部（更新 I 期線）〜，橋梁と基礎 Vol.54 No.7，pp.22-
　　　 28，2020

4.1.10) 首都高速道路株式会社，高速 1 号羽田線（東品川桟橋・鮫洲埋立部）更新工事に係る契約者の選定経
　　　 緯について（平成 27 年 8 月 5 日），
　　　 https://www.shutoko.co.jp/~/media/pdf/responsive/corporate/business/bidinfo/150805_shiryo.pdf，
　　　 最終アクセス：2023 年 9 月 15 日

4.1.11) 齊藤一成，小島直之，藤村博，釘宮晃一：首都高速 1 号羽田線（東品川桟橋・鮫洲埋立部）更新工事〜
　　　 迂回路の構造選定と急速施工〜，土木施工 Vol.58 No.7，pp.128-131，2017

4.1.12) 小島直之，堀田尚史：首都高速 1 号羽田線（東品川桟橋・鮫洲埋立部）更新事業におけるプレキャス
　　　 ト部材を活用した迂回路の設計・施工，土木施工 Vol.59 No.1，pp.57-60，2018

4.1.13) 玉田和法，小島直之，堀田尚史，仲田宇史，村上隆弘：首都高速 1 号羽田線更新工事 暫定接続部にお
　　　 ける既設橋の補強設計および施工，令和元年度土木学会全国大会第 74 回年次学術講演会，VI-28，2019

4.1.14) 角田浩，池田博久，小島直之，小玉芳文，田口吉彦，江野本学：首都高速 1 号羽田線更新事業に伴う
　　　 大井水管橋の架替え工事，橋梁と基礎 Vol.51 No.8，pp.100-103，2017

4.2　２週間全面通行止めと一括横取りによる河川横断部の都市高速道路の更新
～首都高速横羽線　高速大師橋更新事業～

4.2.1　事業目的 [4.2.1), 4.2.7)]

　1968 年より供用している首都高速横羽線の高速大師橋は，多摩川渡河部に位置する延長約 300m の鋼３径間連続鋼床版箱桁橋であり，全４橋脚のうち１橋脚は陸上部，残り３橋脚は河川部に位置する（**図-4.2.1**）.

　既設橋は多摩川への河積阻害を極力回避するため，橋脚間隔を長支間にする必要があったことから，上部構造の軽量化が必要であった．そのため，当時の最先端技術であった閉断面リブ（Y 型）を用いた鋼床版が採用されていた．しかし軽量化した剛性の低い上部構造であることから橋梁全体がたわみやすい構造であることに加え，多くの自動車交通による過酷な使用状況等から，デッキプレートと縦リブの溶接部をはじめ，橋梁全体の様々な箇所に多数の疲労き裂が発生していた（**図-4.2.2**）.

　日々，点検・補修が行われており，発生した疲労き裂の補修が実施されているものの，新たな疲労き裂が後を絶たない状況にあることから上部構造の更新が計画された．更新にあたっては，総幅員を 16.5m から 18.2m に拡幅するため，上部構造の死荷重が既設を大きく上回り，下部構造の耐力が不足することから，上部構造とあわせて下部構造も更新が計画された．事業化に至るまでの主な経緯については，前節の**表-**4.1.1 を参照されたい.

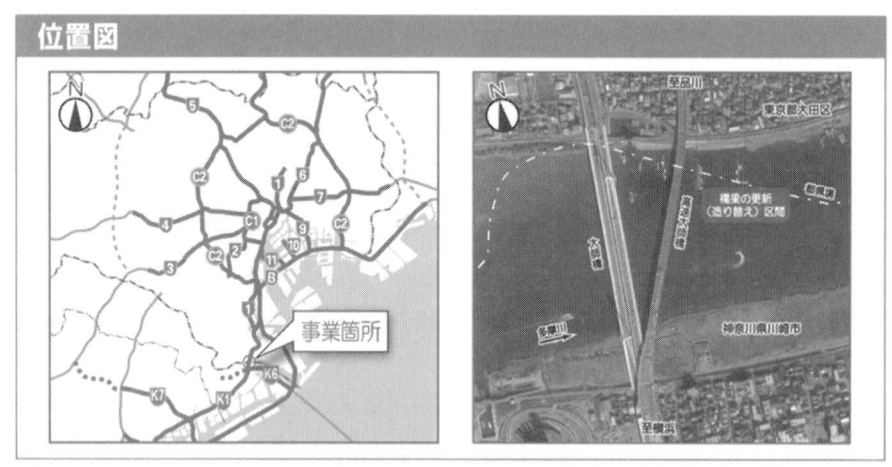

図-4.2.1　位置図 [4.2.1)]

（出典：首都高速道路株式会社：高速大師橋更新のパンフレット（2021 年４月），

https://www.shutoko.jp/ss/daishibashi/gallery/pamphlet.pdf，最終アクセス：2023 年９月 15 日）

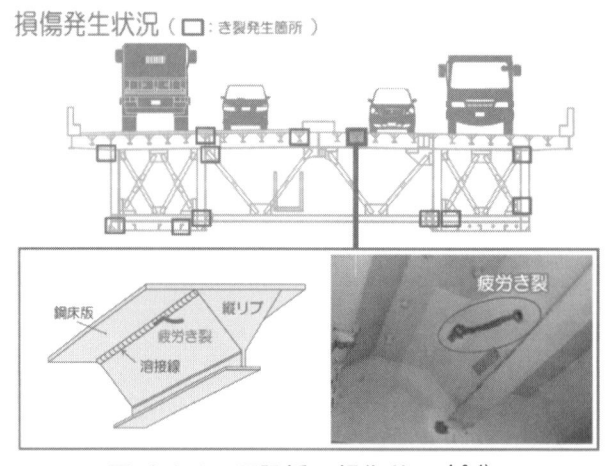

図-4.2.2　既設橋の損傷状況 [4.2.1)]

（出典：首都高速道路株式会社：高速大師橋更新のパンフレット（2021 年４月），

https://www.shutoko.jp/ss/daishibashi/gallery/pamphlet.pdf，最終アクセス：2023 年９月 15 日）

4.2.2　工事概要 [4.2.2), 4.2.7)]

　更新前後の高速大師橋の構造概要と更新後の完成イメージを**表-4.2.1**と**図-4.2.3**に示す.

　本工事区間の断面交通量は約8万台/日であり，長期間の車両通行止めによる橋梁更新を行った場合の交通影響は甚大となる．一方，迂回路の構築について，陸上部では用地買収が必要となる可能性が高いこと，河川部では多摩川右岸部の生態系保持空間（**図-4.2.3**の平面図参照）に影響を与える可能性が高いことなどから，通行止めを回避するための迂回路の設置は困難であった．そのため，短期間の通行止めで済むよう，既設橋と新設橋を一括横取り撤去・架設する工法が採用された（**図-4.2.4**）．

　2023年（令和5年）5月27日から2週間の高速道路の終日通行止めが行われ，既設橋と新設橋の一括横取り撤去・架設が実施され，2023年（令和5年）6月10日より新設橋の供用が開始された [4.2.3)]（**写真-4.2.1**参照）．2024年（令和6年）4月時点においては，既設橋の解体，恒久足場の設置等の残工事が引き続き実施されているところである.

表-4.2.1　更新前後の構造概要

	更新前	更新後
橋長	292m（80m+132m+80m）	同左
総幅員	16.5m	18.2m（両側に0.85m拡幅）
上部構造	3径間連続鋼床版箱桁 ※鋼床版の縦リブは閉断面Y型リブ，デッキ厚は12mm	3径間連続鋼床版箱桁ラーメン橋 ※鋼床版の縦リブは開断面バルブリブ（路肩部は閉断面U型リブ），デッキ厚は12mm
橋脚構造	RC橋脚　4基	河川部：鋼-RC複合橋脚（門型柱）　3基 陸上部：RC橋脚　1基
基礎構造	河川部：鋼管杭基礎　3基 陸上部：場所打ち杭基礎　1基	河川部：鋼管矢板基礎　3基 陸上部：鋼管杭基礎　1基

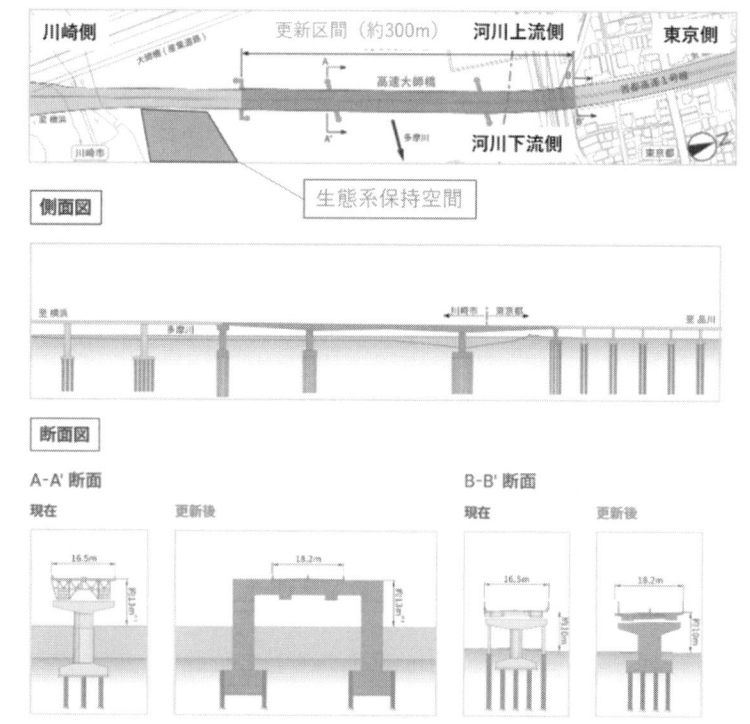

図-4.2.3　更新後の完成イメージ [4.2.2)] を改変（加筆修正）して転載

（出典：首都高速道路株式会社：高速大師橋更新の事業概要，
https://www.shutoko.jp/ss/daishibashi/project/，最終アクセス：2023年9月15日）

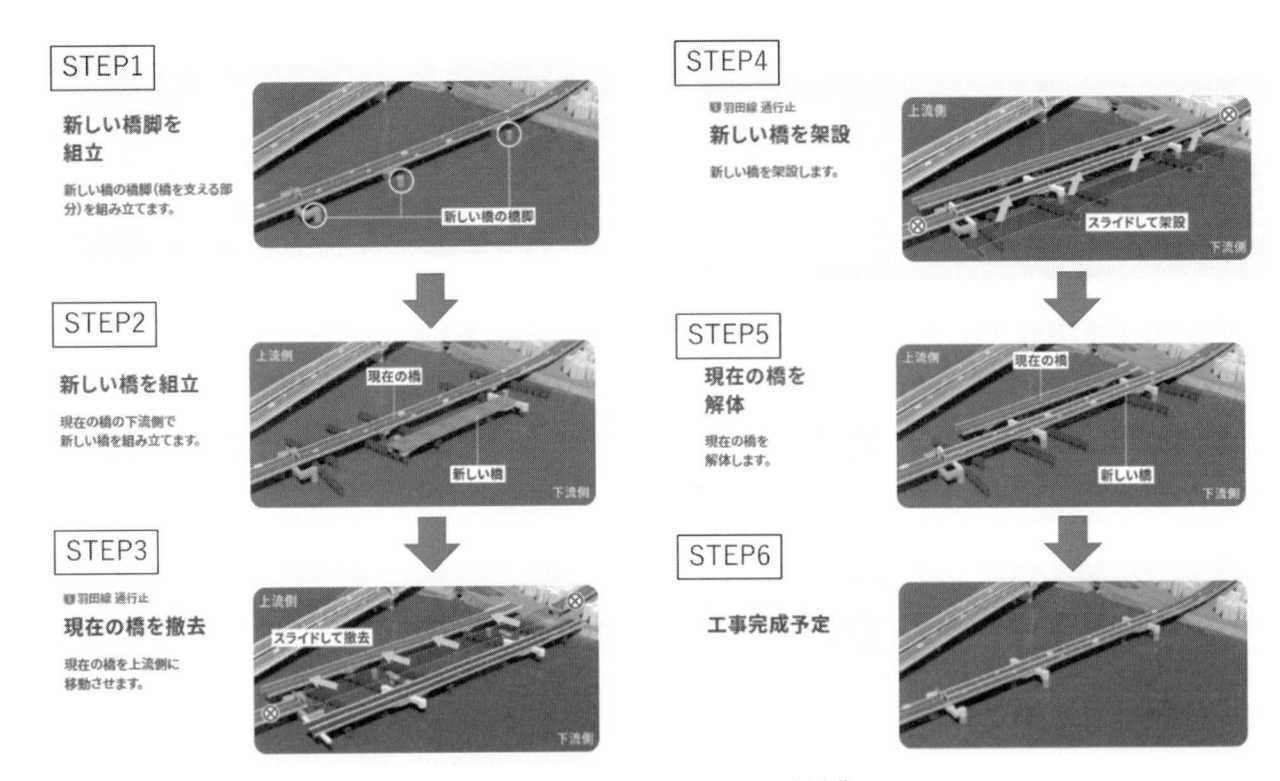

図-4.2.4　全体工事ステップ [4.2.2)]

（出典：首都高速道路株式会社：高速大師橋更新の事業概要，
https://www.shutoko.jp/ss/daishibashi/project/，最終アクセス：2023 年 9 月 15 日）

写真-4.2.1　横取り架設前後の状況 提供：首都高速道路（株）を改変（加筆修正）

4.2.3　課題と対応

本工事における課題と対応の概要一覧を**表-4.2.2**に示す．以降，各々について詳述する．

表-4.2.2　本工事における課題と対応

		課題	対応
(1)事業計画の課題	1.1	交通規制方法の基本方針	高速道路を 2 週間通行止めし既設橋と新設橋の一括横取り撤去・架設の実施，通行止め実施に向けた関係機関による合同調整会議の設置
	1.2	工事難易度を踏まえた工事契約手法	新たな契約方式の採用
(2)技術的課題	2.1	高速道路の通行止め期間の最小化に配慮した構造・施工法の工夫	橋面工の事前実施，横取り架設・鋼製橋脚の現場溶接・構造細目の工夫
	2.2	河川への影響・維持管理性に配慮した構造・施工法の採用	河積阻害に配慮した支間割設定，橋脚・ベントの配置等
	2.3	既設橋撤去時の安全性確保	既設橋の事前補強，塗膜撤去時の安全対策の実施

(1) 事業計画における課題と対応

◆課題 1.1：工事中の交通規制方法の基本方針

工事概要でも述べたように，本工事区間において長期間の車両通行止めを行った場合の交通影響は甚大となるが，通行止めを回避するための迂回路を設置する空間が事実上存在しなかった．

◇対応：一括横取り撤去・架設の採用，通行止め実施に向けた関係機関による合同調整会議の設置
＜対応①＞短期間の通行止めと既設橋と新設橋の一括横取り撤去・架設の採用

短期間の通行止めで済むように，既設橋の両隣にベントを設け，新設橋をベント上で組み立てた後，高速道路を 2 週間通行止めし，既設橋と新設橋を一括横取り撤去・架設する方法が採用された．全体工事ステップは**図-4.2.4**に示したとおりである．

＜対応②＞通行止め実施に向けた関係機関による合同調整会議の設置

高速道路の通行止めによる周辺道路に与える影響を最小限に抑えるため，通行止め実施の 2 年前に関係機関による連絡調整会議（警察，国土交通省，東京都，大田区，神奈川県，川崎市，横浜市，首都高速道路，東日本高速道路，中日本高速道路の関係部署が出席）が設置され，高速道路の通行止め範囲の詳細，迂回誘導案内の方法等について調整が図られた．調整結果の具体例の一つとして，通行止めに係る広報の一環として首都高速道路株式会社のウェブサイトページに提示された渋滞予測マップを**図-4.2.5**に示す．

朝：6時台〜10時台

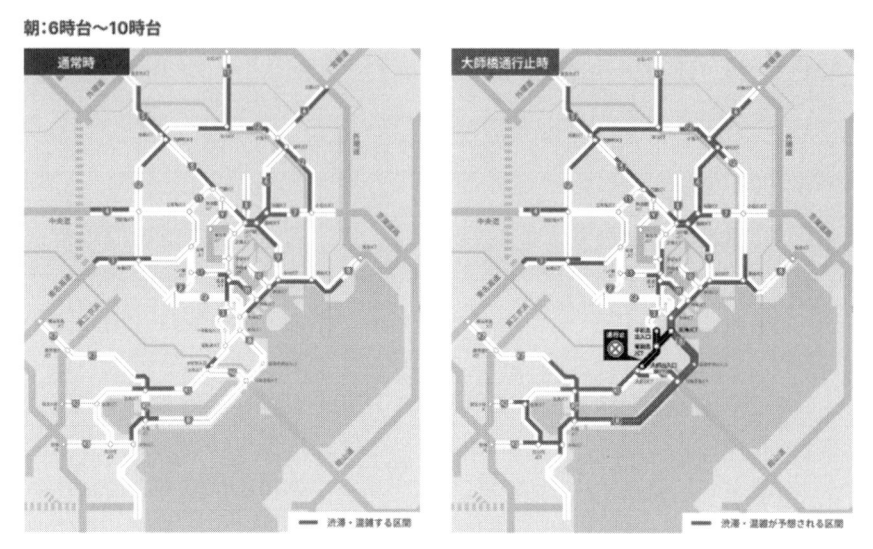

図-4.2.5　渋滞予測マップ[4.2.4)]

（出典：首都高速道路株式会社：高速1号横羽線2週間通行止めの広報ページ，
https://www.shutoko.jp/ss/daishibashi/news/closed-0527-0610/，最終アクセス：2023年9月15日）

◆**課題1.2：工事契約手法**[4.2.5)]

　本工事は，「高速道路を2週間通行止めし，限られた時間内で確実に既設橋と新設橋を一括横取り撤去・架設する必要があること」，「河川内工事であり河川への影響が最小となるような構造・施工法を採用する必要があること」などから非常に難易度の高い工事であり，工事発注に先立ち最適な仕様まで決定するのは困難であった．

◇**対応：新たな契約方式の採用**

　前節に記載した首都高速羽田線（東品川・鮫洲）更新と類似の契約方式が本工事でも導入された（工事の発注機関によって名称は異なるが，国土交通省の直轄工事における技術提案・交渉方式（設計交渉・施工タイプ））．価格も含めた総合評価ではなく，まずは技術評価のみで，優先交渉権者（施工予定者）が1者に絞り込まれる点は両工事とも同じであるが，相違点として，首都高速羽田線（東品川・鮫洲）更新では工事契約締結後に技術提案を踏まえた実施設計が行われたのに対し，本工事では工事契約に先行して実施設計契約が優先交渉権者（施工予定者）と締結された．その後，優先交渉権者（施工予定者）による実施設計に基づき細部仕様まで確定させて河川管理者の許可を得た上で，価格等交渉を経て工事契約が締結された（**図-4.2.6**）．

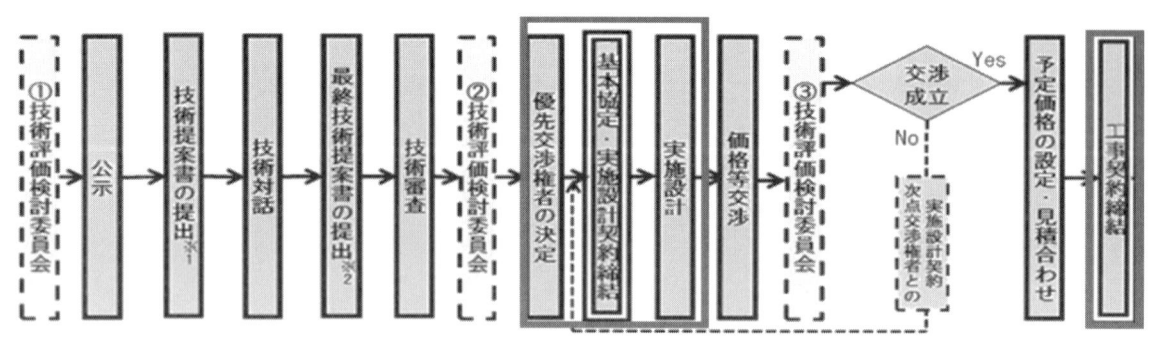

図-4.2.6　契約手続きの流れ[4.2.5)] を改変（加筆修正）して転載

（出典：首都高速道路株式会社：高速大師橋更新事業に係る契約者の選定経緯について（平成29年6月22日），
https://www.shutoko.co.jp/~/media/pdf/responsive/corporate/business/bidinfo/170622_shiryo.pdf，最終アクセス：2023年9月15日）

　本契約方式の導入により，施工者独自の高度で専門的なノウハウ・工法等を取り込みつつ，河川管理者の許可も得た最適な仕様に基づく工事契約が行われた．

(2) 技術的課題と対応 [4.2.2), 4.2.7)]
◆課題2.1：高速道路の通行止め期間の最小化に配慮した構造・施工法の工夫
　既設橋と新設橋の一括横取り撤去・架設に伴う高速道路の通行止め期間を最小化できる適切な構造・施工法の工夫が必要であった．

◇対応：橋面工の事前実施，横取り架設の工夫等
　２週間の通行止め期間中の工事内容を**図-4.2.7**に示す．高速道路の通行止め期間の最小化を図るため，下記のような工夫が行われた．

＜対応①＞橋面工の事前実施
　新設橋の横取り架設後に行う作業を最小化するために，橋面工（高欄，舗装基層，標識・照明柱等の設置）は，可能な限り横取り架設前（通行止め前）に実施された．橋面工の事前実施状況を**写真-4.2.2**に示す．

　なお，舗装基層の事前実施に先立ち，横取り時等に生じる鋼床版の曲げ変形により舗装基層に有害なひび割れが発生しないことの確認がFEM解析により行われた．　FEM解析は，横取り架設時と横取り架設後の支点盛替え時の２ケースに対して行われ，道路橋示方書の鋼床版の構造細目に関する記載内容 [4.2.6)]を参考に，舗装と鋼床版の合成効果を考慮した上で鋼床版に生じる負曲げ部の曲率半径を算出し，曲率半径が20m以上であれば舗装基層に有害なひび割れは発生しないものと判断された．**図-4.2.8**にその一例を示す．ただし，舗装基層を先行実施した状態で横取り架設した事例が首都高速道路内ではなかったため，横取り架設後に舗装に有害なひび割れが発生していないことの現場確認が実施された．

＜対応②＞横取り撤去・架設の工夫
　約30mの横取り撤去・架設は，多摩川下流から上流に向かって横取り装置にて行われた．

　既設橋と新設橋の横取り方向を**図-4.2.9**に示す．既設橋はベント設置方向と横取り方向が一致するため，１軸横取り装置が使用された．一方，新設橋については，陸上部にある区道の俯角制限を考慮し河川側に約5mオフセットした状態でベント上に組み立てが行われた．そのため，横移動（ベント設置方向）に加え縦移動（橋軸方向）が必要であり，これに対応可能な２軸横取り装置（１軸横取り装置の組合せ）が使用された．新設橋の横取り装置の概念図を**図-4.2.10**に，配置図を**図-4.2.11**に示す．なお，横取り時の逸走防止対策として軌条桁両端にエンドストッパーが設置された．

＜対応③＞鋼製橋脚の現場溶接部の工夫，その他構造細目の工夫
　横取り後に行われる鋼製橋脚の現場溶接について，天候遅延リスク低減のため，防雨対策施設を設置した上で，現場溶接が行われた（**図-4.2.12**）．

　また，**図-4.2.13**に示すように，横取り架設後に架設する桁端の鋼床版ブロックについて，鋼床版上の舗装への影響に配慮し現場溶接による接合が標準であるところ，ボルト接合に変更し施工時間の短縮が図られた（約24時間の工程短縮）．ただし，鋼床版上の舗装への影響を低減させるため，ボルト頭が突出しないよう皿型高力ボルトが採用された．また，伸縮装置の設置時間短縮のため，鋼床版端部には段落とし構造が採用され，フィラープレートによる高さ調整や現場溶接が省略された．

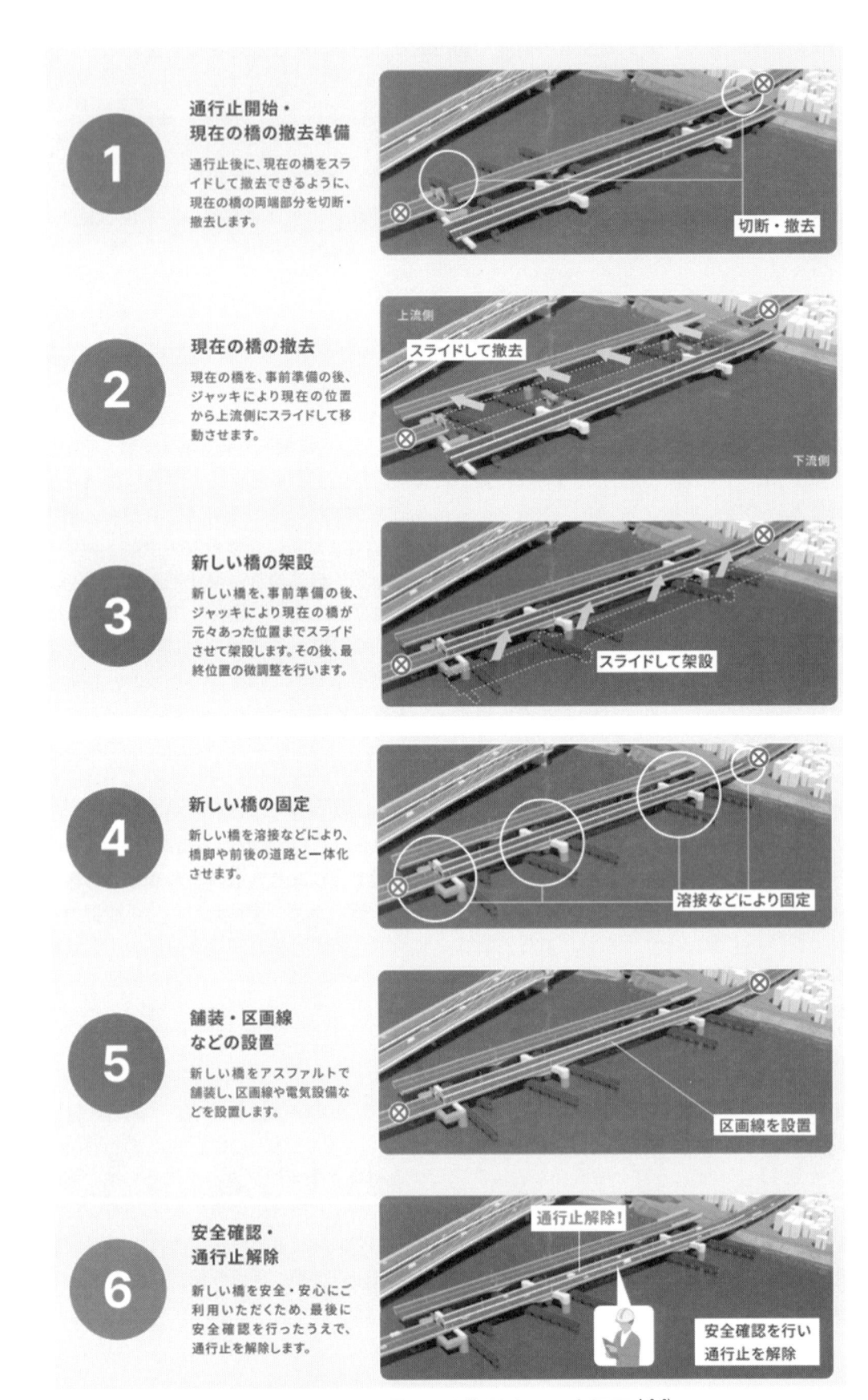

図-4.2.7　2 週間の通行止め期間中の工事概要 [4.2.2)]

（出典：首都高速道路株式会社：高速大師橋更新の事業概要，

https://www.shutoko.jp/ss/daishibashi/project/，最終アクセス：2023 年 9 月 15 日）

写真-4.2.2　橋面工の事前実施状況

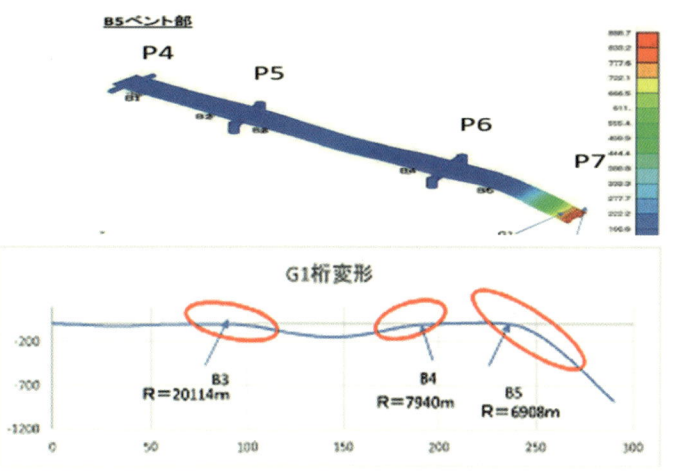

図-4.2.8　FEM 解析による舗装基層のひび割れ発生
有無の事前確認

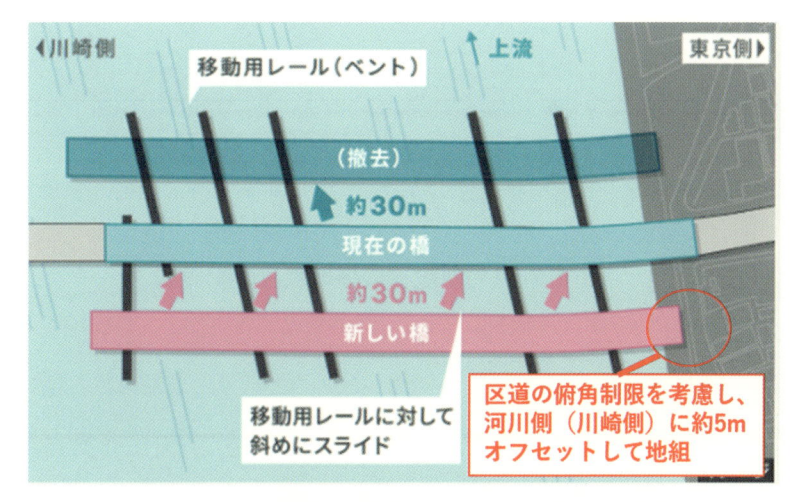

図-4.2.9　横取り方向 [4.2.2)] を改変（加筆修正）して転載

（出典：首都高速道路株式会社：高速大師橋更新の事業概要，
https://www.shutoko.jp/ss/daishibashi/project/，最終アクセス：2023 年 9 月 15 日）

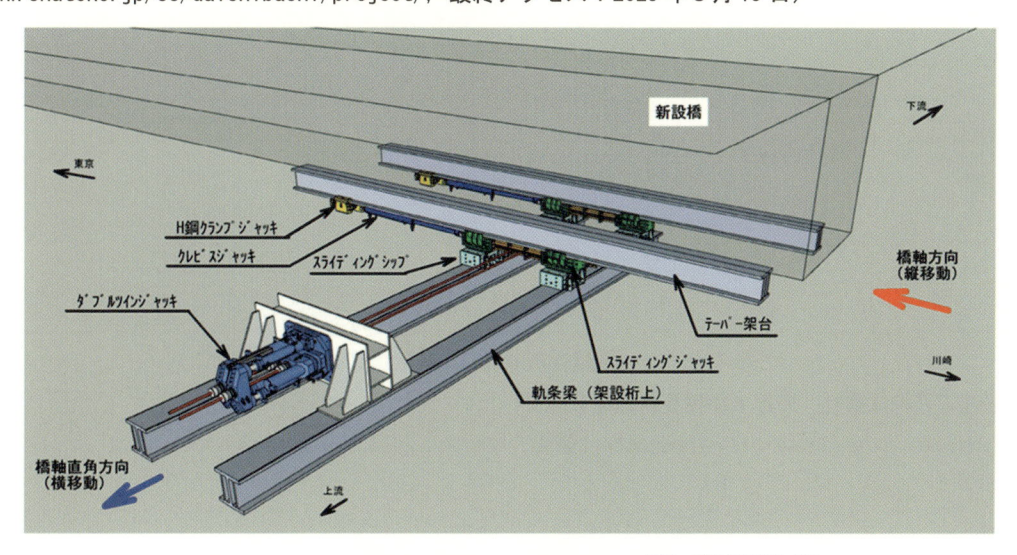

図-4.2.10　新設橋の横取り装置概念図 提供：首都高速道路（株）

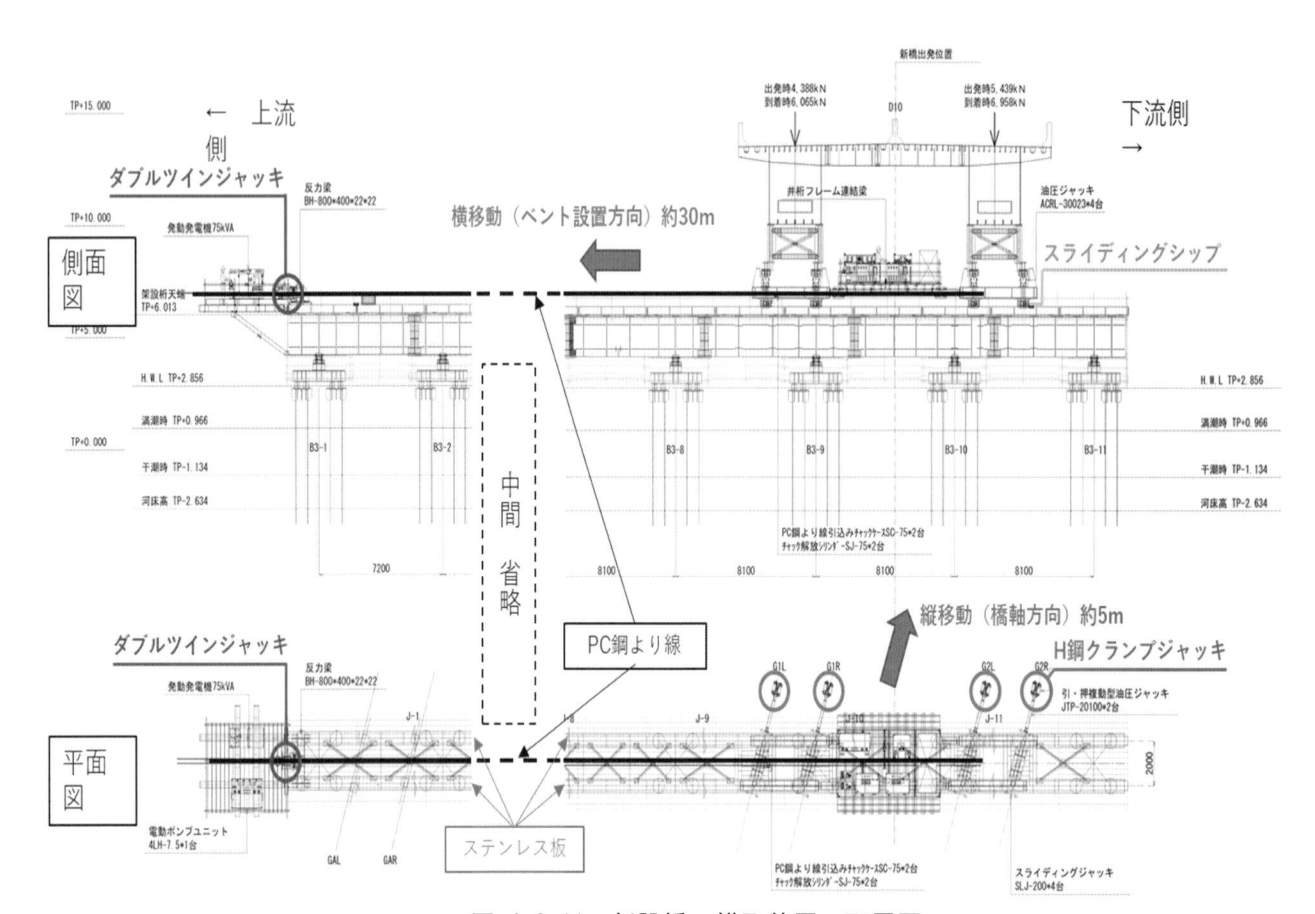

図-4.2.11　新設橋の横取装置の配置図

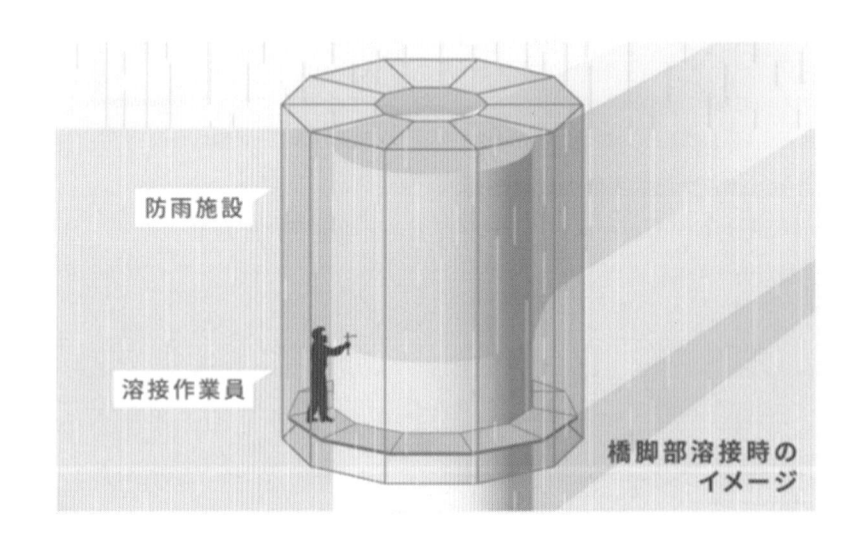

図-4.2.12　鋼製橋脚の現場溶接の工夫 [4.2.2)]

（出典：首都高速道路株式会社，高速大師橋更新の事業概要，

https://www.shutoko.jp/ss/daishibashi/project/，最終アクセス：2023 年 9 月 15 日）

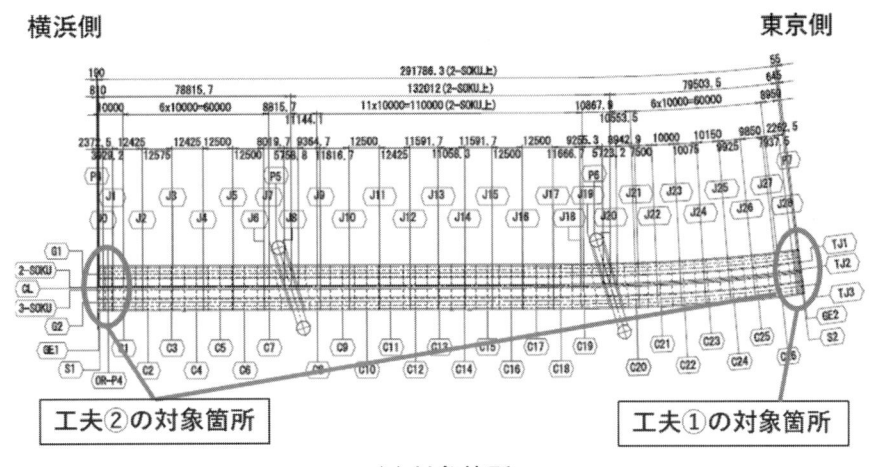

(a) 対象箇所

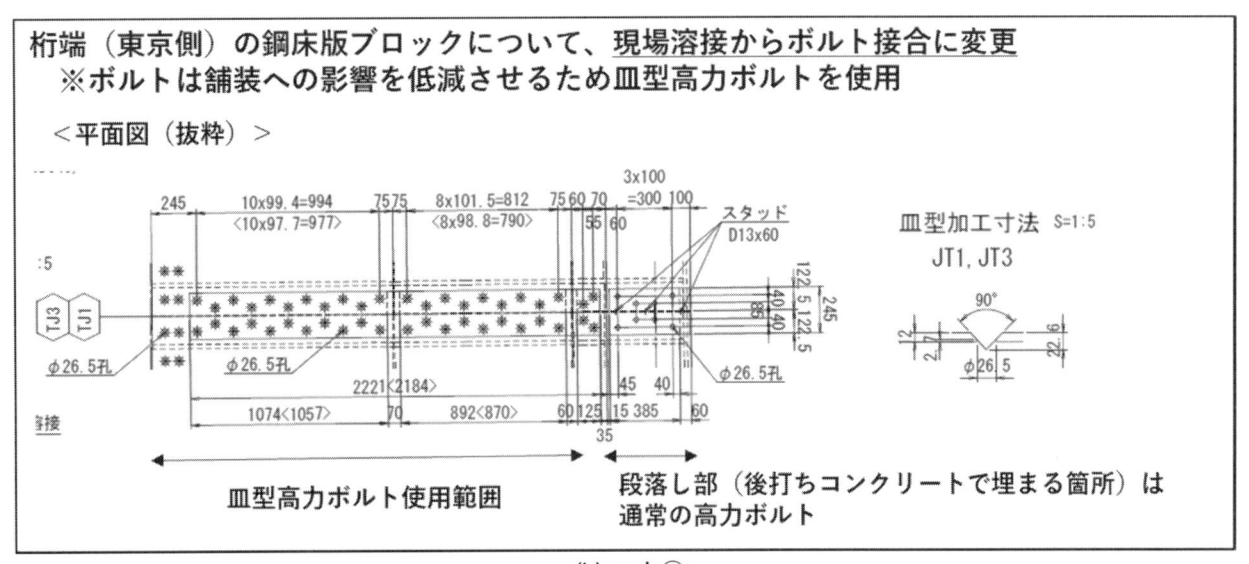

(b) 工夫①

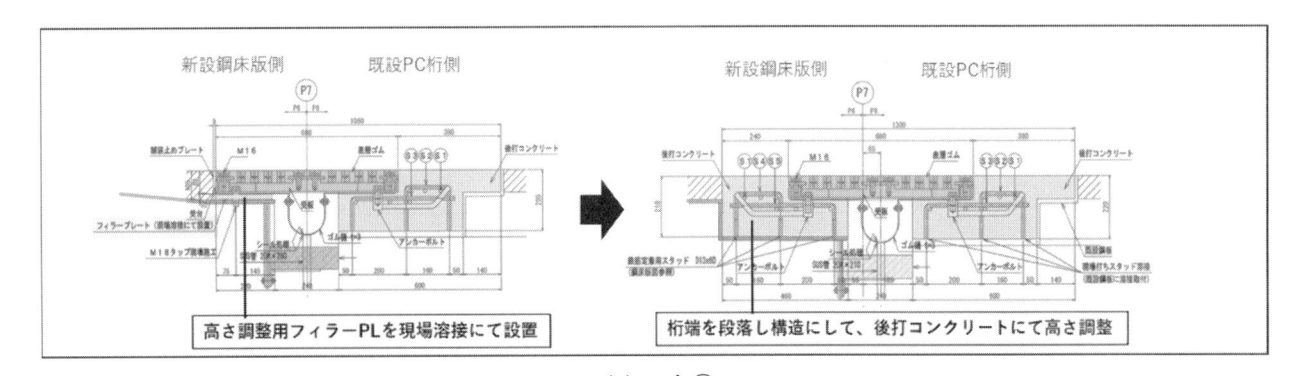

(c) 工夫②

図-4.2.13　構造細目の工夫

◆**課題 2.2：河川への影響，耐久性・維持管理性等に配慮した構造・施工法の選定** [4.2.7)]

　本工事は河川内工事であり河川への影響等に配慮した適切な構造・施工法の採用が必要であった．

◇**対応：構造部位毎に，河川への影響，耐久性・維持管理性等に配慮した構造・施工法が採用された．**

　以下に採用された構造・施工法を示す．

＜**対応①＞河積阻害に配慮した支間割の設定（図-4.2.14）**

　支間割は，河積阻害に配慮し既設橋と同じとされた．

＜**対応②＞周辺環境への影響に配慮した基礎の構造・施工法の採用（図-4.2.14）**

　河川部基礎は，水中部での施工実績が多く，既設橋脚への影響を小さくできる，鋼管矢板基礎が採用された．陸上部基礎は，民地に近接していることから，振動・騒音を低減できる中堀りの回転圧入工法による鋼管杭基礎が採用された．

＜**対応③＞河積阻害等に配慮した橋脚の構造・施工法の採用**

　河川部の橋脚は，既設橋脚をあらかじめ撤去せずに設置できる門型の鋼・RC 複合橋脚が採用された（図-4.2.15(a)）．各橋脚柱は，河積阻害を最小化するために河川の流下方向に配置され，耐久性に配慮し RC 構造を基本とし，HWL＋1.0m の高さまでは遮塩性に優れる高耐久埋設型枠が採用された．RC 橋脚柱と鋼製橋脚柱の一体化は多数の採用実績を有する PBL（孔明き鋼板ジベル）を介して行われた．なお，既設隣接橋との掛け違い部となる P4 橋脚について，柱は河積阻害を最小化するために河川流下方向に配置され，横梁は斜角がつかないようクランク形状に配置されていることが特徴的である（図-4.2.15(b)）．あわせて，P4 橋脚の施工手順を図-4.2.16 に示す．

　陸上部の橋脚は，区道および民地が近接し，橋脚の設置空間が限定されることから，仮橋脚を設置し上部構造の荷重を受け替えた上で既設橋脚を撤去し，既設橋脚と同位置に T 型 RC 橋脚が設置された．図-4.2.17 に陸上部 P7 橋脚の施工手順を示す．なお，仮橋脚は長期間にわたり重交通を支えることになるため，レベル 2 地震にも耐えられるような設計が行われた．

＜**対応④＞河川への影響，維持管理性等に配慮した上部構造の採用（図-4.2.18）**

　前述のとおり，支間割は河積阻害に配慮し既設橋と同じであるが，道路幅員は現行基準にあわせて両側0.85m 拡幅することから，上部構造の死荷重低減が必要とされた．そのため，死荷重の小さい橋梁形式である鋼床版箱桁が採用された．鋼床版の縦リブは疲労耐久性が高い開断面バルブリブが採用された（輪荷重が高い頻度で直接載荷されることのない路肩部は閉断面 U 型リブが採用された）．また，維持管理性を高めるために，恒久足場が設置される予定である．桁高が高い箇所は，恒久足場の設置のみでは鋼床版下面の点検が困難なため，桁内および桁間に点検通路があわせて設置されている．

＜**対応⑤＞河川への影響，安全性等に配慮した河川内ベント構造の採用（図-4.2.19，写真-4.2.3）**

　工事中の河積阻害率が大きくならないように，横取り架設に必要なベントは河川流下方向に極力配置された．その他，河川内ベントの主な特徴は次のとおりである．

・ベント杭は H 杭ではなく鋼管杭を採用することにより，杭本数を約 70%削減
・鋼管杭を支持層上面まで打設し各杭への荷重の均等化を行い，不等沈下リスクを低減
・河川上の桁組立用ベントの設計水平震度は，鋼構造架設設計施工指針 [4.2.8)]を参考にレベル 1 地震の 1/2 に設定

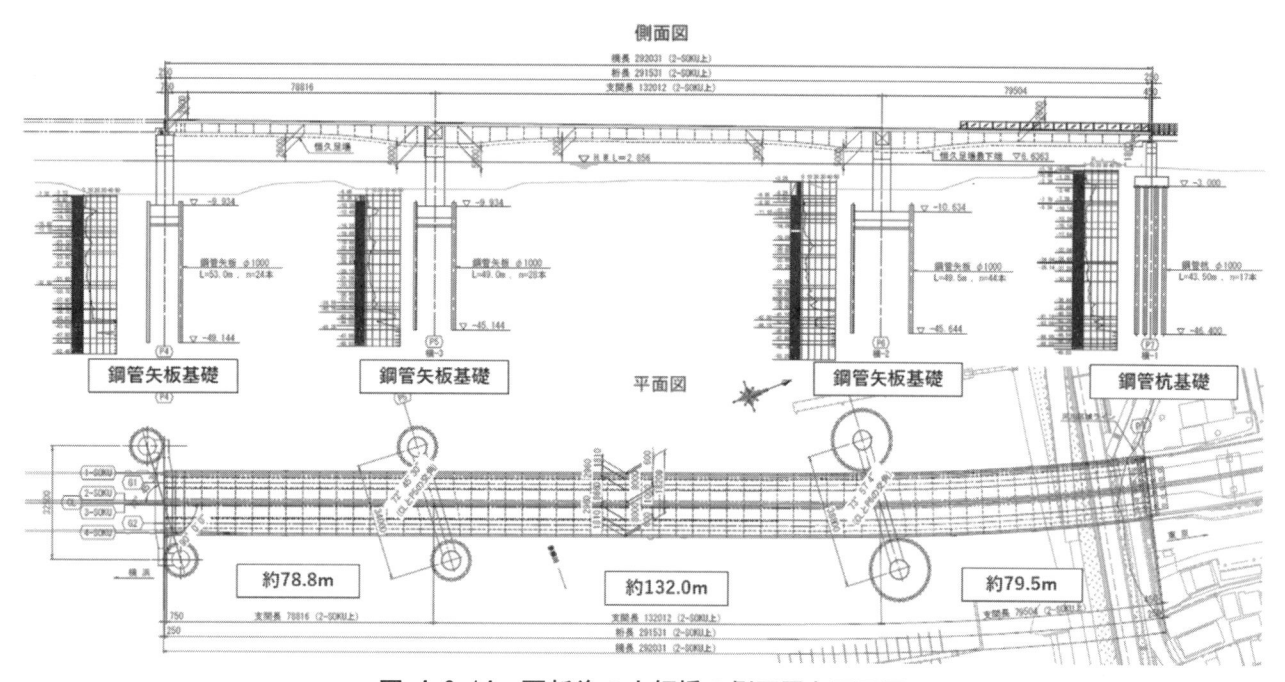

図-4.2.14　更新後の大師橋の側面図と平面図

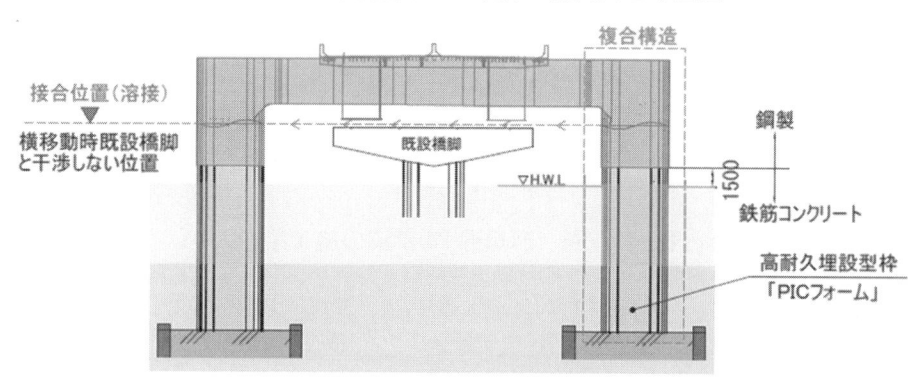

（a）河川部橋脚の構造概要

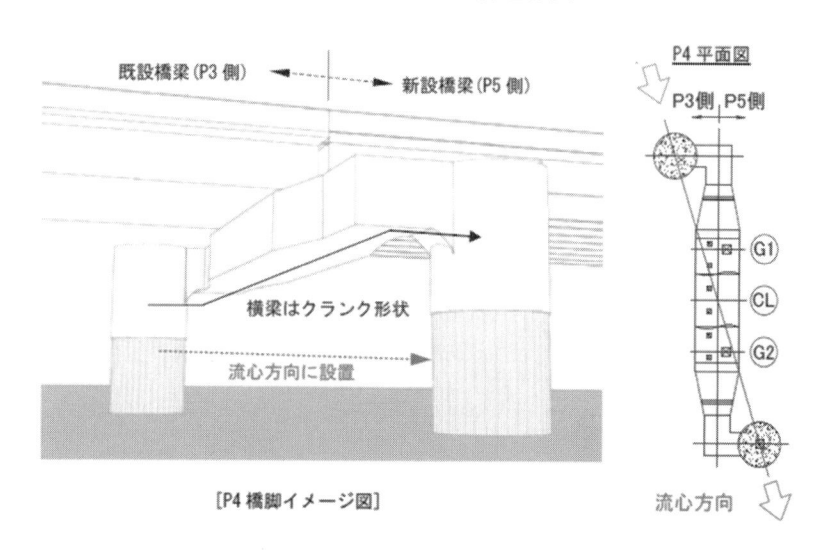

（b）　P4橋脚の特徴

図-4.2.15　河川部橋脚の構造概要等 4.2.7)

（出典：田中芳和，田原徹也，志治謙一，藤井晶：高速大師橋更新事業の工事概要，土木施工 Vol. 59 No. 11，pp. 130-133，2018)

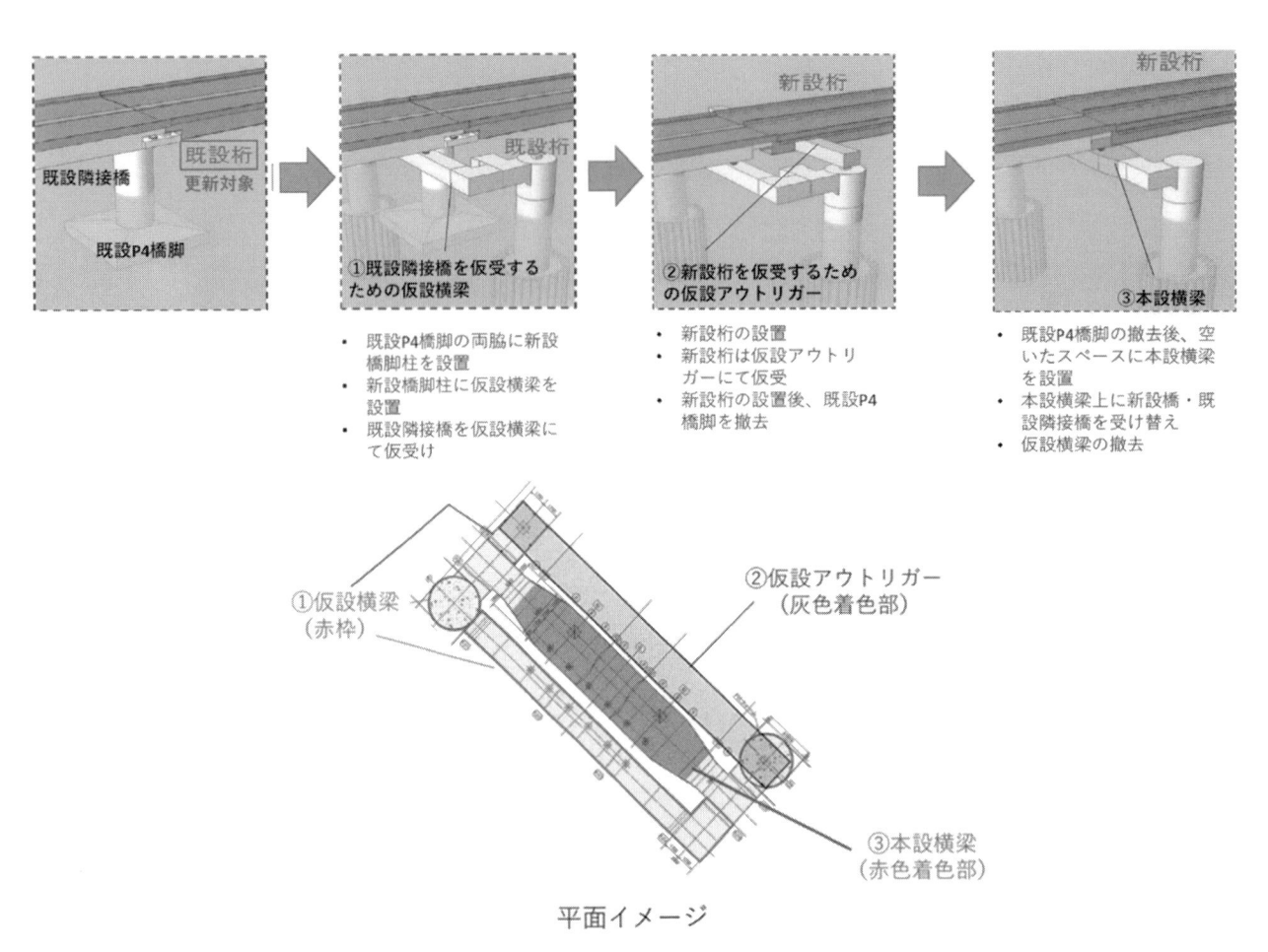

平面イメージ

図-4.2.16　河川部P4橋脚の施工手順

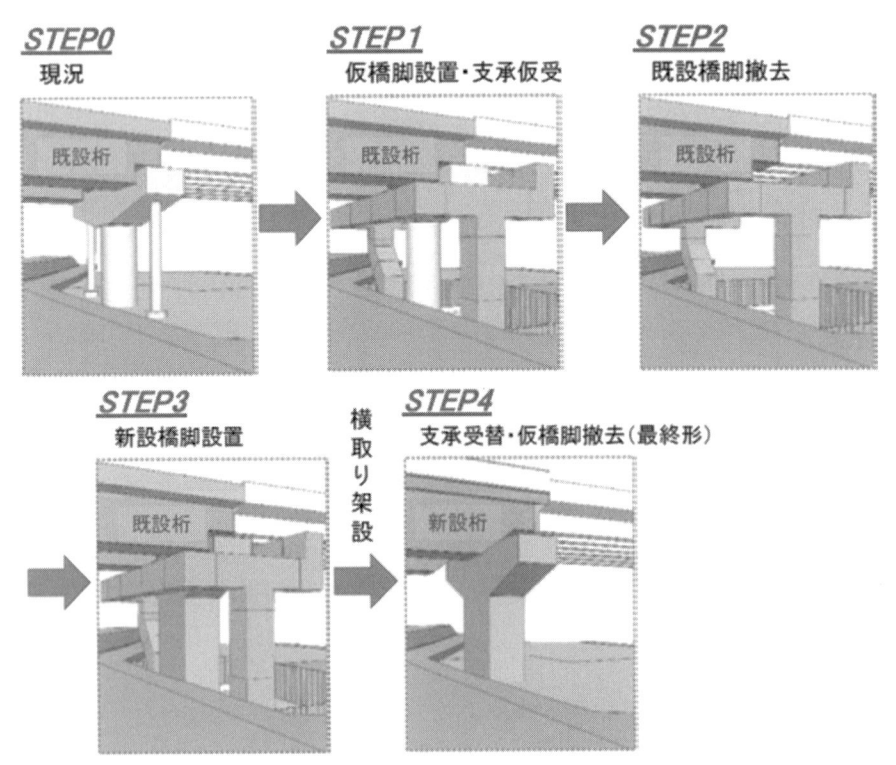

図-4.2.17　陸上部P7橋脚の施工手順[4.2.7)]

（出典：田中芳和，田原徹也，志治謙一，藤井晶：高速大師橋更新事業の工事概要，土木施工 Vol.59 No.11, pp.130-133, 2018）

・拡幅（総幅員：16.5m→18.2m）
・バルブリブ（路肩部のみUリブ）

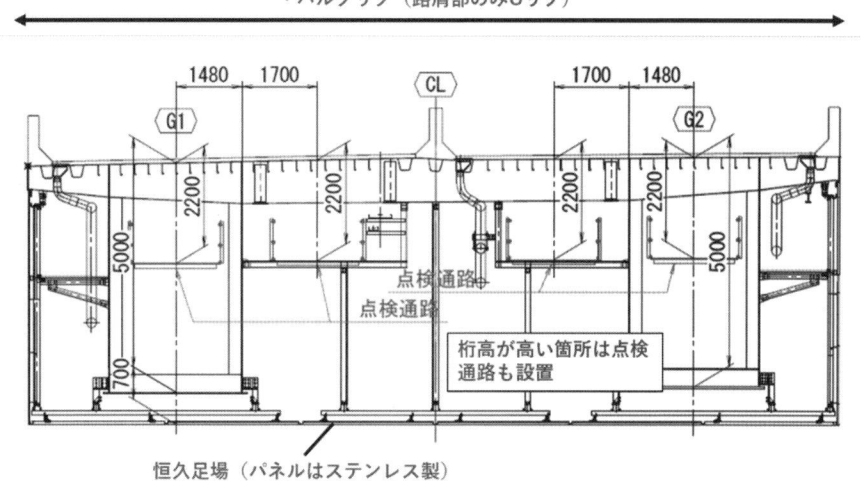

図-4.2.18　上部構造の概要

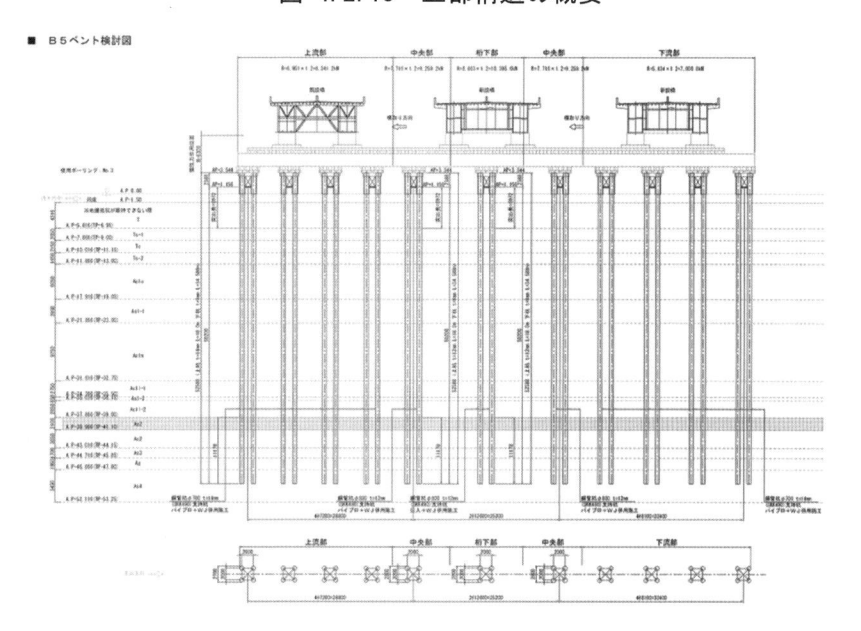

図-4.2.19　河川内ベントの構造概要

写真-4.2.3　河川内ベント

◆課題 2.3：既設橋撤去時の安全性確保

　既設橋の横取り撤去時は現況と支点条件が異なる状態になること，既設橋塗装に多量の鉛が含まれていることを踏まえ，施工時の安全性を十分確保できるような対策を行う必要があるとされた．

◇対応：既設橋の事前補強，塗装撤去時の安全対策の実施
＜対応①＞既設橋の事前補強の実施

　既設橋撤去時は現況と支点条件が異なる状態になることから，既設橋の事前補強が実施された．既設橋の事前補強の概要を**図-4.2.20** に示す．既設橋補強は桁内の限られた空間で行う必要があるため，簡易な機材のみを使用して補強部材の設置が行われた．補強部材の取り込みは電動ウインチにて，桁内運搬はローラー架台にて実施された．

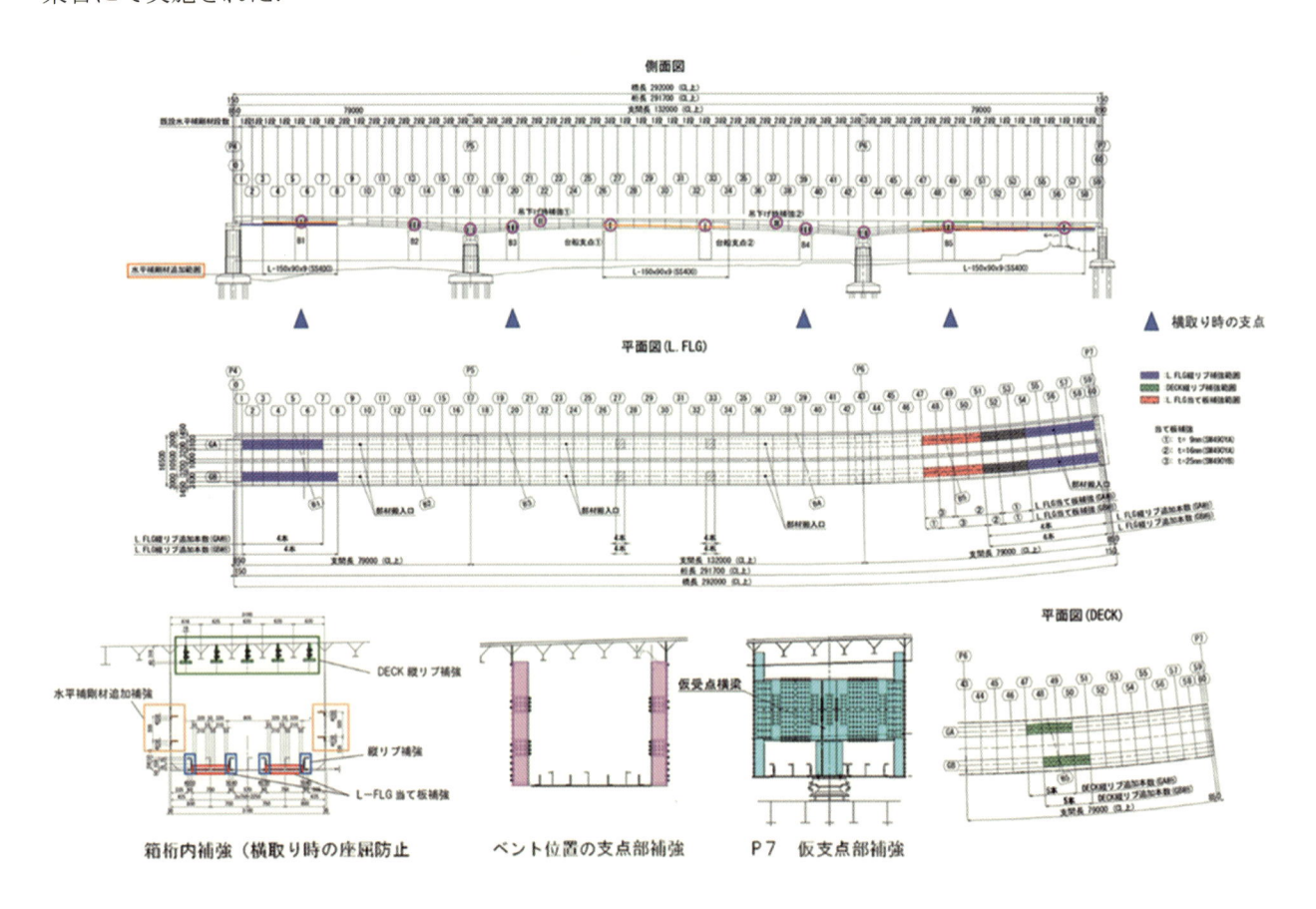

図-4.2.20　既設橋の事前補強の概要提供：首都高速道路（株）

＜対応②＞塗装撤去時の安全対策の実施

　既設橋の塗装成分調査の結果，多量の鉛が含まれていることが判明した．そのため，既設橋の補強材設置箇所の塗膜を撤去する際は，周辺環境・作業員の安全性への影響に配慮し，塗膜飛散防止用のセキュリティルームの設置や作業員の健康被害防止用の防護服の装着が行われた（**写真-4.2.4**）．

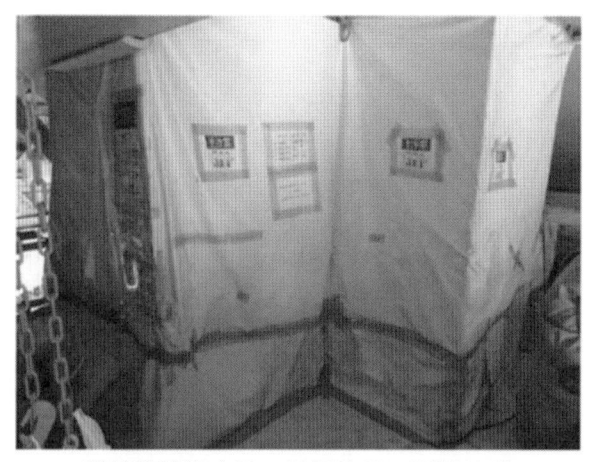

既設塗膜撤去時の防護施設の設置状況

既設塗膜撤去時の防護具の着用状況

写真-4.2.4　既設塗膜撤去時の安全対策

　本節は，参考文献 4.2.5)，4.2.7) の一部を再構成したものである．

参考文献

4.2.1)　首都高速道路株式会社：高速大師橋更新のパンフレット（2021年4月），
　　　　https://www.shutoko.jp/ss/daishibashi/gallery/pamphlet.pdf，最終アクセス：2023年9月15日

4.2.2)　首都高速道路株式会社：高速大師橋更新の事業概要，
　　　　https://www.shutoko.jp/ss/daishibashi/project/，最終アクセス：2023年9月15日

4.2.3)　首都高速道路株式会社：高速大師橋更新の工事進捗状況，
　　　　https://www.shutoko.jp/ss/daishibashi/progress/，最終アクセス：2023年9月15日

4.2.4)　首都高速道路株式会社：高速1号横羽線2週間通行止めの広報ページ
　　　　https://www.shutoko.jp/ss/daishibashi/news/closed-0527-0610/

4.2.5)　首都高速道路株式会：高速大師橋更新事業に係る契約者の選定経緯について（平成29年6月22日），
　　　　https://www.shutoko.co.jp/~/media/pdf/responsive/corporate/business/bidinfo/170622_shiryo.pdf，
　　　　最終アクセス：2023年9月15日

4.2.6)　公益社団法人　日本道路協会：道路橋示方書・同解説　Ⅰ共通編・Ⅱ鋼橋編，pp.296-297，2012

4.2.7)　田中芳和, 田原徹也, 志治謙一, 藤井晶：高速大師橋更新事業の工事概要, 土木施工 Vol.59 No.11, pp.130-133，2018

4.2.8)　土木学会：鋼構造架設設計施工指針，pp.176-177，2012

4.3　終日全面通行止め計 6 回（約 40 日×3 回×2 年）による都市間高速道路の更新
～中国道リニューアルプロジェクト　吹田 JCT～中国池田 IC 間～

4.3.1　事業目的 [4.3.1]

　中国自動車道は，日本万国博覧会が開催された 1970 年（昭和 45 年）から順次開通し，1983 年（昭和 58 年）に大阪府の吹田ジャンクション（以下，JCT とする．）から山口県の下関インターチェンジ（以下，IC とする．）までの全線が開通した．建設されて以降，人々の暮らしや経済に欠かせない大動脈としての役割をもち，関西都市圏の発展に大きく寄与した高速道路である．その一方で，**図-4.3.1** のとおり長年にわたる供用により，橋梁や土構造物，トンネルといった主要構造物では老朽化が進み，近年ではこれに起因する変状が顕在化していた．

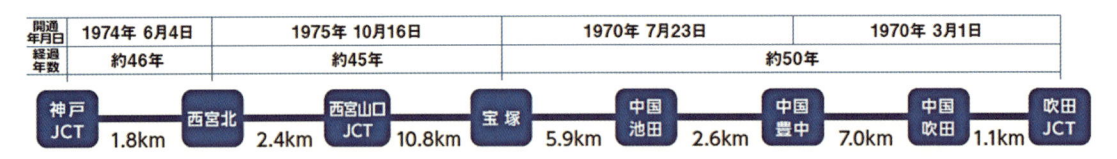

図-4.3.1　中国自動車道（吹田 JCT-神戸 JCT 間）の開通後の経過年数 [4.3.2]

（出典：西日本高速道路株式会社　関西支社：中国自動車道（特定更新等）吹田 JCT～中国池田 IC 間　橋梁更新工事（建設工事）パンフレット）

　中国自動車道に限らず，NEXCO 東日本，NEXCO 中日本，NEXCO 西日本が管理する高速道路は，**図-4.3.2** に示すように，2014 年（平成 26 年）の時点において，総延長約 9,000 kmのうち，供用開始から 30 年以上経過した延長が約 40％に広がり，全国の高速道路においても，老朽化のリスクが懸念されていた．そこで，NEXCO では，将来にわたって持続可能な高速道路ネットワークを確保し，適切な維持管理と更新を行うため，2012 年（平成 24 年）に「高速道路資産の長期保全及び更新のあり方に関する技術検討委員会」が設置され，検討が進められている．**表-4.3.1** に事業認可までの経緯を示す．

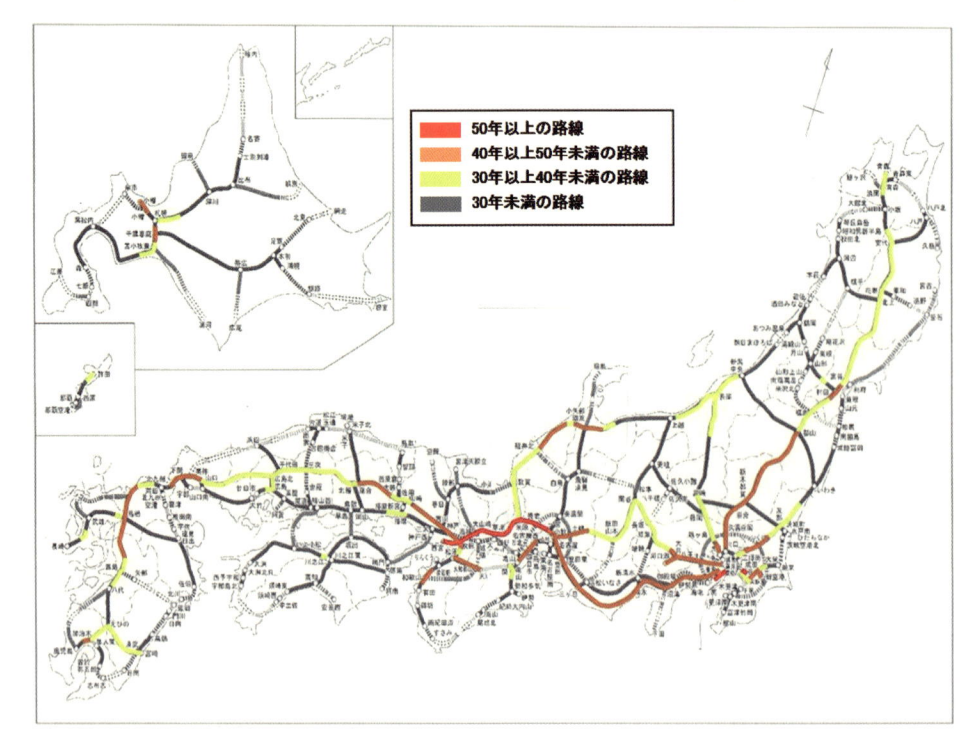

図-4.3.2　供用年数 30 年以上の路線 ［2014 年（平成 26 年）時点］ 　提供：西日本高速道路㈱

表-4.3.1 事業認可までの経緯

日時	内容
2012 年（平成 24 年）11 月	高速道路資産の長期保全及び更新のあり方に関する技術検討委員会（以下，「長期保全等検討委員会」）設立
2013 年（平成 25 年）4 月	長期保全等検討委員会による「中間とりまとめ」公表 高速道路の各構造物の変状状況から，劣化要因を整理し，大規模更新・大規模修繕の必要要件がとりまとめられた．
2013 年（平成 25 年）4 月	国土幹線道路部会に「中間とりまとめ（要旨）」報告 長期保全等検討委員会の中間とりまとめを踏まえ，検討内容および大規模更新・大規模修繕の規模について報告された．
2014 年（平成 26 年）1 月	長期保全等検討委員会「提言」の発表 東・中・西日本高速道路「大規模更新・大規模修繕計画（概略）」の公表 老朽化並びに厳しい使用環境により著しい変状発生が顕在化していることを踏まえ，課題や基本的な考え方をまとめ，大規模更新・大規模修繕の事業規模が公表された．
2014 年（平成 26 年）2 月	国土幹線道路部会において，高速道路各社の更新計画（概略）の内容について報告された．
2015 年（平成 27 年）1 月	更新計画（概略）の内容について精査され，国土幹線道路部会で審議された．
2015 年（平成 27 年）3 月	高速道路各社の更新事業について，国土交通大臣より事業実施の許可が発出された．

　最初に更新事業に着手する中国吹田 JCT〜宝塚 IC 間は，大阪北摂地域から阪神北部地域の市街地を通過する約 17km の路線であり，延長の長い連続高架橋が多く建設されている．この区間に位置する橋梁は，重交通環境のうえ，供用開始から 50 年以上が経過していることもあり，**写真-4.3.1** のようにコンクリート床版の疲労損傷やコンクリート中空床版のコンクリートの剥落，鋼桁部の鋼材腐食など，老朽化による損傷が進行していた．これまで補修，補強による対応が行われていたが，損傷の進行度合いから抜本的な対策が必要な状態にあった．

　橋梁大規模更新の実施には，長期間の交通規制による慢性的な渋滞の発生が懸念されたが，2018 年（平成 30 年）に新名神高速道路高槻 JCT〜神戸 JCT 間が開通したことにより，**図-4.3.3** に示す東西を結ぶ路線のダブルネットワークが形成され，工事中の交通の迂回が可能になり，2020 年（令和 2 年）より中国自動車道リニューアルプロジェクト吹田 JCT〜神戸 JCT 間の橋梁更新工事が開始された．

床版下面のひび割れ・漏水　　　　　床版下面の浮き・剥離　　　　　　壁高欄の浮き・剥離

床版連結部からの漏水　　　　　　中間支点部の主桁腐食　　　　　RC中空床版の浮き・剥離

写真-4.3.1　損傷状況 [4.3.3)]

（出典：安里俊則，佐溝純一，大原和章，沢村良弘，松井隆行：関西圏都市部における中国自動車道リニューアル工事の概要，第 24 回橋に関するシンポジウム論文報告集，2021 年 9 月）

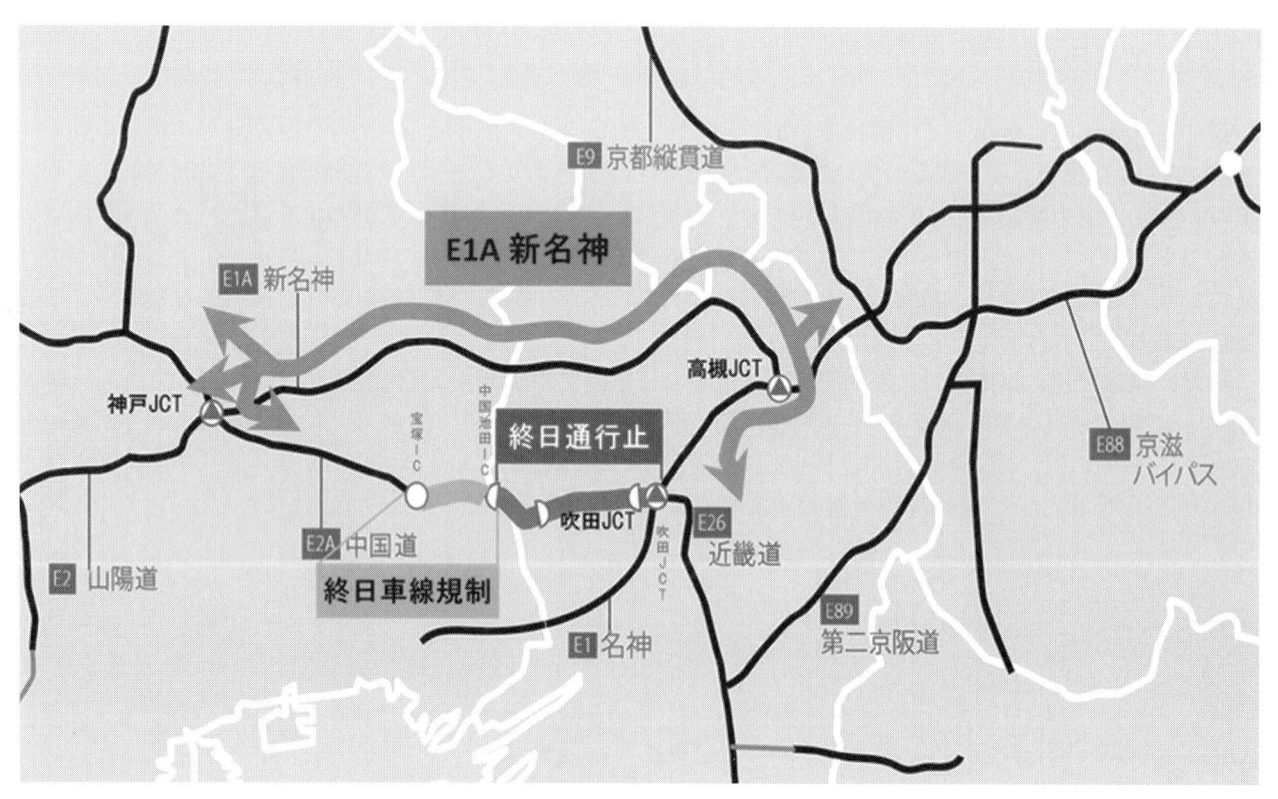

図-4.3.3　関西圏高速道路ネットワーク [4.3.3)]

（出典：安里俊則，佐溝純一，大原和章，沢村良弘，松井隆行：関西圏都市部における中国自動車道リニューアル工事の概要，第 24 回橋に関するシンポジウム論文報告集，2021 年 9 月）

4.3.2　工事概要 [4.3.1)]

　本節では，中国自動車道リニューアルプロジェクト吹田 JCT〜神戸 JCT 間のうち，吹田 JCT〜中国池田 IC 間の工事について紹介する．　吹田 JCT〜中国池田 IC 区間は，上下4車線の約 10.8km の延長であり，そのうち約 4.8km が高架橋で構成されている．この区間の橋梁は，日本万国博覧会の開催直前に建設されていることから，建設当時は工程に余裕がなく，短期間で長い延長を建設するため，断面の合理化を図った最小鋼重に重点がおかれた設計，施工が行われ，床版が連結された単純合成桁や切断合成桁などの特殊な形式が採用されている．

　本区間の断面交通量は約5万台/日・4車線であり，新名神高槻 JCT〜神戸 JCT が開通する以前は，迂回路となる高速道路ルートがなかったことから，他路線で従来行われてきた対面通行規制による更新を行う方法は，深刻な交通渋滞が発生してしまうことが予測され，実施することができなかった．2018 年（平成 30 年）に迂回路となる高速道路が開通したことにより，本区間を終日通行止めにする橋梁更新工事の実施が可能になった．

　橋梁更新工事の実施には，日交通量約 10 万台にも及ぶ大阪府道2号線（中央環状線）が並走していることや住宅地域が近接している環境であることから，高速道路の交通規制による周辺道路の渋滞など影響を最小限に抑えることが重要な課題とされた．そのため，工事本格着手の5年前より，関係機関との連絡調整会議が設置され，長期間にわたる高速道路交通規制の実施時期や広報施策の調整等が行われている．本工事における交通規制の方法については，終日通行止めと終日対面通行規制を比較した結果，終日通行止めが採用されている．これは工事を短期間のうちに集中的に行うことで社会的影響（延べ渋滞損失）を対面通行規制の場合よりも縮小できることが試算されたためである．また，ジャッキアップ工法などの特殊工法の採用やプレキャスト部材の積極的な採用などにより，更新工事で行う通行止め期間の最小化が図られている．他にも，大規模更新工事では，大量の建設副産物が発生するため，仮置きや処理のための広域なヤードが設けられている．

　橋梁の更新は，損傷が進行しているコンクリート床版および主桁を対象として検討が行われ，施工期間や更新後の維持管理性などを踏まえ，更新する範囲を設定している．なお，更新対象以外の橋梁においても，床版防水や壁高欄補修などの修繕工事を実施している．**図-4.3.4** に吹田 JCT〜中国池田 IC 間の位置図を示し，**表-4.3.2** に更新対象橋梁と更新前後の橋梁形式を示す．

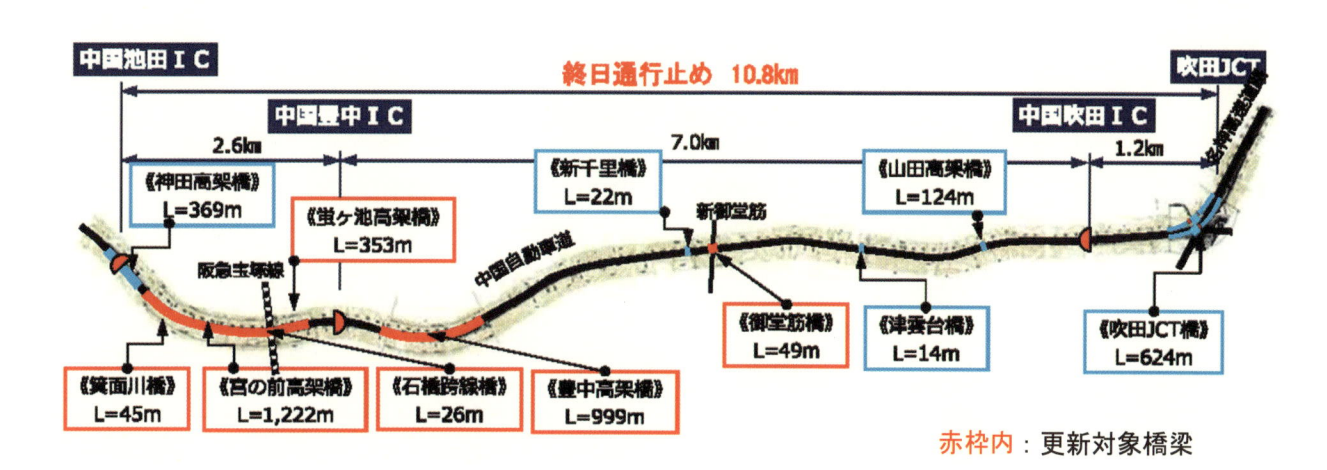

図-4.3.4　吹田 JCT〜中国宝塚 IC 間[提供：西日本高速道路㈱]

表-4.3.2　更新対象橋梁と更新前後の橋梁形式

橋名		現橋		更新後	
		上り線	下り線	上り線	下り線
箕面川橋	A2-P1	鋼単純死活荷重合成鈑桁橋	鋼単純死活荷重合成鈑桁橋	鋼単純非合成鈑桁橋(PcaPC床版)	鋼単純非合成鈑桁橋(PcaPC床版)
宮の前高架橋	P7-P8	鋼単純死活荷重合成鈑桁橋	鋼単純死活荷重合成鈑桁橋	鋼単純鋼床版鈑桁橋	鋼単純鋼床版鈑桁橋
	P8-P12	鋼4径間単純死活荷重合成鈑桁橋	鋼4径間単純死活荷重合成鈑桁橋	鋼4径間連続非合成鈑桁橋(PcaPC床版)	鋼4径間連続非合成鈑桁橋(PcaPC床版)
	P12-P17(P16)	鋼5径間単純死活荷重合成鈑桁橋	鋼4径間単純死活荷重合成鈑桁橋	鋼5径間連続非合成鈑桁橋(PcaPC床版)	鋼4径間連続鋼床版鈑桁橋
	P17(P16)-P20	鋼3径間単純死活荷重合成鈑桁橋	鋼4径間単純死活荷重合成鈑桁橋	鋼3径間連続鋼床版鈑桁橋	鋼4径間連続鋼床版鈑桁橋
	P20-P24	鋼4径間単純死活荷重合成鈑桁橋	鋼4径間単純死活荷重合成鈑桁橋	鋼4径間連続鋼床版鈑桁橋	鋼4径間連続鋼床版鈑桁橋
	P24-P27	鋼3径間単純死活荷重合成鈑桁橋	鋼3径間単純死活荷重合成鈑桁橋	鋼3径間連続鋼床版鈑桁橋	鋼3径間連続鋼床版鈑桁橋
	P27-P30	鋼3径間単純死活荷重合成鈑桁橋	鋼3径間単純死活荷重合成鈑桁橋	鋼3径間連続鋼床版鈑桁橋	鋼3径間連続鋼床版鈑桁橋
	P30-P33(P32)	鋼3径間単純死活荷重合成鈑桁橋	鋼2径間単純死活荷重合成鈑桁橋	鋼3径間連続鋼床版鈑桁橋	鋼2径間連続鋼床版鈑桁橋
	P33(P32)-P36(P35)	鋼3径間連続n型ラーメン非合成鈑桁橋	鋼3径間連続n型ラーメン非合成鈑桁橋	鋼3径間連続鋼床版鈑桁橋	鋼3径間連続鋼床版鈑桁橋
	P36(P35)-P38	鋼2径間単純死活荷重合成鈑桁橋	鋼3径間単純死活荷重合成鈑桁橋	鋼2径間連続非合成箱桁橋(PcaPC床版)	鋼3径間連続非合成箱桁橋(PcaPC床版)
	P38-P41	鋼3径間単純死活荷重合成鈑桁橋	鋼3径間単純死活荷重合成鈑桁橋	鋼3径間連続非合成箱桁橋(PcaPC床版)	鋼3径間連続非合成箱桁橋(PcaPC床版)
	P41-P46	鋼5径間単純死活荷重合成鈑桁橋	鋼5径間単純死活荷重合成鈑桁橋	鋼5径間連続非合成鈑桁橋(PcaPC床版)	鋼5径間連続非合成鈑桁橋(PcaPC床版)
石橋跨線橋	P46-P5	鋼8径間単純死活荷重合成鈑桁橋	鋼8径間単純死活荷重合成鈑桁橋	鋼8径間連続鋼床版鈑桁橋	鋼8径間連続鋼床版鈑桁橋
蛍ヶ池高架橋	P5-P9	鋼4径間単純死活荷重合成鈑桁橋	鋼4径間単純死活荷重合成鈑桁橋	鋼4径間連続鋼床版鈑桁橋	鋼4径間連続鋼床版鈑桁橋
豊中高架橋	A1-P2	鋼2径間連結死活荷重合成鈑桁橋	鋼2径間連続非合成鈑桁橋	鋼2径間連続鋼床版鈑桁橋	鋼2径間連続鋼床版鈑桁橋
	P2-P5	鋼3径間連続非合成鈑桁橋	鋼3径間連続非合成鈑桁橋	鋼3径間連続鋼床版鈑桁橋	鋼3径間連続鋼床版鈑桁橋
	P5-P19	鋼14径間連結死活荷重合成鈑桁橋	鋼14径間連結非合成鈑桁橋	鋼14径間連続非合成鈑桁橋(PCaPC床版)	鋼14径間連続非合成鈑桁橋(PCaPC床版)
	P19-P22	鋼3径間連続非合成鈑桁橋	鋼3径間連続非合成鈑桁橋	鋼3径間連続鋼床版鈑桁橋	鋼3径間連続鋼床版鈑桁橋
	P22-P26	鋼4径間連結死活荷重合成鈑桁橋	鋼4径間連結死活荷重合成鈑桁橋	鋼4径間連続非合成鈑桁橋(PCaPC床版)	鋼4径間連続非合成鈑桁橋(PCaPC床版)
	P26-P30	鋼4径間連結死活荷重合成鈑桁橋	鋼4径間連結死活荷重合成鈑桁橋	鋼4径間連続非合成鈑桁橋(PCaPC床版)	鋼4径間連続非合成鈑桁橋(PCaPC床版)
	P30-P33	鋼3径間連続非合成鈑桁橋	鋼3径間連続非合成鈑桁橋	鋼3径間連続鋼床版鈑桁橋	鋼3径間連続鋼床版鈑桁橋
	P33-P37	鋼4径間連結死活荷重合成鈑桁橋	鋼4径間連結死活荷重合成鈑桁橋	鋼4径間連続非合成鈑桁橋(PCaPC床版)	鋼4径間連続非合成鈑桁橋(PCaPC床版)
	P37-P41	鋼4径間連結死活荷重合成鈑桁橋	鋼4径間連結死活荷重合成鈑桁橋	鋼4径間連続鋼床版鈑桁橋	鋼4径間連続鋼床版鈑桁橋
	P41-PA2	鋼3径間連結死活荷重合成鈑桁橋	鋼3径間連結死活荷重合成鈑桁橋	鋼3径間連続非合成鈑桁橋(PCaPC床版)	鋼3径間連続非合成鈑桁橋(PCaPC床版)
御堂筋橋	A1-A2	鋼3径間連続非合成鈑桁橋	鋼3径間連続非合成鈑桁橋	鋼3径間連続鋼床版鈑桁橋	鋼3径間連続鋼床版鈑桁橋

（　）内は下り線側

4.3.3　課題と対応

　本工事における課題と対応の概要一覧を**表-4.3.3**に示す．以降，各々について詳述する．

表-4.3.3　本工事における課題と対応

課題			対応
(1) 事業計画の課題	1.1	関連する道路管理者，関連事業者との連携	長期調整期間の設定
	1.2	市街地に沿った重交通区間内における橋梁更新	ハード，ソフト対策の実施，新たな契約方式の採用
(2) 技術的課題	2.1	集中工事期間の工程短縮と作業の平準化	ジャッキアップ工法の採用，プレキャスト部材の積極的な活用
	2.2	鉄道上における橋梁更新	縦取り横取り架設工法の採用
	2.3	特殊な橋梁形式の更新	鋼桁を含めたコンクリート床版の更新
	2.4	大量に生じる建設副産物	大規模な施工ヤードの確保

(1)　事業計画における課題と対応

◆課題 1.1：関連する道路管理者，関連事業者との連携

　本事業は，関西圏の主要ネットワークにおける大規模なリニューアル事業であり，新名神高速道路や阪神高速道路大和川線など新規路線の開通に伴う交通流の変化への対応や 2025 大阪万博の開催など大型イベントとの調整，阪神高速道路，近畿地方整備局，周辺自治体などにおける更新事業との実施時期の調整により，周辺環境に与える影響をできるだけ小さく抑えることが課題とされた．また，工事着手後は，周辺迂回路を最大限活用し，利便性を損なわないよう多くの道路管理者や関連事業者との連携をとり，交通渋滞の発生による社会的影響を最小限に抑えることが課題とされた．

◇対応：長期調整期間の設定

　事業が円滑に遂行できるよう，工事の本格実施の5年前より，阪神圏高速道路　大規模更新等連絡調整会議が設置された．調整会議の構成員は，近畿管区警察局，各府県警察本部，近畿地方整備局，阪神高速道路，西日本高速道路である．本調整会議により，交通管理者と道路管理者の円滑な協議促進を図り，各事業の交通規制形態，迂回路計画，交通影響の低減に向けた方策等の調整が実施されている．また，社会的影響の最小化の取り組み，事業広報の方針について合意形成が図られている．**図-4.3.5** に阪神圏高速道路における大規模更新・修繕事業に係る関係機関との事業調整等検討体制を示す．

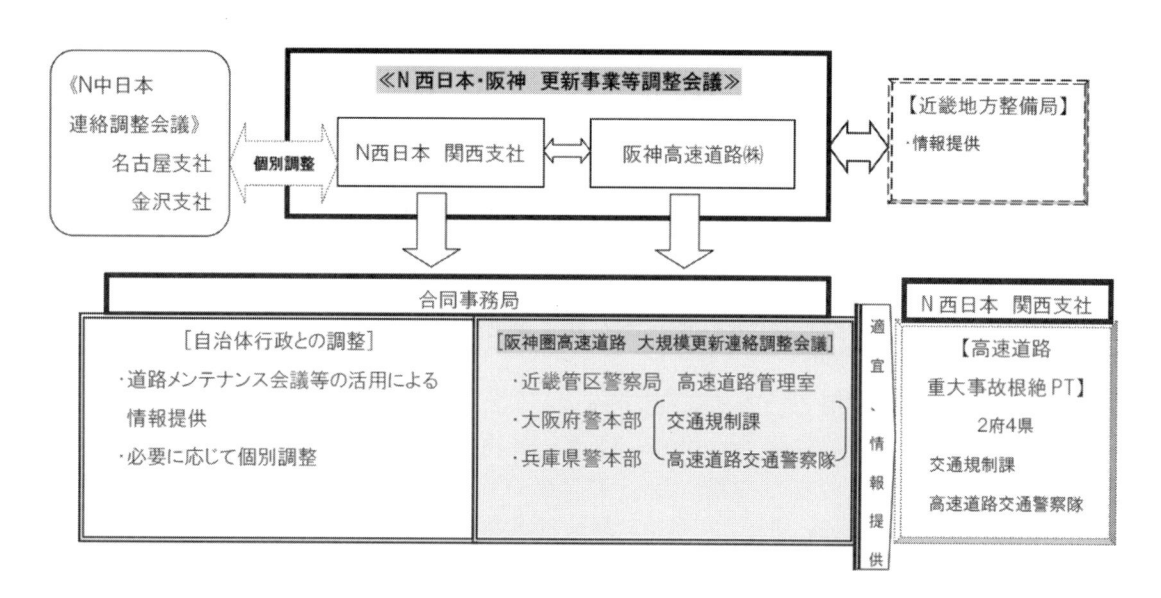

○「阪神圏高速道路 大規模更新連絡調整会議」の調整事項については、適宜、既設の「高速道路重大事故根絶プロジェクト」等において、近畿管区警察局内の関係府県警に対し情報提供を行っていく。

※NEXCO 西日本関西支社管内の大阪府警・兵庫県警以外の更新等事業についても、「高速道路重大事故根絶プロジェクト」の場を活用するなど適宜、情報提供、提案・検討調整等を行っていく。

図-4.3.5　阪神圏高速道路における大規模更新・修繕事業に係る関係機関との事業調整等検討体制

　吹田 JCT～中国池田 IC 間は，新名神高速道路が神戸方面～東京方面の迂回路として活用できたことから，各道路管理者との協議により，事業を最大限早期に完了させることを優先して，終日通行止めによる交通規制方法が採用されている．終日通行止めの交通規制は，年末年始などの交通混雑期を避け，一度の規制を約40 日間で設定し，**図-4.3.6** に全体工事工程を示すように工事期間の2年間に6回行われている．また，吹田JCT～中国池田 IC が通行止めの期間は，神戸方面から大阪都市部，和歌山，名古屋方面への接続を考慮し，阪神高速道路池田線を迂回路として利用できるようにするために，中国池田 IC～宝塚 JCT 間については，終日通行止めは行わず，終日車線規制による交通規制方法が採用されている．

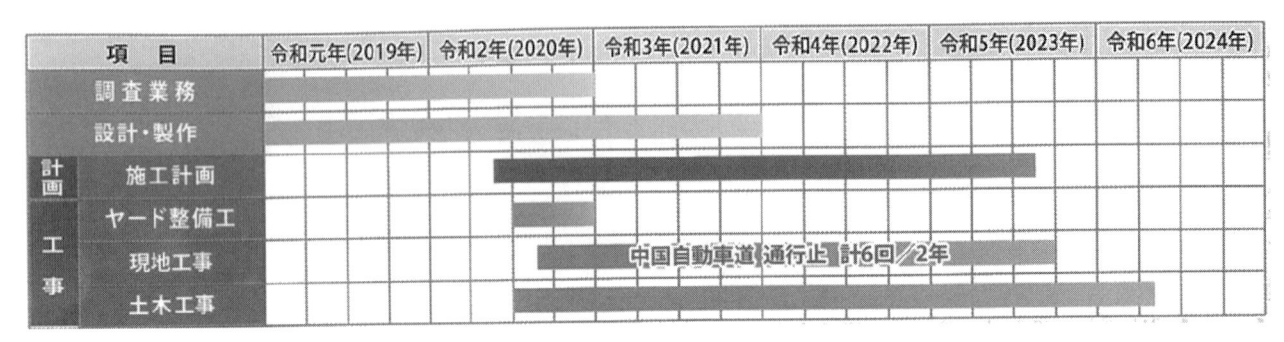

図-4.3.6　吹田 JCT～中国池田 IC 間　全体工事工程 [4.3.2)]

（出典：西日本高速道路株式会社 関西支社：中国自動車道（特定更新等）吹田 JCT～中国池田 IC 間 橋梁更新工事（建設工事）パンフレット）

◆課題 1.2：市街地に沿った重交通区間内における橋梁更新

　本事業は，市街地を貫く交通路線が対象のため，住宅地域が近接しており，一般道への影響や施工時の騒音，振動を最小限に抑えるなど，生活環境に与える影響を最小限に抑えた工事を実施することが課題とされた.

◇対応：ハード，ソフト対策の実施，新たな契約方式の採用

＜対応①＞ハード，ソフト対策の実施

　ハード対策では，新名神高速道路や阪神高速道路などの高速道路ネットワークを迂回路として活用することや，中国池田 IC オフランプ車線数の増設，中央環状線の右折レーンの延伸，道路情報版による一般道の所要時間の案内，渋滞後尾追突に対する安全対策，交差点の信号現示調整，通行止め区間の仮設出入口の設置などが実施されている. ソフト対策では，迂回路誘導や公共交通への転換や出控え促進などによる戦略的な広報活動やメディア等の活用による渋滞情報の提供，迂回路の促進に伴う料金調整などを実施することで橋梁更新工事が与える生活環境への影響を最小限に抑える対応が行われている.

＜対応②＞新たな契約方式の採用

　工事の契約方式として**図-4.3.7** に示す契約方式（工事の発注機関によって名称は異なるが，国土交通省の直轄工事における技術提案・交渉方式（設計交渉・施工タイプ）であり，前節で紹介した事例においても適用された契約方式）が採用されている. 本契約方式は，工事発注に先立ち最適な仕様まで決定することが困難な場合において，技術提案に基づき選定された優先交渉権者（施工予定者）と設計契約を締結し，設計完了後に価格交渉を経て工事契約を行う契約方式である. 本契約方式により，構造形式や架設方法，規制方法について新たな手法や企業のノウハウが最大限引き出されている.

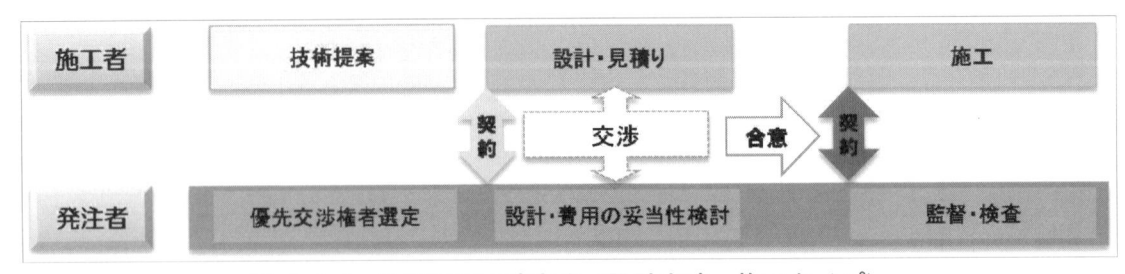

図-4.3.7　技術提案交渉方式（設計交渉・施工タイプ）

(2)　技術的課題と対応

◆課題 2.1：集中工事期間の工程短縮と作業の平準化

　集中工事は，1.5 ヶ月という短い期間に多数の作業員と建設機械が一斉に工事を行うため，集中工事のためだけに作業員を集めることは困難である．そのため，集中工事期間外の準備期間（以下，準備期間とする.）に一部の作業を分散させ，作業の平準化を行うことが課題とされた．さらに，工事においても，新しい工法や構造を積極的に取り入れ，集中工事の交通規制期間をできるだけ短く施工を完了させることが課題とされた．

◇対応：ジャッキアップ工法の採用，プレキャスト部材の積極的な活用
＜対応①＞ジャッキアップ工法の採用 [4.3.5)]

　更新橋梁の高架下にヤードが確保できる条件の橋梁においては，ジャッキアップ工法（**図-4.3.8**）が採用されている．ジャッキアップ工法は，供用中の高架橋下のヤード内でジャッキアップ設備を構築し，新設する鋼桁および床版，壁高欄までの地組立てを行い，集中工事中に既設橋梁の撤去を行った後に，先行して地組立てした鋼桁等をジャッキアップにより路面の高さまで持ち上げ，接続させる工法である．ヤード内の地組立て状況を**写真-4.3.2**，集中工事中のジャッキアップ後の状況を**写真-4.3.3**に示す．

　ジャッキアップ工法による施工は，多数の設備が必要なため，施工費のみで考えると経済性に劣る工法であるが，集中工事による規制日数の短縮が期待でき，社会的影響を含めた総合的な評価では有効な工法となる．また，準備期間中においても高架橋下のヤード内で地組立てなどの作業を行うことができるため，作業の平準化を行うことができる．通常，集中工事を実施する度に大量の人的資本と重機等の建設機械が必要となりそれらを都度調達しなければならないが，このように集中工事期間中以外に作業を平準化することにより，準備期間中における作業員の確保にも繋がっている．さらに，ヤード内の安定した作業エリアで施工を行うことができるため，安全性においても優れた工法である．他にも，主桁の搬入などで工事現場に進入する大型トラックが準備期間に分散され，集中工事中の交通渋滞の緩和にも繋がっている．なお，ジャッキアップ工法は，大規模更新工事では初めて採用された工法であり，安全に施工を行うことを確認するために事前に実物大施工試験が実施されている．

図-4.3.8　ジャッキアップ工法 [4.3.2)]

（出典：西日本高速道路株式会社 関西支社：中国自動車道（特定更新等）吹田 JCT～中国池田 IC 間 橋梁更新工事（建設工事）パンフレット）

写真-4.3.2　地組立て状況（準備期間）　　　　　写真-4.3.3　ジャッキアップ後（集中工事）

＜対応②＞プレキャスト部材の積極的な活用 [4.3.6)]

　集中工事の交通規制期間の短縮のために，プレキャスト PC 床版以外にもプレキャスト壁高欄が用いられており，鋼床版橋の壁高欄においても，プレキャスト壁高欄が採用されている．鋼床版橋へのプレキャスト壁高欄の採用は初めての事例であり，実物大の試験体を用いた静的水平荷重試験を実施し，構造の安全性の確認が行われている．鋼床版橋とプレキャスト壁高欄との接合部の仕様を**図-4.3.9**，実際の設置状況を**写真-4.3.4** に示す．

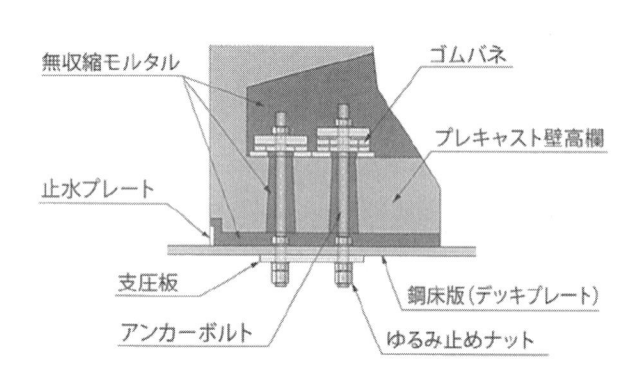

図-4.3.9　プレキャスト壁高欄鋼床版接合部 [4.3.2)]
（出典：西日本高速道路株式会社 関西支社：中国
自動車道（特定更新等）吹田 JCT～中国池田 IC 間
橋梁更新工事（建設工事）パンフレット）

写真-4.3.4　プレキャスト壁高欄設置状況

◆課題 2.2：鉄道上における橋梁更新

　鉄道路線をまたぐ跨線橋において，より安全な施工を行うために撤去および架設時に下部構造に固定されていない状態の主桁が鉄道路線上を跨いだ状態となる時間帯を可能な限り短縮できる架設方法を検討するよう鉄道管理者から要請があり，橋梁更新のための架設方法が課題とされた．

◇対応：縦取り横取り架設工法の採用

　阪急電鉄宝塚線をまたぐ石橋跨線橋では，縦取り横取り工法が採用されている．縦取り横取り工法では，終日通行止めの交通規制後の本線上に構築した吊り上げ設備と横取り，縦取り設備が使用されている．上り線の更新では，コンクリート床版が設置された状態の既設桁をジャッキで吊り上げ，下り線側に横取り，縦

取りした後，トラックに積み込めるサイズに切断して，搬出が行われている．事前に鋼床版までを地組立てした新設桁は，既設桁の搬出した方向の反対側から縦取りして，上り線側に横取りし，ジャッキで降下させて設置されている．新設桁の縦取り施工状況を**写真-4.3.5**，横取り施工状況を**写真-4.3.6**に示す．

写真-4.3.5　縦取り施工状況

写真-4.3.6　横取り施工状況

◆課題 2.3：特殊な橋梁形式の更新

　本区間の橋梁の上部構造には，切断合成桁（**図-4.3.10**）など鋼重最小化に重点が置かれた特殊な構造形式が採用され，一般的な橋梁に比べて桁高や断面が小さく設計されていた．そのため，橋梁の床版のみ更新した場合，現行の設計荷重を満足させるためには，既設上部構造に対して大掛かりな補強が必要になることから，最適な橋梁更新の方法が課題とされた．

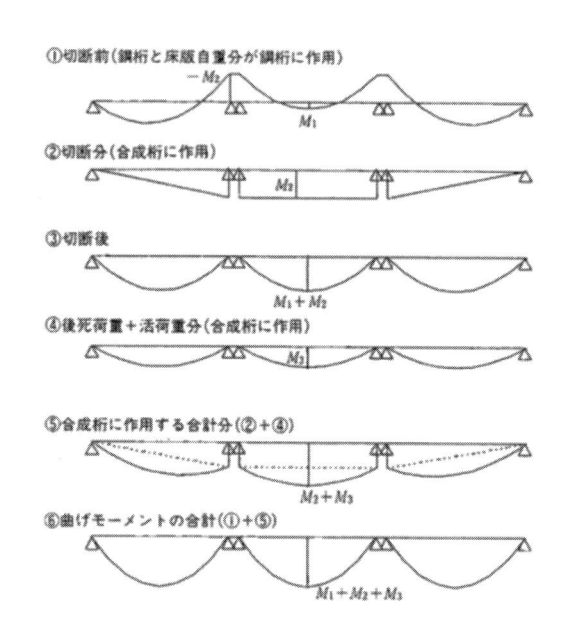

①連続桁を架設して床版を打設（鋼桁断面）

②床版硬化後に連続桁を切断（合成断面）
　→モーメントをカットして合成断面に作用

③後死荷重・活荷重載荷（合成断面）
※死荷重の一部を合成化して鋼断面を縮小

図-4.3.10　切断合成桁の設計 [4.3.7)] を改変（一部修正）して転載

（出典：藤田真実，宮本雅章，福田暁，引地健彦，小寺一志：切断合成桁橋の損傷と補強対策，建設図書，橋梁と基礎，2003 年 11 月号）

◇対応：鋼桁を含めたコンクリート床版の更新

　切断合成桁などの特殊な形式の橋梁の既設のコンクリート床版の取替えにおいては，既設鋼桁の上下フランジの補強や支点部の部材取替え，分配対傾構の取替えなど補強量が多く，補強工事に多大な時間と労力が必要となることから，施工時間の短縮と経済性，さらに更新後の維持管理のし易さなどを検討した上で，コ

ンクリート床版のみを更新するのではなく，主桁も含めた上部構造の架替えが実施されている．さらに，更新後の上部構造は，単純桁構造であったものを連続化構造にすることにより耐震性の向上も行われている．更新後の床版には，プレキャスト PC 床版の採用を基本とし，短時間で施工を行う必要がある道路や鉄道交差上および主桁断面構成上，軽量化を図る必要がある箇所においては，鋼床版が採用されている．

　鋼床版橋においては，鋼床版に発生する局部応力を低減し疲労耐久性を向上させるために，縦リブは**図-4.3.11** に示す平リブとし，縦リブと横リブの交差部にスリットを設け全周すみ肉溶接構造とした高耐久性鋼床版が採用されている．鋼床版厚さは，道路橋示方書に示されている開断面リブの最低板厚 12mm ではなく 16mm が用いられている[4.3.8]．さらに，鋼床版の舗装面の添接部には，**写真-4.3.7** に示した皿型高力ボルトを採用し，舗装への負担が少なくなるような配慮が行われている．

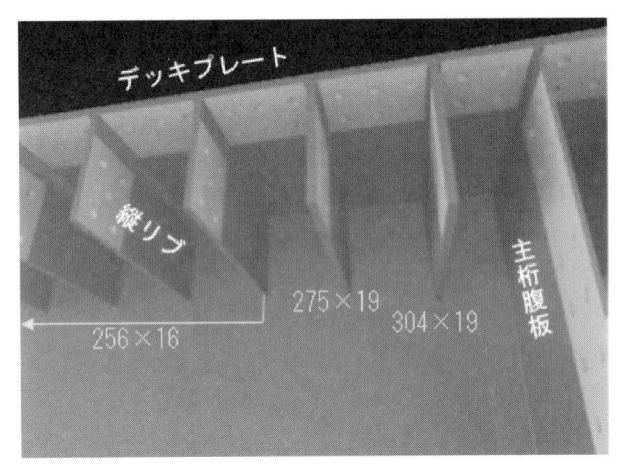

図-4.3.11　高耐久性鋼床版[4.3.2]
（出典：西日本高速道路株式会社 関西支社：中国自動車道（特定更新等）吹田 JCT〜中国池田 IC 間橋梁更新工事（建設工事）パンフレット）

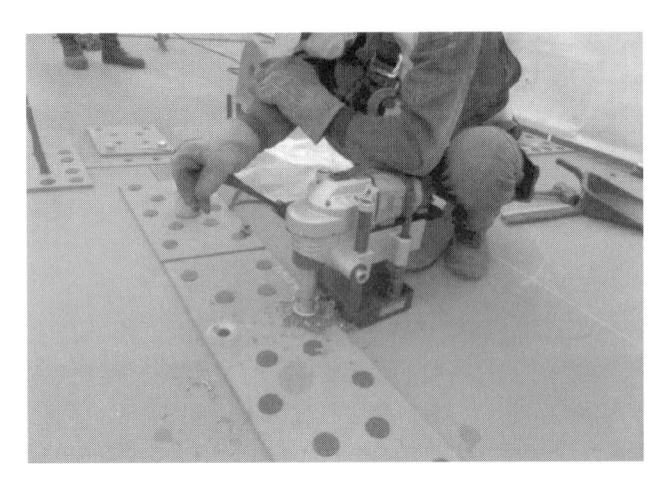

写真-4.3.7　皿型高力ボルト施工状況

　鋼床版上の舗装については，**図-4.3.12** に示すとおり，基層には，一般的に採用されるグースアスファルト舗装ではなく，NEXCO で 2014 年（平成 26 年）から橋梁レベリング層に標準混合物として使用されており床版防水グレードⅡとの密着性に優れるアスファルト混合物「FB」が採用され，表層には，表面排水機能に優れ，路面の凍結抑制効果が高い縦溝粗面型ハイブリット舗装（FFP）が採用されている．

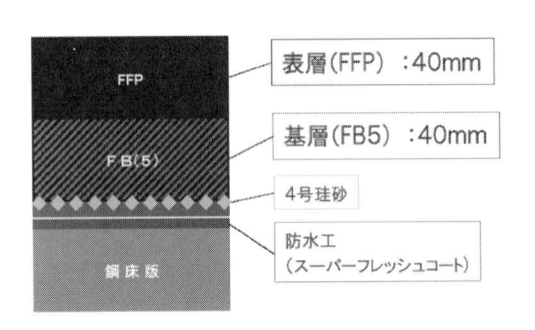

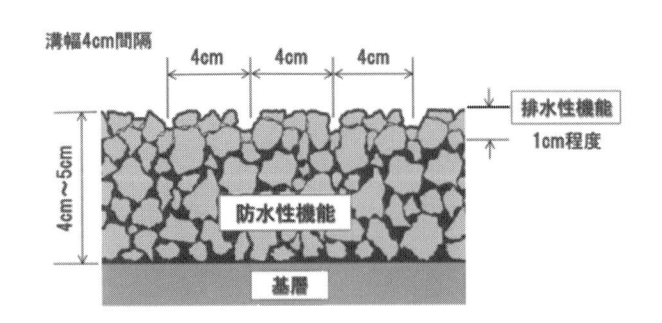

図-4.3.12　鋼床版上の舗装（左：舗装構成，右：縦溝粗面型ハイブリッド舗装）[4.3.2]
（出典：西日本高速道路株式会社 関西支社：中国自動車道（特定更新等）吹田 JCT〜中国池田 IC 間 橋梁更新工事（建設工事）パンフレット）

◆課題 2.4：大量に生じる建設副産物

　橋梁の更新においては，撤去する床版や鋼桁，付属物など，集中工事期間中に大量の建設副産物が発生する．これらを適切に処理できる施工ヤードを整備することが課題とされた．

◇対応：大規模な施工ヤードの確保

　解体時の騒音を考慮し，現場から 20km ほど離れた近隣に住宅街がない山間部に処理施設場が設置されている．処理施設場は大きく分けて，保管場所(既設桁・コンクリート床版・二次部材等)・塗膜除去設備・コンクリート小割場所がある．**写真-4.3.8** にそれぞれの設備状況の写真を示す．

　解体された建設副産物は，その種類毎に適切な処理が行われている．例えば，コンクリート床版は細かく粉砕して，可能な限り鉄筋を除く作業が行われ，既設桁は塗膜除去施設にて塗膜剥離作業が行われている．

既設桁保管場所

コンクリート小割場所

塗膜除去設備

二次部材場所

写真-4.3.8　建設副産物仮置場

参考文献

4.3.1)　西日本高速道路株式会社：E2A 中国道リニューアルプロジェクトホームページ，
https://kansai-renewal.com/2021_chugoku/，最終アクセス：2023 年 9 月 15 日

4.3.2)　西日本高速道路株式会社　関西支社：中国自動車道（特定更新等）吹田 JCT〜中国池田 IC 間　橋梁
更新工事（建設工事）パンフレット

4.3.3)　安里俊則，佐溝純一，大原和章，沢村良弘，松井隆行：関西圏都市部における中国自動車道リニュ
ーアル工事の概要，第 24 回橋に関するシンポジウム論文報告集，2021 年 9 月

4.3.4)　安里俊則，大原和章，山口和彦，村上友伯，稲村康，前田義孝：関西圏都市部の中国自動車道でリ
ニューアル工事を実施中，橋梁と基礎，2022 年 2 月号

4.3.5)　井上健太，田邊功次，葛西敏，稲村康：中国自動車道リニューアル工事－吹田 JCT〜中国池田 IC 間
のジャッキアップ架設工法について－，令和 4 年度土木学会全国大会第 77 回年次学術講演会

4.3.6)　吉田賢二，熊野拓志，田中伸尚，郎宇，加藤大樹，山口隆司：鋼床版に適用するプレキャスト壁高
欄定着部の静的水平載荷試験，令和 4 年度土木学会全国大会第 77 回年次学術講演会

4.3.7)　藤田真実，宮本雅章，福田暁，引地健彦，小寺一志：切断合成桁橋の損傷と補強対策，建設図書，
橋梁と基礎，2003 年 11 月号

4.3.8)　横関耕一，横山薫，石井博典，渡邉俊輔，三木千壽：取替用高性能鋼床版パネルの開発，建設図
書，橋梁と基礎，2017 年 5 月号

4.4　終日車線規制による都市間高速道路の更新
～中国道リニューアルプロジェクト　中国池田 IC～宝塚 IC 間～

4.4.1　事業目的
　事業の必要性については，前節の 4.3.1 を参照されたい．

4.4.2　工事概要 [4.4.1)～4.4.4)]
　本節では，中国自動車道リニューアルプロジェクト吹田ジャンクション（以下，JCT とする.）～神戸 JCT 間のうち，中国池田インターチェンジ（以下，IC とする.）～宝塚 IC 間の工事について紹介する．中国池田 IC～宝塚 IC 間は，上下 6 車線の約 5.9km の区間であり，約 3.6km が高架橋で構成されている．この区間に位置する安倉高架橋と荒牧高架橋は，RC 中空床版橋が中心に建設されており，供用開始から 50 年以上経過していることもあり，主版および張出し部下面には，鉄筋腐食を伴うコンクリートの浮きや剥落が確認され，その他の橋梁においてもコンクリート床版の損傷が進展していた．

　本工事区間の断面交通量は約 7 万台/日・6 車線であり，吹田 JCT～中国池田 IC の橋梁更新工事において終日通行止めによる交通規制方法が採用されていたため，神戸方面から大阪都市部，和歌山，名古屋方面への接続を考慮し，阪神高速道路池田線を迂回路として利用できるように，中国池田 IC～宝塚 JCT 間の更新工事は，4 車線の通行帯を確保した終日車線規制による交通規制方法が採用されている．

　交通混雑期は，深刻な交通渋滞を回避するため，通常どおりの 6 車線に戻した供用が行われている．工事期間中に車線の切り替えを約 15 回実施することが計画されていたため，防護柵切り替え車両により効率よく設置と撤去ができるロードジッパーシステムの仮設防護柵を採用し，車線切り替えのための交通規制期間の大幅な短縮が図られている．また，大阪国際空港が近接する更新対象の橋梁においては，航空法の高さ制限が影響して大型クレーンを使った施工ができないことから，門型クレーンタイプの床版取替え機を用いたコンクリート床版の更新が実施されている．さらに，国道 176 号を跨ぐ小浜橋（宝塚 IC ランプ橋）の更新では，国道の規制日数を最短とするため，プレキャスト合成床版桁橋への架替えが採用されている．他にも，大規模更新工事では，大量の建設副産物が発生するため，仮置きや処理のための広域なヤードが設けられている．

　橋梁の更新は，吹田 JCT～中国池田 IC 間同様に，損傷が進行しているコンクリート床版および主桁を対象として検討が行われ，施工期間や更新後の維持管理性などを踏まえ，更新する範囲が設定されている．なお，更新対象以外の橋梁においても，床版防水や壁高欄補修などの修繕工事を実施している．**図-4.4.1** に中国自動車道池田 IC～宝塚 IC 間とその区間の橋梁を記した位置図を示し，**表-4.4.1** に更新対象橋梁と更新前後の橋梁形式について示す．

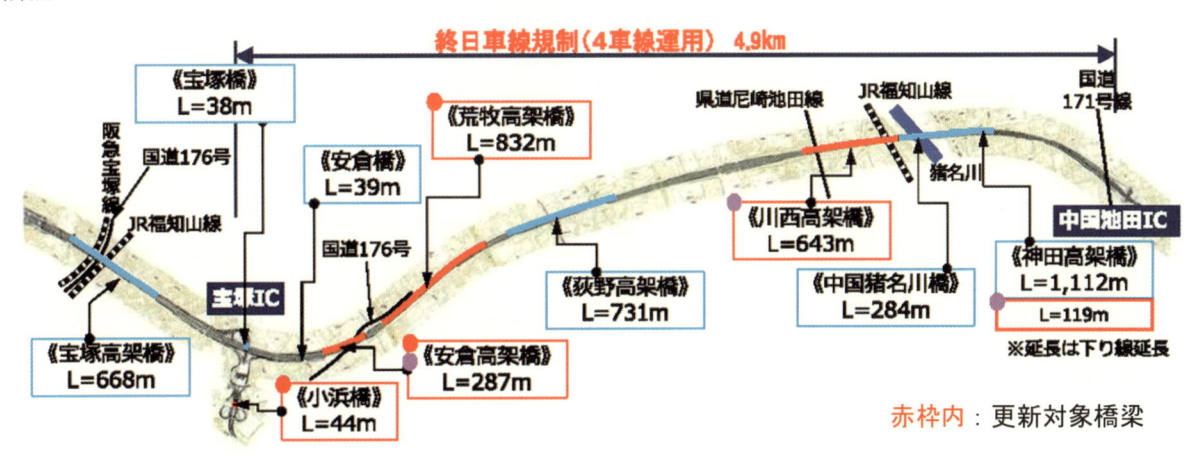

図-4.4.1　中国自動車道池田 IC～宝塚 IC 間 提供：西日本高速道路㈱

表-4.4.1　更新対象橋梁と更新前後の橋梁形式

橋名		現橋		更新後	
		上り線	下り線	上り線	下り線
安倉高架橋	A1-P5	RC5径間連続中空床版	RC5径間連続中空床版	鋼5径間連続非合成鈑桁（PCaPC床版）	鋼5径間連続非合成鈑桁（PCaPC床版）
	P5-P9	RC4径間連続中空床版	RC4径間連続中空床版	鋼4径間連続非合成鈑桁（PCaPC床版）	鋼4径間連続非合成鈑桁（PCaPC床版）
	P9-P12	RC3径間連続中空床版	RC3径間連続中空床版	鋼3径間連続非合成鈑桁（PCaPC床版）	鋼3径間連続非合成鈑桁（PCaPC床版）
	P12-A2	鋼6径間連続非合成鈑桁	鋼6径間連続非合成鈑桁	鋼6径間連続非合成鈑桁（PCaPC床版）	鋼6径間連続非合成鈑桁（PCaPC床版）
荒牧高架橋	P1-P5	RC4径間連続中空床版	RC4径間連続中空床版	鋼4径間連続非合成鈑桁（PCaPC床版）	鋼4径間連続非合成鈑桁（PCaPC床版）
	P5-P10	RC5径間連続中空床版	RC5径間連続中空床版	鋼5径間連続非合成鈑桁（PCaPC床版）	鋼5径間連続非合成鈑桁（PCaPC床版）
	P10-P15	RC5径間連続中空床版	RC5径間連続中空床版	鋼5径間連続非合成鈑桁（PCaPC床版）	鋼5径間連続非合成鈑桁（PCaPC床版）
	P15-P20	RC5径間連続中空床版	RC5径間連続中空床版	鋼5径間連続非合成鈑桁（PCaPC床版）	鋼5径間連続非合成鈑桁（PCaPC床版）
	P21-P26	RC5径間連続中空床版	RC5径間連続中空床版	鋼5径間連続非合成鈑桁（PCaPC床版）	鋼5径間連続非合成鈑桁（PCaPC床版）
	P26-P31	RC5径間連続中空床版	RC5径間連続中空床版	鋼5径間連続非合成鈑桁（PCaPC床版）	鋼5径間連続非合成鈑桁（PCaPC床版）
	P31-P36	RC5径間連続中空床版	RC5径間連続中空床版	鋼5径間連続非合成鈑桁（PCaPC床版）	鋼5径間連続非合成鈑桁（PCaPC床版）
	P36-P41	RC5径間連続中空床版	RC5径間連続中空床版	鋼5径間連続非合成鈑桁（PCaPC床版）	鋼5径間連続非合成鈑桁（PCaPC床版）
	P41-P46	RC5径間連続中空床版	RC5径間連続中空床版	鋼5径間連続非合成鈑桁（PCaPC床版）	鋼5径間連続非合成鈑桁（PCaPC床版）
川西高架橋	A1-P4	鋼4径間連結合成鈑桁	鋼4径間連結合成鈑桁	鋼4径間連続合成鈑桁（PCaPC床版）	鋼4径間連続合成鈑桁（PCaPC床版）
	P4-P6	鋼2径間連続非合成鈑桁	鋼2径間連続非合成鈑桁	鋼2径間連続合成鈑桁（PCaPC床版）	鋼2径間連続合成鈑桁（PCaPC床版）
	P6-P10	鋼4径間連結合成鈑桁	鋼4径間連結合成鈑桁	鋼4径間連続合成鈑桁（PCaPC床版）	鋼4径間連続合成鈑桁（PCaPC床版）
	P10-P14	鋼4径間連結合成鈑桁	鋼4径間連結合成鈑桁	鋼4径間連続合成鈑桁（PCaPC床版）	鋼4径間連続合成鈑桁（PCaPC床版）
	P14-P18	鋼4径間連結合成鈑桁	鋼4径間連結合成鈑桁	鋼4径間連続合成鈑桁（PCaPC床版）	鋼4径間連続合成鈑桁（PCaPC床版）
	P18-P22	鋼4径間連結合成鈑桁	鋼4径間連結合成鈑桁	鋼4径間連続合成鈑桁（PCaPC床版）	鋼4径間連続合成鈑桁（PCaPC床版）
	P22-P26	鋼4径間連結合成鈑桁	鋼4径間連結合成鈑桁	鋼4径間連続合成鈑桁（PCaPC床版）	鋼4径間連続合成鈑桁（PCaPC床版）
	P26-P30	鋼4径間連結合成鈑桁	鋼4径間連結合成鈑桁	鋼4径間連続合成鈑桁（PCaPC床版）	鋼4径間連続合成鈑桁（PCaPC床版）
	P30-P33	鋼3径間連続非合成鈑桁	鋼3径間連続非合成鈑桁	鋼3径間連続合成鈑桁（PCaPC床版）	鋼3径間連続合成鈑桁（PCaPC床版）
神田高架橋	P47-P50	－	鋼3径間連結合成鈑桁	－	鋼3径間連続合成鈑桁（PCaPC床版）
	P50-P53	－	鋼3径間連結合成鈑桁	－	鋼3径間連続合成鈑桁（PCaPC床版）
神田ONランプ	P3-P4	－	鋼単純合成鈑桁橋	－	鋼床版 鋼単純鈑桁
小浜橋	A1-A2	RC3径間連続中空床版	RC3径間連続中空床版	合成床版 鋼3径間連続ラーメン合成鈑桁	合成床版 鋼3径間連続ラーメン合成鈑桁

4.4.3　課題と対応

　本工事における課題と対応の概要一覧を**表-4.4.2**に示す．以降，各々について詳述する．

表-4.4.2　本工事における課題と対応

		課題	対応
(1) 事業計画の課題		**4.3.3（1）**参照	同左
(2) 技術的課題	1	交通が確保された条件での橋梁更新	上下4車線を確保した2車線単位での施工
	2	複雑な施工ステップを踏まえた既設上部構造の照査	床版取替えステップを考慮した既設上部構造の照査，主桁の連続化
	3	防護柵の設置，撤去作業の効率化	防護柵切り替えシステムの採用
	4	RC中空床版橋の更新（安倉高架橋，荒牧高架橋）	鋼I桁橋形式への取替え工法の採用
	5	航空制限影響による施工高さ制限（川西高架橋）	床版取替え機の採用
	6	暫定断面での交通開放	荷重支持板を使用した仮縦目地構造の採用
	7	国道176号と交差する橋梁更新（小浜橋）	プレキャスト合成床版桁の採用

(1) 事業計画における課題と対応

　事業計画における課題と対応については，前節の 4.3.3（1）を参照されたい．

(2) 技術的課題と対応

◆課題 1：交通が確保された条件での橋梁更新

　本路線は，終日通行止めの交通規制により最短期間で橋梁更新を行っている吹田 JCT〜中国池田 IC 間と比較して交通量が多い重交通路線区間であり，同じように終日通行止めの交通規制を採用した橋梁更新の実施が困難とされた．そのため，交通を確保した条件で行う橋梁更新の方法が課題とされた．

◇対応：上下 4 車線を確保した 2 車線単位での施工

　本区間は，上下 6 車線の幅の広い道路幅員であることから，上下 4 車線の通行車線を確保した終日車線規制を実施し，2 車線単位で橋梁更新を行う工法が採用されている．橋梁更新は 3 段階で行われ，上下線中央分離帯，上り線路肩側，下り線路肩側の順に全幅員の更新を完了させている．**図-4.4.2** に I 期から III 期の各々の施工概要図を示し，I 期線施工時の状況を**写真-4.4.1** に示す．ゴールデンウィークやお盆，年末年始などの交通混雑期においては，終日車線規制を一時解除して，6 車線の供用を行っている．

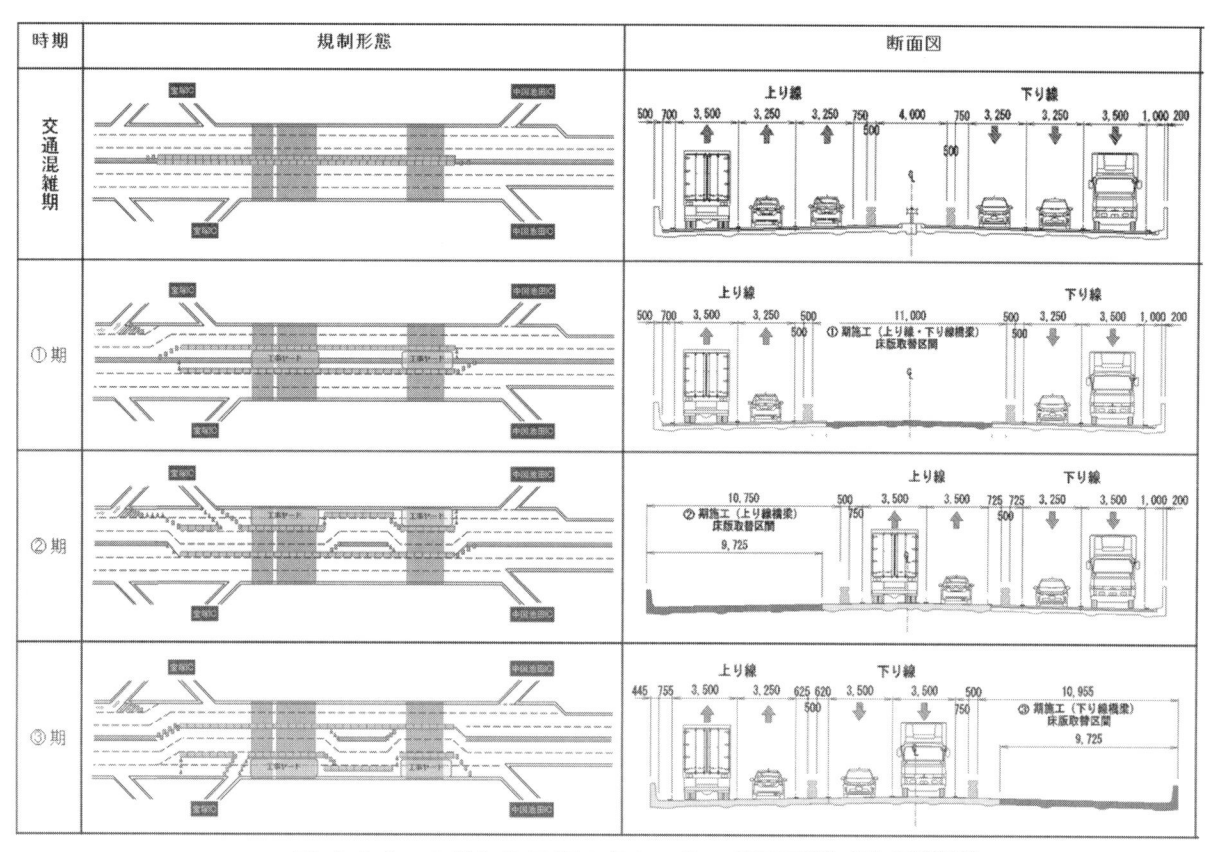

図-4.4.2　I 期から III 期の各々の施工概要図 提供：西日本高速道路㈱

写真-4.4.1　Ⅰ期施工時の状況

◆**課題２：複雑な施工ステップを踏まえた既設上部構造の照査**

　２車線毎の橋梁更新を３期に分けて実施するため，完成するまでの過程において複雑に構造系が変化する既設上部構造の応力状態を適切に評価し，補強設計に反映することが課題とされた．

◇**対応：床版取替えステップを考慮した既設上部構造の照査，主桁の連続化**
＜**対応①**＞**床版取替えステップを考慮した既設上部構造の照査**

　３期に分けた施工になるため，**図-4.4.3** に示す条件でステップ解析を実施し，施工毎の構造系の照査を行っている．さらに，完成系においては，ステップ施工により累積される応力を考慮した上部構造の照査を実施している．

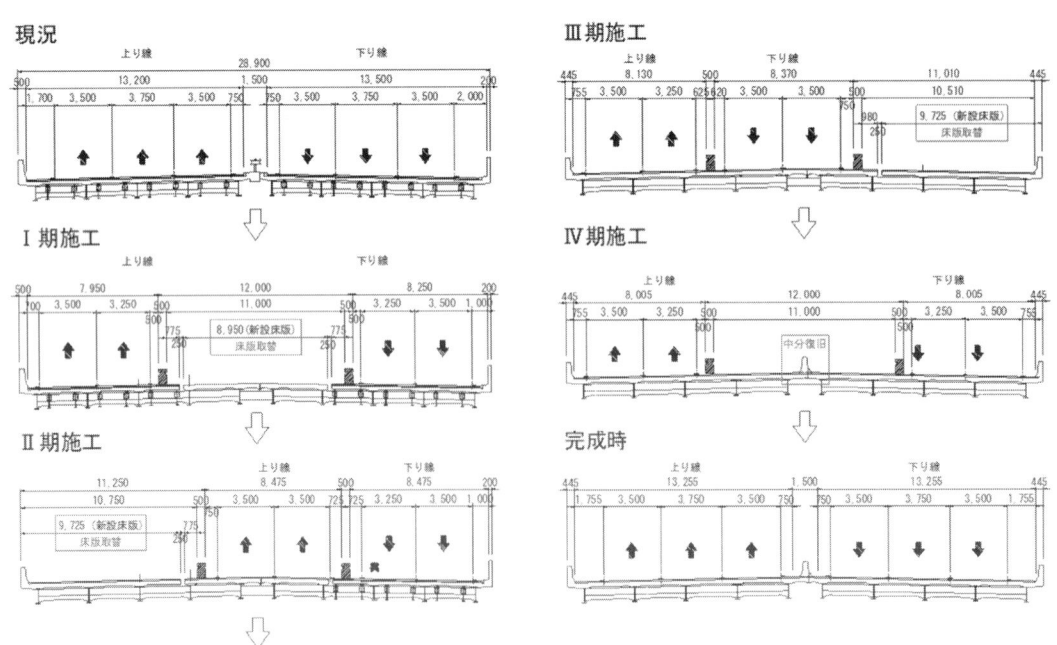

図-4.4.3　施工ステップ解析 [4.4.5]

（出典：井上天，山田朗央，堀井滋則，古賀靖之，山田将太：中国池田 IC～宝塚 IC 間橋梁更新工事の ECI 設計業務報告，横河ブリッジホールディングスグループ技報，第 53 号，2024 年 1 月）

＜対応②＞主桁の連続化

　既設コンクリート床版からプレキャスト PC 床版への取替えとあわせて，支点付近を改良することによる主桁の連続化が行われている．主桁を連続化することにより，耐震性能の向上と支間部の曲げモーメントの低減が図られ，現行の設計荷重を満足させるために必要となる主桁の補強を最小限に抑えた設計が行われている．主桁の連続化と曲げモーメントの変化を**図-4.4.4** に示す.

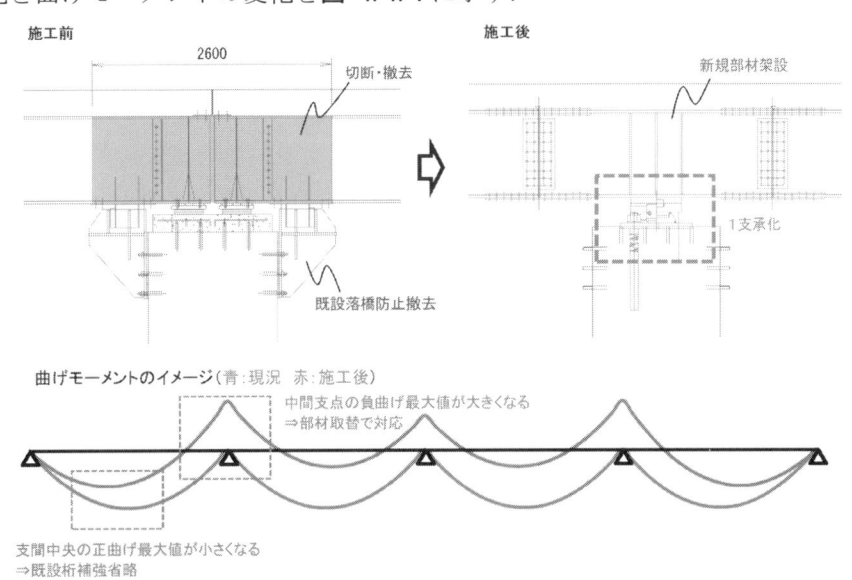

図-4.4.4　主桁の連続化による曲げモーメントの変化 [4.4.5)]

（出典：井上天，山田朗央，掘井滋則，古賀靖之，山田将太：中国池田 IC〜宝塚 IC 間橋梁更新工事の ECI 設計業務報告，横河ブリッジホールディングスグループ技報，第 53 号，2024 年 1 月）

◆課題 3：防護柵の設置，撤去作業の効率化

　道路断面方向に 3 期に分けた橋梁更新工事であり，通行車両と工事箇所を区切るための防護柵が設置される．工事期間中に車線の切り替えを約 15 回実施することが計画されているため，交通規制が必要となる防護柵の設置と撤去を効率よく行うことが課題とされた.

◇対応：防護柵切り替えシステムの採用

　防護柵切り替え車両により効率よく設置と撤去ができる仮設防護柵のロードジッパーシステムが採用されている．従来行われているクレーンを用いて移設を行う仮設防護柵の施工と比較して，作業日数を約 1/5 とすることが可能であり，実施，解除に要する交通規制期間の大幅な短縮が図られている．**写真-4.4.2** に設置状況，**写真-4.4.3** に切り替え状況を示す.

写真-4.4.2　仮設防護柵設置状況　　　　**写真-4.4.3　仮設防護柵切り替え状況** [4.4.5)]

（出典：井上天，山田朗央，掘井滋則，古賀靖之，山田将太：中国池田 IC〜宝塚 IC 間橋梁更新工事の ECI 設計業務報告，横河ブリッジホールディングスグループ技報，第 53 号，2024 年 1 月）

◆課題 4：RC 中空床版橋の更新（安倉高架橋，荒牧高架橋）

　安倉高架橋と荒牧高架橋は，RC 中空床版橋が中心に建設されていた．RC 中空床版橋の一般的な橋梁更新は，終日車線規制を実施して既設桁の撤去から再構築まで行う必要があり，交通規制期間が長期となる．そのため，交通規制期間を短縮することができる橋梁更新工法が課題とされた．

◇対応：鋼Ⅰ桁橋形式への取替え工法の採用

　本工事では，交通規制期間の短縮を図り，鋼Ⅰ桁橋形式への橋梁更新が採用されている．既設の RC 中空床版を同じ構造形式に更新する場合，既設床版の撤去，支承改良，横桁の設置，PC 桁の設置，橋面工の手順で行う必要がある．この場合，交通規制後に全ての作業を行うことになり，交通規制期間が長期となる．これに対して，構造形式を鋼Ⅰ桁橋に変更し，交通規制前の段階で高架下の作業である橋脚横梁の増設と支承の設置までを行い，交通規制後に既設床版の撤去，鋼桁の設置，PC 床版の設置，橋面工の手順で更新することにより，大幅な交通規制期間の短縮が可能となる．施工概要図を**図-4.4.5** に示す．RC 中空床版の撤去状況を**写真-4.4.4**，プレキャスト PC 床版の設置状況を**写真-4.4.5** に示す．なお，既設橋脚は，維持管理性を確保するために，掛け違い部になる橋脚のみ横梁から上側に突出する頂部を切断撤去している．

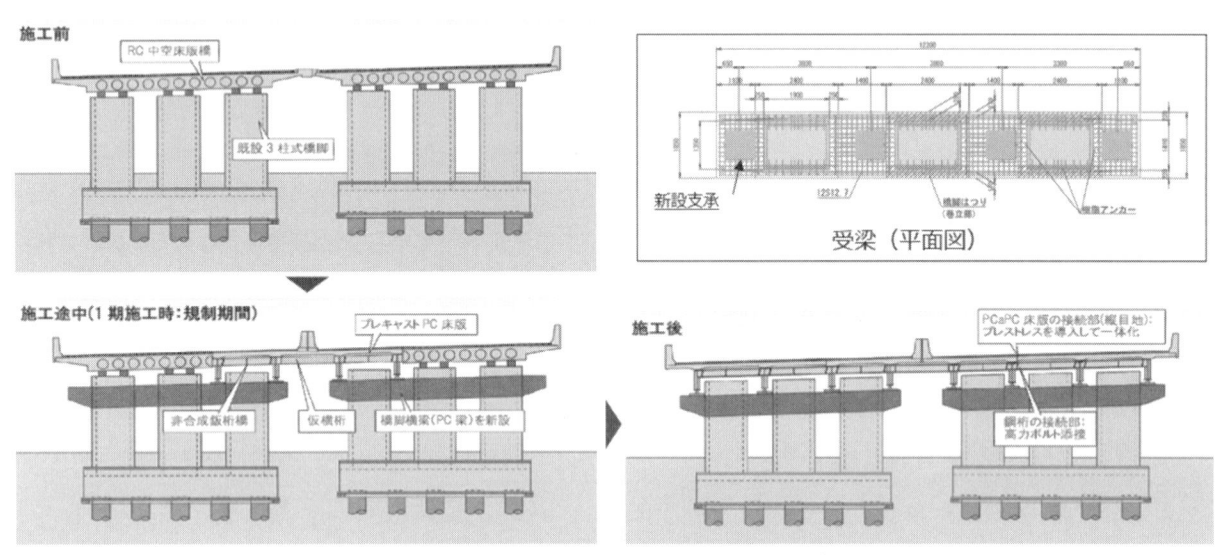

図-4.4.5　RC 中空床版の更新 [4.4.5)]

（出典：井上天，山田朗央，掘井滋則，古賀靖之，山田将太：中国池田 IC〜宝塚 IC 間橋梁更新工事の ECI 設計業務報告，横河ブリッジホールディングスグループ技報，第 53 号，2024 年 1 月）

写真-4.4.4　既設 RC 中空床版橋の撤去状況 [4.4.4)]

写真-4.4.5　プレキャスト PC 床版設置状況 [4.4.4)]

（出典：安里俊則，大原和章，山口和彦，村上友伯，稲村康，前田義孝：関西圏都市部の中国自動車道でリニューアル工事を実施中，橋梁と基礎，2022 年 2 月号）

また，プレキャスト PC 床版においては，**図-4.4.6** に示したとおり，3 期に分けて施工を行う仕様としている．Ⅰ期で設置したプレキャスト PC 床版とⅡ期，Ⅲ期で設置した PC 床版の境界部は，10mm のモルタル目地が設けられており，ポストテンションにより床版の一体化を行っている．上り線と下り線の境界は，20mm の隙間が設けられている．

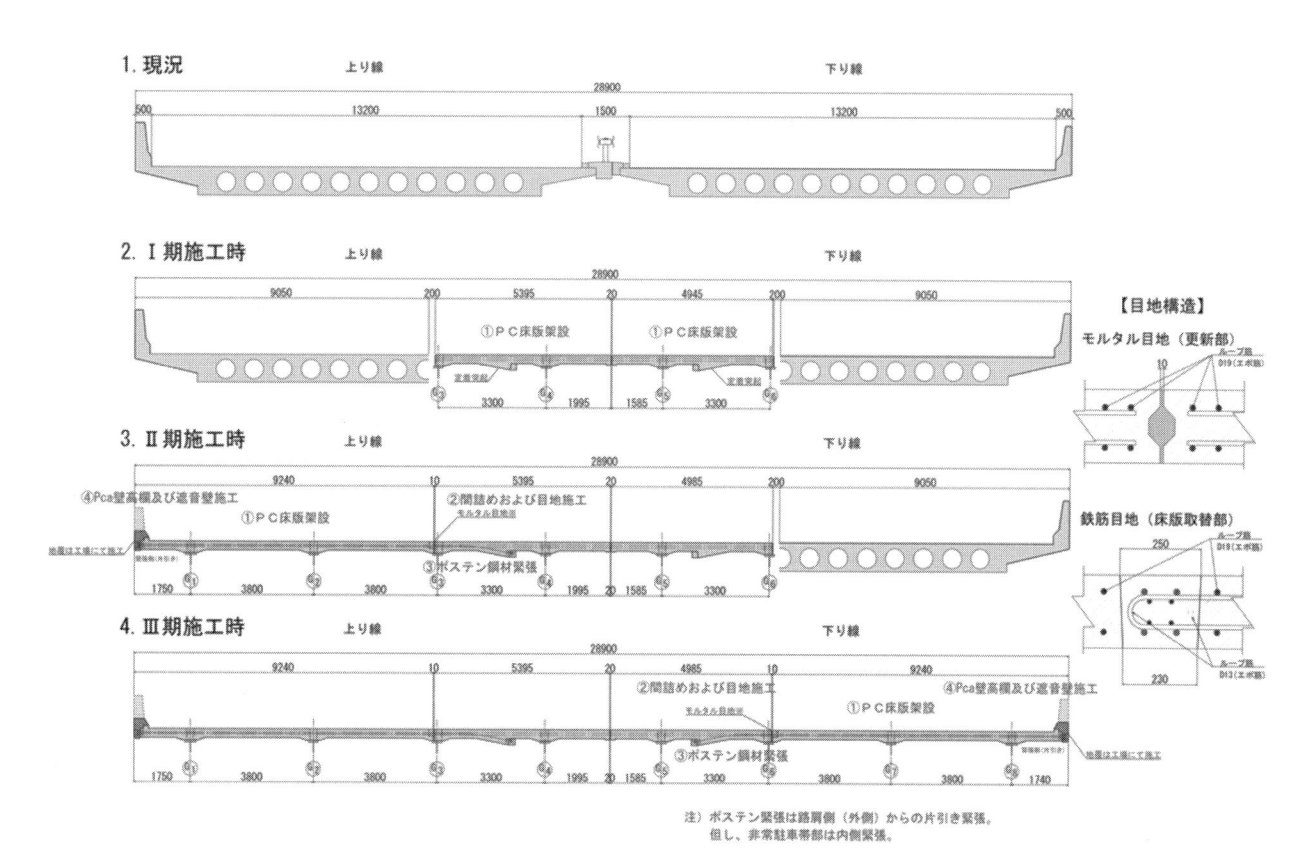

図-4.4.6　3 期施工のプレキャスト PC 床版 [4.4.5)]

（出典：井上天，山田朗央，掘井滋則，古賀靖之，山田将太：中国池田 IC〜宝塚 IC 間橋梁更新工事の ECI 設計業務報告，横河ブリッジホールディングスグループ技報，第 53 号，2024 年 1 月）

◆課題 5：航空制限影響による施工高さ制限（川西高架橋）

大阪国際空港（伊丹空港）の航空制限影響範囲に位置する川西高架橋においては，大型クレーンを使った施工では航空法の高さ制限にかかることから，高さ制限に影響しない床版取替え工法が課題とされた．

◇対応：床版取替え機の採用

門型クレーン仕様の床版取替え機を用いた床版撤去，架設施工が採用されている．床版取替え機は，長さ 22.0m で高さ 7.9m の構造で 4 本の支柱で支持されており，舗装撤去後の既設床版上面に敷設したレール軌道上を橋軸方向に移動できる構造としている．**写真-4.4.6** に床版取替え機全景，**写真-4.4.7** に施工状況写真を示す．

写真-4.4.6　床版取替え機全景 4.4.2)　　　　　　　写真-4.4.7　床版取替え施工状況 4.4.2)

（出典：西日本高速道路株式会社　関西支社：中国自動車道（特定更新等）中国池田 IC～宝塚 IC 間 橋梁更新工事（建設工事）パンフレット）

◆課題 6：暫定断面での交通開放

　交通繁忙期は，交通規制を開放し 6 車線で運用するため，工事期間中は既設床版と新設床版が並ぶ暫定の断面で供用される．そのため，既設床版と新設床版が並ぶ暫定の断面で一般車両が安全に走行できる境界部の構造が課題とされた．

◇対応：荷重支持板を使用した仮縦目地構造の採用 4.4.6)

　新設床版と既設床版の境界部においては，定点載荷試験および移動輪荷重試験により安全性と耐久性を確認した荷重支持板を設置する仮縦目地が採用されている．定点載荷試験では，T 荷重相当を 12 万回載荷して仮縦目地構造に問題がないことが確認されている．図-4.4.7 に構造概要を示し，写真-4.4.8 に試験状況写真を示す．

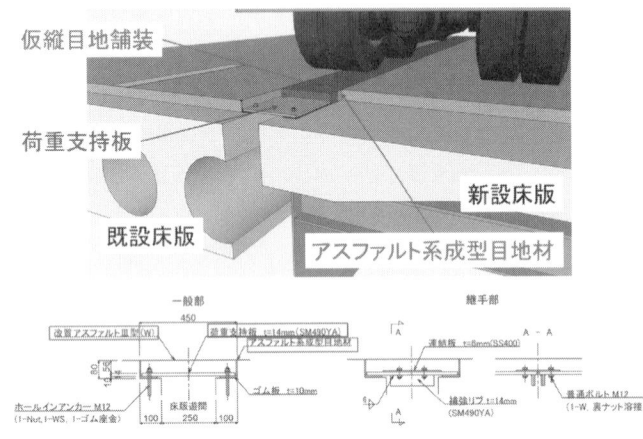

図-4.4.7　仮縦目地構造概要 4.4.6)　　　　　　　写真-4.4.8　移動輪荷重載荷状況 4.4.6)

（出典：松井隆行，掘井滋則，川東龍則，前田諭志：中国池田 IC～宝塚 IC 間大規模更新工事における仮縦目地構造の検討，令和 4 年度土木学会全国大会第 77 回年次学術講演会，2022 年 9 月）

◆課題7：国道176号と交差する橋梁更新　（小浜橋）

　国道176号と交差する小浜橋（宝塚ICランプ橋）は，国道の建築限界に接近して建設されており，さらに上空には架空線が位置していた．小浜橋の全景を**写真-4.4.9**に示す．交差する国道176号は，重交通路線であるため，国道の規制日数を短縮できる橋梁形式の採用や架設工法が課題とされた．

写真-4.4.9　小浜橋（宝塚ICランプ橋）

◇対応：プレキャスト合成床版桁の採用

　国道の規制を伴う現地作業を極力少なくするために，製作工場内で鋼桁と合成床版の組み立てと床版，壁高欄のコンクリートの打設までを行うプレキャスト合成床版桁を採用している．さらに，現場ヤード内で1径間の間詰めコンクリートの施工を行い，多軸台車により1径間単位で架設を行う工法が採用されている．

　図-4.4.8に採用されているプレキャスト合成床版桁の構造概要図を示す．

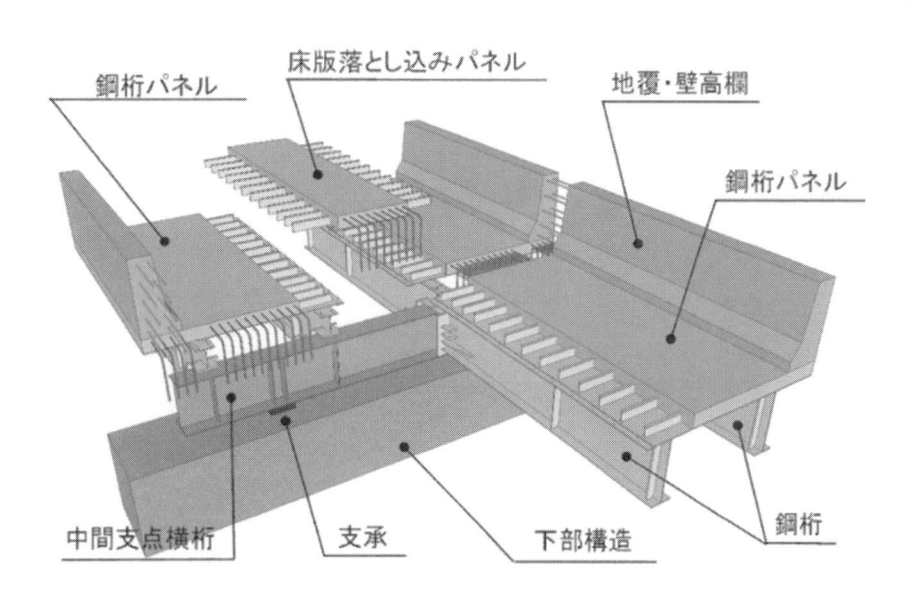

図-4.4.8　プレキャスト合成床版桁 [4.4.2)]

（出典：西日本高速道路株式会社　関西支社：中国自動車道（特定更新等）中国池田IC～宝塚IC間　橋梁更新工事（建設工事）パンフレット）

参考文献

4.4.1)　西日本高速道路株式会社：E2A 中国道リニューアルプロジェクトホームページ，
https://kansai-renewal.com/2021_chugoku/，最終アクセス：2023 年 9 月 15 日

4.4.2)　西日本高速道路株式会社　関西支社：中国自動車道（特定更新等）中国池田 IC〜宝塚 IC 間　橋梁更
新工事（建設工事）パンフレット

4.4.3)　安里俊則，佐溝純一，大原和章，沢村良弘，松井隆行：関西圏都市部における中国自動車道リニュ
ーアル工事の概要，第 24 回橋に関するシンポジウム論文報告集，2021 年 9 月

4.4.4)　安里俊則，大原和章，山口和彦，村上友伯，稲村康，前田義孝：関西圏都市部の中国自動車道でリ
ニューアル工事を実施中，橋梁と基礎，2022 年 2 月号

4.4.5)　井上天，山田朗央，掘井滋則，古賀靖之，山田将太：中国池田 IC〜宝塚 IC 間橋梁更新工事の ECI
設計業務報告，横河ブリッジホールディングスグループ技報，第 53 号，2024 年 1 月

4.4.6)　松井隆行，掘井滋則，川東龍則，前田諭志：中国池田 IC〜宝塚 IC 間大規模更新工事における仮縦
目地構造の検討，令和 4 年度土木学会全国大会第 77 回年次学術講演会，2022 年 9 月

4.5　供用下での歩道橋の架替え事例　～国道 246 号渋谷駅東口歩道橋架替工事～

4.5.1　事業目的

　国道 246 号渋谷駅東口歩道橋は，国道 246 号線と明治通りの交差点に位置し，ピーク時には 1 時間に 5 千人，1 日に 9 万人が利用する社会的役割の大きいインフラである．しかしながら既設歩道橋は幅員が狭く歩行者動線がスムーズでないところがあり，ピーク時には歩行者渋滞が発生していた．また，バリアフリー化が十分に進んでおらず，耐震性にも課題があった．そこで，歩行者の利便性向上とバリアフリー化，耐震性の向上を目的とし，国土交通省東京国道事務所が進める国道 246 号渋谷駅周辺整備事業（図-4.5.1）の一環として渋谷駅東口歩道橋の架替えが実施された．

図-4.5.1　国道 246 号渋谷駅周辺整備事業

4.5.2　工事概要

　鋼鈑桁および箱桁で構成された渋谷駅東口既設歩道橋（写真-4.5.1，図-4.5.2）は，5 径間連続鋼床版箱桁橋により架け替えられた（表-4.5.1，写真-4.5.2～3，図-4.5.3）．歩道橋が位置する国道 246 号線と明治通りの交差点は，一日当たりの車両交通量が 70,000 台以上と非常に多いことから地上には横断歩道が無く，当該交差点の歩行者動線は渋谷駅東口歩道橋によってのみ確保されていた．そのため，当該歩道橋の架替工事では，既設歩道橋の撤去と新設歩道橋の架設を同時並行・段階的に行うことで，常に歩行者動線が確保されるように計画された．供用下で段階的に架替えを行うためには，構造系が変化する架替え過程においても常に構造物の安定が保たれる必要があり，架替え過程における暫定系においても，完成系と同等の使用性および耐震性が確保されるように計画された．

　昭和 43 年に建設された既設歩道橋は老朽化が進んでおり，以下の要因も伴って構造解析により現状の応力状態を正確に把握することが困難であったため，不確かさを考慮した上で確実に安全を確保する計画が立てられた．

1) 橋脚基部等に不可視部や健全性における不確かさがあり，耐荷力の評価や構造解析における境界条件の設定が困難であった．

2) 過去の地震や地盤沈下の履歴の可能性があったが，建設時との比較が不可能なため，内力におよぼす影響を正確に把握することが困難であった．

3)　長い供用期間の中で，部分的な通路の撤去や増設，通路幅拡幅，主桁補強，結合条件の変更といった改造の履歴があり，当時の施工条件（支持条件や結合条件）や手順が不明であった．

　施工は，車両交通への負荷を低減するため，最小限の規制と架設設備(ベント設備)にて施工を行う必要があったこと，工事エリアの上空には首都高速道路の高架橋，地下には渋谷川や老朽化した埋設物といった障害物が多く存在したこと，都心部で施工ヤードが限られていたことなど，多くの制約の下で行われた．

写真-4.5.1　施工前状況 [4.5.2)]

写真-4.5.2　架替え完了状況 [4.5.2)]

表-4.5.1　工事概要

工事名	国道246号渋谷駅東口歩道橋架替工事
工事期間	2015年11月～2019年3月
構造形式	鋼5径間連続鋼床版箱桁ラーメン橋
	鋼製円柱橋脚
	場所打ちコンクリート杭、ボックスカルバート
橋長	191.1m
支間長	51.972+48.095+35.175+30.567+25.389m
架替工法	トラッククレーン架設、自走式多軸台車架設

写真-4.5.3　完成状況 [4.5.2)]

（写真-4.5.1～3 の出典：都市部における歩道橋架替工事の施工報告，土木学会年次学術講演会講演概要集 Vol.75，VI-218，2020）

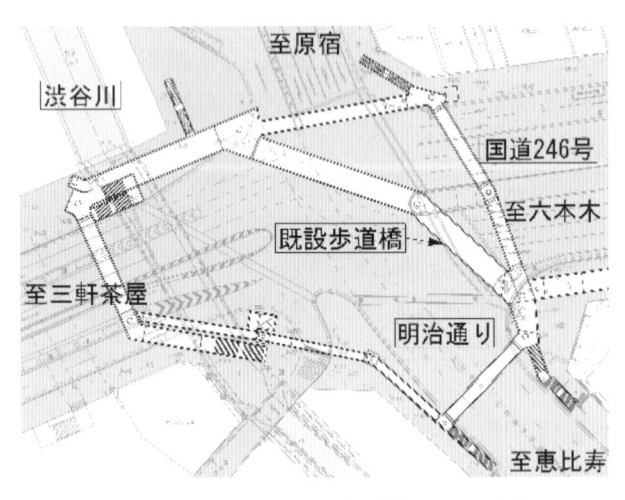

図-4.5.2　既設歩道橋平面図 [4.5.3)]

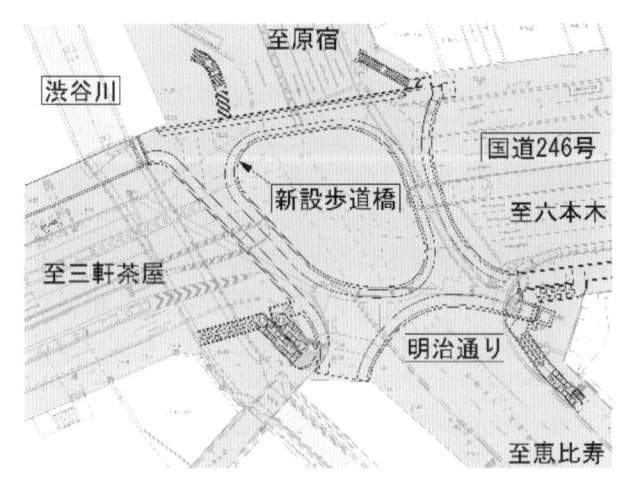

図-4.5.3　新設歩道橋平面図 [4.5.3)]

（出典：国道 246 号渋谷駅東口デッキの架替え設計，土木学会年次学術講演会講演概要集 Vol.76，CS3-27，2021）

4.5.3 課題と対応

本工事における課題と対応の概要一覧を**表-4.5.2**に示す.

表-4.5.2 本工事における課題と対応

		課題	対応
技術的課題	1	歩行者動線の確保	複数のステップによる段階施工
	2	架替え過程での供用	供用する過程での性能確保と計画
	3	交通影響の最小化	ベント設備等を最小とする計画
	4	狭隘な施工スペース	三次元データを活用した施工計画
	5	施工ヤードの制約	施工ヤード確保の工夫
	6	安全における不確実性への対応	フェールセーフとモニタリング

◆課題1：架替え過程での歩行者動線の確保

一日当たりの車両交通量 70,000 台以上と交通量が非常に多い国道 246 号線と明治通りの交差点には横断歩道が無く，歩道橋はピーク時には1時間に5千人，1日に9万人の歩行者が利用することから，歩道橋の架替えにおいては常に歩行者動線を確保する必要があった．

◇対応：段階施工

歩行者動線を確保するように，既設歩道橋の部分撤去と新設歩道橋の部分架設および仮接合が詳細なものも含め全 70 ステップに渡って実施された．架替えのイメージを**図-4.5.4**に，歩行者動線を確保する代表的なステップ概要を**図-4.5.5**に示す．

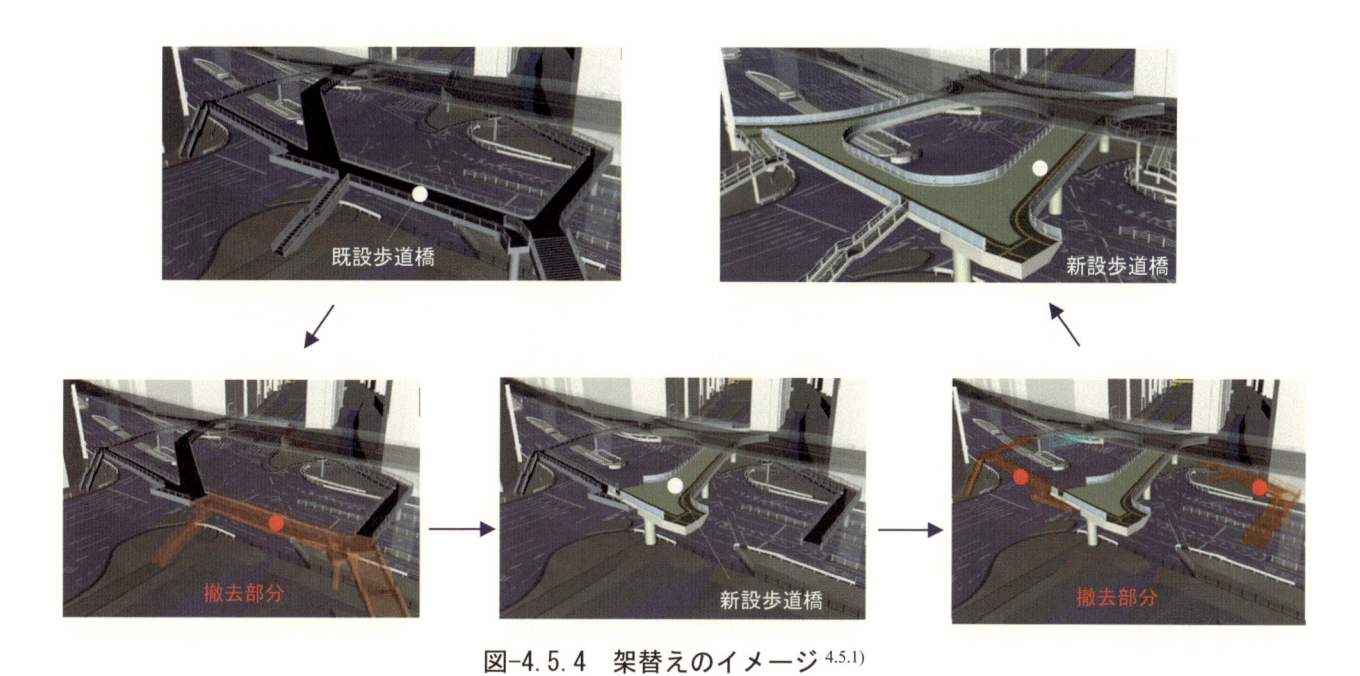

図-4.5.4 架替えのイメージ[4.5.1)]

（出典：都市部における橋梁架替工事の施工計画，土木学会年次学術講演会講演概要集 Vol.72，I-229，2017）

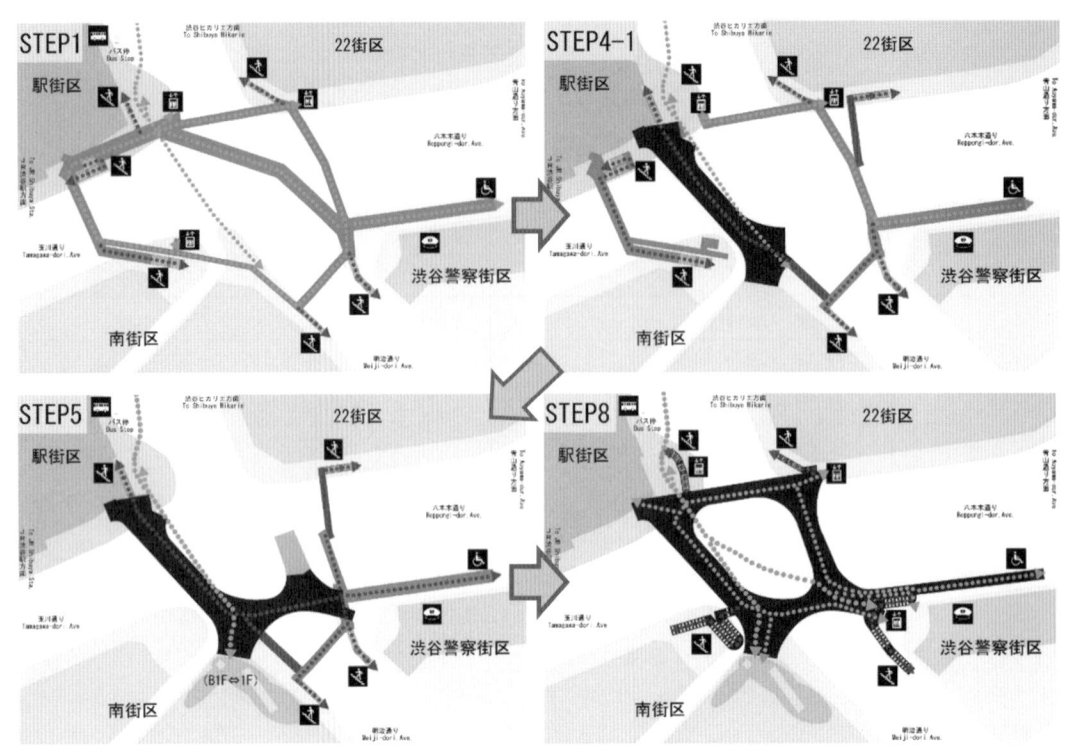

図-4.5.5　架替ステップ概要

◆課題 2：架替え過程での供用

　架替え過程において常に歩行者の利用があることから，全てのステップにおいて完成系と同等の性能確保が必要とされた．性能としては，死活荷重等に対する耐荷性能および使用性，耐震性能（L 1 地震）である．

① 既設歩道橋の主桁が単純支持されているものであれば，部分的・段階的な撤去過程において構造系は変化しないため，断面力の変化は容易に把握できるが，当該歩道橋は昭和 43 年に建設されて以降，部分的な通路の撤去や増設，通路幅拡幅，主桁補強，結合条件の変更（曲げモーメントを伝達しないピン結合→曲げモーメントを伝達する剛結合）といった改造が重ねられており，当該工事における部分的・段階的な撤去過程で構造系が変化するため，断面力の算出は複雑となる．

② 上記に加え，過去の改造における施工条件が不明であったため，例えば増設桁架設時の結合条件が単純支持となるピン結合か，ラーメン構造となる剛結合かが特定できず，解析条件を確定できないという課題があった．また，剛結構造の断面力は過去の地盤沈下や地震の影響を受けている可能性もあり，現状の断面力を正確に算出することは困難であった．

③ 解析における境界条件は，そのモデル化により解が異なるものとなるため非常に重要であるが，老朽化によるピン構造部の固着や地下工事による基礎支持条件の変化等の影響を受け，建設時の設計条件から変化している可能性があった．また，既設歩道橋竣工図面が不鮮明で，モデル化に必要な情報を読み取れない部分があった．なお，既設構造は橋脚下部がピン構造となっている部分があり，撤去過程での構造物の転倒なども懸念された．

◇対応：既設構造の評価とモデル化

① 剛結構造を有する橋梁の構造系を変化させていくことから，施工のステップを重ねる度に断面力が変化していくこととなる．そこで骨組解析を用いたステップ解析により，各ステップでの断面力を重ね合せて算出することとされた．また，照査・設計は**図-4.5.6** に示すように，「解析モデルの境界条件を設定するための調査および評価」，「ステップ解析による照査」，「補強およびフェールセーフ等の対策の設計・施工計画」，「モニタリング（監視）と検証」の手順で行われた．ステップ骨組解析モデルを**図-4.5.7** に示す．

② ステップ解析では，想定される全ての結合条件に対して全ての荷重条件のパターンを組合せ，照査する各部位毎の断面力の最大値と最小値を算出することとされた．それらの断面力が全て現況の断面力を下回るようであれば補強は不要とし，超過するケースがある場合は補強等の対策を実施することとされた（**図-4.5.8**）．

③ 解析モデルの境界条件を正確にモデル化するために，既設構造物を詳細に調査し，結合条件を慎重に評価する必要があった（**図-4.5.9**）．また，例えば橋脚基礎の杭径や本数が，複数ある既設設計図面内で不整合があった場合など，既設構造物の設計図面に関して不明確な部分があった場合には，最も安全側となる条件が採用された．

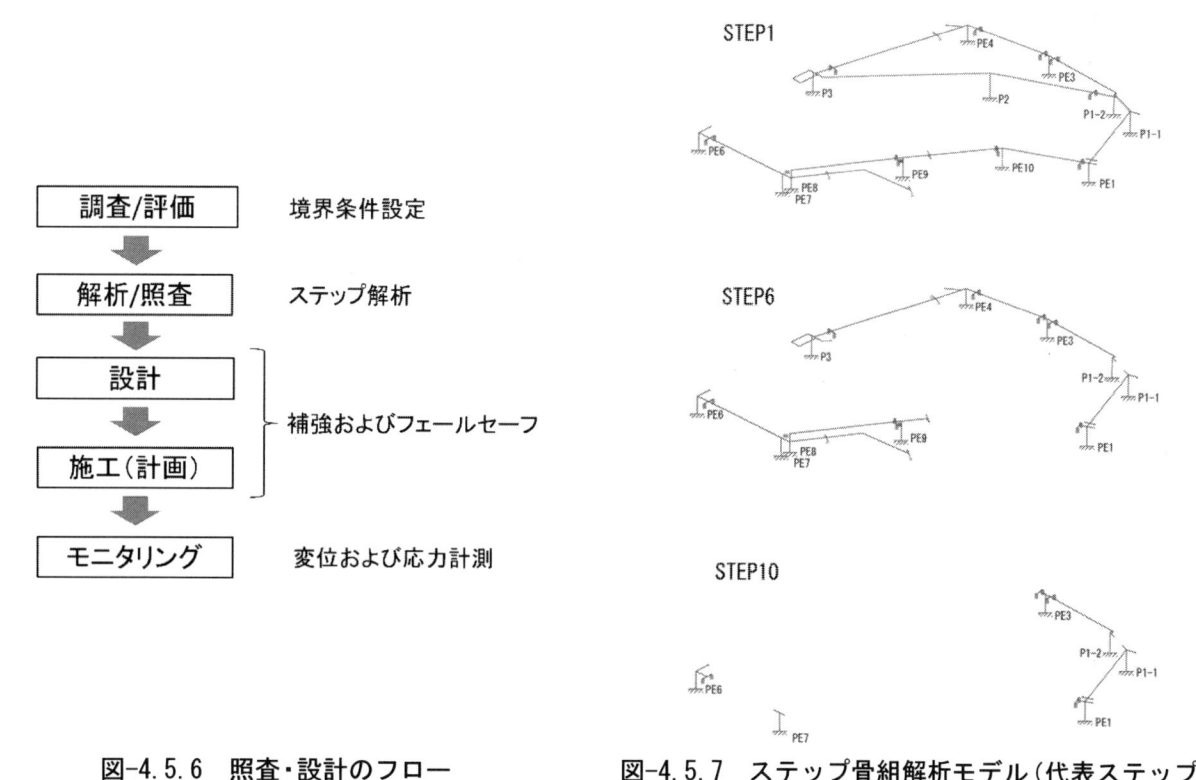

図-4.5.6　照査・設計のフロー　　　　　　**図-4.5.7　ステップ骨組解析モデル（代表ステップ）**

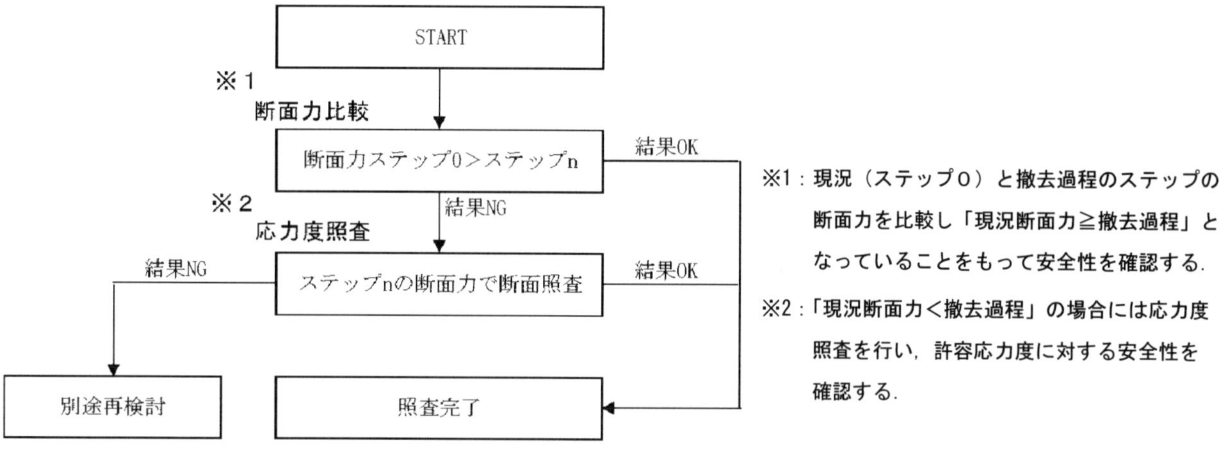

図-4.5.8　ステップ解析による照査フロー[4.5.1)]

（出典：都市部における橋梁架替工事の施工計画，土木学会年次学術講演会講演概要集 Vol.72，I-229，2017）

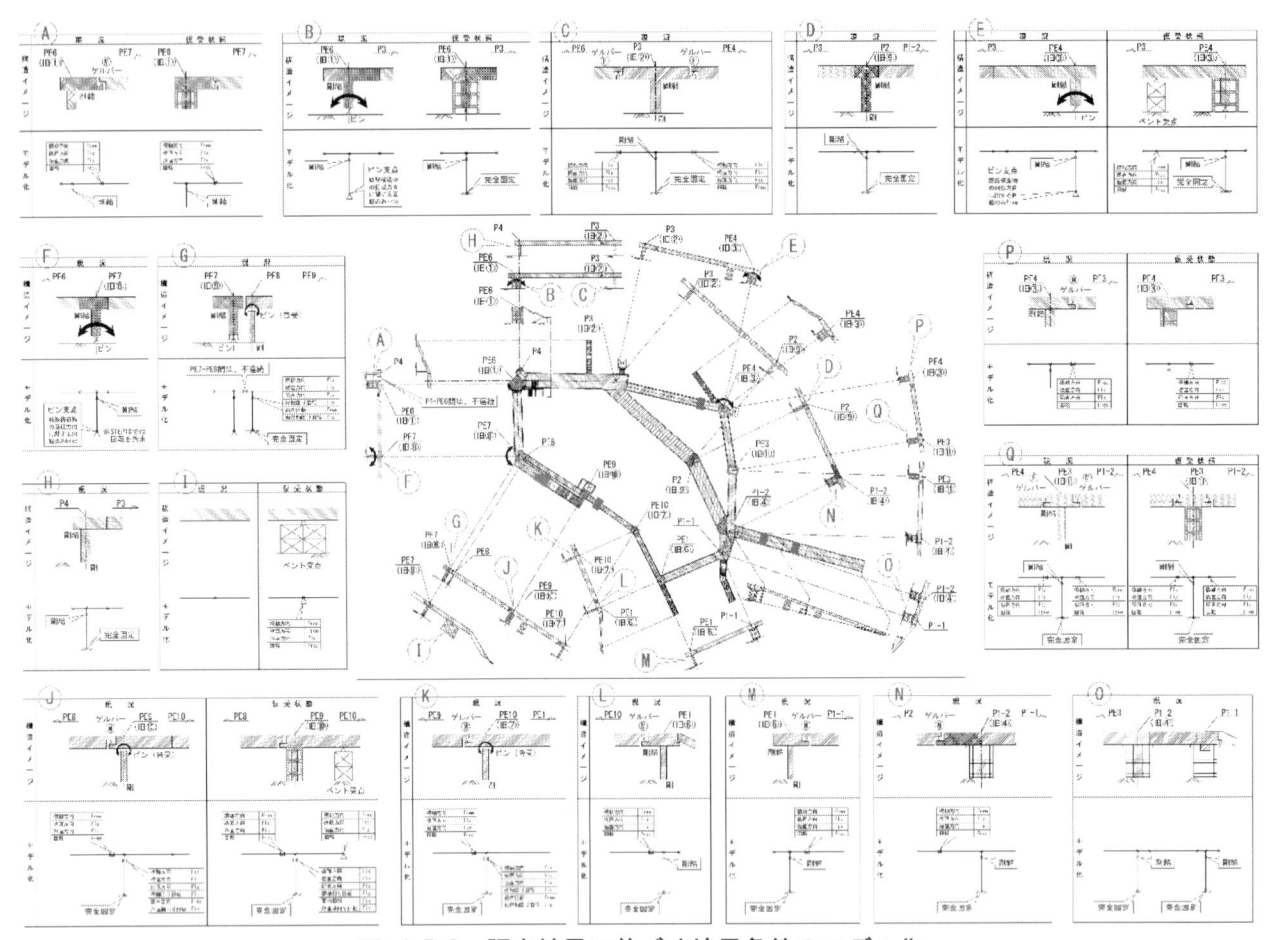

図-4.5.9　調査結果に基づく境界条件のモデル化

◆課題 3：交通影響の最小化

　国道 246 号線と明治通りの交差点は，一日当たりの車両交通量 70,000 台以上と交通量が非常に多いため，施工における交通規制を最小に留める必要があった．

◇対応：ベント設備省略

　橋桁を支持するベント設備を交差点内に設置しない施工計画が立案された．

◆課題 4：狭隘な施工スペース

　当該交差点は都心部であるため商業ビル等の施設が密集し，既設歩道橋上空には首都高速道路の高架橋が存在した．また，既設歩道橋を部分的に撤去しながら新設歩道橋を部分的に架設していくことから施工スペースが極めて狭隘であった．さらに，当該交差点には渋谷川や古い地下埋設構造物等が多く存在し，地下工事が並行して進行していたことから，クレーンや多軸台車を支持することができるか，照査が必要であった．

◇対応：三次元測量と三次元モデルによる施工計画

　上空に首都高速道路の高架橋が存在する範囲の桁撤去・架設ではクレーンが使用できないため，リフターを搭載した多軸台車が使用された（**写真-4.5.4**）．クレーンを使用する範囲では，施工エリア周辺の障害物との干渉を防ぐために三次元レーザースキャナを用いて詳細な三次元モデルを作成し，それを用いて三次元にて施工計画が行われた（**図-4.5.10**）．また，渋谷川の古い覆工や地下埋設構造物の健全性および耐荷性能を調査した結果，十分な支持力を有しない可能性があったことから，当該地下埋設構造物に重機荷重を載荷しない施工計画とされた．さらに地下工事については，路面覆工を支える鉄骨部材の照査がなされ，クレーン設置位置や多軸台車走行ルートが詳細に設定された．

写真-4.5.4　リフター搭載多軸台車による桁ブロック架設 [4.5.2)]

（出典：都市部における歩道橋架替工事の施工報告，土木学会年次学術講演会講演概要集 Vol.75，Ⅵ-218，2020）

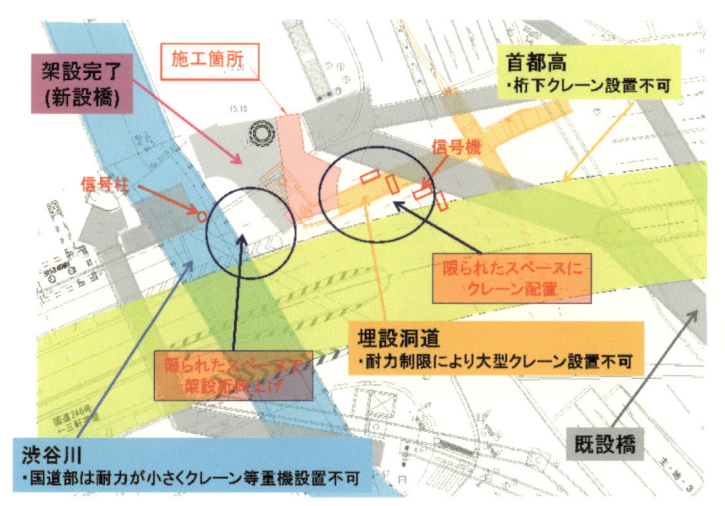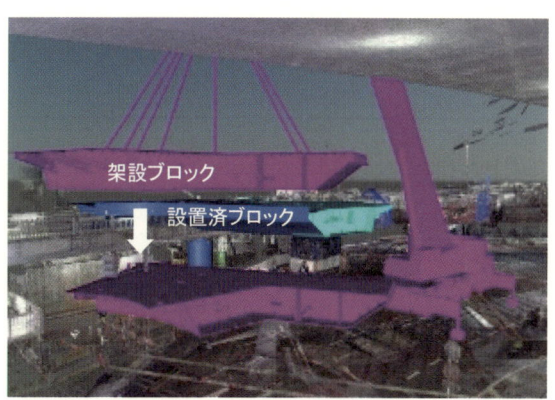

図-4.5.10　三次元測量結果を用いた施工計画

◆課題5：施工ヤードの制約

　都心部にある当該工事エリアでは施工ヤードの確保が困難であった．

◇対応：道路内でのヤード確保

　明治通りの中央分離帯を一時的に撤去して施工ヤードとされた（図-4.5.11）．

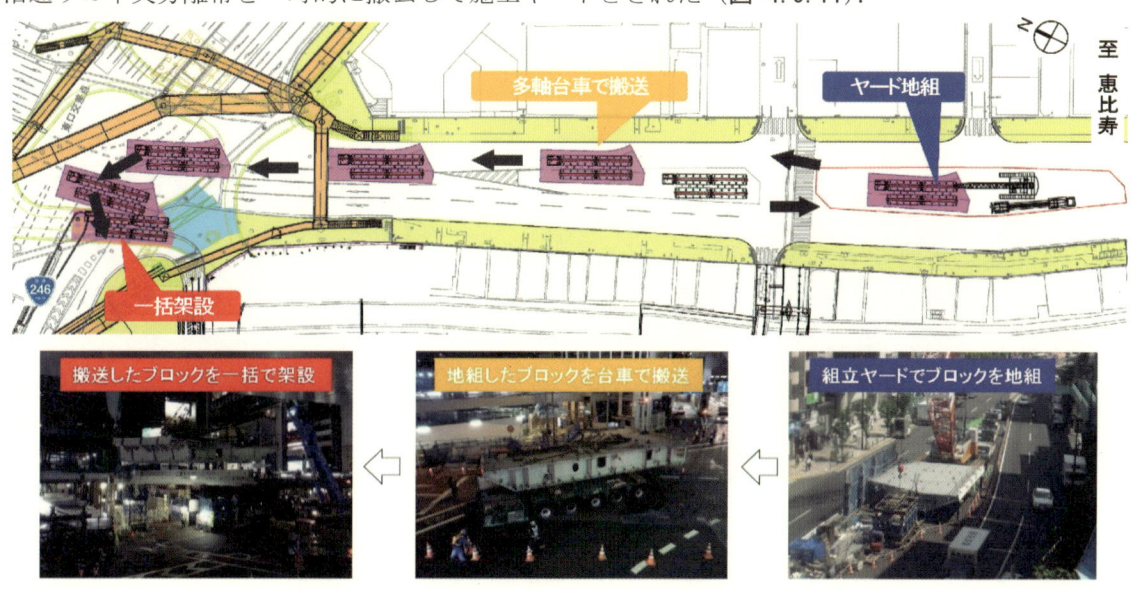

図-4.5.11　明治通り中央分離帯施工ヤード

◆課題6：安全における不確実要素への対応

　課題2の対応③により既設構造物の健全性や耐荷性能を詳細に調査し評価したものの，基礎などの不可視部の健全性等，不確実な要素は存在した．

◇対応：フェールセーフ対策とモニタリング

　不確実性を有する部分については，万が一変位が生じた場合へのフェールセーフとしてのベント設備が設けられた（**図-4.5.12**）．橋脚基部がピン構造となっている部位については，架替え過程での転倒を防止するために転倒防止装置が設置された（**写真-4.5.5**）．また，架替え過程を通じ，常時・施工時に自動追尾式トータルステーションを用いた変位モニタリングが実施され，あらかじめ設定された変位量を超える変状が生じた場合に警報が発せられ，施工を中止し直ちに対策が講じられるようにされた（**図-4.5.13**，**図-4.5.14**，**写真-4.5.6**）．また，ひずみゲージを用いて応力計測も行われた．

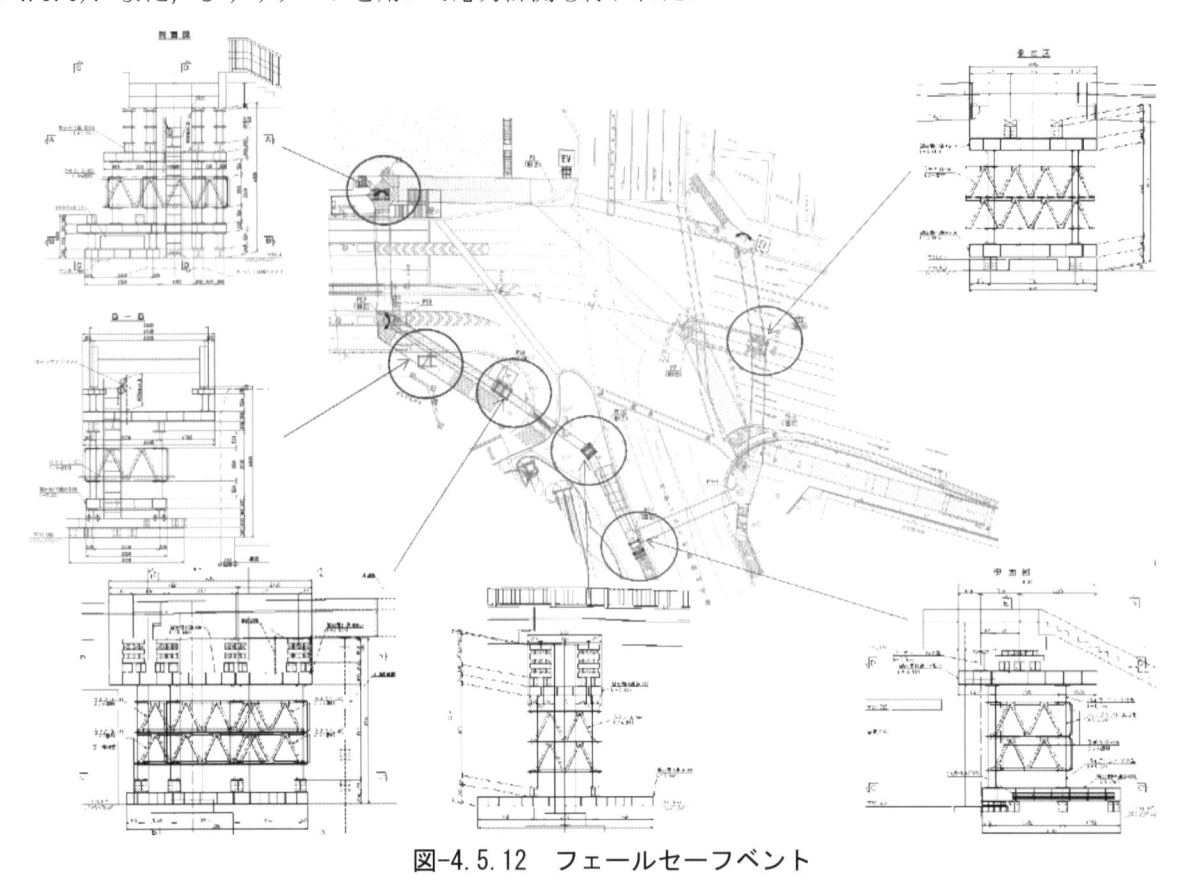

図-4.5.12　フェールセーフベント

橋脚基部ピン構造　　　　　　　　　　　橋脚基部転倒防止装置

写真-4.5.5　橋脚基部転倒防止装置 [4.5.2)]

（出典：都市部における歩道橋架替工事の施工報告，土木学会年次学術講演会講演概要集 Vol.75 , VI-218 , 2020）

常時監視の例 （計測期間20ケ月）

施工時重点監視の例 （計測対象12ステップ）

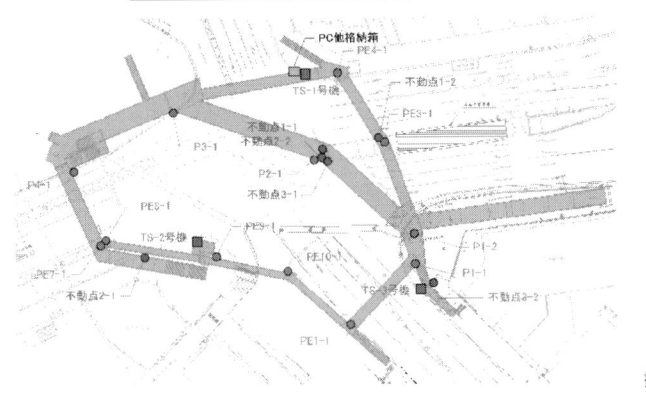 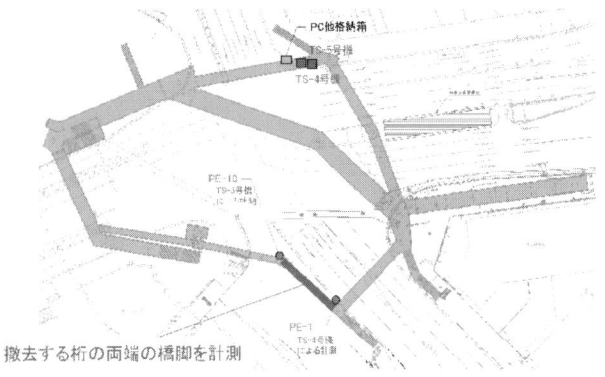

撤去する桁の両端の橋脚を計測

図-4.5.13　変位モニタリング（常時・施工時）

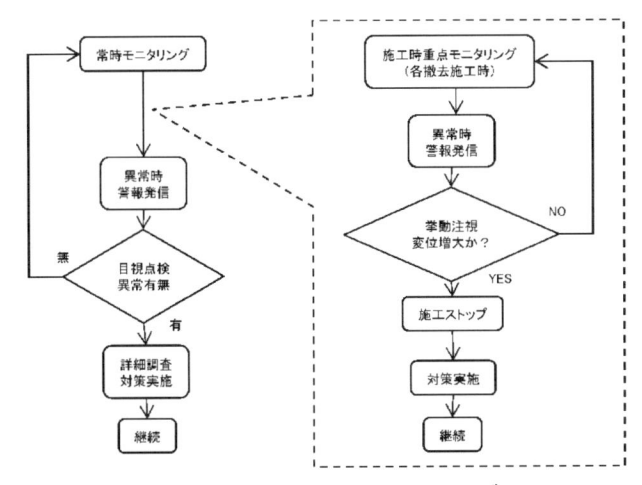

図-4.5.14　変位モニタリングフロー

自動追尾式トータルステーション

写真-4.5.6　変位モニタリング装置

参考文献

4.5.1)　能登晋也，志賀弘明，小池俊行，坂本眞徳：都市部における橋梁架替工事の施工計画，土木学会年次学術講演会講演概要集　Vol.72，I-229，2017

4.5.2)　小池俊行，前田欣昌，北沢宏和，能登晋也：都市部における歩道橋架替工事の施工報告，土木学会年次学術講演会講演概要集　Vol.75，VI-218，2020

4.5.3)　坂本眞徳，坪村健二，中山健：国道246号渋谷駅東口デッキの架替え設計，土木学会年次学術講演会講演概要集　Vol.76，CS3-27，2021

第5章　更新事例の解説

　改築と更新・架替えは双方とも既設構造物を取扱う工事である．そのため，「第3章　改築事例の解説」で記載されている改築において留意すべきことの大部分は，更新・架替えにも当てはまることになる．そこで，ここでは更新・架替えにおける留意事項について，第4章で収集した事例をまとめた上で，更新・架替えで特に重要と考えられるものに限定して記述する．

5.1　事例のまとめ
　第4章で収集した更新・架替え事例について主な課題をまとめると，(1)交通影響の低減，(2)工程短縮，(3)段階施工の安全性確保等，(4)施工ヤードの確保，(5)耐久性・維持管理性の確保，(6)工事難易度を踏まえた契約手法となる．これらの課題と対応について以下で簡単に述べる．

5.1.1　交通影響の低減
　更新・架替えにおいては，工事に伴う大規模な交通規制による交通影響の低減を図る必要があり，立地条件，交通量，周辺道路ネットワークの整備状況等の地域特性を踏まえ，以下の施工方法等が採用された．

表-5.1.1　交通影響の低減事例

事例	地域特性	施工方法等
4.1　首都高速羽田線 （東品川・鮫洲）更新 （上下4車線）	・交通量約7万台/日 ・迂回路用地あり	・大規模な仮設迂回路構築と交通切り回しによる半断面施工
4.2　首都高速横羽線 高速大師橋更新 （上下4車線）	・交通量約8万台/日 ・迂回路用地なし ・首都高速湾岸線が迂回ルートとして活用可能 ・河川内工事	・迂回誘導と2週間全面通行止めによる一括横取り架設（既設橋撤去＋新設橋設置） ・迂回誘導案内方法等について，通行止め実施の2年前から，関係機関と調整
4.3　中国道リニューアル工事(吹田-池田) （上下4車線）	・交通量約5万台/日 ・新名神高速が迂回ルートとして活用可能	・迂回誘導と交通混雑期を避けた終日通行止め（約40日×3回×2年）による集中工事 ・迂回誘導案内方法等について，工事本格実施の5年前から，関係機関と調整
4.4　中国道リニューアル工事(池田-宝塚) （上下6車線）	・交通量約7万台/日 ・新名神高速が迂回ルートとして活用可能 ・阪神高速池田線との接続性維持	・迂回誘導と交通混雑期を避けた終日車線規制による1/3断面施工 ・迂回誘導案内方法等について，工事本格実施の5年前から，関係機関と調整
4.5国道246号渋谷駅東口歩道橋架替工事	・交通量7万台/日以上 ・歩行者9万人/日（最大5千人/時間）	・歩行者動線を確保しつつ径間単位で夜間に一括架替＋既設との仮連結 ・一般道路は夜間に車線規制

5.1.2　工程短縮

更新・架替えにおいては，工事中の交通規制期間の短縮，損傷した既設構造物の早期の更新・架替え等を目的とした工程短縮が必要であり，以下のような対応が行われた．

表-5.1.2　工程短縮の事例

分類	対応概要	適用事例
構造形式の変更	・合成床版の採用による架設パネルの軽量化により，東京モノレール上空での夜間作業を低減し，床版構築期間を短縮	・4.1 首都高速羽田線（東品川・鮫洲）更新
	・RC中空床版橋から鋼鈑桁橋へ構造変更を行い，交通規制が必要な工種を低減	・4.4 中国道リニューアル工事（池田-宝塚）
施工方法の工夫	・横取り一括架設の採用と橋面工の事前実施により通行止め期間中の作業量を最小化	・4.2 首都高速横羽線高速大師橋更新
	・桁下空間を利用したジャッキアップ架設工法の採用により通行止め期間中の作業量を最小化	・4.3 中国道リニューアル工事（吹田-池田）
部材のプレファブ化	・プレキャスト床版，高欄等の採用による現地施工期間の短縮	・4.1 首都高速羽田線（東品川・鮫洲）更新 ・4.3 中国道リニューアル工事（吹田-池田） ・4.4 中国道リニューアル工事（池田-宝塚）
	・鋼桁と合成床版を工場で組み立てたプレキャスト合成床版桁の採用による現地施工期間の短縮	・4.4 中国道リニューアル工事（池田-宝塚）

5.1.3　段階施工の安全性確保等

更新・架替えにおいては，段階的な更新・架替えの施工ステップ毎に安全性等を確認しながら工事を進める必要があり，以下のような対応が行われた．

表-5.1.3　段階施工の安全性確保等の事例

事例	段階施工の概要	対応概要
4.1 首都高速羽田線（東品川・鮫洲）更新	仮設迂回路構築と交通切り回しによる半断面施工による橋梁架替え	・　更新Ⅰ期線とⅡ期線の基礎の一体化による鋼重低減 ・　施工ステップを考慮した橋脚キャンバー設定や排水処理の工夫 ・　既設橋との接続部付近における既設橋の暫定路面嵩上げに対応するために，既設橋補強等を実施 ・　仮設迂回路は長期間にわたり重交通を支えることになるため，本設構造物と同等の設計が行われ，レベル2地震動にも耐えられる構造を採用
4.4 中国道リニューアル工事（池田-宝塚）	上下6車線のうち4車線を確保した2車線単位での床版更新	・　施工ステップ毎の構造照査の実施 ・　交通繁忙期は一時的に6車線の交通を開放できるよう，既設床版と新設床版の境界部に荷重支持板を使用した仮縦目地を設置
4.5 国道246号渋谷駅東口歩道橋架替工事	既設歩道橋の部分撤去と新設歩道橋の部分架設による段階的な歩道橋架替え	・　施工ステップ毎の構造照査を行い，既設橋を補強 ・　フェールセーフ対策とモニタリングの実施

5.1.4　施工ヤードの確保

更新・架替えにおいては，既設構造物の撤去や新設構造物の構築を効率的に行える施工ヤードの確保が必要であり，以下のような対応が行われた．

表-5.1.4　施工ヤード確保の事例

分類	対応概要	適用事例
既設構造物の解体専用のヤード	・　大量のコンクリート部材破砕や塗膜除去等を行うために，施工地点から約20km離れた山間部に大規模な解体専用のヤードを確保	・　4.3 中国道リニューアル工事（吹田-池田） ・　4.4 中国道リニューアル工事（池田-宝塚）
新設構造物の構築ヤード	・　仮設迂回路に2×2列の鋼管杭を基礎としたパイルベント構造を採用することで，仮設迂回路の下部空間を工事用道路として活用し，十分な工事動線を確保 ・　ジャッキアップ架設工法の採用により，既設高架下の用地を最大限に活用	・　4.1 首都高速羽田線（東品川・鮫洲）更新 ・　4.3 中国道リニューアル工事（吹田-池田）

5.1.5 耐久性・維持管理性の確保

更新・架替えにおいては，更新後の構造物の耐久性や維持管理性を確保する必要があり，抜本的な対応も含め，以下のような対応が行われた．

表-5.1.5 耐久性・維持管理性確保の事例

分類	対応概要	適用事例
抜本的な耐久性と維持管理性の向上	・海水面からの離隔を確保するために，縦断線形の大幅な見直しを実施	・4.1 首都高速羽田線（東品川・鮫洲）更新
	・切断合成桁など特殊な形式の橋梁について，コンクリート床版のみ更新する場合，既設構造物の補強量が多くなり，補強工事に多大な時間と費用が必要となる．そのため，工程，経済性，更新後の維持管理のし易さを踏まえ，コンクリート床版のみ更新するのではなく，主桁も含めた上部構造の架替えを実施	・4.3 中国道リニューアル工事（吹田-池田）
高耐久仕様の採用	・鋼製橋脚への合金溶射や重防食塗装，ステンレスライニングの採用	・4.1 首都高速羽田線（東品川・鮫洲）更新
	・RC 橋脚への高耐久埋設型枠の採用	・4.2 首都高速横羽線高速大師橋更新
	・高耐久性鋼床版の採用	・4.3 中国道リニューアル工事（吹田-池田）
維持管理設備の設置	・ステンレス製恒久足場の採用	・4.1 首都高速羽田線（東品川・鮫洲）更新 ・4.2 首都高速横羽線高速大師橋更新

5.1.6 工事難易度を踏まえた契約手法

施工条件が厳しく工事発注に先立ち最適な仕様の確定が困難であったことなどから，次に示す新たな契約方式が採用され，施工者独自のノウハウ・工法等を取り込んだ最適な仕様に基づく工事契約が行われた．

表-5.1.6 新たな契約方式の適用事例

契約方式	概要	適用事例
技術提案・交渉方式（設計・施工一括タイプ）	選定された優先交渉権者と設計・施工を一括で契約	・4.1 首都高速羽田線（東品川・鮫洲）更新
技術提案・交渉方式（設計交渉・施工タイプ）	選定された優先交渉権者と設計契約を行い，設計の過程で価格等の交渉を行う工事契約	・4.2 首都高速横羽線高速大師橋更新 ・4.3 中国道リニューアル工事（吹田-池田） ・4.4 中国道リニューアル工事（池田-宝塚）

5.2 事例を踏まえた更新・架替えで特に重要と考えられる留意点

　「第3章　改築事例の解説」で記載されている改築において留意すべきことの大部分は更新・架替えにも当てはまることになるが，前節の事例のまとめを踏まえ，更新・架替えで特に重要と考えられる留意点について，当小委員会において本章の執筆を担当したワーキンググループ（更新事例WG）で議論した結果を総括すると以下の5項目に集約された．

1) 交通影響への配慮
2) 工程短縮の工夫
3) 大規模な施工ヤードの確保
4) 耐久性・維持管理性の確保
5) 契約方式の工夫

5.2.1 交通影響への配慮

　更新・架替えの対象区間は重交通であることが多く，重交通を支える既設構造物そのものを更新・架替えしていく必要があることから，更新・架替えでは新設・改築に比べて大規模な交通規制が必要となることが多い．交通規制の規模が大きくなるほど，交通規制による渋滞発生等の交通影響も大きくなるため，更新・架替えでは工事中の交通規制による交通影響に配慮することが特に重要となる．そのため，立地条件，交通量，周辺道路ネットワークの整備状況等の地域特性を十分に考慮した上で適切な交通規制方法を決定する必要がある．

　最も交通影響が小さいのは，仮設迂回路を構築し既存と同じ車線数を確保しながら施工する方法である．ただし，仮設迂回路を構築するための用地を確保できることが前提条件となる．

　次に，周辺道路ネットワークへの迂回促進を図りながら，終日通行止めや終日車線規制を行い施工する方法がある．いずれも周辺に迂回ルートとして活用可能な道路ネットワークが整備されていることが前提条件である．また，終日通行止めや終日車線規制の実施にあたっては迂回ルートを管轄する交通管理者や道路管理者をはじめとした関係機関と連携して，施工時期や交通マネジメントに関する綿密な対策を立案し確実に遂行することが重要である．なお，歩道橋を架替える場合は，歩行者動線の確保も重要な配慮事項となる．

5.2.2 工程短縮の工夫

　更新・架替えにおいては，工事中の交通規制による交通影響に配慮し，地域特性を十分に考慮した上で，終日通行止めや終日車線規制といった交通規制方法を決定する必要があることは 5.2.1 で述べたとおりであるが，あわせてその交通規制期間を短縮して交通規制の影響を最小化する必要がある．また，損傷した既設構造物を1日でも早く更新・架替えして，構造物の安全性を速やかに確保する必要もある．そのため，施工条件も踏まえた上で，5.1.2 で述べたような構造形式の変更，一括架設工法や新たな架設方法の採用，急速施工可能なプレキャスト製品を桁や床版や高欄に採用するなど，工程短縮に資する検討を幅広く行った上で構造・施工法を決定していくことが重要である．また，あわせて，工程に影響する天候や架設誤差等のリスクの洗い出しとその対応策について，あらかじめ十分に検討を行っておくことも重要である．

5.2.3 大規模な施工ヤードの確保

　更新・架替えにおいては，既設構造物の撤去や新設構造物の構築を短期間で効率的に行う必要があることから，大規模な施工ヤードの確保が必要となることが多い．そのため，既設橋や仮設迂回路の高架下空間を最大限に活用できるような構造や施工法を採用する必要がある．

　また，集中工事によって既設構造物の撤去を短期間で行う場合には，大量の建設副産物が集中的に発生することから，その仮置きや騒音を伴う解体・分別のための広大な施工ヤードが必要となる．さらに，撤去した既設鋼桁の塗装に基準値以上の鉛やPCB等の有害物質が含まれる場合には，当該塗装を飛散させずに除去する特別な対応も必要となる．そのため，工事計画を策定するにあたっては，既設構造物の撤去に必要となる大規模な施工ヤードをどのように確保するかも重要な検討事項となる．

5.2.4　耐久性・維持管理性の確保

　更新・架替えにおいては，既設構造物に生じた損傷等も踏まえて，最新の技術的知見および技術基準を適用して 100 年の耐久性を確保するとともに，維持管理の容易な構造の採用や維持管理設備の設置等によって維持管理性を高めることが必要である．そのためには，5.1.5 で述べたような「縦断線形の大幅な見直し」や「コンクリート床版のみではなく主桁も含めた上部構造の架替え」などの抜本的な対応を基本としつつ，高耐久性鋼床版など新技術の積極的な採用を図ることが重要である．

5.2.5 契約方式の工夫

　更新・架替えにおいては，新設・改築に比べて制約条件が厳しい上に，計画・設計当初には様々な不確定要素も存在するため，従来の工事契約方式では仕様の確定が困難なことがある．このような場合は，多種多様な構造や施工者独自の高度で専門的なノウハウ・工法等の中から，最も優れたものを採用することによってリスクを最小化した上で事業を遂行することが重要である．この考えに適合する入札契約方式が，国土交通省の直轄工事においては「技術提案・交渉方式」である．この名称は工事の発注機関によって異なるが，いずれも「公共工事の品質確保の促進に関する法律」第 18 条に規定されるもので，「技術提案を公募の上，その審査の結果を踏まえて選定した者と工法，価格等の交渉を行うことにより仕様を確定した上で契約する方式」であり，近年に導入事例が増えている．施工者が設計段階から関与することで事業課題やリスク情報を早期に把握のうえ，施工者の独自技術やリスク回避の工夫を設計に反映できることや，必要な追加調査や協議を工事契約締結前に行うことで設計・施工条件の最適化および工事着手後の手戻り回避が可能となることなどがメリットとなる．今回紹介した「技術提案・交渉方式」は一例に過ぎず，工事の特徴を踏まえた適切な工事契約ができるよう今後も契約方式の工夫を行っていくことも重要である．

第6章 鋼橋の災害復旧事例

　本章では，国内で近年実施された鋼橋の災害復旧の事例を紹介する．我が国は，その自然的条件から各種の災害が発生しやすい特性があり，毎年のように地震や風水害，土砂災害等の自然災害に見舞われ，災害が激甚化・頻発化している．また，近年，南海トラフ地震や首都直下地震等の大規模地震発生の切迫性が指摘され，鋼橋を含む社会インフラは，これらの災害に伴う被害リスクが非常に高まっていると言える．さらに，社会インフラの老朽化が加速するなか，鋼橋の長寿命化対策として実施されている塗替塗装工事中の火災事故の発生や塗膜剥離作業中の火災事故の発生，また，適正な維持管理がなされず，腐食損傷や疲労損傷が見逃されて進行してしまい供用の制限が余儀なくされるものや，損傷の発見や対応が遅れて落橋に至る可能性が高くなってしまった事例などが発生している．

　災害で損傷を受けた鋼橋の復旧においては，それぞれの災害や被害状況，各種の制約条件により対応方法が異なるものの，災害直後の調査・診断や二次災害防止等の初動対応，供用のために機能の一部を迅速に復旧する応急復旧，従前の性能を回復する本復旧において，それぞれの課題や対応に共通する部分が多くみられる．そのため，不測の災害発生時には，迅速かつ安全で適切な復旧に際して，過去の対応事例が有益な情報として参考になるものと考えられる．

　本章では，複数の橋梁形式（桁橋，トラス橋，アーチ橋，斜張橋）に対し，地震被害，台風時の河川洪水に伴う洗堀被害，台風等の影響による船舶衝突被害，交通事故や塗替塗装工事での火災，落橋に至る恐れのあった腐食損傷を取り上げ，それぞれの災害復旧事例について紹介する．**表-6.1** にこれらの事例について，災害の種類，橋梁形式，復旧方法の概要を示す．

　なお，各事例については，該当事例の報文調査や関係者へのヒアリングを行い，以下に示す項目について客観的に示している．

- ● 災害の内容
- ● 構造物の被害状況
- ● 調査
- ● 復旧工事の概要
- ● 早期復旧のための創意工夫
- ● 復旧工事以外の対応
- ● 復旧に際してのポイント

　なお，「土木学会　鋼構造委員会　鋼橋の更新・改築事例検討小委員会」のなかで本章の執筆を担当したワーキンググループ（災害復旧事例 WG）において各事例について議論し，災害復旧工事においてポイントとなる考え方やプロセス，留意点等を「第7章　災害復旧事例の解説」に取りまとめているので参考にされたい．

表-6.1　鋼橋の災害復旧事例一覧

節		鋼橋の災害復旧事例				
6.1	タイトル	東北地方太平洋沖地震で被害を受けた鋼鈑桁橋の復旧工事 〜常磐自動車道　茂宮川高架橋復旧工事〜				
	分類	地震	橋梁形式	鋼箱桁橋	復旧方法	桁補強等
	概要	東北地方太平洋沖地震で支承および支点上の鋼部材に損傷を受けた箱桁橋を，変位制限装置の追加や補強プレート等により，被災前と同等の耐震性能を確保した事例				
6.2	タイトル	熊本地震で甚大な被害を受けた鋼鈑桁橋の復旧工事 〜熊本県道 28 号　大切畑大橋〜				
	分類	地震	橋梁形式	鋼連続鈑桁橋	復旧方法	桁補強等
	概要	熊本地震で主桁・床版・支承および下部工等の広域な損傷を受けた鈑桁橋を，損傷した主桁を残置したまま桁や対傾構を追加設置した断面改造により，被災前と同等の耐荷性能を確保した事例				
6.3	タイトル	熊本地震で甚大な被害を受けた鋼斜張橋の復旧工事 〜熊本県道 28 号　桑鶴大橋〜				
	分類	地震	橋梁形式	鋼斜張橋	復旧方法	斜ケーブル交換
	概要	熊本地震で支承の損傷により主桁端部が浮き上がった鋼斜張橋を，モニタリングを活用した各施工ステップの妥当性の確認により，斜ケーブルの交換および張力調整した事例				
6.4	タイトル	台風で洗堀被害を受けた河川内鋼桁橋の応急復旧工事 〜東京都道 256 号　日野橋〜				
	分類	台風(洗掘)	橋梁形式	鋼単純鈑桁橋	復旧方法	桁架替え，橋脚撤去
	概要	台風で洗堀被害を受けた鋼桁および橋脚を，鋼桁の架け替え等により，超短期間に応急復旧した事例				
6.5	タイトル	二層式高速道路鋼高架橋におけるタンクローリー横転による火災事故の復旧工事 〜首都高速道路 5 号池袋線〜				
	分類	事故(火災)	橋梁形式	二層式鋼鈑桁橋	復旧方法	桁架け替え
	概要	タンクローリーの横転事故で大規模な火害を受けた二層式高架橋を，鋼桁の架け替え等により，超短期間に本復旧した事例				
6.6	タイトル	鋼桁の塗替塗装工事における火災事故の復旧工事 〜首都高速道路 3 号渋谷線・7 号小松川線〜				
	分類	事故(火災)	橋梁形式	鋼箱桁橋，鋼鈑桁橋	復旧方法	桁補強等
	概要	塗替塗装作業時に火災が発生した鋼桁を，被害の状況調査や荷重車載荷試験等により，橋梁全体の健全性および安全性を判断した事例				
6.7	タイトル	大型貨物船が衝突した鋼連続トラス橋の応急復旧工事 〜国道 437 号　大島大橋〜				
	分類	事故(船舶衝突)	橋梁形式	鋼連続トラス橋	復旧方法	桁補強等
	概要	大型貨物船が鋼連続トラス橋の中央径間付近に衝突し部分的に損傷した主構や床組部材を，バイパス材の設置により，超短期間に応急復旧した事例				
6.8	タイトル	台風でタンカーが衝突した鋼床版箱桁橋の復旧工事 〜関西国際空港連絡橋〜				
	分類	台風(船舶衝突)	橋梁形式	鋼床版箱桁橋	復旧方法	桁架け替え
	概要	台風で走錨したタンカーが鋼床版箱桁橋に衝突し，広範囲にわたり損傷した鋼桁を，鋼桁の架け替えにより，超短期間に本復旧した事例				
6.9	タイトル	ケーブルが腐食損傷したニールセンローゼ橋の応急復旧工事 〜山形県道 4 号　中津川橋〜				
	分類	緊急報告(腐食)	橋梁形式	ニールセンローゼ橋	復旧方法	特殊吊策
	概要	ケーブルが腐食損傷したニールセンローゼ橋を，橋体へ負荷をかけない特殊吊策工法により，応急復旧した事例				

6.1　東北地方太平洋沖地震で被害を受けた鋼鈑桁橋の復旧工事
～常磐自動車道　茂宮川高架橋～

6.1.1　災害の内容

① 　地震の名称　平成23年（2011年）東北地方太平洋沖地震

② 　発生日時　2011年（平成23年）3月11日（金）14時46分

③ 　発生場所　三陸沖（北緯38度06.2分，東経142度51.6分，深さ24km）

④ 　地震の規模　M9.0

⑤ 　災害内容　最大震度7が宮城県栗原市で観測され，人的被害は死者19,747人，行方不明者2,556人，建物の全壊半壊一部損壊があわせて1,154,893棟の被害が発生し，ストック（社会資本・住宅・民間企業設備）への直接的被害額は約16.9兆円と推計されている．

6.1.2　被災後の対応

　高速道路の主要なインターチェンジ（以下，ICとする）の料金所に地震計が設置されており，3月11日の本震で北関東自動車道水戸南ICの震度6.3を最大に東北地方から関東地方の広い範囲で震度6強が計測され，東北地方および関東地方の広い範囲の高速道路が通行止めとなり，東日本高速道路(株)の管理する高速道路の約65%である2,300km，35路線で通行止めが実施された[6.1.1)].

　高速道路の土木構造物の被災状況把握では，車上および徒歩にて路面段差状況および伸縮装置の破損と段差状況の把握が行われた．この際，被害状況の把握と緊急車両の通行を早期に確保するため，路面のき裂や段差による通行危険個所に矢印板・ラバーコーンおよび土のうを設置し，迅速に緊急車両等の通行対応を実施し，段差解消を図りながら点検が実施された．これは，新潟県中越地震や中越沖地震での経験を活かし，水戸ICに300個の作成済み土のうを備蓄しておいたことから速やかに対応することができたとされている．仮すり付けの土のうは緊急車両の通行により損傷が発生したため，アスファルト合材でのすり付けに変更して緊急復旧された．

　緊急復旧工事の体制の確立に向け，復旧方法，必要資機材，復旧体制の構築が可能な協力会社の確認がなされた．震度5弱以上を観測した余震は，本震以降5年間で68回となっており，緊急・応急復旧が完了した後も余震による再損傷が多く発生した．

6.1.3　構造物の被災状況

　茂宮川高架橋は常磐自動車道日立南太田IC～日立中央ICに位置する橋梁である．橋梁の概要を表-6.1.1に示す．損傷が著しいP5橋脚～P8橋脚における橋梁一般図を図-6.1.1に示す．P5橋脚～P8橋脚の支承条件は，P8橋脚で一点固定となっている．

　茂宮川高架橋の被災状況を写真-6.1.1に示す．3径間連続鋼箱桁橋の下り線P5橋脚上

表-6.1.1　茂宮川高架橋（下り線P5橋脚～P8橋脚）概要

道路名	常磐自動車道
所在地	茨城県日立市大和田町
供用開始年	1985年（昭和60年）7月
管理者	東日本高速道路株式会社
適用示方書	昭和55年道路橋示方書
形式	3径間連続鋼箱桁橋

では，鋼製ピンローラー支承（支承条件：可動）のサイドブロックが破断した．また，上下線P8橋脚においては，ピン支承（支承条件：固定）のソールプレート周辺の主桁下フランジ，支点上補剛材，縦リブ，端ダイアフラムの座屈変形が生じており，特に主桁下フランジおよび端ダイアフラムは破断が生じていた．図-6.1.2は上りG1桁の箱桁中心線位置および中心線位置から橋軸直角方向に±350mm離れた位置での橋軸方向の下フランジの変形量を示している．主桁下フランジの変形は支承ソールプレート前面近傍で最も大きく，25mm程度の変形が生じていた．

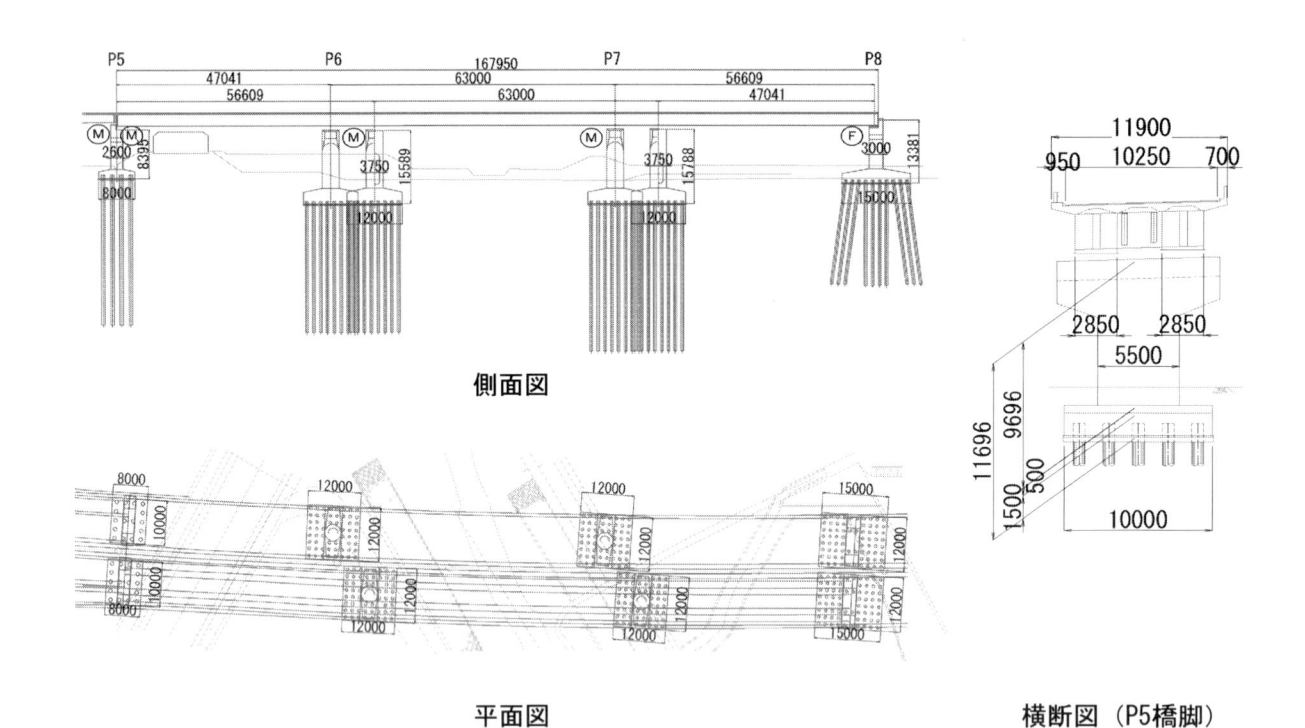

側面図

横断図（P5橋脚）

平面図

図-6.1.1　橋梁一般図（P5橋脚〜P8橋脚）

（1）P8橋脚主桁下フランジ
　　の座屈

（2）P8橋脚支点上補剛材
　　の座屈

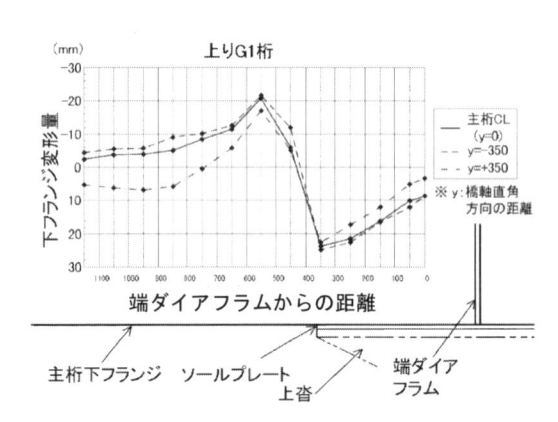

図-6.1.2　主桁下フランジの
変形量 [6.1.2)] を改変（加筆修正）して転載

（3）P8橋脚上の端支点部の
　　損傷状況 [6.1.2)]

（4）P5橋脚上の支承サイド
　　ブロックの損傷 [6.1.2)]

写真-6.1.1　茂宮川高架橋被災状況

（出典：　田中寛泰，須藤大人，中村義明，小川喜和，高山文郷，森井茂幸：水戸管内橋梁災害復旧工事〜東日本大震災で損傷した橋梁の復旧〜，川田技報，Vol.33, No.8, 2014）

6.1.4 復旧の方針

高速道路の緊急交通路としての機能確保および早期の一般交通の確保を目指し，緊急復旧・応急復旧工事・本復旧工事においては，以下の方針で茂宮川高架橋を含めた高速道路の復旧工事が実施された．

緊急復旧工事：人命確保，支援・救援物資，復旧資材搬入のための「緊急交通路」の早期確保が目的とされた．地震により路面に発生した段差・ひび割れ等で車両の通行が不可能な状態を土のうやアスファルト合材による簡易な段差修正により，緊急車両や災害支援車両が走行できる車線の確保が行われた．

応急復旧工事：速度規制を行うことにより，一般車両が通行可能な路面の確保が目的とされた．大きな段差やき裂，不等沈下の箇所をアスファルト合材により補修し，50km/hなどの速度規制での一般車両が走行可能な状況まで復旧された．橋梁では，後述する茂宮川高架橋の応急復旧のほか，損傷した支承部のサイドブロックを溶接により仮固定，支承部アンカーボルトの破断およびベースプレートの溶接破断により損傷した支承をサンドル設置による段差防止とベースプレートの再溶接固定，せん断損傷した落橋防止装置のコンクリートブロックがある橋梁に対するベントでの仮受けの設置による桁逸脱防止，伸縮装置フェースプレートの損傷部に対する敷鉄板およびアスファルト合材によるすり付け等が行われている．

本復旧工事：機能を損傷前の状況まで復旧することが目的とされた．走行性や平坦性の機能の確保を行うとともに，支承等についても復旧し，耐震性能が確保された．

6.1.5 復旧工事の概要

応急復旧工事：2011年（平成23年）3月15日から3月19日で下り線P5橋脚および上下線P8橋脚において，支点機能を補完する目的で，桁下にサンドルが設置された．特にP8橋脚上においては，既設端支点上ダイアフラムと主桁ウェブ交差点で仮受けした場合の既設部材の照査を行った結果，仮受点をずらし**図-6.1.3**のように垂直補剛材にて補強を行った後にサンドル仮受けされた．

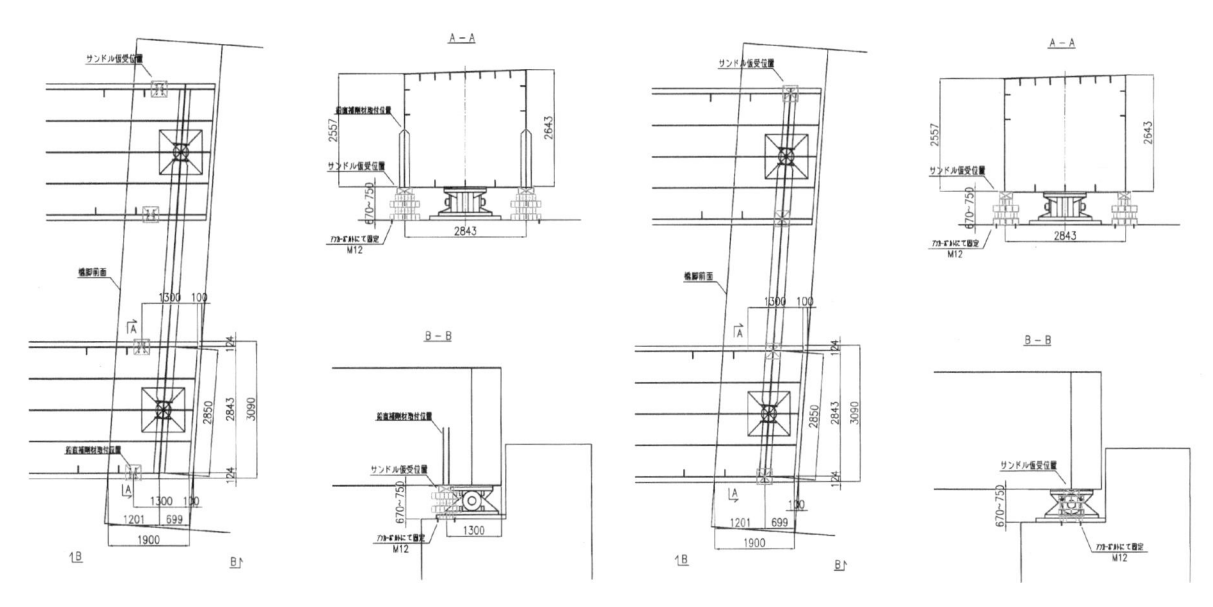

(1)P8橋脚サンドル仮受配置図　　　　　　　(2)P5橋脚サンドル仮受配置図

図-6.1.3　応急復旧概要図

本復旧工事：下り線 P5 橋脚では，**図-6.1.4** のように緩衝ピンによる変位制限装置を設置することにより，損傷した支承サイドブロックの変位制限機能の代替が図られた．緩衝ピンの設置のため，下部構造側には鋼製架台，上部構造側には上部構造連結板が下フランジに設置されている．下り線 P5 橋脚上に設置した緩衝ピンによる変位制限装置のような構造では，上部構造連結板側に桁の移動量に対応した長孔を設けるのが一般的である．本橋の復旧では，上部構造連結板や下部構造側架台の設置誤差等で緩衝ピンの設計遊間量が確保できない可能性を考慮し，設計遊間量の長孔を有する現場調整プレートを設計遊間量より大きい長孔が施さ

れた上部構造連結板に設置することで誤差吸収することとされた．なお，上部構造連結板の現場調整プレート固定用のボルト孔は，現場で孔明けされている．

　茂宮川高架橋は P8 橋脚上の支承を一点固定支承とする橋梁であり，橋梁に地震による水平力が入ると，桁は水平方向に移動し，P8 橋脚の支承はピン支承であるため上沓は桁の回転に追従しようとするが，変位は拘束され固定ボルトに応力が集中し，桁の損傷に至ったものと推測されている．支点上補剛材の座屈変形箇所では，部材の変形している箇所を撤去し，現場溶接および高力ボルト継手にて復旧された．補剛材の復旧では，現場溶接を行うと拘束力が大きくなり溶接割れ等の不具合が発生する可能性を考慮し，高力ボルト継手が選定された．

　主桁下フランジの破断および座屈箇所では，変形した部分を切断撤去し，下フランジ外面に新規ソールプレート，下フランジ内面にフランジ補強プレートを設置することで撤去部に設置したフィラープレートを挟み込み，高力ボルト継手で補強された．図-6.1.5 のように新規ソールプレートとフランジ補強プレートによりフランジ撤去部の荷重伝達をする思想とされた．

　補強材は既設構造部材と同一強度の鋼材が採用され，板厚は市場性のあるものを選定し材料調達期間に配慮された．本復旧完了時の状況を写真-6.1.2 に示す．

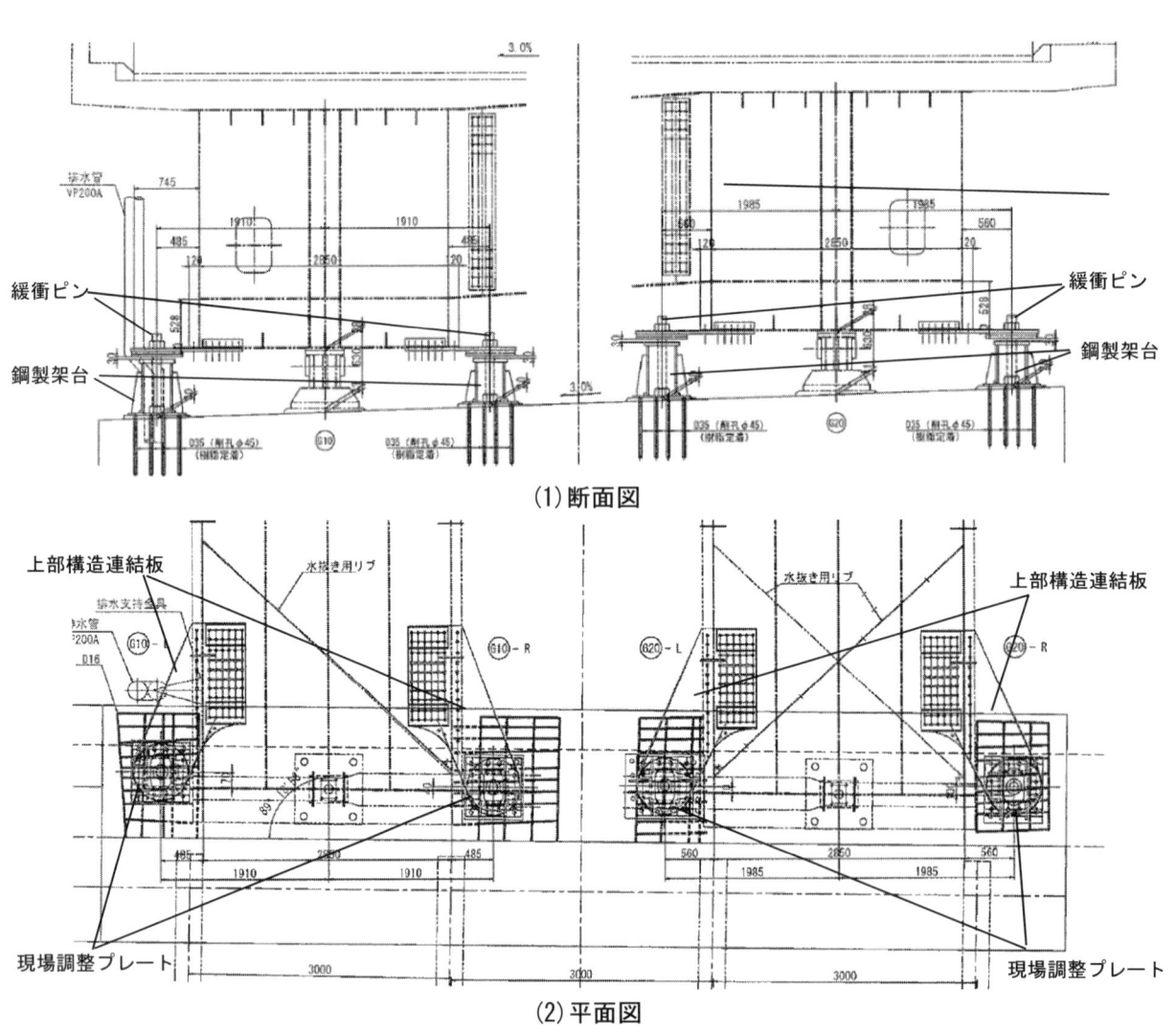

(1) 断面図

(2) 平面図

図-6.1.4 　P5橋脚変位制限装置

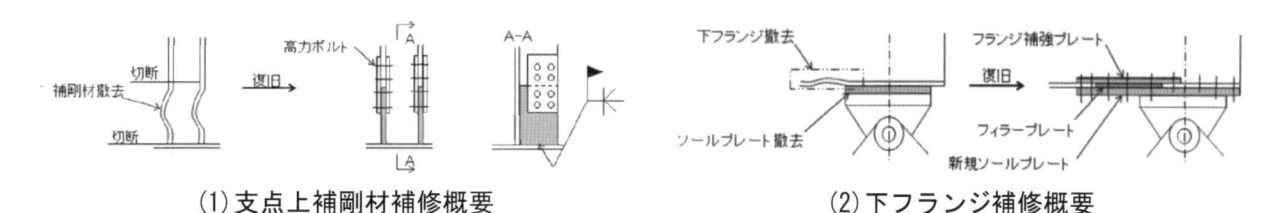

(1)支点上補剛材補修概要　　　　　　　　　　(2)下フランジ補修概要

図-6.1.5　主桁補修概要

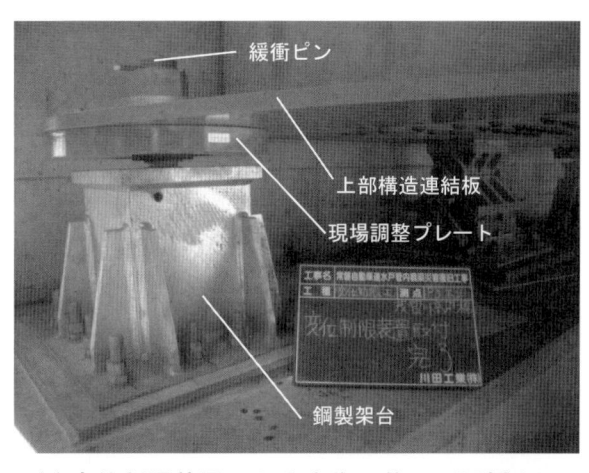

(1)変位制限装置による本復旧状況（P5橋脚）　　　(2)下フランジ本復旧状況（P8橋脚）

写真-6.1.2　本復旧完了状況[6.1.2]を改変（加筆修正）して転載

（出典：　田中寛泰，須藤大人，中村義明，小川喜和，高山文郷，森井茂幸：水戸管内橋梁災害復旧工事～東日本
大震災で損傷した橋梁の復旧～，川田技報，Vol.33，No.8，2014）

6.1.6　復旧のためのポイント

本事例における復旧工事でのポイントは以下に示すとおりである.

① 　復旧にあたっては，緊急復旧工事，応急復旧工事，本復旧工事の3段階に分け，各段階の目的・要求性能
を段階的かつ明確に設定して対応したことで，段階的な機能の回復を早期に行うことができた.

② 　本復旧工事では，市場性の高い板厚，鋼材種別の材料を補強材に用いることで，工期短縮が図られた.

③ 　本復旧工事の設計では被災状況写真および既存図面を基に補強部材の概略の寸法が決定され，詳細な寸
法は工事において現場で計測し決定することで，設計期間の短縮が図られた.

④ 　補強部材の設置にあたっては，既設構造物は拘束が大きいことから溶接でなくボルト接合として，品質
と安全性が確保された.

⑤ 　既設構造物への補強部材の設置となるため，建設時の施工誤差や温度による部材の伸縮等に伴う誤差吸
収の工夫を行うことで，現場作業の手戻りを防止し，工期短縮が図られた.

参考文献

6.1.1)　　木水隆夫：東日本大震災における高速道路の被害と復旧，橋梁と基礎，Vol.46，No.8，pp.17-20，2012.8

6.1.2)　　田中寛泰，須藤大人，中村義明，小川喜和，高山文郷，森井茂幸：水戸管内橋梁災害復旧工事～東
日本大震災で損傷した橋梁の復旧～，川田技報，Vol.33，No.8，2014

6.2 熊本地震で甚大な被害を受けた鋼鈑桁橋の復旧工事
〜熊本県道28号　大切畑大橋〜

6.2.1　災害の内容

① 地 震 の 名 称　平成28年（2016年）熊本地震
② 発 生 日 時　前震：2016年（平成28年）4月14日（木）21時26分
　　　　　　　　　本震：2016年（平成28年）4月16日（土）1時25分
③ 発 生 場 所　前震：熊本県熊本地方（北緯32度44.5分，東経130度48.5分，深さ11km）
　　　　　　　　　本震：熊本県熊本地方（北緯32度45.2分，東経130度45.7分，深さ12km）
④ 地 震 の 規 模　前震：M6.5
　　　　　　　　　本震：M7.3
⑤ 地震による影響

　最大震度7を記録したこの一連の地震により，熊本，大分両県を中心に多数の死傷者や家屋倒壊等の甚大な被害が生じた．また，熊本市と阿蘇郡高森町を結ぶ県道28号熊本高森線の約10km（西原村小森〜南阿蘇村河陰，以下，俵山トンネルルートという）では，山間部に点在する橋梁群やトンネルが被災し，通行不能となった．俵山トンネルルートの主な被災箇所および復旧状況を**図-6.2.1**に示す．まず，復旧した2つのトンネルと既存の道路を活用し，地震の発生した2016年（平成28年）にルートとしての供用がされたのち，橋梁の復旧の進捗に伴い順次供用され，2019年（令和元年）9月に全線開通に至った．

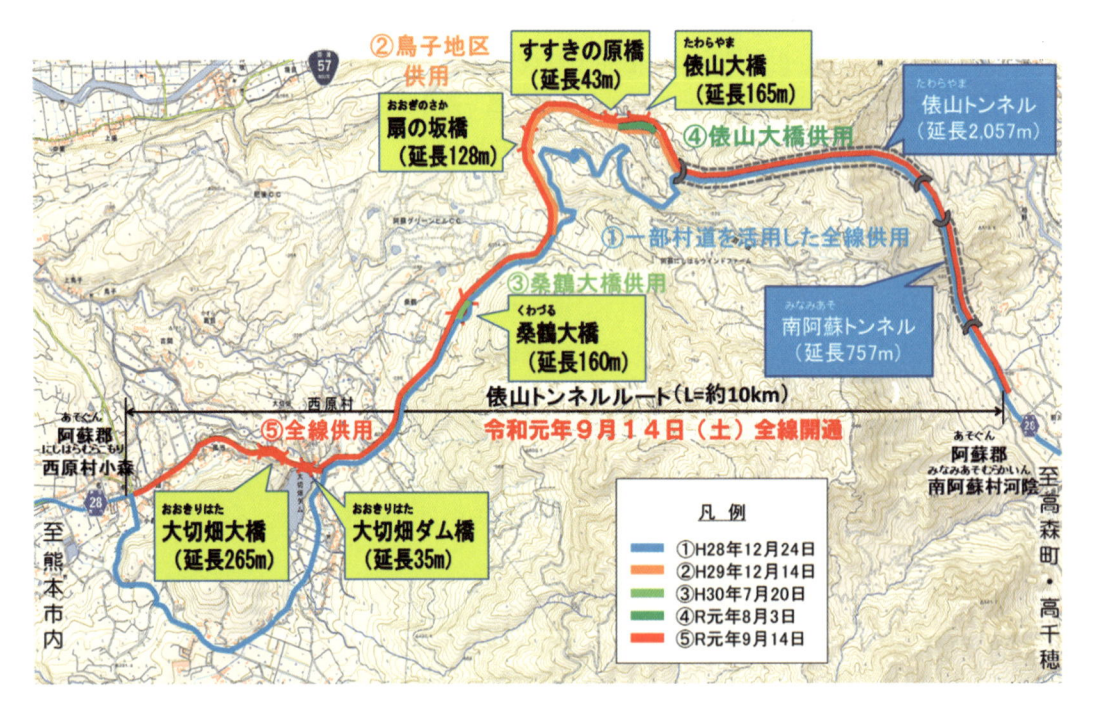

図-6.2.1　主な被災箇所および復旧状況（俵山トンネルルート）

6.2.2 橋梁諸元

大切畑大橋は，俵山トンネルルート上にある橋長265.4mの鋼5径間連続非合成曲線鈑桁橋であり，2001年（平成13年）にしゅん功した．**表**-6.2.1に橋梁諸元を，**図**-6.2.2に橋梁一般図を，**写真**-6.2.1に全景をそれぞれ示す．

表-6.2.1 橋梁諸元

橋梁名	大切畑大橋
橋長	265.4m
支間長	44.9m+3×58.0m+44.9m
上部構造形式	鋼5径間連続非合成曲線鈑桁橋
下部構造形式	逆T式橋台，張出式橋脚（P2橋脚，P3橋脚，P4橋脚は中空断面を有する）
基礎工形式	場所打ち杭（A1橋台，P2橋脚，P3橋脚） 深礎杭（P1橋脚，P4橋脚，A2橋台）
適用示方書	平成8年　道路橋示方書
架設年次	2001年（平成13年）
補修・補強履歴	なし

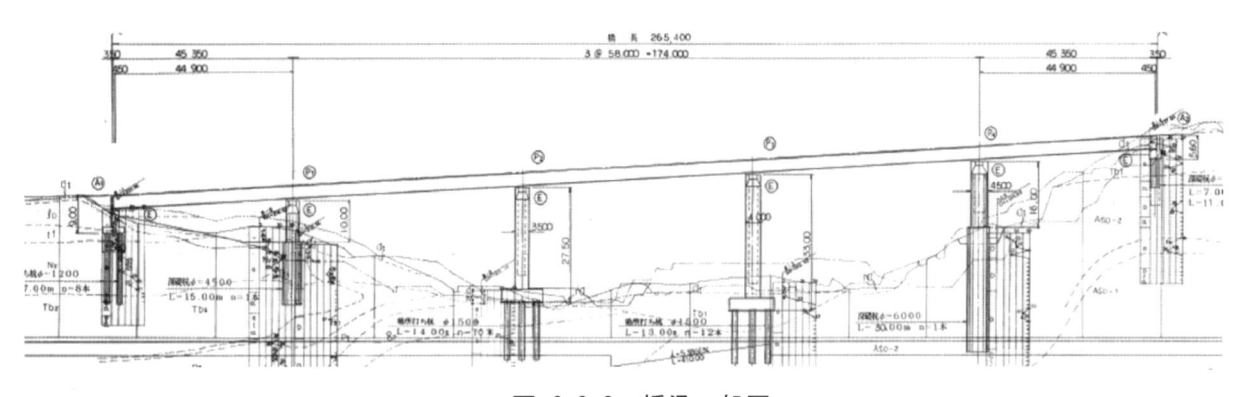

図-6.2.2 橋梁一般図

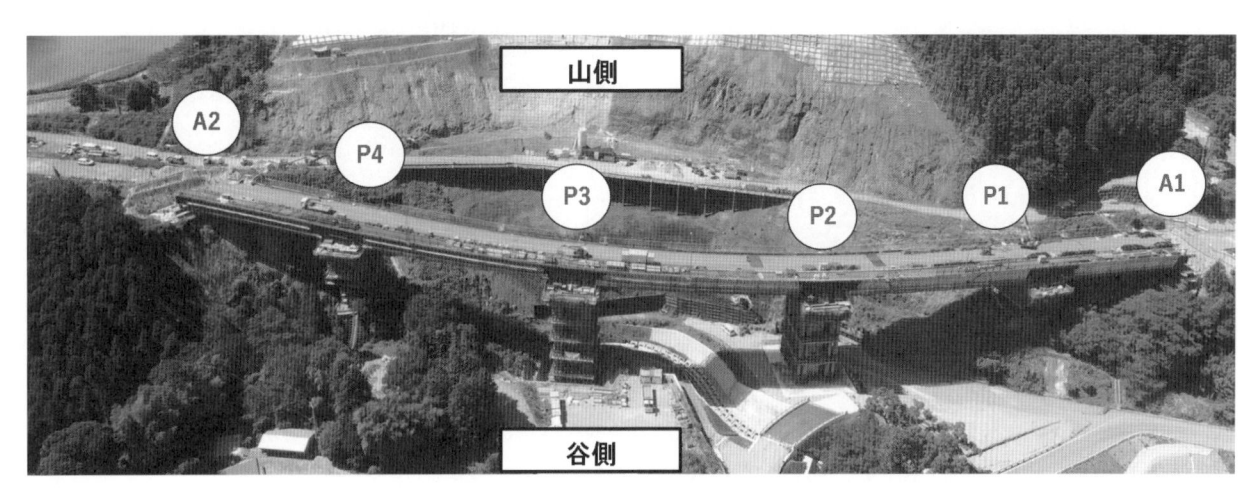

写真-6.2.1　大切畑大橋の全景 [6.2.2)]
（上部構造を架設ベントに支持させてジャッキアップし横移動した段階）
（出典：宮原史ら：熊本地震で被災した鋼鈑桁連続橋に対する耐荷性能の挽回方策の考案と設計上の配慮，土木学会論文集A1（構造・地震工学），Vol.77, No.2, 304-318, 2021）

6.2.3　構造物の被害状況

　本橋では，地震の影響により，P2橋脚以外の全ての橋脚で積層ゴム支承が損傷し，主桁が支承から逸脱した．これにより，下部構造に対して上部構造が最大で1mほど谷側に相対的に移動した（**写真-6.2.2**）.

　上部構造においては，主桁および床版に損傷が生じた．主桁の変形は，各支点部（**写真-6.2.3**）ならびに支間部であるP1橋脚-P2橋脚径間のG1,G2主桁のJ9とJ10（**写真-6.2.4**）およびP3-P4径間のG4,G5主桁のJ21で生じた．なお，Jは主桁の連結位置を表すものである．床版には，特にP2橋脚支点部周辺で山側を中心に広範囲にわたるひびわれが生じた．

　下部構造においては，P2,P3,P4橋脚では，柱部，梁部にひびわれが発生し（**写真-6.2.5**），A1，A2橋台には橋座部およびパラペットが損傷した．A1橋台においては，向かって左側の地山との間には，約50cm の隙間が認められた（**写真-6.2.6**）．また，A1橋台に取り付けられた落橋防止構造では全10本全てがケーブル一般部で破断している状況であった（**写真-6.2.7**）.

　橋面においては，A1,A2橋台上の伸縮装置が破壊もしくは本来の位置からずれていた（**写真-6.2.8**）.

写真-6.2.2　支承の破断と主桁の逸脱[6.2.1)]
（出典：国土技術政策総合研究所，（国研）土木研究所：平成 28 年（2016 年）熊本地震土木施設被害調査報告，国総研資料第 967 号，2017）

写真-6.2.3　主桁支点部の変形（A1 橋台）[6.2.1)]
（出典：国土技術政策総合研究所，（国研）土木研究所：平成 28 年（2016 年）熊本地震土木施設被害調査報告，国総研資料第 967 号，2017）

写真-6.2.4　主桁径間部の変形（P1-P2 径間）[6.2.2)]
（出典：宮原史ら：熊本地震で被災した鋼鈑桁連続橋に対する耐荷性能の挽回方策の考案と設計上の配慮，土木学会論文集 A1（構造・地震工学），Vol. 77，No. 2，304-318，2021）

写真-6.2.5　橋脚のひびわれ（P2橋脚）[6.2.1)]

（出典：国土技術政策総合研究所，（国研）土木研究所：平成28年（2016年）熊本地震土木施設被害調査報告，国総研資料第967号，2017）

写真-6.2.6　橋台と地山との隙間（A2橋台）[6.2.1)]

（出典：国土技術政策総合研究所，（国研）土木研究所：平成28年（2016年）熊本地震土木施設被害調査報告，国総研資料第967号，2017）

写真-6.2.7　落橋防止ケーブルの破断（A1橋台）[6.2.1)]

（出典：国土技術政策総合研究所，（国研）土木研究所：平成28年（2016年）熊本地震土木施設被害調査報告，国総研資料第967号，2017）

写真-6.2.8　伸縮装置の破損（A1橋台上）[6.2.1)]

（出典：国土技術政策総合研究所，（国研）土木研究所：平成28年（2016年）熊本地震土木施設被害調査報告，国総研資料第967号，2017）

6.2.4　点検・調査結果

　被災状況を正確に把握するために，全部材に対する遠望目視および近接目視による調査が行われた．その結果，前述した損傷等が確認された．さらに，補修設計を実施するにあたり，確認された損傷に対して，定量的および平面的な発生位置を整理することにより，その傾向が把握された．

　前述のとおり，P2橋脚上以外の全ての支点で積層ゴム支承が破断し，主桁が支承から逸脱したことにより，下部構造に対して上部構造が最大で1mほど谷側に相対的に移動した．地震後の下部構造支点位置と上部構造支点位置を測定し，上部構造の相対移動量が算出された．結果を**図-6.2.3**に示す．

　主桁および床版に生じた損傷の平面的な位置を**図-6.2.4**に示す．主桁の損傷については，支点部の損傷はいずれも支点上の下フランジおよび補剛材の局部的な変形に留まっていた．一方，径間部の変形は大きく，G1主桁のP2橋脚支点部近くで最も大きかった．G1主桁のJ10付近の変形量を**図-6.2.5**に示す．ウェブにおいては橋軸直角方向に最大で74mmの面外変形が生じた．下フランジにおいては鉛直方向に最大で25mmの面外変形が生じた．床版には，前述のとおり，特にP2橋脚支点部周辺で山側を中心に広範囲にわたるひびわれが生じた．このひびわれは概ね横断方向に伸びており，山側ほど幅が大きくなる傾向であった．床版下面から確認したひびわれと，舗装面を一部剥がして床版上面から確認したひびわれの位置関係から，一部貫通ひびわれがあることが確認された．

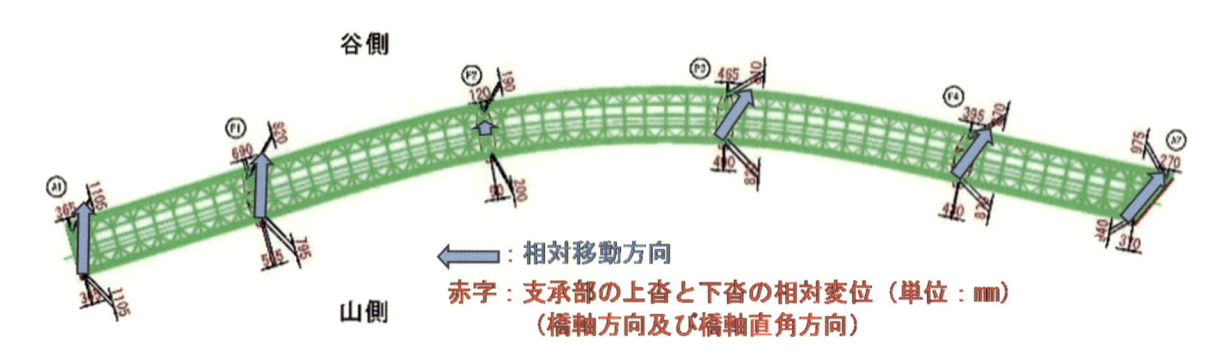

図-6.2.3　下部構造に対する上部構造の相対移動量[6.2.2)]

（出典：宮原史ら：熊本地震で被災した鋼鈑桁連続橋に対する耐荷性能の挽回方策の考案と設計上の配慮，土木学会論文集 A1（構造・地震工学），Vol.77, No.2, 304-318, 2021)

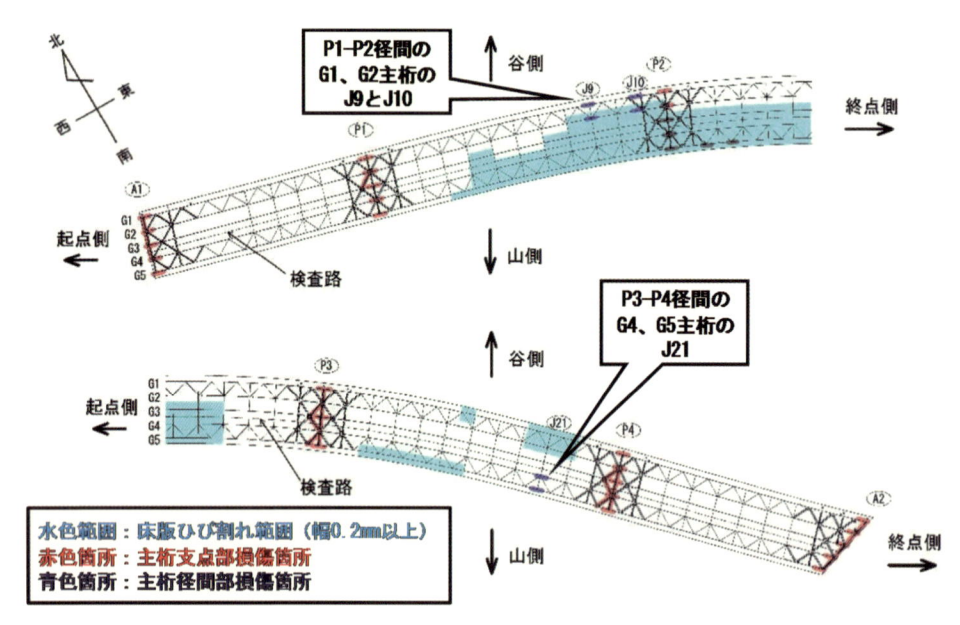

図-6.2.4　主桁および床版に生じた損傷の平面位置[6.2.2)]

（出典：宮原史ら：熊本地震で被災した鋼鈑桁連続橋に対する耐荷性能の挽回方策の考案と設計上の配慮，土木学会論文集 A1（構造・地震工学），Vol.77, No.2, 304-318, 2021)

　P2橋脚付近の谷側で主桁径間部の座屈，山側で横断方向の床版ひびわれが生じたことから，P2橋脚付近は谷側が圧縮状態，山側が引張状態となったことが推測される．このような応力状態となったのは，上部構造の支点部位置の水平移動の量や方向を鑑みると，唯一支承が破断せず上部構造と下部構造が一体となった状態が保持されたP2橋脚上の支点を拘束点として山側から谷側方向へ鉛直軸まわりの曲げが生じたことが要因の1つと推測される．

　下部構造間の相対的な位置関係を把握するために3次元測量を行った結果，図-6.2.6に示すとおり，各下部構造間距離に伸び縮みがあり，A1橋台-A2橋台間の支承間距離は累積するとG1側（谷側）で395mm，G5側（山側）で231mmそれぞれ短くなっていた．

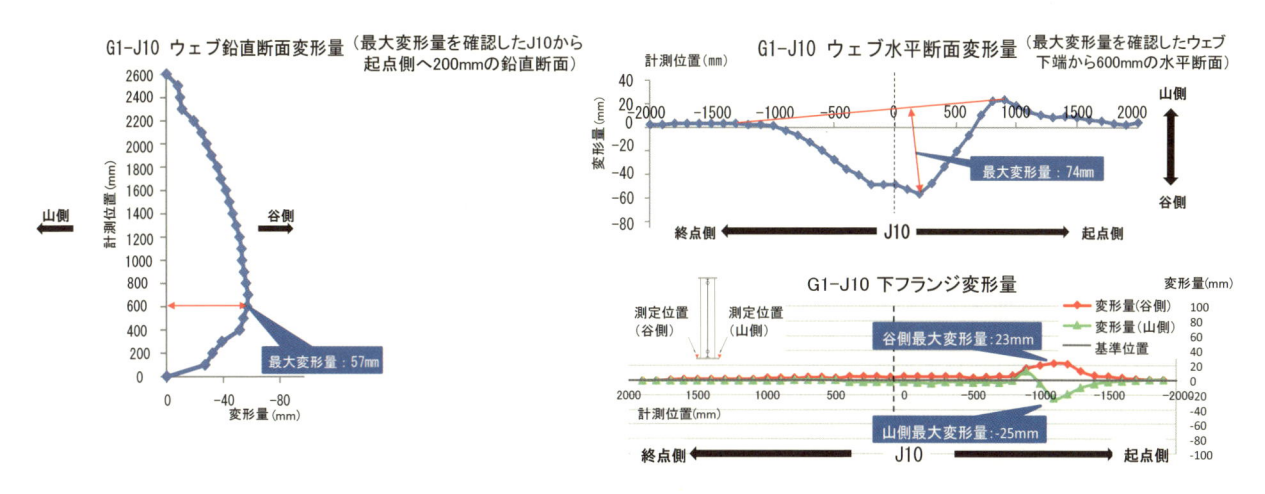

図-6.2.5　G1 主桁 J10 付近の変形量 [6.2.2]

（出典：宮原史ら：熊本地震で被災した鋼鈑桁連続橋に対する耐荷性能の挽回方策の考案と設計上の配慮，土木学会論文集 A1（構造・地震工学），Vol.77, No.2, 304-318, 2021）

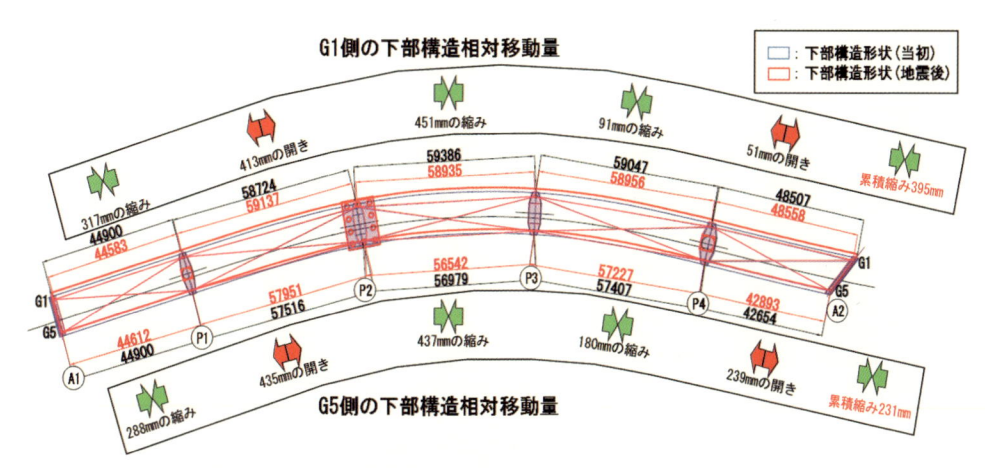

図-6.2.6　下部構造の移動量（A1 橋台を固定）[6.2.2]

（出典：宮原史ら：熊本地震で被災した鋼鈑桁連続橋に対する耐荷性能の挽回方策の考案と設計上の配慮，土木学会論文集 A1（構造・地震工学），Vol.77, No.2, 304-318, 2021）

6.2.5　復旧の方針と工事の概要
(1)　復旧の概要

　一般に橋の設計においては，橋全体として目標とする性能を実現するため，設計で想定する状況に対して橋を構成する各部材がどのように抵抗し，どの程度の安全余裕を持っているかという設計の基本方針を設定することが重要である．地震により被災した橋の復旧においても，橋の構造特性と損傷状態を踏まえつつ，このような設計の基本方針を決めていくことになる．

　本橋では，地震の影響によって上部構造，下部構造，および上下部接続部（積層ゴム支承）のいずれも損傷が生じた．これに対し，本橋は下部構造上に設置された支承に上部構造が支持された一般的な桁橋形式の構造であることから，上部構造，下部構造，および上下部接続部の構造単位に分け，それぞれの構造全体としての耐荷性能を被災前と同等の水準に戻すことで橋全体としての性能を復旧させる方針とされた．

　本橋における主な復旧内容としては，P2橋脚におけるRC巻き立ておよび増し杭，桁全体を元の位置に戻すための横移動，損傷が生じた鋼主桁に対する桁や対傾構の追加，当て板補修等があるが，以降では，本橋の復旧における技術的特徴の一つである，損傷した主桁を意図して残置したまま当該断面に新たに桁や対傾構を追加設置し，断面改造によって耐荷性能を回復するという補修方法について述べる．

(2)　塑性変形が残留した断面への補修方法の選定

　鋼主桁で変形が著しいP1橋脚-P2橋脚径間部において，下フランジおよびウェブが座屈し大きく面外変形したJ9-J10間の断面は，G1主桁の変形状態やRC床版のひびわれ状態から当初保有していた耐荷性能が低下している可能性があると判断された．変形した部位の形状から当該断面への冷間加工や熱間加工の適用は困難であり，材片追加としての当て板工法についても，当て板と母材との隙間が大きくなり，その隙間を別の材片等で埋めて一体化を図ることは困難と考えられた．また，これらの部位に生じた変形状態から，当該断面を構成している他の鋼部材にも相応の応力が残留している状態であると考えておくべきであるが，その残留応力を定量的に推定することも困難である．このため，材片取替えについてはその施工プロセスにおいて他の部位に想定外の応力を生じさせるリスクも否定できないことから，適用は避けるのが望ましいと考えられた．これらの観点から，本橋では上部構造を構成している部材単位ではなく上部構造全体としての耐荷性能に着目して補修設計を行っていくことが合理的と判断された．以上を鑑み，当該損傷部位についてはいたずらに切除するようなことはせずにそのままの状態であえて残置し，その上で当該断面の曲げ耐荷力およびせん断耐荷力を回復させ，かつ横倒れ座屈の対策ともなるように主桁と対傾構を**図-6.2.7**に示すように追加して設置し，耐荷性能を確保する方策が適用された．

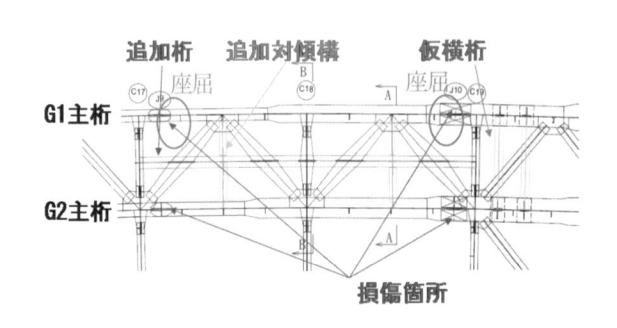

図-6.2.7　P1-P2 径間部の追加桁設置位置 [6.2.2)]

（出典：宮原史ら：熊本地震で被災した鋼鈑桁連続橋に対する耐荷性能の挽回方策の考案と設計上の配慮，土木学会論文集 A1（構造・地震工学），Vol.77，No.2，304-318，2021）

(3)　選定した補修方法の適用の前提とした施工手順

　前述した追加桁等の設置を含め，本橋の上部構造に適用した補修方法の選定の検討にあたって，その前提となった施工手順をまとめると**図-6.2.8**に示すとおりである．まず，横にずれた上部構造全体を各下部構造の直近に設置した仮設ベントに設置したジャッキにより持ち上げた上で（**写真-6.2.9**），当初の位置付近へと横移動させ，その状態で変形の生じた主桁支点部の補修や前述した追加桁等の設置および支承の取替えが行われた．なお，前述のとおり，下部構造の位置が変化しており，上部構造を元の位置に戻すことはできない．そこで，下部構造の縁端拡幅や既設部材の補強が必要とならない範囲でできるだけ元の位置に戻している．追加する主桁を設置する際は，**写真-6.2.10**に示すように，当該設置部位の上部にあたる床版の一部を撤去し，追加する主桁を上から落とし込むようにして設置し，追加する対傾構とあわせて既設部材と接合させた．それらの補修施工後に上部構造をジャッキダウンさせ，高さの擦り付けがなされた下部構造の橋座部に設置された支承と接合させ，最後に床版の打ち換えやひびわれ補修等が行われた．

1. 上部構造ジャッキアップ・横移動
   - （1）仮設ベント設置
   - （2）ジャッキアップ・横移動

2. 主桁支点部補修
   - （1）変形部撤去
   - （2）材片取替，補剛桁追加，
     支承取替

3. 追加桁等の設置
   - （1）P2橋脚付近の床版一部撤去
   - （2）J9，J10付近の横桁，横構撤去
   - （3）追加桁，横桁，横構等の設置

4. 上部構造ジャッキダウン・接合
   - （1）ジャッキダウン
   - （2）桁と支承と結合
   - （3）仮設ベント撤去

5. P2橋脚付近の床版撤去，打ち換え
   - （1）床版撤去
   - （2）床版打ち換え，ひび割れ補修

復旧工事完了

図-6.2.8　上部構造の補修方法の適用の前提とした施工手順[6.2.2]

（出典：宮原史ら：熊本地震で被災した鋼鈑桁連続橋に対する耐荷性能の挽回方策の考案と設計上の配慮，土木
学会論文集A1（構造・地震工学），Vol.77，No.2，304-318，2021）

写真-6.2.9　ジャッキアップした状態の上部構造と反力を仮受けする仮設ベント

床版の一部撤去　　　　　追加桁の落とし込み　　　　　設置完了

写真-6.2.10　P1-P2 径間部における追加桁の設置[6.2.2]

（出典：宮原史ら：熊本地震で被災した鋼鈑桁連続橋に対する耐荷性能の挽回方策の考案と設計上の配慮，土木学
会論文集A1（構造・地震工学），Vol.77，No.2，304-318，2021）

(4)　追加桁の設計と既設桁の照査

a)　不確実な条件に対する設計での考え方

　座屈した主桁を意図的に残置したまま当該断面内に新たに桁や対傾構を追加設置するという補修方法については，新設の部材の設計にはない不確実な初期条件が残ることとなる．このような不確実性に対して，施工段階毎の応力状態を事前に把握し追加桁の設計と既設桁の照査をするための格子解析を実施し，さらに実際の施工時においても当該断面に生じる力を活用して，応力状態を計測することで補修設計の妥当性について検証が行われた．

　追加桁の設計と既設桁の照査を行うにあたり，不確実性が残る具体の事項としては，損傷したG1の剛性や残存耐荷力の評価，5径間連続曲線構造である上部構造をジャッキアップやジャッキダウンする施工プロセスにおいて各部材に生じる応力の評価が挙げられる．

　G1の剛性や残存耐荷力の不確実性については，補修設計で想定する幾つかの状況に対して各部材に生じる応力の解析を行う際に，次のような配慮を行った．被災直後の状況（死荷重のみが作用している状況）に対してはG1の全断面が被災前と同じく抵抗断面として寄与し得ると考える一方で，その後の状況（死荷重に加えて別の荷重が作用する状況）に対してはG1のうち下フランジとウェブの断面については抵抗断面として考慮しないモデルにより評価することとされた．これは，被災後に死荷重のみが作用している状況において，G1は損傷しているものの変形は進行せずに静止しており，力学的には釣り合った状態を保っていることから，死荷重のみに対してはG1が全断面で有効に抵抗に寄与しているとみなせると考えたためである．

　補修工事に伴う施工時荷重が作用した際の各部材の応力の不確実性に対しては，その応力の照査に用いる許容値として施工時荷重に対して用いる許容値ではなく，それよりも小さい値（活荷重を作用させる状況に対して用いる値）を設定する配慮がなされた．これは，既設桁に残留応力が生じていることが想定される一方で，それを定量的に精度よく推定することも難しいことから，部材の照査において安全率を高めておく配慮をしたものである．また，復旧後の構造系に活荷重が作用する状況においても，当該断面を構成している部材には不確実な応力が残留していることが想定される．これに対しては対傾構を追加設置することにより，万が一いずれかの既設主桁が塑性化したとしても他の主桁と協働して上部構造全体として耐荷性能が確保されるように配慮された．

b)　施工プロセスに応じた構造解析

　以上を鑑み，追加桁を含む上部構造の各部材の照査を立体格子解析により行った．照査で着目するステップ（荷重の作用状況）と解析条件を表-6.2.2に示す．ステップ1は被災直後に相当する状況であり，載荷荷重として死荷重に加えて地震による各支点の沈下を強制変位により与えている．ステップ2～7は復旧施工の進捗に伴って構造条件が変化していく状況，ステップ8は復旧後の構造系に活荷重が載荷される状況をそれぞれ示している．前述した考え方に基づき，損傷したG1の下フランジおよびウェブはステップ1でのみ抵抗断面として考慮された．すなわち，ステップ2以降の立体格子解析では，図-6.2.9に示すように，J9およびJ10付近において，損傷範囲を鑑みそれぞれ橋軸方向に1,000mmの範囲で下フランジとウェブを抵抗断面として機能しないようにモデル化された．

　このような手法により各部材に生じる応力を求め，その値が許容値を超えないように追加桁の断面設計が行われた．図-6.2.10に最終的に決定した追加桁の断面諸元を示す．なお，立体格子解析で考慮した対傾構等の主桁間の横つなぎ材についても，解析条件と適合するように設計された．

表-6.2.2　主桁の補修設計において着目したステップと適用した解析条件 [6.2.2]

（出典：宮原史ら：熊本地震で被災した鋼鈑桁連続橋に対する耐荷性能の挽回方策の考案と設計上の配慮，土木学会論文集 A1（構造・地震工学），Vol. 77, No. 2, 304-318, 2021）

ステップ	載荷荷重					支持状態	支持条件	G1主桁の損傷部の扱い	追加桁の扱い
	地震による各支点の沈下の影響	死荷重			活荷重（L荷重、群衆荷重）				
		既設部材分		追加部材分					
		床版と舗装分							
			床版と舗装の一部分						
1　被災直後	○		○			支点支持		全断面剛性を考慮	モデル化するものの、断面剛性は限りなくゼロに近く設定
2　ベント支持に変更しジャッキアップ			○				鉛直：固定 水平：自由 回転：自由		
3　P2橋脚付近の床版一部撤去		○				ベント支持			
4　追加桁、対傾構等の設置		○		○				ウェブと下フランジの剛性を限りなくゼロに近く設定	
5　ジャッキダウンし支点支持に変更		○		○					
6　P2橋脚付近の床版撤去		○		○		支点支持			モデル化し、実断面剛性を考慮
7　P2橋脚付近の床版打ち換え			○	○					
8　活荷重が作用する状況			○	○	○				

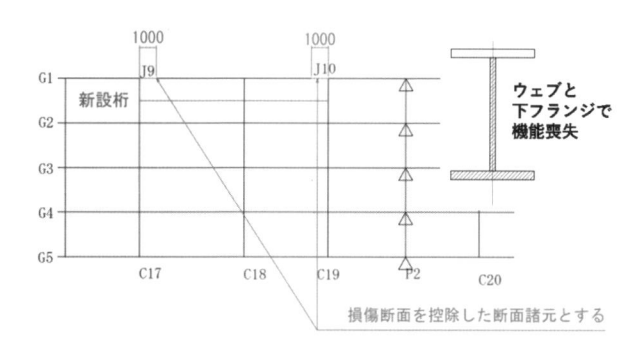

図-6.2.9　立体解析モデルでの G1 桁損傷部の扱い（平面図） [6.2.2]

（出典：宮原史ら：熊本地震で被災した鋼鈑桁連続橋に対する耐荷性能の挽回方策の考案と設計上の配慮，土木学会論文集 A1（構造・地震工学），Vol. 77, No. 2, 304-318, 2021）

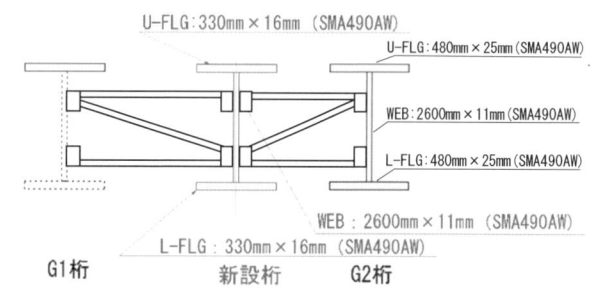

図-6.2.10　追加桁の諸元 [6.2.2]

（出典：宮原史ら：熊本地震で被災した鋼鈑桁連続橋に対する耐荷性能の挽回方策の考案と設計上の配慮，土木学会論文集 A1（構造・地震工学），Vol. 77, No. 2, 304-318, 2021）

（5）　施工時荷重を活用した補修設計の検証

　このように，補修設計にあたっては幾つかの不確実性を合理的な範囲で安全側の配慮となるよう見込んでいる．その配慮の妥当性を確認するため，ジャッキダウン前後における上部構造の各部材に生じる応力の変化を計測し，その変化の度合いを解析値と比較することとした．ここで，解析値としては，設計に採用したG1の損傷部を抵抗断面として考慮しない条件の下で算出される値に加え，G1の損傷部も抵抗断面として考慮した場合の条件での値も算出し，結果に幅をもたせて評価することとした．これは，G1の損傷部は作用する荷重が小さい範囲では実際にはある程度抵抗することが想定されることから，このような幅をもたせて検証するのがよいと考えたためである．

　上部構造のジャッキダウンは全支点で同時に施工するのではなく，A1橋台側から順番に支点毎に70mmずつ実施した（**図-6.2.11**）．すなわち，A1橋台に続きP1橋脚の支点をジャッキダウンすると，隣接するP2橋脚支点付近の断面には負の曲げモーメントが生じ，主桁の下フランジにはその作用に対してひずみが発生する．ここではそのひずみを計測し応力変化を把握する計画とし，**図-6.2.12**に示す位置にひずみゲージを設置した．

　各支点で上部構造をジャッキダウンさせた前後における追加桁（C断面）の応力の変化を**図-6.2.13**に示す．例えばP1の支点をジャッキダウンすることによって，追加桁では計測値，解析値ともに圧縮側への応力変化が生じているが，これはP2支点断面付近に負の曲げモーメントが作用したことに対する応答である．次に，

P2の支点をジャッキダウンすると，この断面付近に作用していた負の曲げモーメントが緩和するため，計測値，解析値ともに応力の変化としては引張側となって表れており，P1の支点をジャッキダウンした時に生じた圧縮応力が概ねゼロに戻る挙動となっていることが分かる．

　次に，P2の支点をジャッキダウンする前後に着目し，G1，追加桁およびG2の応力変化の計測値と解析値の比較結果を図-6.2.14に示す．追加桁ならびにG2に着目すると，計測値と2ケースの解析値の応力変化の傾向は同様であり，変化の度合いも定量的に概ね近いことが分かる．また，G1に着目すると，計測値は2ケースの解析値の幅の中にあり，損傷部も抵抗断面として考慮する場合の解析値に近いことが分かる．このことより，支点のジャッキダウンに伴う応力変化の範囲では，結果的にG1の損傷部の殆どが抵抗断面として寄与していると解釈できる．なお，計測値はひずみの値に当初の弾性係数を乗じて算出した値であるものの，仮に実際には弾性係数が当初どおりではないとしても，2ケースの解析値の幅の中にあることとなる．これらの結果より，追加桁は既設桁と連携して抵抗する機能を発揮していること，また補修設計ではG1の一部断面の抵抗を考慮しない条件で追加桁の設計を行ったが，それは安全側の配慮となっていたことを確認された．

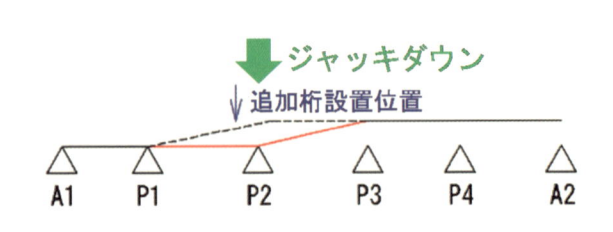

図-6.2.11　支点毎のジャッキダウン
（P2 支点ジャッキダウン時） [6.2.2)]

（出典：宮原史ら：熊本地震で被災した鋼鈑桁連続橋に対する耐荷性能の挽回方策の考案と設計上の配慮，土木学会論文集 A1（構造・地震工学），Vol. 77，No. 2，304-318，2021）

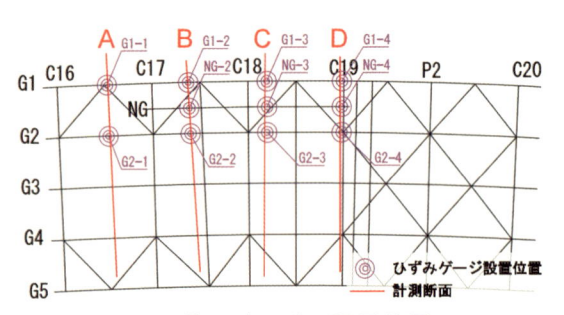

図-6.2.12　ひずみゲージの設置位置
（主桁下フランジ） [6.2.2)]

（出典：宮原史ら：熊本地震で被災した鋼鈑桁連続橋に対する耐荷性能の挽回方策の考案と設計上の配慮，土木学会論文集 A1（構造・地震工学），Vol. 77，No. 2，304-318，2021）

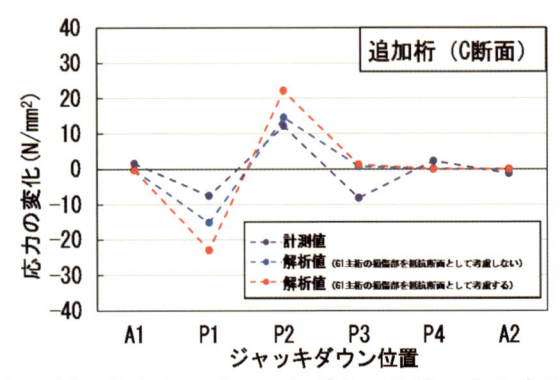

図-6.2.13　各支点のジャッキダウン前後の応力変化 [6.2.2)]

（出典：宮原史ら：熊本地震で被災した鋼鈑桁連続橋に対する耐荷性能の挽回方策の考案と設計上の配慮，土木学会論文集 A1（構造・地震工学），Vol. 77，No. 2，304-318，2021）

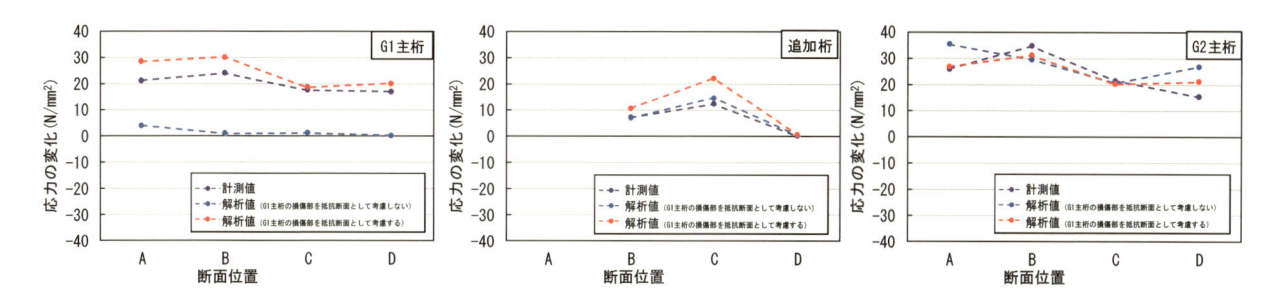

図-6.2.14　部材別の応力変化（P2橋脚上の支点ジャッキダウン時）[6.2.2]

（出典：宮原史ら：熊本地震で被災した鋼鈑桁連続橋に対する耐荷性能の挽回方策の考案と設計上の配慮，土木学
会論文集A1（構造・地震工学），Vol.77，No.2，304-318，2021）

6.2.6.　復旧のためのポイント

　被災により構造系が変化した構造物には相応の残留応力が生じていると考えるべきであるが，その応力状態を把握することは困難であり，復旧において構造系を変えることは他の部材に想定外の応力を生じさせる等のリスクが存在する．これに対して，座屈した主桁を意図して残置したまま当該断面に新たに桁や対傾構を追加設置するという構造系を大きく変えない補修方法が選定されたことが本橋の復旧におけるポイントであるといえる．これは，目標とする性能を実現するため，橋全体として被災前と同等の耐荷性能に戻すという基本方針に基づき，部材単位で形状を元に戻す等により耐荷性能を確保するのではなく，上部構造として耐荷性能を回復するという視点から考案されたものである．

　また，選定された補修方法については，新設の部材の設計にはない不確実な初期条件が残ることとなるが，このような不確実性に対しては，施工段階毎の応力状態を事前に把握し追加桁の設計と既設桁の照査をするための格子解析の実施，さらに実際の施工過程での支点条件の変化等に伴い当該断面に生じる力を活用して応力状態を計測している．このように補修設計において生じる不確実性を特定し，合理的かつ安全側の仮定に立ったうえで検証を実施することによりその妥当性を確認することも重要であるといえる．

　本節は，以下の参考文献の一部を再構成したものである．

参考文献

6.2.1）国土技術政策総合研究所，(国研)土木研究所：平成28年（2016年）熊本地震土木施設被害調査報告，国総研資料第967号，2017

6.2.2）宮原史ら：熊本地震で被災した鋼鈑桁連続橋に対する耐荷性能の挽回方策の考案と設計上の配慮，土木学会論文集A1(構造・地震工学)，Vol.77，No.2，304-318，2021

6.2.3）西田秀明ら：熊本地震復旧対策研究室5年の歩み―平成28年熊本地震の災害復旧現場に設置した国総研研究室の活動―，国総研資料第1189号，2022

6.3 熊本地震で甚大な被害を受けた鋼斜張橋の復旧工事
〜熊本県道28号　桑鶴大橋〜

6.3.1　災害の内容
① 地 震 の 名 称　平成28年（2016年）熊本地震
② 発 生 日 時　前震：2016年（平成28年）4月14日（木）21時26分
　　　　　　　　　　本震：2016年（平成28年）4月16日（土）1時25分
③ 発 生 場 所　前震：熊本県熊本地方（北緯32度44.5分，東経130度48.5分，深さ11km）
　　　　　　　　　　本震：熊本県熊本地方（北緯32度45.2分，東経130度45.7分，深さ12km）
④ 地 震 の 規 模　前震：M6.5
　　　　　　　　　　本震：M7.3
⑤ 　地震による影響

　最大震度7を記録したこの一連の地震により，熊本，大分両県を中心に多数の死傷者や家屋倒壊などの甚大な被害が生じた．また，熊本市と阿蘇郡高森町を結ぶ県道28号熊本高森線の約10km（西原村小森〜南阿蘇村河陰，以下，俵山トンネルルートという）では，山間部に点在する橋梁群やトンネルが被災し，通行不能となった．俵山トンネルルートの主な被災箇所および復旧状況を**図-6.3.1**に示す．まず，復旧した2つのトンネルと既存の道路を活用し，地震の発生した2016年（平成28年）にルートとしての供用がされたのち，橋梁の復旧の進捗に伴い順次供用され，2019年（令和元年）9月に全線開通に至った．

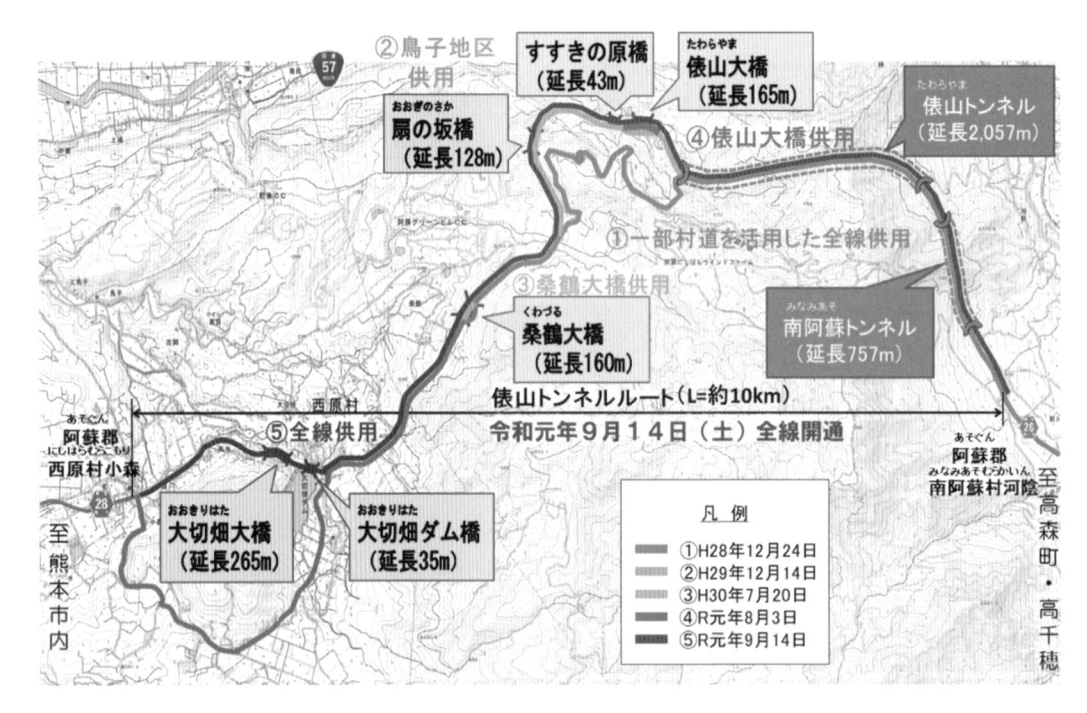

図-6.3.1　主な被災箇所および復旧状況（俵山トンネルルート）

6.3.2　橋梁諸元
　桑鶴大橋は，俵山トンネルルート上にある橋長160mの2径間連続鋼斜張橋であり，1998年に竣工した．**表-6.3.1**に橋梁諸元を，**図-6.3.2**に橋梁一般図をそれぞれ示す．

　本橋は，径間長が主塔よりA1橋台側とA2橋台側で40m異なる構造で，A2橋台側支点部には死荷重が作用する状況において上向きの反力が生じる特殊な構造となっている．さらに，主塔がX型となっていること，およびA1橋台側からA2橋台側に向けて上り勾配を有する曲線橋であり斜ケーブルが同一面内上の配置とならないことから，地震時には主塔には三次元的に複雑な力が生じる構造となっている．

表-6.3.1　橋梁諸元

橋梁名	桑鶴大橋
橋長	160m
上部構造形式	2径間連続鋼斜張橋
下部構造形式	逆T式橋台，鋼製橋脚
基礎工形式	深礎杭
適用示方書	平成5年　道路橋示方書
架設年次	1998年（平成10年）
補修・補強履歴	耐震補強工事（2010年（平成22年）） P1橋脚：変位制限構造 A1橋台：変位制限構造，落橋防止構造，段差防止構造 A2橋台：変位制限構造

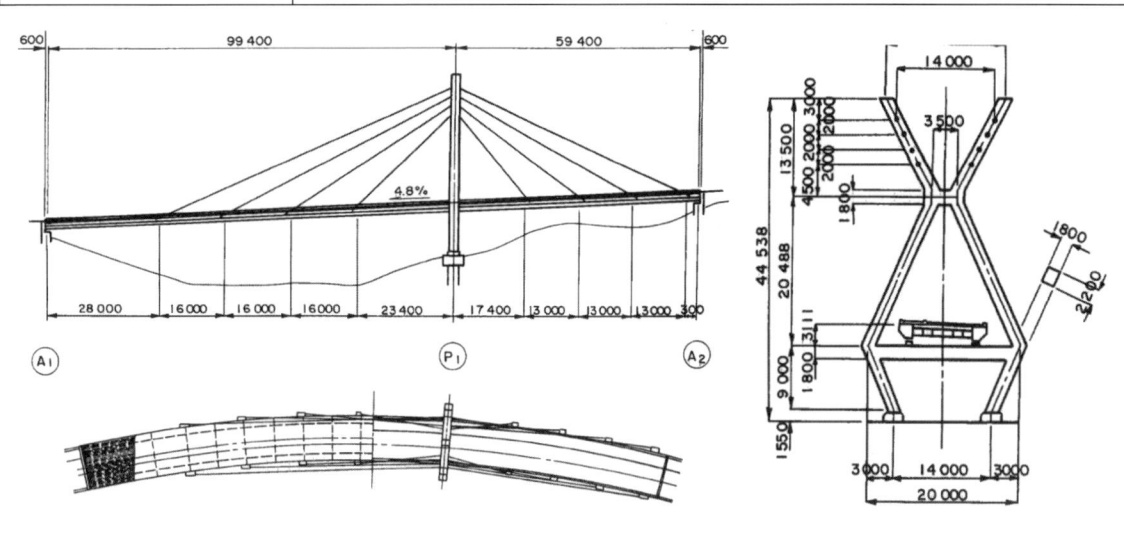

図-6.3.2　橋梁一般図

6.3.3　構造物の被害状況

　A2橋台上において，主桁と下部構造の唯一の固定点であった支承の破損に伴い上下部構造が分離し，主桁端部が約60cm浮き上がるとともに，主桁全体が曲線外側へ約90cm移動した（**写真-6.3.1**，**写真-6.3.2**）．主桁のA2側端部にはパラペットとの衝突による損傷も見られた．また，A1橋台上の支承にも損傷が生じた．

　P1橋脚上では支承が破損して主桁が脱落した．しかし，主桁と主塔の橋軸直角方向の遊間が十分にあったため，主桁と主塔の衝突は免れた．P1橋脚上では，変位制限構造の装置本体や取り付けブラケットが損傷するとともに，支点部付近の主桁側にも面外変形が発生していた（**写真-6.3.3**）．

　斜ケーブルには，上段1，2段目のケーブルにねじれが確認され（**写真-6.3.4**），照明柱と接触したケーブルでは被覆材が損傷した．また，下段3，4段目のケーブル定着部ではゴムカバーに約5cmずれと抜け出したような痕跡がみられた．しかし，主桁およびケーブル定着部には局部座屈等の変状は発生しておらず健全な状態であった．

　主塔の塔体は，主塔横梁の支承部，変位制限構造取り付け部に局部座屈に伴う塗膜割れが発生した以外は，主塔隅角部や主塔基部も含め，塗膜割れや溶接部のき裂，局部座屈等の損傷は見られなかった．

　A1橋台では落橋防止構造が破損し（**写真-6.3.5**），落橋防止構造から伝達された力によりパラペットが破損していた．A1橋台周辺ではブロック積みの擁壁の沈下，橋台とブロック積みの擁壁の間に隙間が確認されたが，擁壁本体には損傷はなかった．A2橋台では，パラペットの損傷とあわせて変位制限構造である山側のRC壁が破損していた（**写真-6.3.6**）．さらに，橋台前面の盛土地盤にき裂が生じていた．

写真-6.3.1　桁端部の浮き上がりと
曲線橋の横ずれ ^{6.3.1)}を改変して転載

（出典：国土技術政策総合研究所，（国研）土木研究所：
平成 28 年（2016 年）熊本地震土木施設被害調査報告，
国総研資料第 967 号，2017）

写真-6.3.2　A2 橋台における桁端部の
衝突および浮き上がり ^{6.3.1)}を改変して転載

（出典：国土技術政策総合研究所，（国研）土木研究所：
平成 28 年（2016 年）熊本地震土木施設被害調査報告，
国総研資料第 967 号，2017）

写真-6.3.3　P1 支承部の破損 ^{6.3.1)}を改変して転載

（出典：国土技術政策総合研究所，（国研）土木研究
所：平成 28 年（2016 年）熊本地震土木施設被害調査
報告，国総研資料第 967 号，2017）

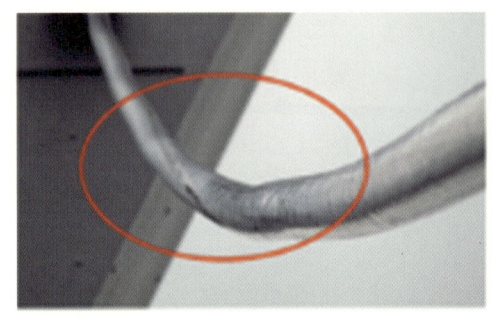

写真-6.3.4　ケーブルのねじれ ^{6.3.2)}を改変して転載

（出典：宮原史ら：熊本地震で被災した斜張橋の復旧対策と
復旧後の状態変化の把握方法の提案，土木学会論文集
A1(構造・地震工学)，Vol.76，No.4(地震工学論文集第 39
巻)，I_461-I_471，2020）

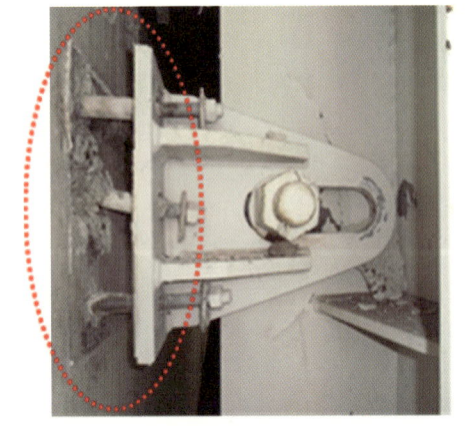

写真-6.3.5　A1 橋台落橋防止構造のアンカー
ボルトの引き抜け ^{6.3.1)}を改変して転載

（出典：国土技術政策総合研究所，（国研）土木研究
所：平成 28 年（2016 年）熊本地震土木施設被害調査
報告，国総研資料第 967 号，2017）

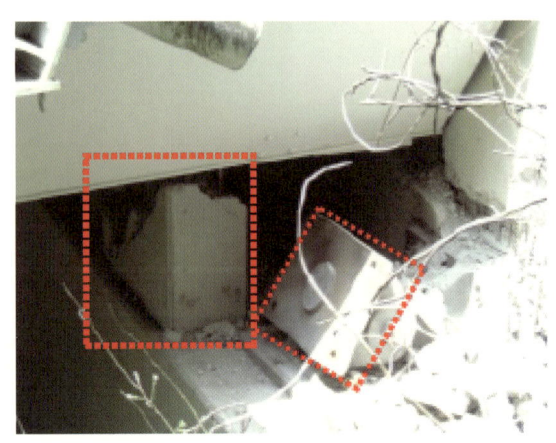

写真-6.3.6　A2 橋台の支承と
変位制限構造の破損 ^{6.3.1)}

（出典：国土技術政策総合研究所，（国研）土木研究
所：平成 28 年（2016 年）熊本地震土木施設被害調査
報告，国総研資料第 967 号，2017）

6.3.4 点検・調査

被災状況を正確に把握するため，全部材に対する遠望目視および近接目視による調査が行われた．その結果，前述した損傷等が確認された．また，上段1，2段目の斜ケーブルにねじれが生じていることから，張力が抜け，これに伴って3，4段目の斜ケーブルには当初よりも大きな張力が作用する状態にあることが想定されるため，別途，ケーブル張力の測定が行われた．その他，主塔の移動および傾斜について詳細に把握するための三次元測量が行われた．

ケーブル張力は，斜ケーブルに人力で振動を与えてケーブルの固有振動数を計測し，建設当初に求められていた張力と固有振動数の関係から推定した．その結果，下段3段目のケーブル張力は谷側で1,594kN，山側で1,093kNであった．また，下段4段目の張力は谷側で2,229kN，山側で959kNであった．ここで，下段3，4段目の斜ケーブルの降伏強度はそれぞれ 8,349kN，5,402kNであり，塑性化は生じていなかった．

三次元測量の結果，塔全体の移動，傾斜が確認された．移動，傾斜が大きかった谷側の主塔頂部では，下部構造と主塔の相対変位で橋軸方向にはA1方向に247mm移動し，0.0055rad傾斜していることを確認した．橋軸直角方向には同様に谷側に109mm移動し，0.0024rad傾斜していることを確認した．

6.3.5 復旧の方針と復旧工事の概要

(1) 復旧の概要

本橋の復旧工事の概要を**図-6.3.3**に示す．主な復旧内容としては，主塔基礎の増し杭，曲線外側方向に移動した主桁を元の位置に戻すための横移動，ねじれが生じた上段1，2段目の斜ケーブルの交換，支承部の構造の見直し等が挙げられるが，以降では，技術的に特徴的な事例である，道路橋の斜張橋では国内初となる斜ケーブルの交換および主桁の横移動とその信頼性を高めるための実施工におけるモニタリングの活用方法，そして同様な損傷が少しでも生じにくくするためのA2支承部の構造の見直しについて述べる．

(2) モニタリングを活用した斜ケーブルおよび主桁の復旧

a) 被災後の応力状態を考慮した復旧方法

斜ケーブルを取替えて再緊張し，主桁を元の位置に移動する方法を決めるには，被災後の応力状態が弾性域内にあるか塑性域に達しているかを見極め，復旧の際の支点部の応力解放により主桁や主塔の変形が元に戻るか否かを事前に把握する必要がある．そこで，まず被災後の形状や応力状態について解析モデル上で再現することとされた．解析モデルには3次元骨組みモデルを用い，主桁と主塔をファイバー要素，ケーブルをケーブル要素，支承を線形ばね要素でモデル化された．また，主塔の基部の境界条件は固定とした．

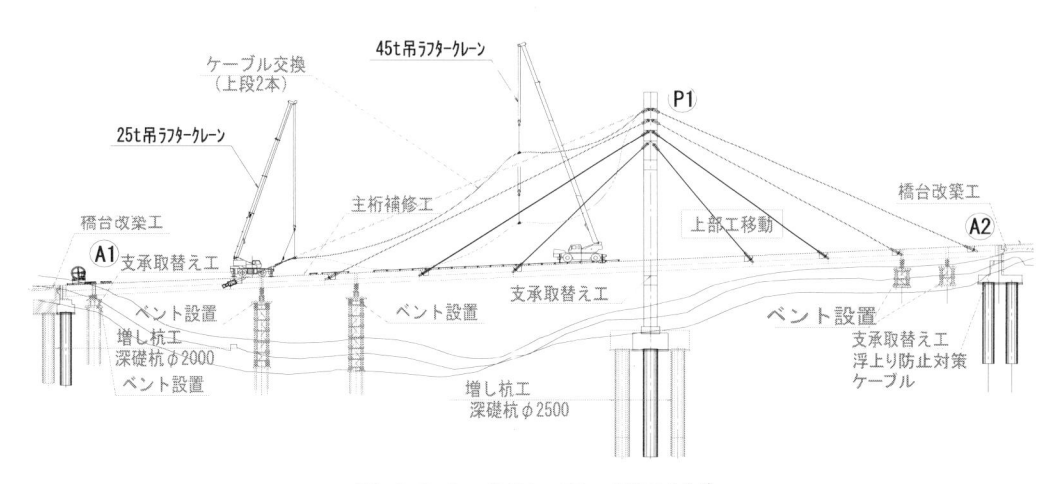

図-6.3.3 復旧工事の概要 [6.3.2)]

（出典：宮原史ら：熊本地震で被災した斜張橋の復旧対策と復旧後の状態変化の把握方法の提案，土木学会論文集 A1（構造・地震工学），Vol.76, No.4（地震工学論文集第 39 巻），I_461-I_471, 2020）

表-6.3.2　支持条件（建設当初の再現）[6.3.2]

（出典：宮原史ら：熊本地震で被災した斜張橋の復旧対策と復旧後の状態変化の把握方法の提案，土木学会論文集A1（構造・地震工学），Vol.76，No.4（地震工学論文集第39巻），I_461-I_471，2020）

部位		変位			回転		
		橋軸方向	橋軸直角方向	鉛直方向	橋軸回り	橋軸直角軸回り	鉛直軸回り
支承	A1橋台	自由	固定	固定	自由	自由	自由
	P1橋脚	自由	固定	固定	自由	自由	自由
	A2橋台	固定	固定	固定	自由	自由	自由

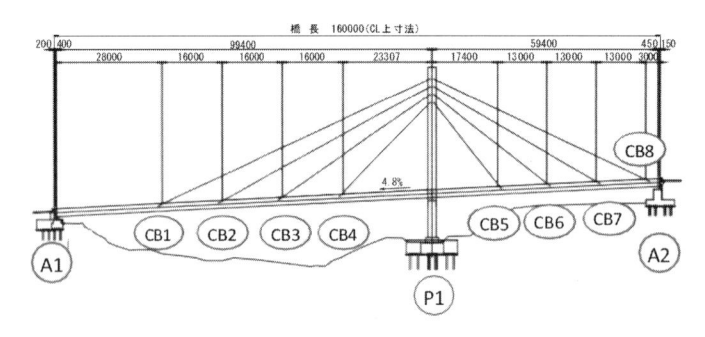

　まず，被災後の形状や応力状態を再現するため，**表-6.3.2**に示す支持条件で，死荷重とそれに伴いA2橋台に生じる鉛直負反力が作用する状況において建設当初の主桁と主塔の曲げモーメント・軸力分布，ケーブル張力，支点反力を再現した建設当初の完成系モデルが作成された．その上で，破損したA2橋台上の支承とP1橋脚上の支承を解放するとともに，主塔の傾斜（基部回転）とA1橋台の移動の被災後の計測値を反映し，斜ケーブルの張力を変化させて斜ケーブルの張力，主桁の形状（キャンバー），主塔の形状を被災後の計測値と一致するようにすることで，被災後の応力状態が再現された．被災前（建設当初）と被害後の応力状態の推定値をそれぞれ**図-6.3.4**に示す．**図-6.3.4**は，各断面内における引張応力度，圧縮応力度の最大値に着目している．このため，各断面における着目部位は異なっている．そして，これら各断面における基準降伏点，許容軸方向引張応力度，局部座屈に対する基準耐荷力，局部座屈に対する許容応力度をそれぞれ併記している．なお，引張応力度，圧縮応力度の最大値とそれぞれの許容応力度の比率が最大となった断面における該当位置もあわせて示している．被災後は主桁に一部許容応力度を超過し降伏応力度に近い引張応力度の発生が想定されるものの，被災後の状態は弾性域内にあることが想定される．このことより，支点部の応力解放により主桁，主塔の変形は元に戻ると想定された．また，本橋の元の形状への復旧は，斜ケーブルで吊った状態での横方向の変位の是正と，主桁のA2桁端部を下方向に引き下げるか，もしくは主桁のA1-P1間中央付近を上方へ突き上げることによる鉛直方向の変形の是正を行った上で，ケーブル張力を最終的に調整することで可能と判断された．

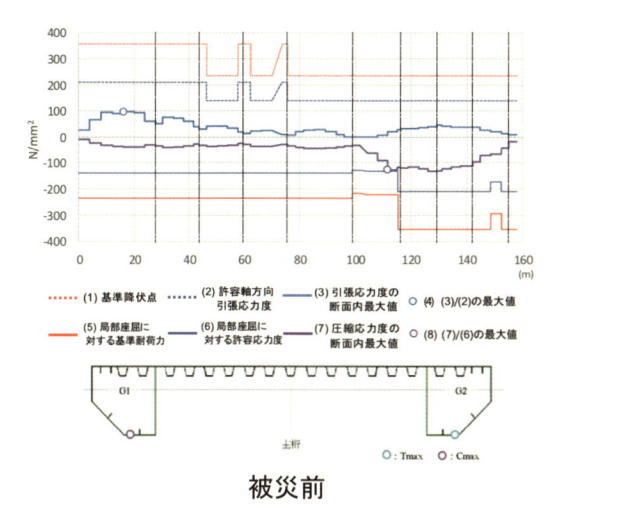 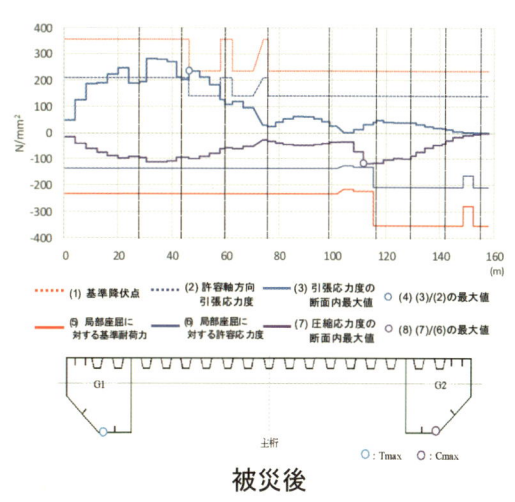

被災前　　　　　　　　　　　　　　　被災後

図-6.3.4　被災前後の主桁の応力状態の推定値 [6.3.2)]

（出典：宮原史ら：熊本地震で被災した斜張橋の復旧対策と復旧後の状態変化の把握方法の提案，土木学会論文集 A1（構造・地震工学），Vol.76，No.4（地震工学論文集第39巻），I_461-I_471，2020）

b)　段階毎の応力状態を考慮した施工手順

　より復旧の信頼性を高める施工手順を検討するため，主桁の鉛直方向の変位を優先して是正するケースと主桁の横方向の変位を優先して是正するケースを想定して，同様に3次元骨組モデルを用いて施工段階を考慮した解析を実施し，主桁，主塔に発生する応力度，各施工段階における斜ケーブルの張力が算出された．応力変動の推定は，以下に示す施工段階毎に行われた．代表として，段階1（横方向の変位の是正に着手する前の段階）における支持条件を**表-6.3.3**に示す．なお，応力変動の推定はいずれの施工段階も死荷重とA2橋台に鉛直負反力が作用する状況において行われた．

　　段階1：横方向の変位の是正に着手する前の段階

　　段階2：横方向の変位を是正した段階

　　段階3：斜ケーブルを撤去した段階

　　段階4：新しい斜ケーブルを架設した段階

　　段階5：鉛直方向の変位を是正した段階

　　段階6：斜ケーブル張力調整段階

　図-6.3.5に，被災後の応力状態の解析の結果，下フランジで降伏応力度に逼迫する引張応力度の発生が想定されたG2主桁のCB2断面における，主桁の横方向の変位を優先して是正するケースの施工段階毎の応力度の変動の推定結果を示す．なお，**図-6.3.5**には後述する施工時のモニタリング結果もあわせて示している．段階1（横方向の変位の是正に着手する前の段階）から施工段階毎（段階2〜6）での応力度の変化をみると，段階2（横方向の変位を是正した段階），段階3（斜ケーブルを撤去した段階），段階4（新しい斜ケーブルを架設した段階）までは応力度の大きな変化はみられないものの，段階5（鉛直方向の変位を是正した段階）および段階6（斜ケーブル張力調整段階）に，応力度が大きく低減することが推定される．

　主桁の横方向の変位を優先して是正するケースは横移動時に主桁の引張側で降伏応力度に逼迫する断面が存在することが確認され，解析上は主桁の鉛直方向の変位を優先して是正するケースが優位となった．しかし，主桁の鉛直方向の変位を優先して是正するケースでは，主桁の横移動時にベント支持点が多数あることで，解析では考慮されないベントの摩擦力による影響が不確定要素となり，完成形を同等の力のつり合い状態や応力状態に戻せないリスクがある．一方，主桁の横方向の変位を優先して是正するケースでは斜ケーブルの張力調整前にベントを撤去するため，ベントの摩擦による不確定要素の影響が少なく，架設中や架設後の応力度確定に対する信頼度が高い．よって，主桁の横方向の変位を優先して是正するケースが採用された．

表-6.3.3　支持条件（横方向の変位の是正に着手する前の段階）[6.3.2)]

（出典：宮原史ら：熊本地震で被災した斜張橋の復旧対策と復旧後の状態変化の把握方法の提案，土木学会論文集
A1（構造・地震工学），Vol.76，No.4（地震工学論文集第39巻），I_461-I_471，2020）

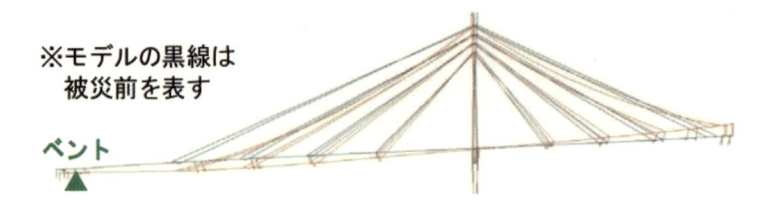

※モデルの黒線は
被災前を表す

ベント

部位		変位			回転		
		橋軸 方向	橋軸直角 方向	鉛直 方向	橋軸 回り	橋軸直角軸 回り	鉛直軸 回り
支承	A1橋台	自由	自由	自由	自由	自由	自由
	P1橋脚	自由	自由	自由	自由	自由	自由
	A2橋台	自由	自由	自由	自由	自由	自由
ベント		自由	固定	固定	自由	自由	自由

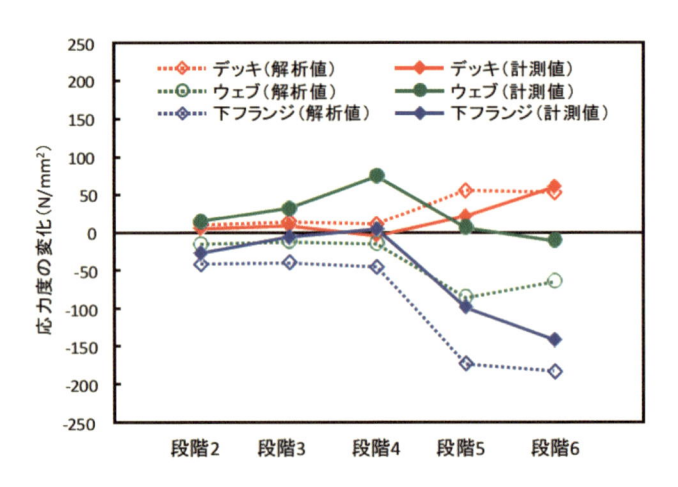

図-6.3.5　G2 主桁 CB2 断面の被災後を基準とした施工段階毎の応力変動
（主桁の横変位の是正を優先するケース）[6.3.2)]

（出典：宮原史ら：熊本地震で被災した斜張橋の復旧対策と復旧後の状態変化の把握方法の提案，土木学会論文
集A1（構造・地震工学），Vol.76，No.4（地震工学論文集第39巻），I_461-I_471，2020）

c)　モニタリングを活用した施工管理

　施工の信頼性を高める観点から，各施工段階での施工の妥当性が検証できるようにするためには，施工時の計測値の変化の傾向と照合するための管理値を設定する必要がある．そこで，採用した施工段階毎に具体のジャッキアップ量やケーブルへの張力導入量等を設定し，施工段階に沿って解析を行い，各施工段階での各部材の形状や応力状態を把握するとともに各部材が弾性域内に収まっていることを確認した．なお，解析はいずれの施工段階も死荷重とA2橋台に鉛直負反力が作用する状況において行った．

　実際の施工においては，主桁のキャンバーや主塔の傾斜，斜ケーブルの張力，支点反力等をリアルタイムでモニタリングし，解析で得られた結果と比較することで各施工段階の妥当性を確認しながら施工が進められた．主桁の形状（キャンバー）は各支点部およびケーブル定着部位置を，主塔の傾斜は天端付近，上から4段目のケーブル定着部位置，およびP1橋脚基部を，それぞれトータルステーションで視準することにより計測された．斜ケーブルの張力は，ケーブルに加速度計を設置して固有振動数を計測し，建設当初に求められていた張力と固有振動数の関係から推定された．支点反力は各支点位置でジャッキにより計測された．

　図-6.3.6に，施工段階毎の斜ケーブルの張力のモニタリング結果の一部を示す．左側には段階3（斜ケーブルを撤去した段階）～段階5（鉛直方向の変位を是正）の段階毎の施工の概要を示し，右側には段階3から段階4，および段階4から段階5における張力の変化の解析値と計測値を示している．段階3から段階4では，ベントが分担していた荷重が新しいケーブル（ケーブル番号 1,2,7,8）に再分配されている．段階4から段階5では，浮き上がった主桁端部を引き込み鉛直方向の変位を是正することで，新しいケーブル（ケーブル番号 1,2,7,8）に張力が導入される一方，それ以外のケーブルの張力は横這いか低下している．これらのケーブル張力の変化について，あらかじめ推定した解析値と実際に確認した計測値で傾向が一致していることが分かる．

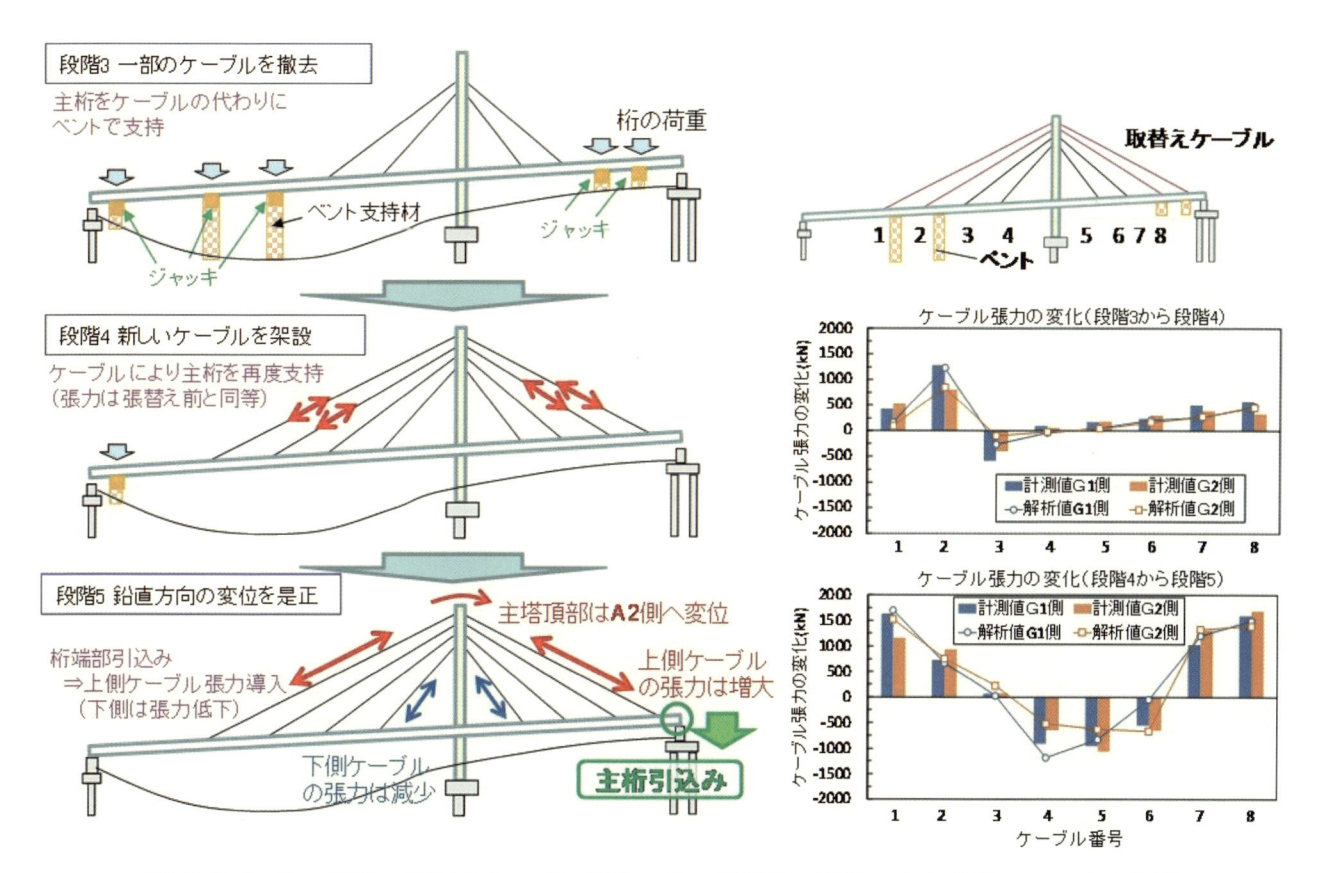

図-6.3.6　施工段階の概要とケーブル張力の施工段階間（段階3から段階5）の変化 [6.3.2]

（出典：宮原史ら：熊本地震で被災した斜張橋の復旧対策と復旧後の状態変化の把握方法の提案，土木学会論文集A1（構造・地震工学），Vol.76, No.4（地震工学論文集第39巻），I_461-I_471, 2020）

　図-6.3.7に，施工段階毎の部材形状のモニタリング結果の例として，主桁の形状（キャンバー）のモニタリング結果を示す．**図-6.3.7**には，最も大きく主桁の形状（キャンバー）が変化する施工段階である，段階4（新しい斜ケーブルを架設した段階）から段階5（鉛直方向の変位を是正した段階）における主桁の高さの変化を示している．浮き上がったA2側の主桁端部を引き込み鉛直方向の変位を是正することで，P1-A2間の主桁の高さが低下する一方，A1-P1間の主桁の高さが上昇している．これらの主桁の形状（キャンバー）の変化についても，あらかじめ推定した解析値と実際に確認した計測値で傾向が一致していることが分かる．同様に，**図-6.3.8**に，段階4（新しい斜ケーブルを架設した段階）から段階5（鉛直方向の変位を是正した段階）における主桁の傾斜の変化を示している．なお，**図-6.3.8**のグラフは，左側に示すTL側の傾斜を示したものである．浮き上がったA2側の主桁端部を引き込み鉛直方向の変位を是正することで，橋軸方向にA1方向に傾斜していた主塔の傾斜がA2方向に是正される．この主塔の傾きの変化についても，あらかじめ推定した解析値と実際に確認した計測値で傾向が一致していることが分かる．

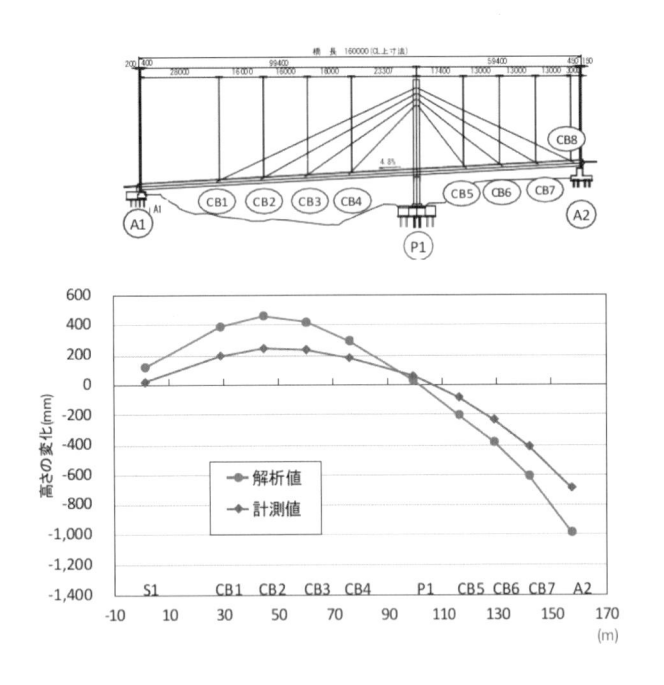

図-6.3.7　主桁の形状（キャンバー）の施工段階
間（段階4から段階5）の変化 [6.3.2]
（出典：宮原史ら：熊本地震で被災した斜張橋の復旧
対策と復旧後の状態変化の把握方法の提案，土木学会
論文集 A1（構造・地震工学），Vol.76, No.4（地震工学論
文集第 39 巻），I_461-I_471, 2020）

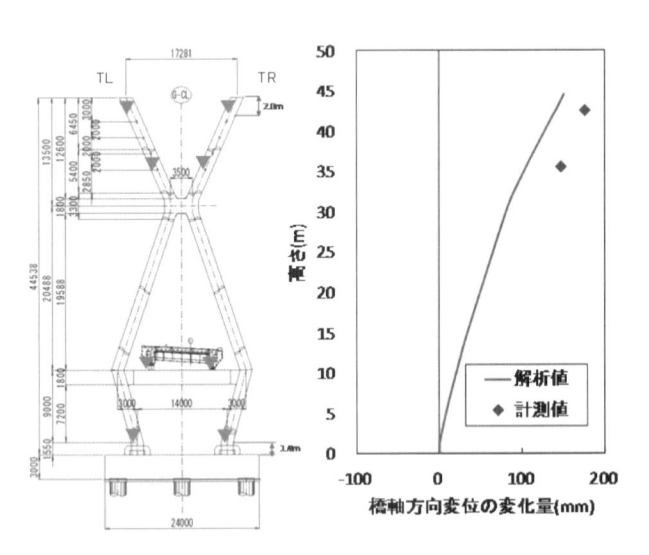

図-6.3.8　主塔の傾斜の施工段階間
（段階4から段階5）の変化 [6.3.2]
（出典：宮原史ら：熊本地震で被災した斜張橋の復旧
対策と復旧後の状態変化の把握方法の提案，土木学会
論文集 A1（構造・地震工学），Vol.76, No.4（地震工学論
文集第 39 巻），I_461-I_471, 2020）

d)　応力状態を考慮した施工

　ケーブルの交換にあたっては，安全のため，取替える上段1，2段目の既設ケーブルに発生している張力を徐々に解放する必要がある．そこで，新しいケーブルに取替えるまでの間，上段1，2段目の既設ケーブルに発生していた張力により保たれていた主桁の応力状態が変化しないよう，取替えるケーブルの主桁側定着部にベントが設置された．その上で，既設ケーブルの主桁側定着部のソケットにセンターホールジャッキを設置し，シムプレートとソケットの間に隙間ができるほど引込んだ上で，シムプレートおよび支圧板を少しずつ撤去してセンターホールジャッキの荷重を徐々に解放する方法が採用された．

(3)　A2支承部の復旧と主桁浮き上がり防止構造の検討

　前述のとおり，本橋は，径間長が短いP1-A2間の端部であるA2橋台支点には死荷重が作用する状況において負反力が生じる構造となっている．また，A2支承は，固定支持で，鉛直正反力，負反力，さらには橋軸方向および橋軸直角方向の水平反力に対して全て1つの鋼製支承で抵抗させる構造であった．このため，A2支承の破損に伴い連鎖的に損傷が拡大し，道路機能の早期回復に支障をきたした．

　そこで，A2支承の復旧にあたっては，鉛直負反力に対する支持機能を鉛直正反力および水平反力に対する支持機能とは独立して確保することができる構造とすることで，連鎖的な損傷拡大が生じにくくなるよう配慮された．具体的には，**写真-6.3.7**に示すように浮上り防止対策ケーブルを新たに設置し，鉛直負反力はケーブルで，それ以外の反力（鉛直正反力，橋軸直角方向水平反力，および橋軸方向水平反力）は鋼製支承で抵抗させる構造とした．浮上り防止対策ケーブルの設計張力は，鋼製支承に鉛直負反力が発生しないように設定された．さらに，万一支承が破損しても主桁端部に浮き上がりや横移動が生じにくくするため，上揚力制限構造と横変位拘束構造をフェールセーフとして別途設けられた．上揚力制限構造は，横変位にも追随できるよう主桁とはユニバーサルピンで結合させる構造とし，また，支承が破損していない状況においては無応力となるように設計された．

　浮上り防止対策ケーブルの施工は，その施工精度が主桁形状や斜ケーブル張力にも影響する可能性がある．そこで，浮上り防止対策ケーブルの施工は斜ケーブルの張力調整工の一環として実施された．施工にあたっては，上揚力制限構造の取り付けブラケットを利用して，ジャッキを仕込んだ主桁引込み設備を設置し，これにより主桁を引き込みながら所定の高さに達した段階で浮上り防止対策ケーブルが取り付けられた．そして，主桁引込み設備を取り外した後，最後に上揚力制限構造が取り付けられた．

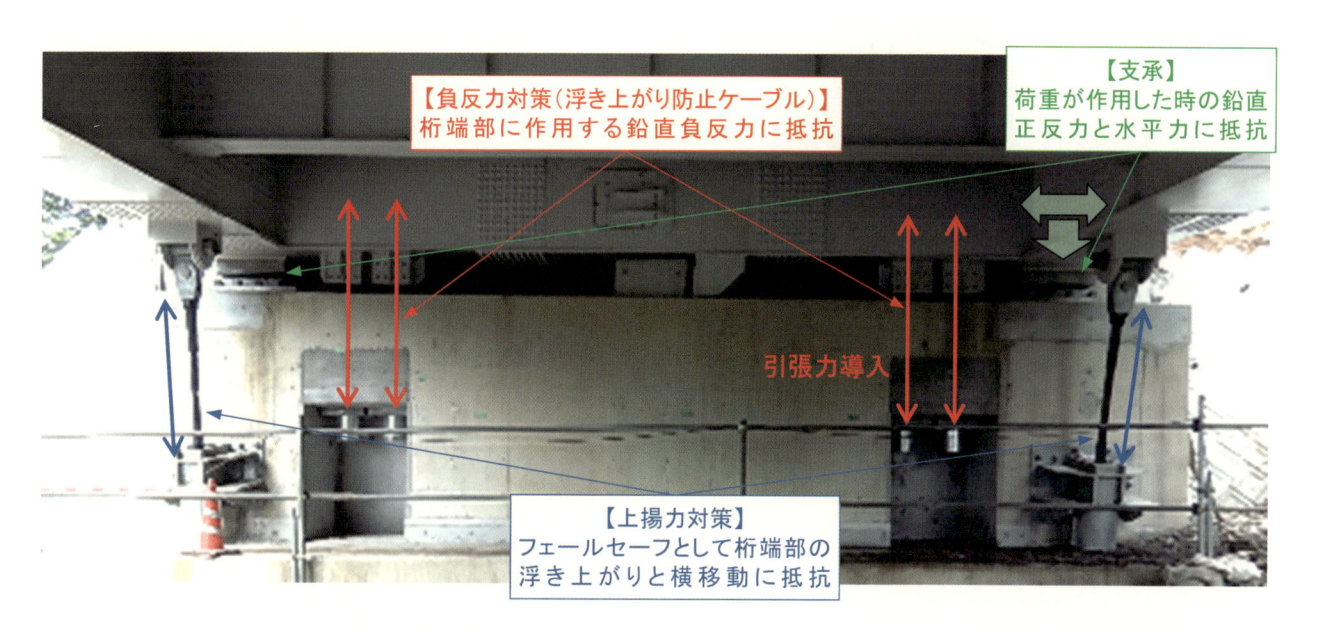

写真-6.3.7　機能分離型支承構造と支承の破損を想定したフェールセーフ構造 [6.3.2)] を改変して転載

（出典：宮原史ら：熊本地震で被災した斜張橋の復旧対策と復旧後の状態変化の把握方法の提案，土木学会論文集
A1（構造・地震工学），Vol. 76, No. 4（地震工学論文集第39巻），I_461-I_471, 2020）

6.3.6　復旧工事以外の対応

　供用再開後の維持管理段階において再び大地震が生じた際等に橋の状態の変化の把握に活用できるデータの取得について検討が行われた．

　特殊な構造的特徴を有する本橋では，各々の斜ケーブルに作用する張力は異なる．さらに斜ケーブルの張力はA2支承部に設置された浮上り防止対策ケーブルの張力によっても変化する．したがって，本橋の特殊な

構造特性を踏まえると，復旧後の維持管理段階における橋の状態の変化を把握するためには，これらの斜ケーブルの張力状態を把握できるようにしておくことが有用であると考えられる．また，橋を構成する部材の損傷，変状や斜ケーブルの張力抜けなどが生じると，橋全体の振動特性も変化する．このため，復旧の完成系において橋全体の固有振動数のデータも計測しておき，維持管理段階で必要となった際に同様に固有振動数を計測すれば，斜ケーブル張力の変化のデータと重ねあわせて分析することにより，橋の状態変化を定量的にとらえることができるようになると考えられ，これらのデータを取得することとした．なお，これらのデータの計測にあたっては，維持管理段階においても実施しやすいようにすることに配慮し，簡単な原理で容易に取得できる方法が選定された．

ケーブル張力の計測にあたっては，ケーブル張力が固有振動数と相関があることに着目し，固有振動数をモニタリングすることで復旧直後の状態からの張力変化の有無を容易に推定できるように配慮された．このとき，ケーブルの固有振動数は，ケーブルに加速度計を設置したうえで，ケーブルに人力で衝撃を与え，その時に計測された時刻歴加速度をFFT（高速フーリエ変換）解析して求める．**写真-6.3.8**にケーブル張力の計測イメージを示す．

橋全体の固有振動数の計測は，**写真-6.3.9**に示すように橋面上において角材でつくった段差から車両を着地させて人工的に橋に小さい振動を与え，主塔頂部や橋桁に設置した加速度計で計測された時刻歴加速度を周波数解析して求める．

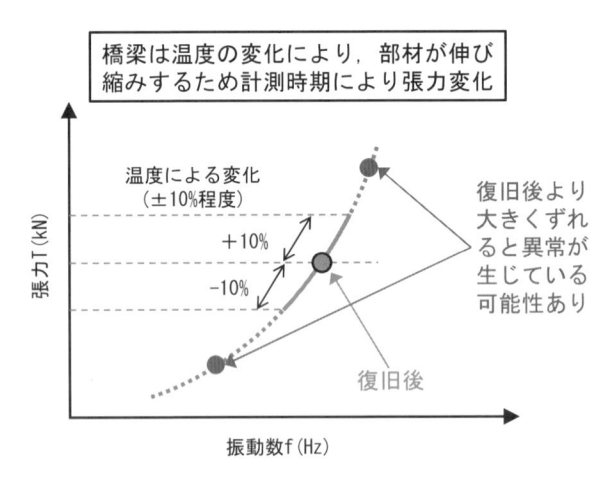

写真-6.3.8　ケーブル張力の計測イメージ

写真-6.3.9　固有振動数の計測状況 6.3.2)を改変して転載

（出典：宮原史ら：熊本地震で被災した斜張橋の復旧対策と復旧後の状態変化の把握方法の提案，土木学会論文集 A1（構造・地震工学），Vol.76，No.4（地震工学論文集第 39 巻），I_461-I_471，2020）

6.3.7　復旧のためのポイント

　本事例は，不等径間でありかつ曲線橋という特殊な構造を有する鋼斜張橋の損傷であり，構造の一部変更のほか，ケーブル交換，張力調整等を行う道路橋の鋼斜張橋では国内初となる復旧事例のため，今までにない知見が必要であり，かつ，施工方法・手順等による不確実性も存在した．よって，3次元骨組みモデルを用いた解析により施工の各段階での部材の応力状態や主桁の形状，主塔の傾斜等を事前に把握したうえで，実施工ではモニタリングによりその挙動を確認しながら実施することが重要であった．

　また，本橋は死荷重時においてA2橋台上で鉛直負反力が生じており，支承部の破損に伴い桁端部の浮き上がり等の損傷が連鎖的に拡大し，道路機能の早期復旧に支障をきたした．これに対して，復旧前の支承構造を変更し，鉛直負反力に抵抗させる浮き上がり防止ケーブルを新たに設置することで同様の損傷を生じにくくするとともに，万一支承が破損した場合でも上揚力制限構造をフェールセーフとして別途設けることで容易に桁端部の浮き上がりが生じないよう構造の見直しを図った．

　本節は，以下に示す文献の一部を再構成したものである．

参考文献

6.3.1）国土技術政策総合研究所，(国研)土木研究所：平成28年（2016年）熊本地震土木施設被害調査報告，国総研資料第967号，2017

6.3.2）宮原史ら：熊本地震で被災した斜張橋の復旧対策と復旧後の状態変化の把握方法の提案，土木学会論文集A1(構造・地震工学)，Vol.76，No.4(地震工学論文集第39巻)，I_461-I_471，2020

6.3.3）西田秀明ら：熊本地震復旧対策研究室５年の歩み―平成28年熊本地震の災害復旧現場に設置した国総研研究室の活動―，国総研資料第1189号，2022

6.4　台風で洗堀被害を受けた河川内鋼桁橋の復旧工事
　～一般都道256号線（甲州街道）日野橋～

6.4.1　災害の内容
①　発生日時：2019年（令和元年）10月13日
②　発生場所：一般都道八王子国立線（第256号）甲州街道　日野橋
③　災害内容：台風19号により多摩川が増水（**写真-6.4.1**）し，日野橋付近の水位が昭和37年以来最大となる3.5mを記録した．この河川増水によりP5橋脚付近に川の流れが集中し，河川洗堀が進んだことにより，橋脚が70cm沈下（**写真-6.4.2**）した．

写真-6.4.1　河川増水状況

写真-6.4.2　P5橋脚沈下状況

④　災害影響：橋脚の沈下に伴い，前後支間の桁が傾斜し，路面に段差が生じた（**写真-6.4.3**）．そのため，通行困難と判断し，2019年（令和元年）10月13日4時50分に全面通行止めとした．そのため，0.6km上流の立日橋や1.8km下流の石田大橋に交通を迂回させていたが，周辺道路に交通渋滞が発生した．

写真-6.4.3　路面段差状況

6.4.2　構造物の被害状況
　日野橋は，橋長367.2m，幅員11.7m　20連の鋼単純鈑桁橋であり（**図-6.4.1**），1926年（大正15年）に架設された．下部構造は鉄筋コンクリート橋脚でケーソン基礎となっており，19橋脚全てが河川内にあった．
　台風による被害状況は，P5橋脚が洗堀により沈下し，出水後の測量結果から洗堀深は3.5m程度（ケーソン下端付近）まで及んでいた（**図-6.4.2**）（**写真6.4.4**）．

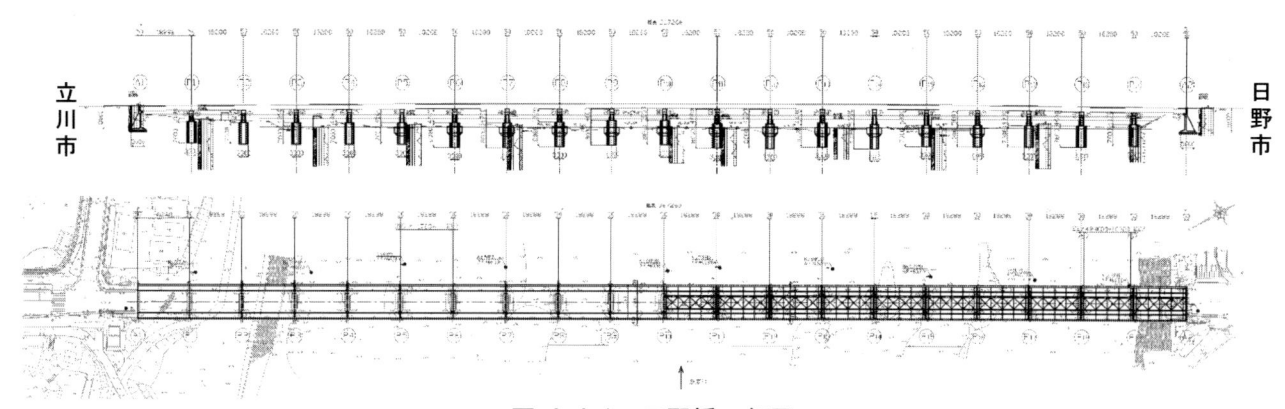

図-6.4.1　日野橋一般図

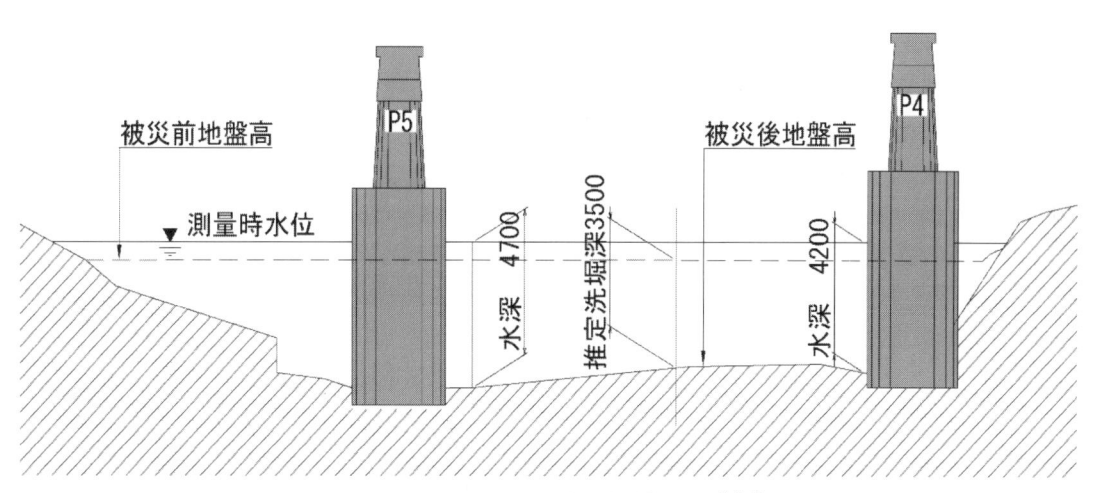

図-6.4.2　現地深浅測量横断図 [6.4.1)]

出典）高橋ら，令和元年の台風19号で被災した日野橋の復旧における計画・設計・施工
橋梁と基礎，Vol.55，No.6，図-3，p.34，建設図書，2021.6

写真-6.4.4　被災前後の河床状況

6.4.3　点検・調査

　P5橋脚の沈下の原因は，河川の増水により護床ブロックが流出し橋脚付近の河床地盤が洗堀され，その後支持地盤の洗堀まで至ったものと考えられる．水位低下後の調査では，既存護床ブロックの欠損は，沈下したP5橋脚を中心にP4-6橋脚およびP8橋脚付近にまで及んでいた．

　また，上部構造の調査（**写真-6.4.5**）では，P5橋脚上において橋脚の沈下により上部桁同士が衝突し，支承アンカーボルトの破断が見られた（**写真-6.4.6**）．

写真-6.4.5 橋梁点検車による調査状況

写真-6.4.6 支承アンカーボルトの破断

6.4.4 復旧の方針

本橋の架かる甲州街道は，第一次緊急輸送道路として防災上重要な役割を担っているだけでなく，地域の生活に欠かせない路線となっているため，長期間の通行止めは周辺住民の生活に大きな支障が生じることから，一日も早く交通開放させる必要があった．

本橋は，架設から90年以上が経過し老朽化が進行していること，歩車道境界に防護柵がなく歩道幅員も狭いことから，架替事業が計画されており，平成26年度より調査・設計が実施されていた．被災箇所が限定的であり，当時は架替事業の調査・設計段階であったが，早期の交通開放が求められたため，当面の機能確保を目的として，既設橋の被災箇所のみを復旧することとなった．

復旧工法の検討に際しては，多摩川の河川内での作業となることから，工事期間が非出水期（11月から翌5月）に限定されるため，5月末までに工事完了できる工法を選定する必要があった．工法検討の経緯を以下に示す．

【第1案 既設上部構造再利用】

P5橋脚を仮設橋脚に置き換え，被災した桁をジャッキアップし，橋面段差を解消する案（図-6.4.3）が検討された．桁をそのまま利用することで工期短縮が図れると考えられたが，P5橋脚沈下の影響により上部桁同士が衝突しており，桁の被災状況の検証と必要に応じた桁補強などに時間を要することから，5月工事完了が困難と判断された．

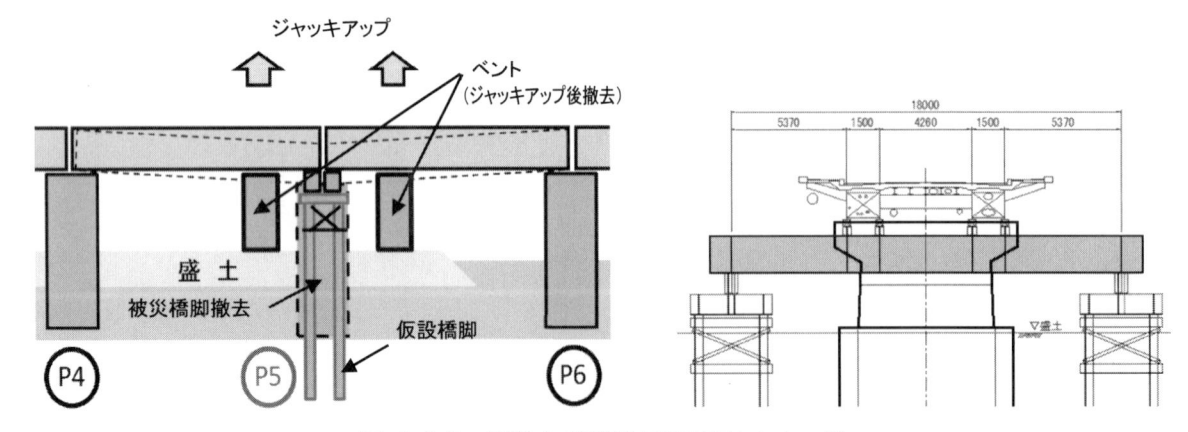

図-6.4.3 既設上部構造再利用案イメージ

【第2案 仮橋設置】

被災した桁とP5橋脚を撤去し，P4-P6橋脚間をリース品の仮橋に置き換える案（図-6.4.4）が検討された．上部桁と河川の桁下余裕高の制約から下路式の仮橋とする必要があり，支承位置が既設橋脚の梁幅に収まらず，P4・P6橋脚の改修が大規模となることが予想された．また，被災当時，リース品の仮橋の手配も困難であったため，工事期間が長期に及ぶと判断された．

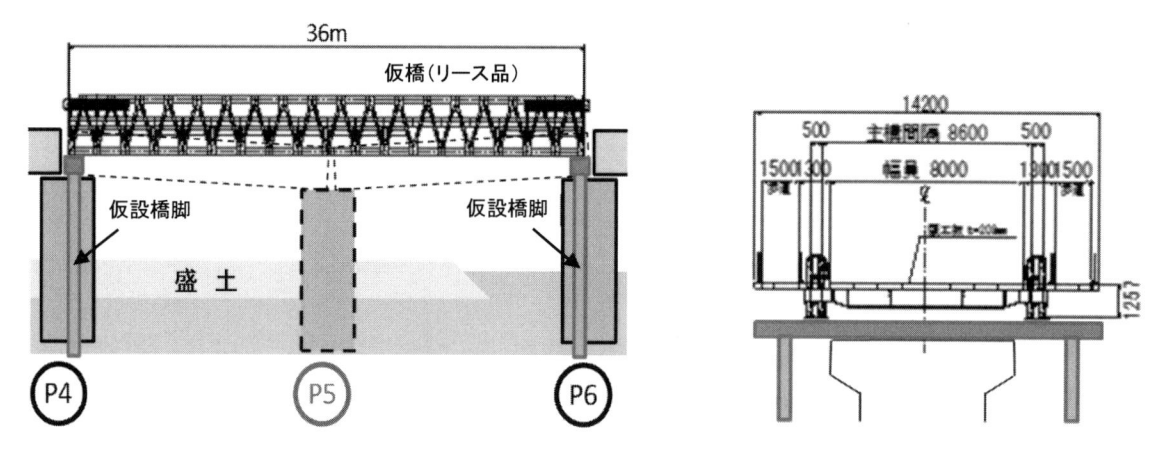

図-6.4.4　仮橋設置案イメージ

【第3案　桁新設】

　P5橋脚を撤去し，P4-P6橋脚間を1径間にて新たに製作した応急復旧桁を架設する案（図-6.4.5）が検討された．被災部分を新設桁に置き換えることで他案の課題を解消でき，桁製作期間を考慮しても非出水期内である5月末に工事完了の目途が立った．また，P5橋脚の河床以深にあるケーソン基礎は架替工事の際に撤去することとし，今回の復旧では残置として柱部のみの撤去となったことから，更なる施工期間の短縮が可能となった．

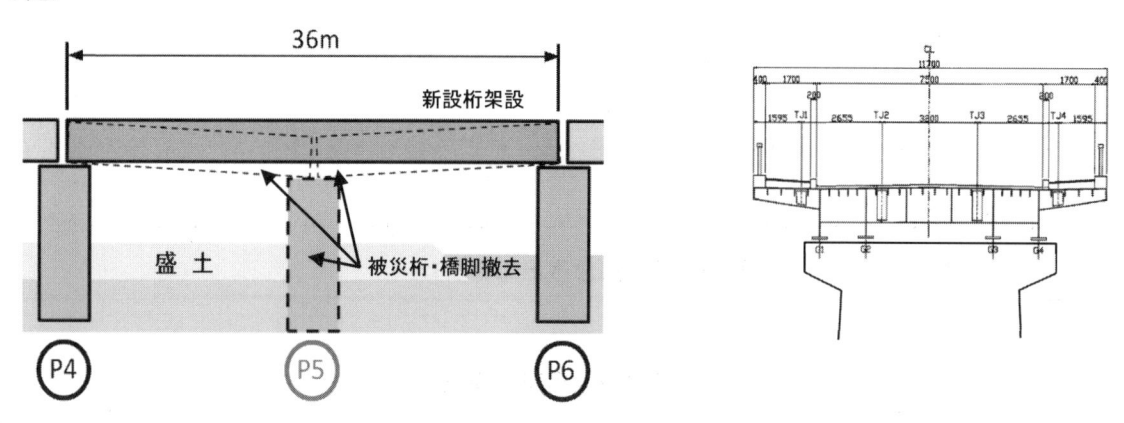

図-6.4.5　桁新設案イメージ

表-6.4.1　検討案の比較

	第1案　既設上部工再利用	第2案　仮橋設置	第3案　桁新設
概　要	撤去：上部桁2径間 新設：仮橋（L=36m）、P4・6仮設橋脚	撤去：P5橋脚（一部） 補強：既設桁補強 新設：P5仮設橋脚	撤去：上部桁2径間、P5橋脚
交通開放までの時間	8ヶ月	16ヶ月	6ヶ月
長　所	・工費が3案の中で一番安い	・河積阻害率が既設橋以下 ・P5橋脚が撤去できる	・交通開放までが最短 ・河積阻害率が最小 ・P5橋脚を撤去できる
短　所	・河積阻害率が現状以上 ・上部工の健全性の照査が必要 ・仮設橋脚が必要 → 耐震性に劣る	・交通開放までが最長 ・橋梁上の他径間とのすり付けが必要 ・仮設橋脚が必要 → 耐震性に劣る	

　これら3案の中から，河川への影響も少なく，施工期間が最短で非出水期内での復旧完了が可能となる第3案の桁新設が採用された（**表-6.4.1**）.

6.4.5 復旧工事の概要
　復旧工事は，河川内工事となることから非出水期中に完了させる必要があるため，河川条件および被災状況から全体の施工順序が計画された（**図-6.4.6**）（**表-6.4.2**）.

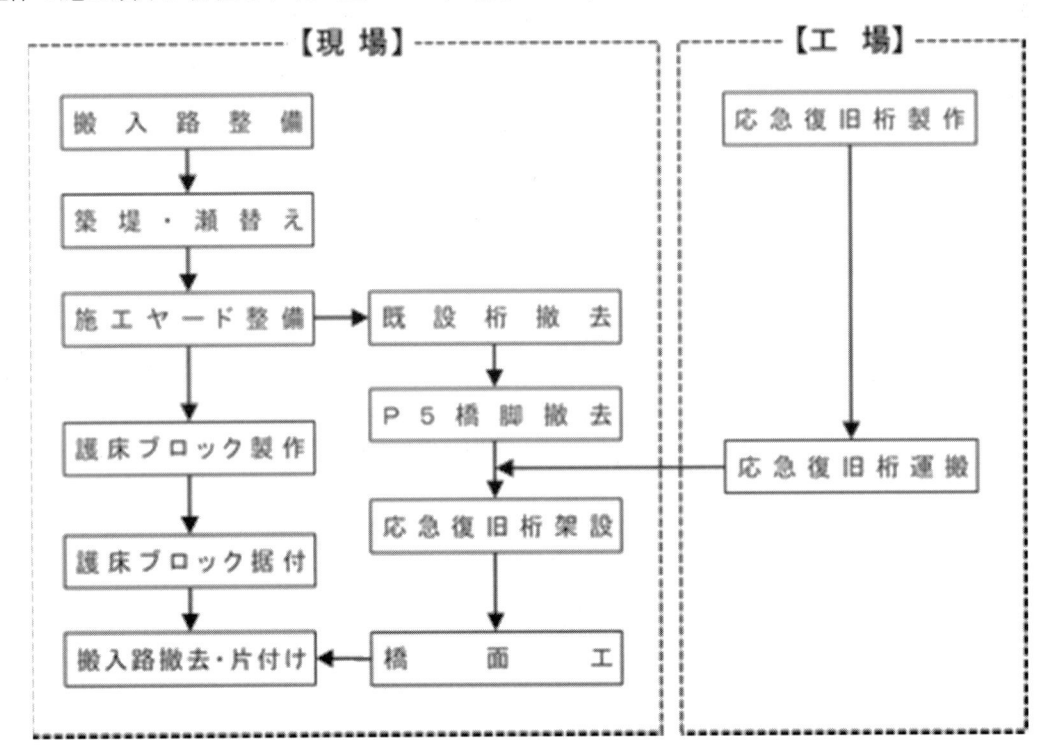

図-6.4.6　応急復旧工事フロー

表-6.4.2　概略工程表

工　種	10月	11月	12月	1月	2月	3月	4月	5月	6月
準 備 ・ 調 査 工	▓								
河 川 内 土 工（ 築 堤 ・ 瀬 替 え ）		▓	▓						
応 急 復 旧 桁 製 作			▓	▓	▓				
既 設 橋 脚 応 急 対 策（ 護 床 工 仮 復 旧 ）				▓	▓		▓		
既 設 橋 脚 ・ 桁 撤 去					▓				
応 急 復 旧 桁 架 設（ 橋 面 工 含 む ）							▓		
河 川 内 復 旧 ・ 片 付 け								▓	

（注記：縦書き）東日本台風（令和元年10月12日）／通行止め解除（令和2年5月12日）

① 河川の瀬替えと施工ヤードの造成

　被災したP5橋脚周辺は出水により澪筋となっており（**写真-6.4.7**），近づくことができないため，まず瀬替えが行われた（**図6.4.7**）．なお，復旧工事を非出水期内に完了させるためには，2020年（令和2年）1月下旬までに瀬替え工事を完了させる必要があった．

写真 6.4.7　被災直後の河川の状況 [6.4.1]
出典）高橋ら，令和元年の台風19号で被災した日野橋の復旧における計画・設計・施工
橋梁と基礎，Vol.55，No.6，図-2，p.33，建設図書，2021.6

　また，上部構造の施工はベントにて既設桁を支えながらの作業予定となるため，所定の支持力を有する強固な施工ヤードが造成（**図-6.4.8**）された．

　これら土工は，約120,000㎥の切り盛りが必要となり，これを40日間という短期間で作業しなければならなかったため，5㎥クラスのバックホウ1台と40 t 積みクラスのアーティキュレートダンプトラック3台を選定（**写真-6.4.8**）し，1日に3,000〜4,000㎥の土砂を移動させることとなった．

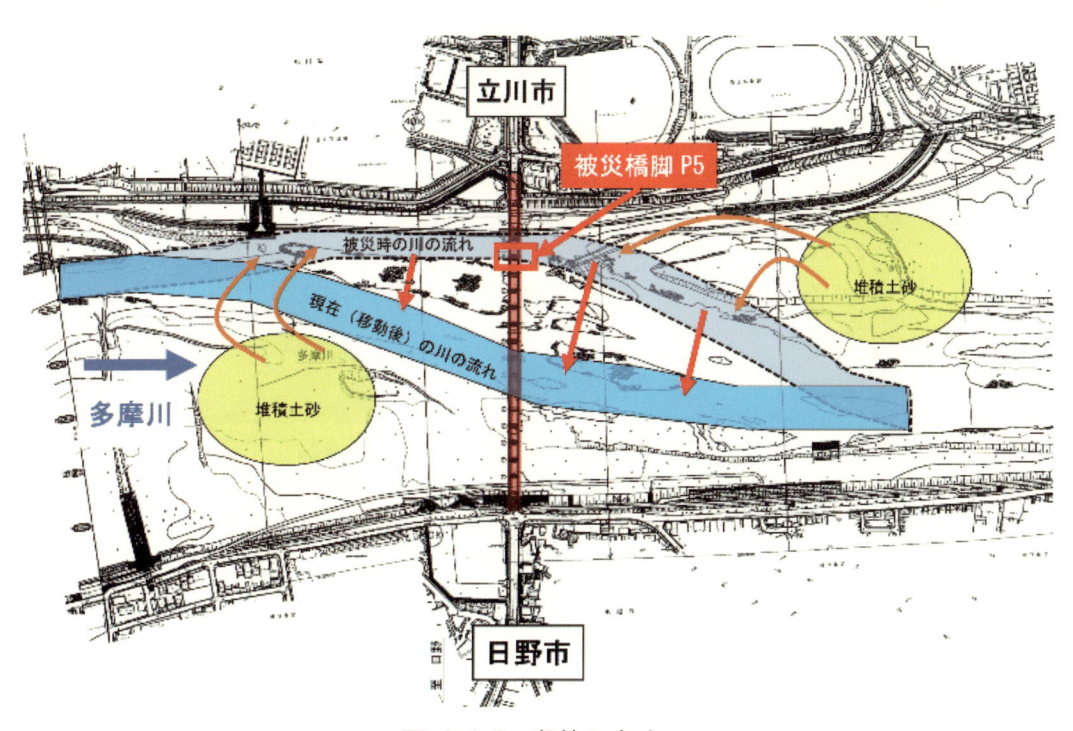

図-6.4.7　瀬替え方法

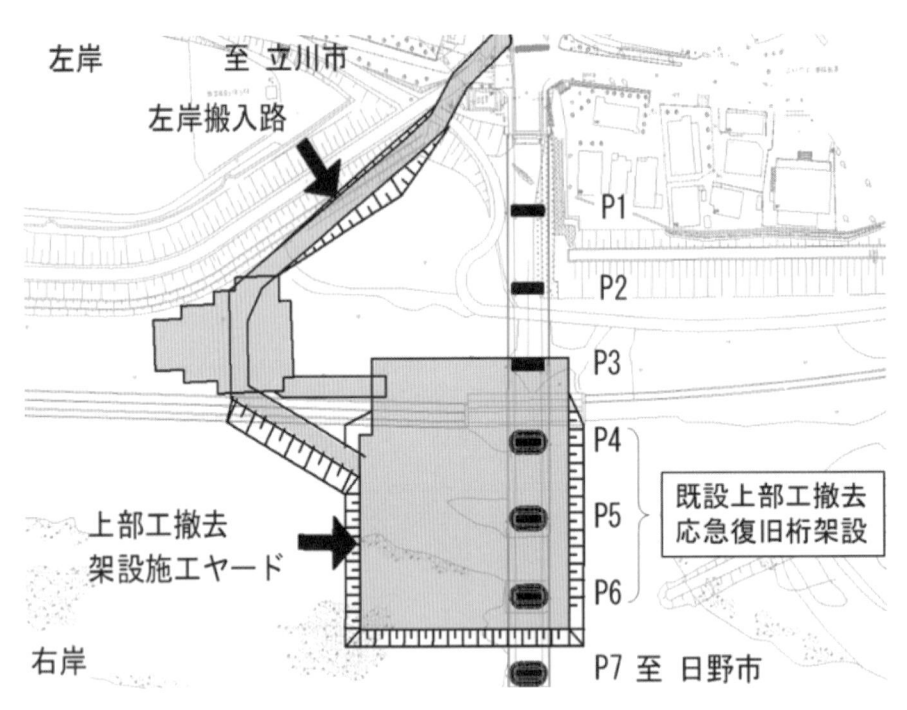

図-6.4.8　施工ヤード築造 [6.4.1)]
出典）高橋ら，令和元年の台風 19 号で被災した日野橋の復旧における計画・設計・施工
橋梁と基礎，Vol.55, No.6, 図-6, p.35, 建設図書, 2021.6

写真-6.4.8　河川内土工における使用重機 [6.4.1)]
出典）高橋ら，令和元年の台風 19 号で被災した日野橋の復旧における計画・設計・施工
橋梁と基礎，Vol.55, No.6, 写真-4, p.35, 建設図書, 2021.6

② 　既設桁と橋脚の撤去

　既設桁と橋脚の撤去に使用するクレーンについては，新設桁の架設も考慮するとともに，工期短縮を図る
ために以下の施工方法が可能な350 t 吊クローラクレーンが採用（**写真-6.4.9**）された.

写真 6.4.9　350t クローラクレーン

　既設桁は，工程を短縮するため，1径間3ブロックに分割して撤去された．既設橋脚は，工程を短縮するため，可能な限り大型化して撤去された．新設主桁は，ベントを省略し工程を短縮するため，地組した桁を一括工法で架設された．既設桁の撤去は，使用するクレーンの能力から橋軸方向の分割は行わず，橋軸直角方向に3ブロックに分割（**図-6.4.9**）して撤去された．

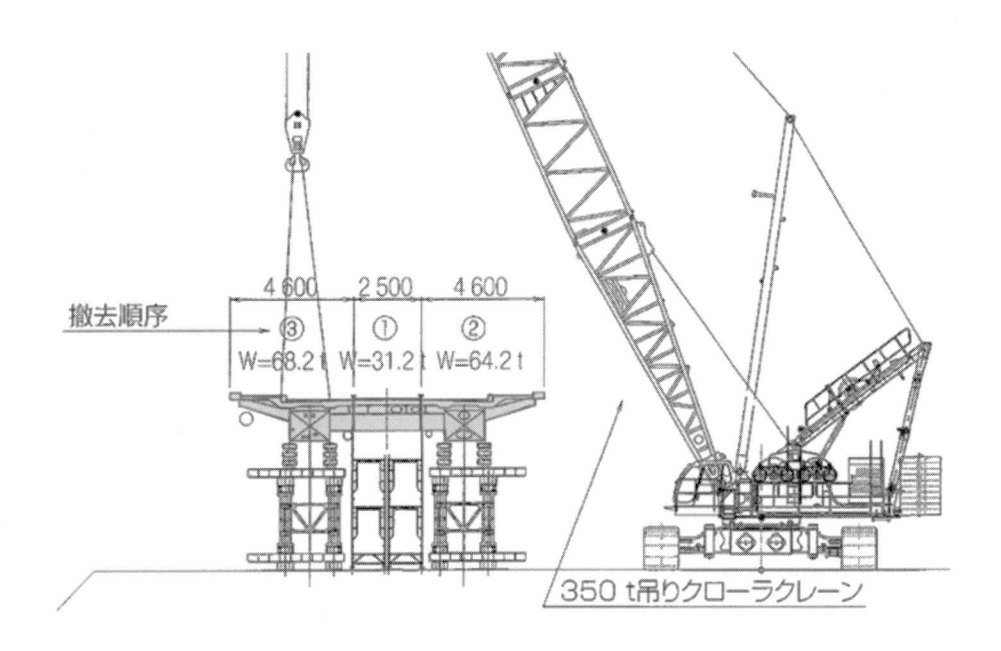

図-6.4.9　既設桁撤去ステップ [6.4.1)]

出典）高橋ら，令和元年の台風19号で被災した日野橋の復旧における計画・設計・施工
　　　橋梁と基礎，Vol.55, No.6, 図-10, p.38, 建設図書，2021.6

　既設橋脚の撤去は，使用クレーンの能力から撤去回数が最少となるように5ブロックの分割（**図-6.4.10**）となった．分断方法は環境面に配慮してワイヤーソーを使用し，各ブロックには事前に吊り孔を設け，ワイヤーロープを通して安全に配慮しながら撤去された（**写真-6.4.10**）．また，撤去された既設桁と橋脚は新設桁の架設と同時並行で施工ヤード内にて破砕・分別された（**写真-6.4.11**）．

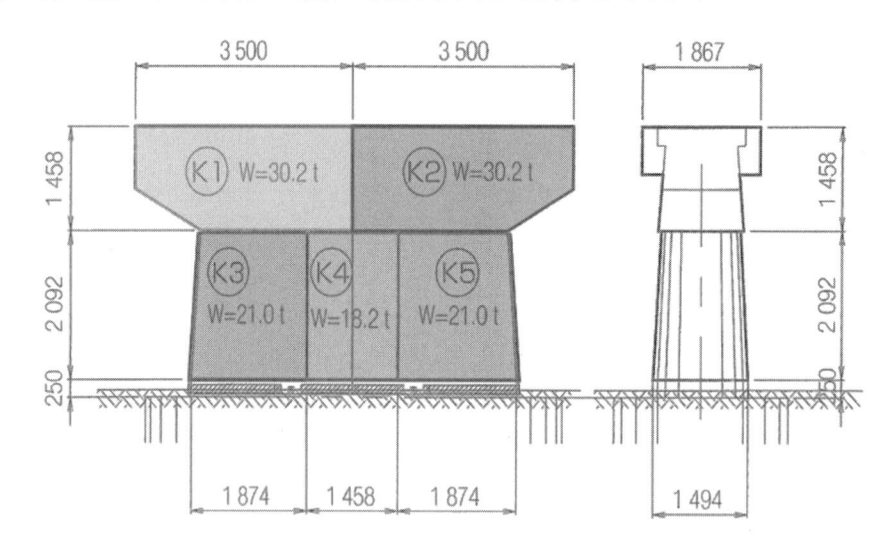

図-6.4.10　既設橋脚撤去分割図 [6.4.1)]
出典）高橋ら，令和元年の台風 19 号で被災した日野橋の復旧における計画・設計・施工
橋梁と基礎，Vol.55, No.6，図-12，p.38，建設図書，2021.6

写真-6.4.10　橋脚撤去状況 [6.4.1)]
出典）高橋ら，令和元年の台風 19 号で被災した日野橋の復旧における計画・設計・施工
橋梁と基礎，Vol.55, No.6，写真-11，p.38，建設図書，2021.6

写真-6.4.11 ヤード内での橋脚破砕状況[6.4.1)]
出典）高橋ら，令和元年の台風19号で被災した日野橋の復旧における計画・設計・施工
橋梁と基礎，Vol.55, No.6, 写真-12, p.39, 建設図書，2021.6

③ 新設桁の設計・架設

　新設する上部構造は，既設下部構造への負担を極力軽減するため，既設と同じRC床版鋼鈑桁ではなく，鋼床版鈑桁で架け替えることとされた．また，支承位置変更に伴う既設橋脚への鉄筋干渉とその見直しに伴う工期遅延回避のため，支承と主桁の配置は既設橋と同様とされた．

　工場製作された新設桁は，現地までの運搬の関係で全15部材となった（**図-6.4.11**）．主桁ブロックは桁長を3分割したブロックをヤードにて地組み立てを行い，350tクローラクレーンにて一括架設された（**写真-6.4.12**）．

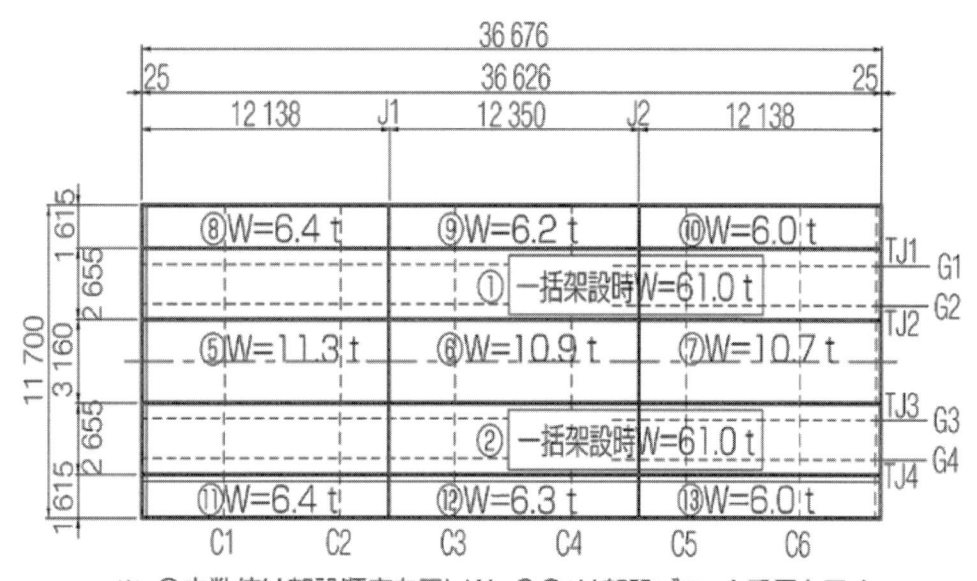

※：〇内数値は架設順序を示しW=〇〇tは架設ブロック重量を示す．

図-6.4.11 新設桁ブロック割[6.4.1)]
出典）高橋ら，令和元年の台風19号で被災した日野橋の復旧における計画・設計・施工
橋梁と基礎，Vol.55, No.6, 図-13, p.39, 建設図書，2021.6

写真-6.4.12　新設桁一括架設状況

④　護床工

　橋脚の沈下が護床ブロックの流出に起因していたことと周辺橋脚もブロックの欠損があったため，今後同様の被害が発生しないよう，今回の復旧工事ではP5橋脚およびP8橋脚付近の2箇所において計2,400㎡の護床ブロックが設置された．今回使用したブロックは，短期間で製作しなければならないため，平型ブロックを採用することとなった．ブロックは他の作業と並行しながら現地にて必要数を製作・仮置きし，順次設置された（写真-6.4.13）（写真-6.4.14）．

　また，洗堀防止対策として，吸出し防止剤（t=20㎜）をブロックの下に敷き詰めるとともに，ブロックが設置できない隙間には，河川内の玉石を使用した袋型根固め材を設置し，橋脚周りの河床の洗堀防止が図られた．

写真-6.4.13　護床ブロック製作状況

写真-6.4.14　護床ブロック設置状況

⑤　橋面工

　地覆および歩車道境界ブロックについては，現場での型枠・配筋作業および養生期間を省略することで工期短縮が可能となり，かつ軽量化の観点から死荷重軽減するため，鋼製地覆が採用された．

⑥　交通開放

　舗装工事も予定どおり完了し（写真-6.4.15），2020年（令和2年）5月12日に無事交通開放された．

写真-6.4.15　復旧完了状況

6.4.6 早期復旧のために行ったその他の創意工夫

復旧を最短で行うことを目標として，以下のような構造および施工方法も行なわれた．

① 工場製作面での工夫

・使用鋼材は資材調達を考慮し，SM490Y材，SM520材を基本として材質の統一が図られた．

・鋼床版の横断勾配はレベルとして，舗装厚変化により路面勾配を形成することとなった．また，板厚は手配可能なt=16mmを使用し，縦リブは加工が容易な平リブを採用することで，工期短縮を図った．

・外面塗装はふっ素樹脂系としたうえで，現場への搬入時期の関係からできる限り工程を短縮するために厚膜形の中塗り・上塗りの兼用塗料が採用された．

② 現場での工夫

・撤去から架設までの一連の作業において，桁下から作業ヤードまでの高さが約5mと比較的低いことから，安全面・工程面から総合的に優位な桁下前面枠組み足場が採用された．

・現場継手は，鋼床版も含めて全て高力ボルト継手が採用された．

6.4.7 復旧に際してのポイント

今回の復旧は，日野橋が地域における重要路線に架かる橋梁であることから早期復旧が求められ，さらに河川内での作業ということで，10月の被災から非出水期内での工事完了という厳しい条件下での施工となった．そのため，確実に工事完了できる計画を短期間で立案することが求められた．こうした中，早期復旧に向けた方針検討にあたり留意した点について以下に示す．

・技術職員，コンサルタント，施工業者の早期確保

・復旧完了までの全体工程を見据えた対策方針の検討

・現場条件や全体の作業内容を考慮した工法選定

・河川管理者，交通管理者，漁業協同組合，環境団体などの関係機関・団体との協議・調整

参考文献

6.4.1) 高橋翔平，鈴木智洋，小坂井崇，福島博昭，坂下悟，古川謙一郎：令和元年の台風19号で被災した日野橋の復旧における計画・設計・施工，橋梁と基礎　第55巻第6号，pp.33-40，2021.6

6.5 二層式高速道路鋼高架橋におけるタンクローリー横転による火災事故の復旧工事 ～首都高速道路5号池袋線～

6.5.1 災害の内容

① 発生日時：2008年（平成20年）8月3日午前6時頃

② 発生場所：首都高速道路5号池袋線熊野町ジャンクション（以下，JCTとする.）（東京都板橋区熊野町）（**図-6.5.1**）

③ 災害内容：高速5号池袋線（下り線）を走行していたタンクローリー（積載物：ガソリン16キロリットル，軽油4キロリットル）が横転し，左側側壁に衝突し炎上. 人身被害は，タンクローリーの運転手が重傷，その他の人身被害はなし.

④ 災害影響：火災事故発生直後から，首都高速道路の以下の区間で通行止めを実施.
- 5号池袋線（上）板橋JCT～熊野町JCT
- 5号池袋線（下）北池袋～板橋JCT
- 中央環状線（内）西池袋～板橋JCT
- 中央環状線（外）西新宿JCT～板橋JCT

⑤ その他：当該箇所は，首都高速道路の高速5号池袋線と高速中央環状線が接続する区間であり，ラケット型の鉄筋コンクリート橋脚の上下二層構造となっている. その下層でタンクローリーが横転し火災が発生した. 火災発生場所のイメージを**図-6.5.2**，火災時の状況を**写真-6.5.1**に示す.

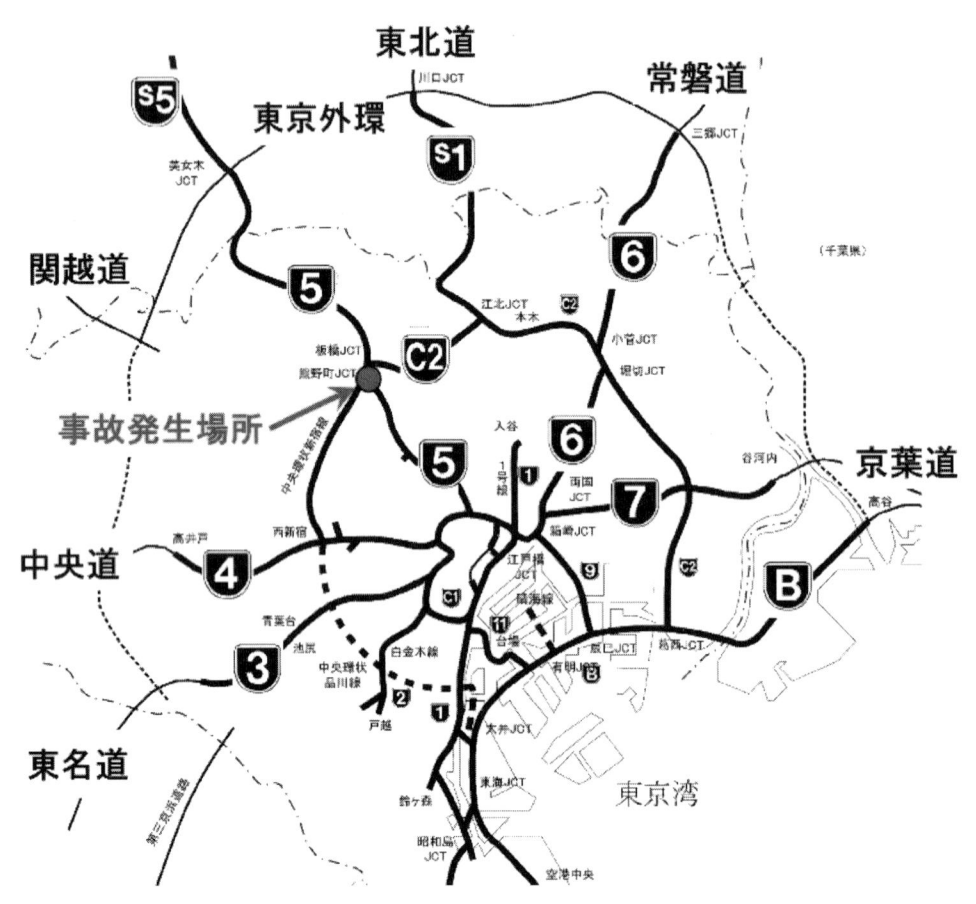

図-6.5.1 事故発生場所（首都高ネットワーク2008年当時）　提供）首都高速道路㈱

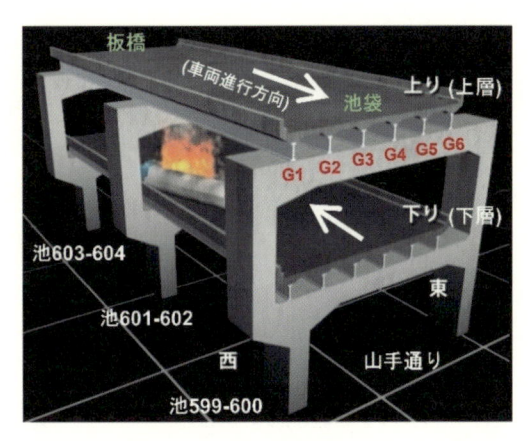

図-6.5.2 火災発生場所の構造イメージ ^{提供）首都高速道路}

写真-6.5.1 火災時の現場状況 ^{提供）首都高速道路}

6.5.2 構造物の被害状況

　事故発生後，消防による消火活動および消火剤等の撤去作業，路面清掃の実施，翌8月4日に消防・警察による現場検証が行われた．その現場検証後に道路の安全確認のための点検・調査が行われ，構造物の被害は以下のような状況であった．それぞれの被害状況を**写真-6.5.2～写真-6.5.7**に示す．

① 　鉄筋コンクリート橋脚・・・火元付近の池601-602の柱および横梁の一部でかぶりコンクリートの剥離，横梁鉄筋の一部露出が発生．

② 　鋼主桁・・・上層2径間の主桁が熱により変形し，特に火元直上の桁端部の変形が大きい状況．下層の主桁には大きな変状は確認されなかった．上層の桁端部の変形により，上層路面では，約70cmの沈下が発生していた．

③ 　鉄筋コンクリート床版・・・上層2径間の床版は，熱によるひび割れが多く発生．下層の床版には大きな変状は確認されなかった．

④ 　附属物・・・裏面吸音板，遮音壁が広範囲に焼損，また，排水管と照明柱の一部も焼損が確認された．

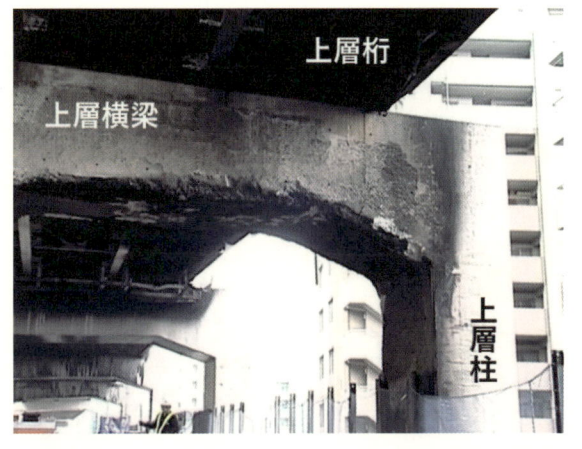

写真-6.5.2 RC橋脚の被害状況 ^{提供）首都高速道路㈱}

写真-6.5.3 上層鋼主桁の変形 ^{提供）首都高速道路㈱}

写真-6.5.4 上層路面の沈下状況 提供）首都高速道路(株)

写真-6.5.5 上層路面の沈下状況 提供）首都高速道路(株)

写真-6.5.6 上層RC床版のひび割れ 提供）首都高速道路(株)

写真-6.5.7 附属物の焼損状況 提供）首都高速道路(株)

6.5.3 調査

　火災による損傷範囲および損傷程度を把握することを目的とし，特に，火災の熱による構造物の影響を確認するため，受熱温度の推定や外観変状の確認が実施されている．調査の範囲は，二層構造の下層が火元であったことから，**図-6.5.3**に示すように上層の6径間，下層の2径間で実施された．

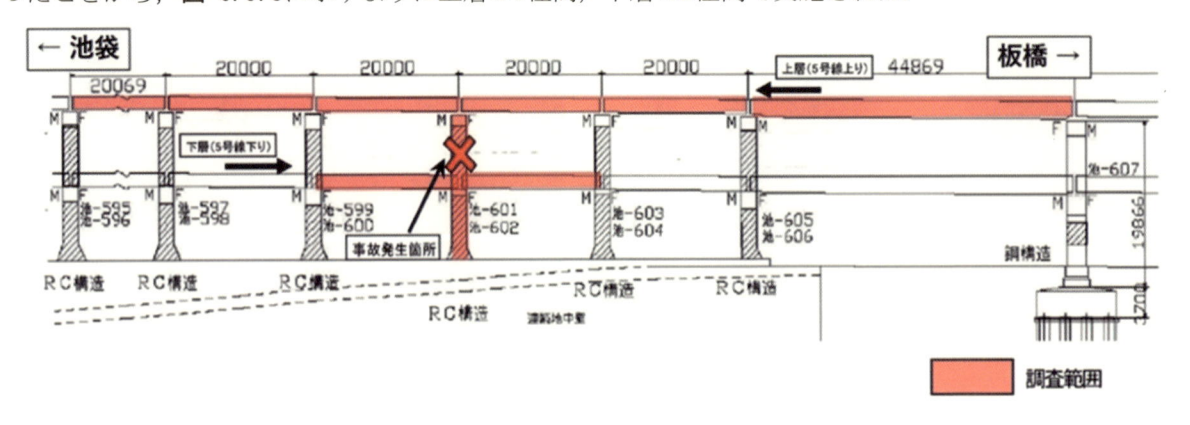

図-6.5.3調査の範囲 提供）首都高速道路(株)

　主構造の鋼桁，RC床版，RC橋脚で実施された調査の項目とその目的や内容を，それぞれ，**表-6.5.1～表-6.5.3**に示す．その他，舗装や附属物（遮音壁，裏面吸音板等）の調査も実施された．なお，調査方法や判

定基準の参考文献として，本事例の後に，「鋼構造シリーズ24火災を受けた鋼橋の診断補修ガイドライン」（土木学会：2015年4月）や，「国総研資料第710号　鋼道路橋の受熱温度推定に関する調査」（国総研：平成24年12月）に取り纏められているので参考にされたい.

表-6.5.1　鋼桁の調査項目とその目的や方法

調査項目	目的・方法等
近接目視調査	受熱影響範囲と受熱温度の推定を行うことを目的 塗膜状態，煤の付着状況，変形状況等の損傷概況の調査
変形量調査	鋼主桁の腹板等の変形量を把握することを目的 下げ振りを用いて基準線からの距離を計測し変形量を把握
鋼部材の調査 （引張試験）	受熱による鋼材の機械的性質の変化を把握することを目的 JIS規格を満足する試験片の採取は困難であるので，既設橋梁からϕ22mmのコアを採取して試験片に加工し鋼材引張強度試験を実施
鋼部材の調査 （組織観察試験）	鋼材の健全性の評価と受熱温度の推定を目的 引張試験のため採取したϕ22mmのコアを用いて，光学顕微鏡および走査型電子顕微鏡による組織観察を実施
継手部（高力ボルト）の調査	受熱による高力ボルトの軸力低下を確認することを目的 超音波軸力計による軸力測定を実施

表-6.5.2　RC床版の調査項目とその目的や方法

調査項目	目的・方法等
近接目視調査	被災概況の把握をすることを目的 煤の付着状況，変色，ひび割れ，鉄筋露出，剥離等を調査 損傷状況から被害等級で区分し整理
圧縮強度試験	受熱による圧縮強度の低下の有無を確認し，健全性を把握することを目的 コア採取による圧縮強度試験（JIS A 1107），リバウンドハンマーによる反発硬度試験（JIS A 1155）を実施
中性化深さ試験	受熱による中性化の進行を確認し，健全性を把握することを目的 コア採取による試験法（JIS A 1152），ドリル法（NDIS 3419）を実施

表-6.5.3　RC橋脚の調査項目とその目的や方法

調査項目	目的・方法等
近接目視調査	RC床版（表-6.5.2）に同じ
圧縮強度試験	RC床版（表-6.5.2）に同じ
中性化深さ試験	RC床版（表-6.5.2）に同じ
鉄筋の引張強度試験	受熱による引張強度の低下の有無を確認し，健全性を把握することを目的 試験片は，鉄筋露出が確認されたRC橋脚の帯鉄筋から採取 金属材料引張試験（JIS Z 2241）を実施
UVスペクトル法調査	コンクリート内部の深さ方向の受熱温度分布の推定をすることを目的 コアを採取し「建物の加害診断および補修・補強方法」2004（日本建築学会）に準拠し試験を実施. 変更点は次のとおり， ・採取したコアの径は50〜70mm程度（標準ϕ100mm） ・使用するコアは，中性化深さ試験とも併用したことから，試験結果に影響の無いようにフェノールフタレイン付着部を除去して試験を実施

6.5.4 調査の結果まとめ

主構造の鋼桁，RC床版，RC橋脚について，調査結果のまとめを**表-6.5.4**に示す．

表-6.5.4　調査結果のまとめ

項目	位置	調査の結果等
鋼桁	上層	【事故発生の火元直上の2径間（池599～池603）】 ● 火元近傍のG1～G3桁は変形が大きく，受熱温度も非常に高く機械的性質の変化がみられた． ● 火元付近上層部の支承は，熱影響により著しく損傷している箇所が見られた． ● 火元から離れたG4～G6桁は若干の変形があり，局部的に高い受熱が想定されるが，機械的性質の変化はみられなかった． ⇒火元近傍のG1～G3桁部は，一時的にも再利用不可能であり，火元から離れたG4～G6桁部は，変形矯正等の補修を行うことで一時的に利用することは可能だが，長期的な利用は困難
鋼桁	上層	【上記他の4径間（池595～池599，池603～池605）】 ● 鋼桁は，池597～池599および池603～池605において局部的に若干の変形があり補修を必要とする箇所がみられるが，火災の影響は小さいと判断された． ● 高力ボルトは，広範囲において軸力低下がみられる． ⇒恒久的に利用する場合には，鋼桁の変形箇所に対する補修を行うことで恒久的に利用可能
	下層	【事故発生の火元直下の2径間（池599～池603）】 ● 火元近傍のG1，G2桁支点付近は，若干の変形があり，局部的に高い受熱が想定されるが，機械的性質の変化はみられなかった．また，それ以外の範囲では，変形，塗膜の変化もみられないため，火災による影響は小さいと判断された． ● 高力ボルトは，広範囲において軸力低下がみられる． ⇒高力ボルトの交換を行うことで恒久的に利用可能
RC床版	上層	【事故発生の火元直上の2径間（池599～池603）】 ● 火元直上付近のRC床版の損傷は大きいが，火元から離れるにしたがい損傷は小さく，材料強度の低下や中性化の促進はないものと判断された． 【上記他の4径間（池595～池599，池603～池605）】 ● 火災による被害は少なく材料強度，中性化の促進はみられなかった．
	下層	【事故発生の火元直下の2径間（池599～池603）】 ● 火元近傍のRC床版張出部の損傷は大きいが，桁間の損傷は小さく，材料強度の低下や中性化の促進はみられなかった．
RC橋脚	池601	● 火元付近のRC橋脚（池601）における上層の横梁部および柱部は大きな損傷を受けているが，その他大部分の損傷は小さかった． ● 損傷の大きい上層横梁部は，コンクリートの強度低下がみられたが，受熱温度が400℃程度以下と推定され，一般的に今後の時間経過とともに，コンクリートの強度は，当初強度の9割程度まで回復すると期待できる． ● 鉄筋の引張強度は規格値を満足していた．

6.5.5　復旧の方針

　復旧方法の検討にあっては，外部有識者を含めた『タンクローリー火災により損傷を受けた橋梁構造物の復旧検討委員会』が組織された．委員会では，消防活動終了直後に実施された構造物の緊急調査や火災損傷し落下の恐れのあった裏面吸音板の撤去後に実施された損傷状態把握の詳細調査結果を報告し，復旧方法は，原形復旧することが基本とされた．また，首都高速の長期通行止めや常時車線規制，ネットワーク遮断に伴う交通への影響（経済損失）を考慮して，被災した構造物と通行車両の両者の安全性ならびに構造物の長期耐久性を確保した上で，最大限早期に復旧させることを最優先にするとともに，全面復旧までの間に供用可能な部分から順次交通開放させる方針とされた．

　この基本方針をもとに調査結果を踏まえ，部位毎の復旧方針が次のとおり決定された．

① 　上層鋼桁（池599〜池603）※事故発生の火元直上の2径間

　事故発生の火元直上の上層部2径間（池599〜池603）のG1〜G3桁（西側）については，損傷が著しく，一時的な利用も不可能であると判断された．また，同2径間のG4〜G6桁（東側）については，変形矯正などの補修により一時的な利用は可能であると判断できたものの，損傷が広範囲にわたるため長期耐久性は劣ると判断された．この結果，この上層2径間については，半断面ずつ全面的な鋼桁の架け替えをすることとされた．

② 　上層鋼桁（池597〜池599，池603〜池605）および下層鋼桁（池599〜池603）

　事故発生の火元付近に隣接する上層部2径間（池597〜池599，池603〜池605）および火元直下の下層部2径間（池599〜池603）については，損傷が局所的に限定されていたことから，L形鋼による補修などの部分的な補修を行うこととされた．

③ 　上層床版（池599〜池603）

　事故発生の火元直上の上層部2径間（池599〜池603）のRC床版については，鋼桁同様に損傷が著しく，鋼桁の架け替えとともに，全面に床版を打ち換えることとされた．

④ 　下層床版（池599〜池603）

　火元直下の下層部2径間（池599〜池603）のRC床版では，G1桁側の床版張出部に部分的な損傷が確認されたことから，当該部分の補修を実施することとされた．

⑤ 　RC橋脚（池601）

　火元部のRC橋脚（池601）は，熱影響による損傷が確認されたものの，RC橋脚の撤去・新設の必要まではなく，損傷箇所の部分的な補修を実施することとされた．

⑥ 　支承部

　火元付近上層部の支承は，熱影響により著しく損傷している箇所が見られたことから，全て交換することとされた．一方，下層部および上層部の隣接区間の支承は，経年劣化は見られたものの熱影響による損傷は軽微と判断され，塗装等による補修を実施することとされた．

6.5.6 復旧工事の概要

①　初動対応

　消防活動完了後，直ちに復旧工事が開始された．まず，構造物の緊急調査を実施し，並行して火災による損傷で落下の恐れのある裏面吸音板（**写真-6.5.8**）の撤去がされた．その後，構造物の損傷状態把握のため詳細な調査を実施しつつ，損傷が著しい上層部2径間の6主桁のうち4主桁（G1〜G4）と池601橋脚横梁に，安全性確保のため仮受けベントの設置が行われた．ベント資材は，事故発生の翌日8月4日夜間までに搬入され，25tクレーンを用いて昼夜連続施工で，3日間でベント設置が完了した．ベントの設置状況を**写真-6.5.9**に示す．

写真-6.5.8 被災した裏面吸音板　提供）首都高速道路(株)

写真-6.5.9 ベントの設置状況　提供）首都高速道路(株)

②　復旧工事の施工ステップと作業内容

　先述の復旧の方針のとおり，復旧工事にあたっては，被災した構造物と通行車両の両者の安全性ならびに構造物の長期耐久性を確保した上で，最大限早期に復旧させることを最優先にするとともに，全面復旧までの間に供用可能な部分から順次交通開放させる方針とされたことから，**図-6.5.4**に示すような施工ステップで復旧工事が実施された．以降に，各ステップでの概略の作業内容を示す．

■　ステップ1

　主桁の損傷が著しいG1〜G3側の安全性確保のため，仮受けベントを設置するとともに，主桁の損傷が比較的小さいG4〜G6桁（東側）の主桁腹板の補強（**写真-6.5.10**），東側上下層1車線を開放するための仮設防護柵の設置などを実施して，高速5号池袋線の方面の交通を確保．

■　ステップ2

　東側上下層1車線を開放しながら，西側上層のRC床版とG1〜G3桁を撤去（**写真-6.5.11**），あわせてRC橋脚（池601）の損傷部の断面補修，アラミド繊維補修（**写真-6.5.12**）を実施．

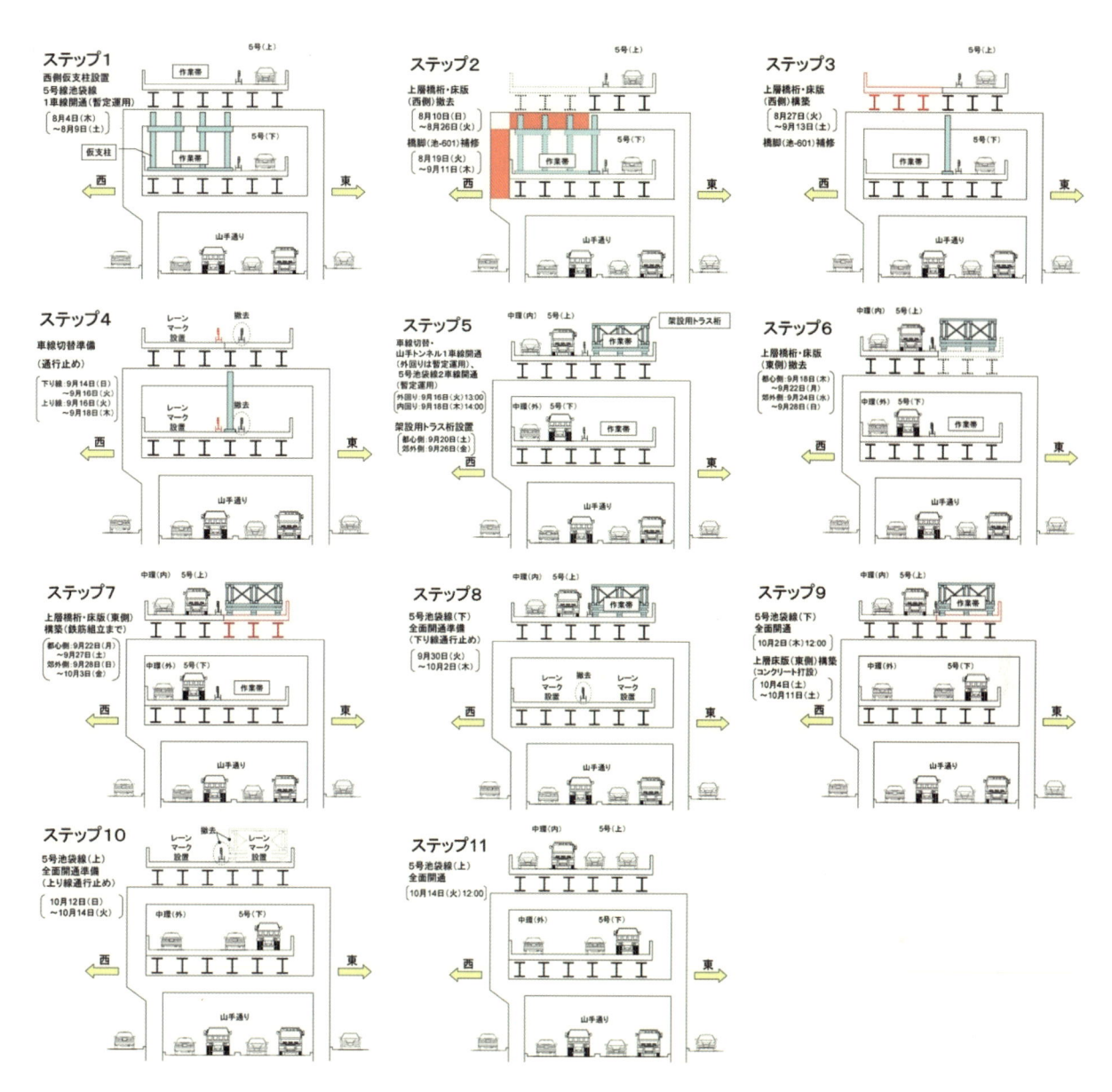

図-6.5.4　全面開通までの復旧工事のステップ　提供）首都高速道路㈱

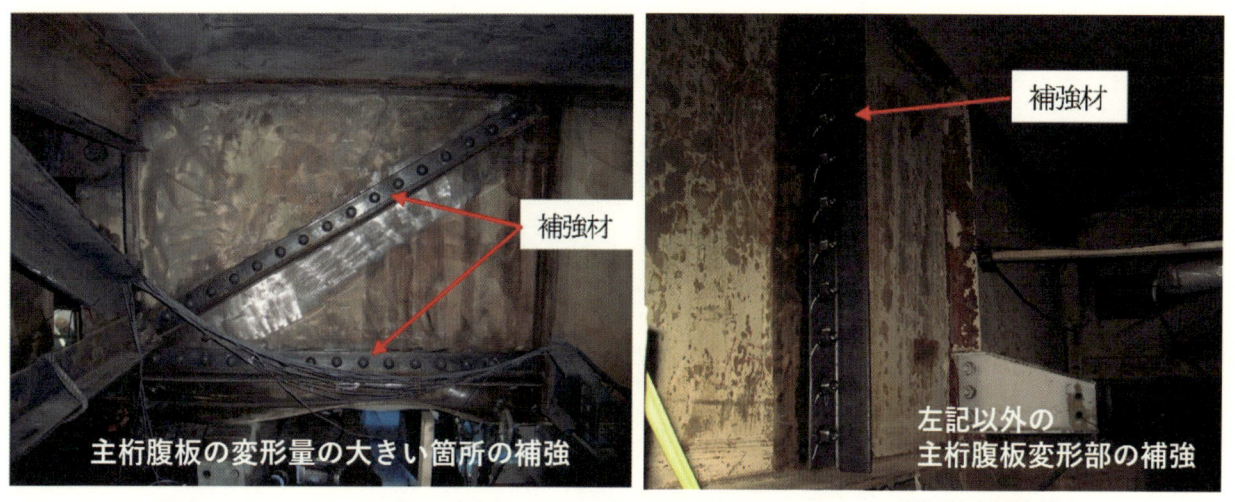

写真-6.5.10　G4〜G6桁（東側）の主桁腹板の変形部の補強状況　提供）首都高速道路㈱

RC床版撤去 　　　　鋼桁撤去

写真-6.5.11 RC床版と鋼桁の撤去状況 提供）首都高速道路(株)

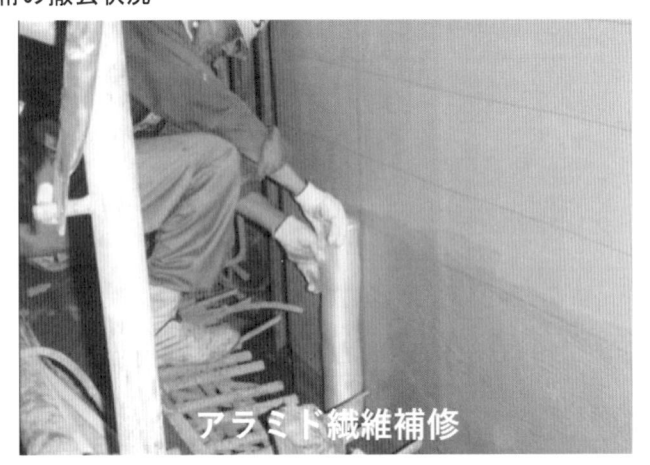

ポリマーセメントモルタル断面補修 　　アラミド繊維補修

写真-6.5.12 ポリマーセメントモルタル断面補修とアラミド繊維補修の状況 提供）首都高速道路(株)

■　ステップ3

　東側上下層1車線を開放しながら，西側上層のG1〜G3桁の架設，RC床版を早強コンクリートで再構築（**写真-6.5.13**），あわせてRC橋脚の補修を継続して実施．

■　ステップ4

　先行する西側上層G1〜G3桁の架設，RC床版の再構築とRC橋脚の補修完了後に西側2車線を交通開放するため，上下層の通行止めを行い区画線の設置，仮設防護柵設置等を実施．

鋼桁架設 　　　　RC床版打設

写真-6.5.13 鋼桁架設と RC 床版打設の状況 提供）首都高速道路(株)

■　ステップ5

　西側上下層の2車線を交通開放し，5号池袋線と中央環状線山手トンネルの両方面の交通を確保し，東側上層の架け替え工事を進めるために，損傷したRC床版と鋼桁の撤去および新設桁の架設を行うための仮設用トラス桁を設置（**写真-6.5.14左**）．

■　ステップ6

　トラス桁を用いて，東側上層の損傷したRC床版と鋼桁（G4〜G6）を一体で吊り降ろし撤去（**写真-6.5.14右**）．

■　ステップ7

　トラス桁を用いて，東側上層の鋼桁（G4〜G6）の架設と上層RC床版の鉄筋組立等を実施（**写真-6.5.15**）．

写真-6.5.14　（左）トラス桁の設置　　　（右）床版，鋼桁の一括撤去　提供）首都高速道路(株)

写真-6.5.15　（左）上層鋼桁の架設　　　（右）上層RC床版の鉄筋組立　提供）首都高速道路(株)

■　ステップ8

　先行して，下層の5号池袋線（下り）を全面開通させるため，下層を通行止めにして，仮設防護柵の撤去，区画線の設置を実施．

■　ステップ9

　下層の5号池袋線（下り）を火災事故から61日目の10月2日に全面開通．引き続き，上層においては，RC床版の早強コンクリート打設を実施．

■　ステップ１０

　上層のRC床版の構築を完了した後，上層の5号池袋線（上り）を全面開通させるため，上層の通行止めを行い，仮設防護柵の撤去や門型標識柱の設置を実施.

■　ステップ１１

　上層の5号池袋線（上り）を火災事故から73日目の10月14日に全面開通を行い，上下層の全面開通が完了.全面開通後も交通機能確保に影響のない残工事を引続き実施.

6.5.7 早期復旧のための創意工夫

　先述した復旧方針を踏まえ実施した復旧作業の流れに沿って，それぞれのタイミングにおいて，早期復旧を行うために実施された創意工夫を以下に示す.

①　架け替えを行う鋼桁の設計

鋼桁の設計では，工期短縮を最優先として，次のような設計方針がとられた.

- 鋼材を短期間で入手し，迅速に製作できるよう使用鋼材（板厚・材質）を少なくするため，主桁は断面変化させず，全主桁（6主桁）同一断面とされた.
- 分配桁や横桁については，形鋼の入手に時間を要することから，原形の形鋼を用いた対傾構ではなく，鋼板を用いたI断面の充腹板形状とされた.
- 床版を2分割施工とすることから，建設当初は単純合成桁であった構造を単純非合成桁とされた.
- 支承を新規製作するには時間を要することから，他工事で使用予定であり，製作が完了していたゴム支承（固定・可動）を利用することとされた.
- 主桁の製作を容易にするため，主桁にキャンバーは設けず，床版のハンチ高さを調整し，路面高さを調整することとされた.

②　鋼材の手配および桁製作

　通常，鋼桁の製作には，最短でも材料手配に3か月，製作に1か月の計4か月程度を必要とする.この復旧工事にあっては，ミルメーカーで緊急ロールを行い10日間で圧延材の材料が手配され，先行して架け替えを行う西側の鋼桁製作は，ファブリケータで10日間に渡り工場を24時間フル稼働することによって，約3週間で現場への部材搬入が実施された.

③　西側損傷部材の撤去

　先行して撤去再構築を行う西側の損傷部材の撤去にあっては，架け替えを行う池599〜池603の2径間に隣接する上層部に65t吊のラフタークレーンを設置し，RC床版を2m四方，鋼桁を10m程度に分割切断し撤去しているが，夜間も連続して作業を行うことから，周辺住民へ配慮し，壁高欄およびRC床版の切断にあっては，ワイヤーソー，コンクリートカッターを用いた騒音対策がされた.

　また，火災により西側のG1〜G3桁は大きく変形していたため死荷重の再配分がなされていることが想定されたことから，床版ブロックの撤去および鋼桁撤去の各段階において，開放車線の交通および構造上の安全性確保のため，開放車線側の桁での動ひずみ計測による常時モニタリングを行いながら，開放車線から最も離れたG1桁側から順次撤去が行われた.なお，最も開放車線側となるG3桁の撤去の際は，車両を一時通行止めとして作業が行われた.

④　西側の桁架設

　西側の桁架設では，高架下の街路（山手通り）にクレーンを配置して架設する方法なども比較検討されたが，街路および高速の交通影響が小さくなるよう**図−6.5.5**に示すように，高速の上下層にクレーンを配置し，高速の下層に搬入した桁をクレーンの相吊りにより架設する方法が採用された.下層への桁搬入の状況を**写真−6.5.16**，相吊りによる架設状況を**写真−6.5.17**に示す.

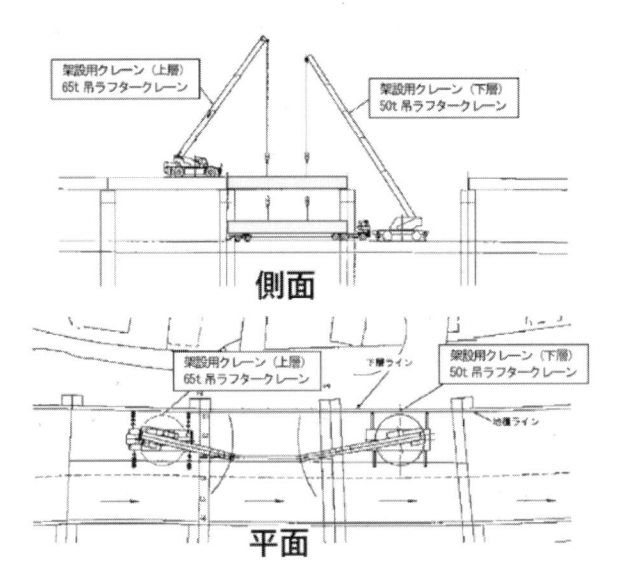

図-6.5.5　西側架設のクレーン配置 _{提供）首都高速道路㈱}

写真-6.5.16　下層への桁搬入状況 _{提供）首都高速道路㈱}

写真-6.5.17　相吊り架設 _{提供）首都高速道路㈱}

⑤　復旧するRC床版

　RC床版の再構築にあっては，上部工のキャンバー調整を床版のハンチ高さで調整することや西側，東側の分割施工への対応，設計・施工の作業期間などを考慮し，場所打ちのコンクリートを用いることとされた．また，下部構造への荷重増加を避け，災害発生前と同程度の重量とするために，建設時と同じく軽量コンクリートを用い，原形復旧として床版厚さは220mmとされた．

　なお，工期短縮が強く求められていることから，早強コンクリートの使用，型枠のプレハブ化，24時間連続施工，床版から地覆・壁高欄までの一体打設などが実施されている．

　非常に稀な早強での軽量コンクリートを用いることとなったため，床版の耐久性を考慮し，ひび割れ対策が入念に検討され，鉄筋量を増加させ発生応力度を低減することや初期ひび割れを防ぐために短繊維（ポリプロピレン）と膨張剤の使用，コンクリート強度を35MPaとする対応がなされている．

⑥　東側の損傷部材の撤去

　2期施工となる東側の撤去再構築については，先行で再構築された西側を2車線で交通開放することから，1期施工に比べ施工スペースが狭隘となる状況を踏まえ，部材撤去，架設方法を比較検討がなされ，施工ステップで先述したとおり，撤去再構築を行う池599〜池603の2径間に仮設のトラス桁を配置して作業が実施された．

　ここで，部材の撤去にあたっては，**写真-6.5.18**と**写真-6.5.19**に示すように，床版と桁を一体の大ブロックで，下層に配置した2台のトレーラー上に降下させ，その2台のトレーラー上で切断し搬出を行うことで，工程が短縮された．

写真-6.5.18 大ブロックの降下状況 ^{提供）首都高速道路(株)}　　写真-6.5.19 大ブロックの切断状況 ^{提供）首都高速道路(株)}

⑦　東側の桁架設

　東側の桁架設は，上層に搬入した桁を**写真-6.5.20**に示す門型リフターを用いて，トラス桁へ移動し，トラス桁によって，架設位置付近まで移動させ，**写真-6.5.21**のように，チェーンブロック等を用いて，所定位置に架設している．

写真-6.5.20 門型リフター移動状況 ^{提供）首都高速道路(株)}　　写真-6.5.21 トラス桁での桁架設状況 ^{提供）首都高速道路}

6.5.8 復旧工事以外の対応

今回の火災事故は非常に大きな社会影響を及ぼした．先述した復旧工事の対応の他，次の対応がなされている．

① 道路利用者対応

首都高速道路を利用する方々などからの数多くの問合せに速やかに対応するために，特別な問合せ窓口（5号線緊急コールセンター）が設置された．また，通行止め区間を挟み再利用する高速道路の利用者には追加の料金を徴収しない措置が実施された．

② 周辺住民への対応

今回の復旧工事が，昼夜連続作業となることから，現場の周辺住民の方々に対し緊急性を理解してもらうためのチラシ配布や低騒音機械を用いるなどの対応がなされた．

③ 交通安全対策の追加実施

再度，同様な災害が発生しないように，カーブ区間に滑り止めカラー舗装の実施や大型の注意喚起看板設置などの対策がなされた．

6.5.9 復旧工事におけるポイント

今回の火災事故は，首都高速道路ネットワークで重要な区間において橋梁が被害を受けたものであった．そこで，通行止めによる社会的影響を考慮し，橋梁再構築までの間に応急的な補修・補強によって，部分的な車線開放を行うとともに，早期の復旧のために，狭隘な作業空間での撤去・架設に際して様々な工夫が取り入れられ，事故発生後，約70日という非常に短い期間での再構築が成し遂げられた．

これが成し遂げられた大きなポイントとしては，速やかに①点検・調査で健全性が確認され，②復旧方針が決定されたこと，さらに，③管理者と施工会社の情報共有と意思疎通の仕組み作りがなされ，④関係機関の協力や周辺住民のご理解を得られたこと，であったと考えられる．

参考文献

6.5.1)　和泉公比古：土木学会トークサロン第 22 回首都高緊急復旧工事の 2 ヶ月半－タンクローリー火災事故の復旧現場より－，2008/12/17.

https://www.jsce.or.jp/committee/kikaku/talk/081217PPT.pdf

6.5.2)　桑野忠生ら：首都高速 5 号池袋線タンクローリー火災事故の復旧工事－首都高史上最大規模の構造物損傷を 73 日間で復旧－，土木学会誌 vol.93 no12 December 2008.

https://www.jsce.or.jp/journal/jikosaigai/200812.pdf

6.5.3)　首都高速道路(株)：首都高速 5 号池袋線（下）のタンクローリー横転・車両火災事故関連プレスリリース，

2008/8/4～2009/4/7, https://www.shutoko.co.jp/company/press/h20/

6.5.4)　日経 BP 社：【首都高速火災事故】写真で見る復旧までの軌跡（前編・後編），2008.

https://xtech.nikkei.com/kn/article/const/news/20081118/528118/

6.6 鋼桁の塗替塗装工事における火災事故の復旧工事
～首都高速道路3号渋谷線・7号小松川線～

　ここでは，首都高速道路の鋼桁塗装工事現場において，2014年3月および2015年2月に発生した2件の火災事故に伴う鋼桁橋の損傷とその復旧経緯をまとめる.

6.6.1 災害の内容
a）高速3号渋谷線の火災事故
①　発生日時：2014年（平成26年）3月20日午後2時頃
②　発生場所：高速3号渋谷線（東京都渋谷区南平台付近）（図-6.6.1）
③　災害内容：高速3号渋谷線の鋼桁塗装工事現場から出火. 作業員1名が右手指に火傷.
④　災害影響：火災事故発生直後から，最大72時間の通行止めが発生.

b）高速7号小松川線の火災事故
①　発生日時：2015年（平成27年）2月16日午前11時頃
②　発生場所：高速7号小松川線（東京都江戸川区小松川町付近）（図-6.6.1）
③　災害内容：高速7号小松川線の鋼桁塗装工事現場から出火. 作業員13名が病院へ搬送され，2名が死亡.
④　災害影響：火災事故発生直後から，最大10日間の通行止めが発生.

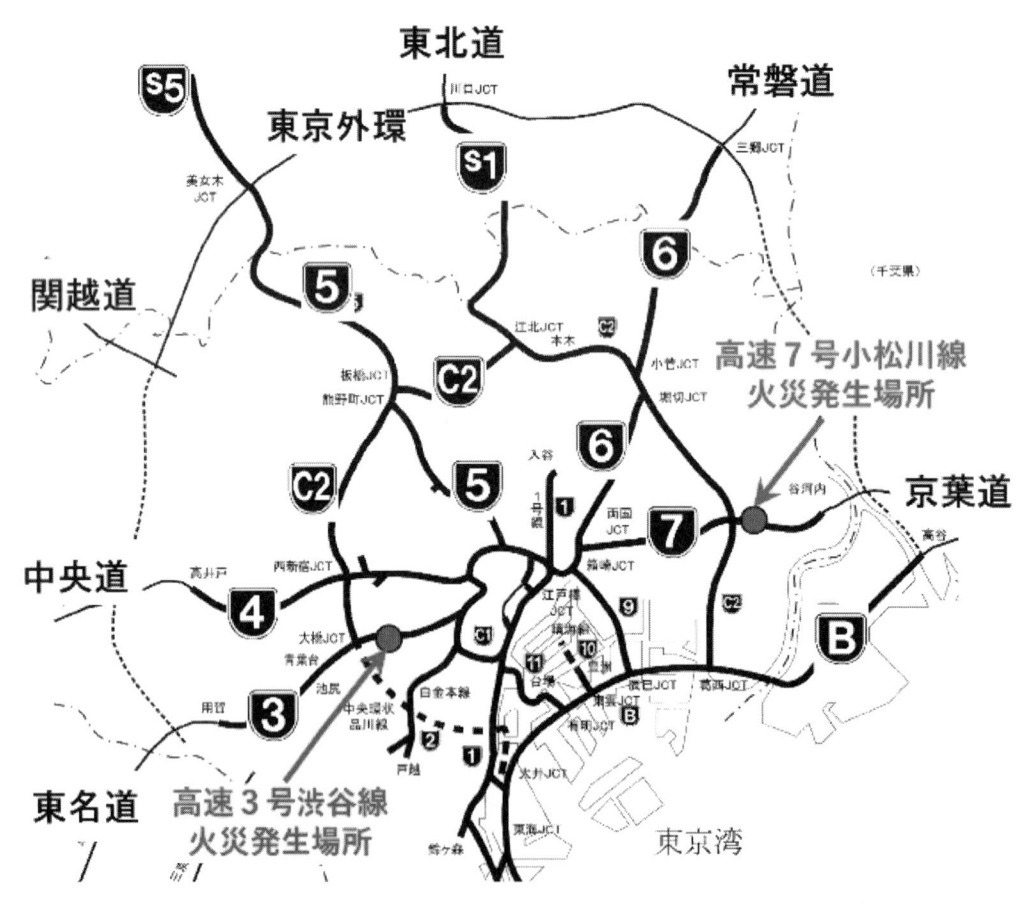

図-6.6.1 事故発生場所（首都高ネットワーク2015年当時）　提供）首都高速道路㈱

6.6.2　火災事故発生場所の構造概要

火災事故が発生した場所の構造概要を**表-6.6.1**に示す.

表-6.6.1　火災事故発生場所の構造概要

項目	高速3号渋谷線（渋232〜渋236）	高速7号小松川線（小-307〜小-309）
しゅん功	1971年9月	1970年8月
供用	1971年12月	1971年3月
上部構造 形式	単純鋼床版箱桁　2連 （上下線分離構造）	単純RC床版鋼鈑桁　1連 （上下線一体構造）
橋長	約66m	約31m
幅員	約10m（片側）	約23m
桁高	約2.2〜2.8m	約1.7m
橋脚形式	鋼製橋脚	RC橋脚

6.6.3　構造物の被害状況と調査内容

a）高速3号渋谷線（渋232〜渋236）

火災発生から約3時間後の午後5時頃に火災鎮火が確認され，その後の消防による現場検証が終了した上り線側から被害状況の確認が行われた．現地での健全性を確認するための調査としては，①火災を受けた鋼桁の推定受熱温度と範囲の調査，②鋼桁の変形量調査，③継手部（高力ボルト）の調査，④荷重車載荷試験（20トン×2台）による応力測定が実施された.

なお，火災により塗装工事用の吊り足場の一部も焼損していたことから，必要に応じて，吊り足場の撤去・再設置を行いながら可能な範囲から順次，調査が進められ，専門家を交えた検討会での技術的判断を踏まえ，上り線の左側車線から順に通行止めの解除がなされた．**図-6.6.2**に火災発生場所の断面図を**表-6.6.2**に各範囲の調査結果と技術的判断を示す.

次に，主桁の変形状況を**写真-6.6.1**，上り線側主桁の塗膜損傷状況を**写真-6.6.2**，塗装工事用の吊り足場の焼損状況を**写真-6.6.3**，受熱により変形した主桁の応急補強対策として箱桁内部に設置した仮支柱の設置状況を**写真-6.6.4**に示す.

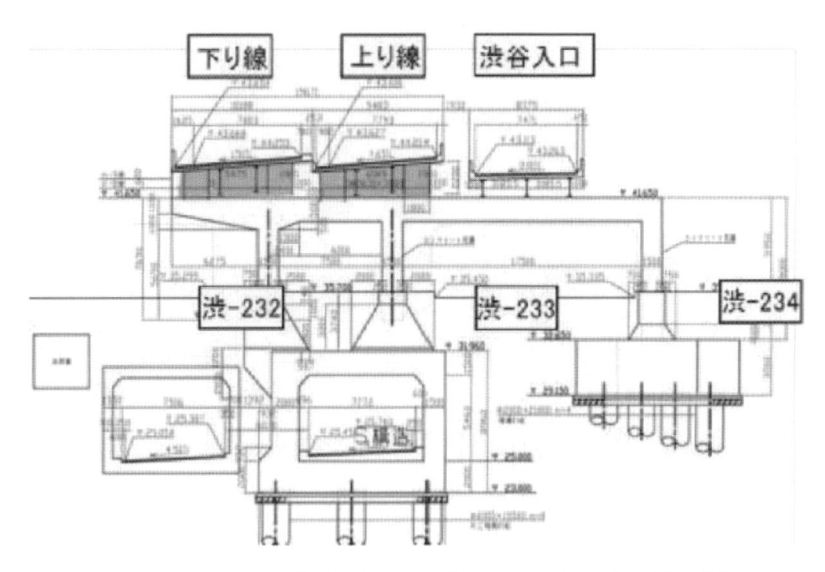

図-6.6.2　火災発生場所の断面図（高速3号渋谷線）[6.6.1]

（出典：首都高速道路(株)：渋谷区南平台町付近（高速3号渋谷線高架下）の火災についてプレスリリース）

表-6.6.2　各範囲の調査結果と技術的判断（高速3号渋谷線）

項目	下り線	上り線	
	両車線	右車線	左車線
調査内容	①火災を受けた鋼桁の推定受温度と範囲の調査，②鋼桁の変形量調査，③継手部（高力ボルト）の調査，④荷重車載荷試験（20トン×2台）による応力測定		
調査結果	● 桁全体に高い受熱温度であったと推定 ● 桁の一部に最大20mm程度の変形を確認 ● 桁全体としての損傷は軽微で，荷重車載荷試験での桁のひずみが解析値とほぼ一致しており，荷重伝達に問題がないことが確認でき，特段の異常はなし	● 右車線側の桁は高い受熱温度であったと推定 ● 桁の一部に最大20mm程度の変形を確認 ● 桁全体としての損傷は軽微で，荷重車載荷試験での桁のひずみが解析値とほぼ一致しており，荷重伝達に問題がないことが確認でき，特段の異常はなし	● 左車線側の桁は低い受熱温度であったと推定 ● 桁およびボルトの損傷は軽微 ● 荷重車載荷試験での桁のひずみが解析値とほぼ一致しており，荷重伝達に問題がないことが確認でき，特段の異常はなし
検討会での技術的判断	● 正常な力の伝達が確認できたことから，変形した桁の応急補強を行うことで下り線も車両の通行に支障がない	● 正常な力の伝達が確認できたことから，変形した桁の応急補強を行うことで右車線側も車両の通行に支障がない	● 大きな変状もなく正常な力の伝達が確認できたことから左車線側の車両の通行に支障がない
対応	● 変形した桁の応急補強対策を実施した上で，下り線の通行止めを解除	● 変形した桁の応急補強対策を実施した上で，右車線の通行止めを解除	● 損傷を受けた吊り足場の撤去・再設置等の安全対策を実施した上で，左車線を先行して通行止め解除

写真-6.6.1 主桁の変形状況 [6.6.1)]

（出典：首都高速道路(株)：渋谷区南平台町付近（高速3号渋谷線高架下）の火災についてプレスリリース）

写真-6.6.2 塗膜損傷状況（上り線側主桁） [6.6.1)]

（出典：首都高速道路(株)：渋谷区南平台町付近（高速3号渋谷線高架下）の火災についてプレスリリース）

写真-6.6.3 吊り足場の焼損状況 [6.6.1)]

（出典：首都高速道路(株)：渋谷区南平台町付近（高速3号渋谷線高架下）の火災についてプレスリリース）

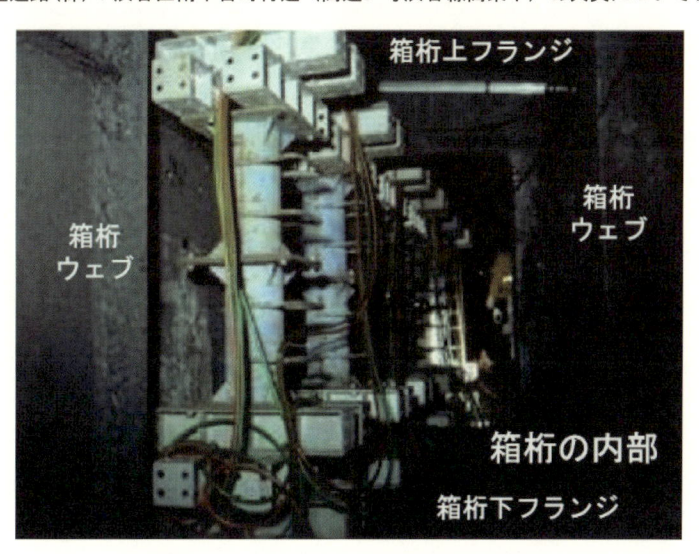

写真-6.6.4 仮支柱の設置状況 [6.6.1)]

（出典：首都高速道路(株)：渋谷区南平台町付近（高速3号渋谷線高架下）の火災についてプレスリリース）

b) 高速 7 号小松川線 （小-307～小-309）

　火災発生から約4時間半後の午後3時半頃に火災鎮火が確認され，消防・警察の現場検証は翌朝から開始された．こちらも前述の高速3号渋谷線と同様に，現場検証の終了後に上り線側から順次，被害状況の確認が行われた．現地での健全性を確認するための調査としては，高速3号渋谷線と同様の鋼構造物に関する調査，橋梁全体の荷重車載荷試験による応力測定の他，床版がRC床版で，下部構造形式がRC橋脚であったことから，近接目視とコンクリートの強度，中性化深さの確認が実施されている．**表-6.6.3**に各範囲の調査結果と技術的判断を示す．

　次に，下り線側主桁の変形状況としてG2桁を**写真-6.6.5**，G3桁を**写真-6.6.6**に示す．また，塗装工事用の吊り足場の焼損状況を**写真-6.6.7**に，高架橋に添架されているケーブル関係の焼損状況を**写真-6.6.8**に示す．なお，主桁の損傷部に負荷がかからないように設置された仮支柱は，**図-6.6.3**に示すように下り線側の4本の主桁を支持していて，その設置状況を**写真-6.6.9**に示す．

表-6.6.3　各範囲の調査結果と技術的判断（高速 7 号小松川線）

項目	上り線	下り線
調査内容	①火災を受けた鋼桁の推定受温度と範囲の調査，②鋼桁の変形量調査，③継手部（高力ボルト）の調査，④荷重車載荷試験（20トン×2台）による応力測定，⑤RC床版およびRC橋脚の近接目視，コンクリートの強度，中性化深さの確認	
調査結果	● 鋼桁については，近接目視および桁変形量調査において，火災の影響がないことを確認 ● ボルトのゆるみがないことを確認 ● RC床版については，コンクリート強度が所定の強度を満足していること，中性化深さも問題ないことを確認 ● RC橋脚についても近接目視により火災の影響がないことを確認 ● 橋梁全体の安全性について，荷重車載荷試験での桁のひずみが解析値とほぼ一致しており，荷重伝達に問題がないことを確認 ● 橋面上を調査した結果，路面等に異常なし	● 鋼桁については，主桁端部付近において，高い受熱温度であったと推定される箇所があり，下り線側4本の主桁のうち2本について，桁の下端部に最大42mmの変形を確認 ● ボルトについては，熱影響のある範囲について交換を実施 ● RC床版およびRC橋脚については，コンクリート強度が所定の強度を満足していること，中性化深さも問題ないことを確認 ● 橋梁全体の安全性については，熱影響により変形した桁に負荷がかからないよう仮支柱で支持した後に実施した荷重車載荷試験での桁のひずみが解析値とほぼ一致しており，荷重伝達に問題がないことを確認 ● 橋面上を調査した結果，路面等に異常なし
検討会での技術的判断と対応	● 上記の調査結果より橋梁は健全であると判断 ● 翌日の2月17日午後6時頃に通行止めを解除	● 損傷が限定的であったことから，損傷部に負荷がかからないよう桁を仮支柱で支持することで橋梁全体の安全性を確保 ● 発災から10日後の2月26日午後3時に通行止めを解除

写真-6.6.5 下り線側G2桁の変形状況 [6.6.3)]

（出典：首都高速道路(株)：江戸川区西小松川町付近（高速7号小松川線高架下）の火災についてプレスリリース）

写真-6.6.6 下り線側G3桁の変形状況 [6.6.3)]

（出典：首都高速道路(株)：江戸川区西小松川町付近（高速7号小松川線高架下）の火災についてプレスリリース）

写真-6.6.7 吊り足場の焼損状況 [6.6.3)]

（出典：首都高速道路(株)：江戸川区西小松川町付近（高速7号小松川線高架下）の火災についてプレスリリース）

写真-6.6.8 ケーブル関係の焼損状況 [6.6.3)]

（出典：首都高速道路㈱：江戸川区西小松川町付近（高速 7 号小松川線高架下）の火災についてプレスリリース）

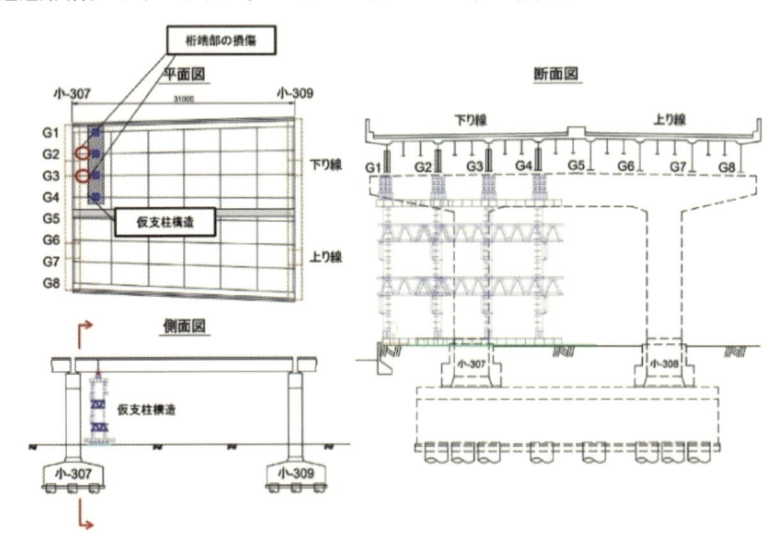

図-6.6.3 仮支柱の配置 [6.6.3)]

（出典：首都高速道路㈱：江戸川区西小松川町付近（高速 7 号小松川線高架下）の火災についてプレスリリース）

写真-6.6.9 仮支柱の設置状況 [6.6.3)]

（出典：首都高速道路㈱：江戸川区西小松川町付近（高速 7 号小松川線高架下）の火災についてプレスリリース）

6.6.4 各種調査・計測等

　高速3号渋谷線の火災事故の各種の調査・計測は，高速3号渋谷線高架下火災対策本部復旧検討委員会[1]の資料として公表されている．図-6.6.4〜図-6.6.6はその委員会資料から抜粋しているものである．

　図-6.6.4は塗膜劣化度調査として，鋼箱桁，鋼床版の外面の塗膜被災の状況から鋼材の受熱温度を推定するためにまとめられたものであり，塗料メーカーで作成された各種塗膜の耐熱性に関する技術資料を参考に，現地の塗膜の残存状況から，その位置での受熱温度を整理してマップ化されている．

　図-6.6.5は桁の変形状況調査およびボルトのゆるみ調査の結果をまとめられたものであるが，桁の変形量の計測方法としては，図の右上の記載のとおり，各計測ポイントで，上フランジから下げ振りを用いて腹板との距離を計測している．また，ボルトのゆるみ調査については，通行止め解除のための安全性の確認においては，急ぎ，被災した全てのボルトについて打音検査によって安全性の確認が行われ，通行止め解除後に改めてボルトの軸力測定が実施されている．変形量の調査では，当時は下げ振りで実施されているが，近年では，火災を受けた鋼桁に触れることなく遠方より鋼桁の変形量を計測できる3次元計測（3Dスキャン）で情報を取得することも可能であり，より効率的な計測ができる環境となっていると思われる．

　図-6.6.6は荷重車を用いた応力測定と解析結果を比較しまとめられているが，荷重車は20トン2台を上下分離のそれぞれの支間中央に載荷し計測が実施されている．また，通行止め解除後にあっても構造物の安全性を確認するため，引き続き主桁ひずみのモニタリング計測が実施されている．

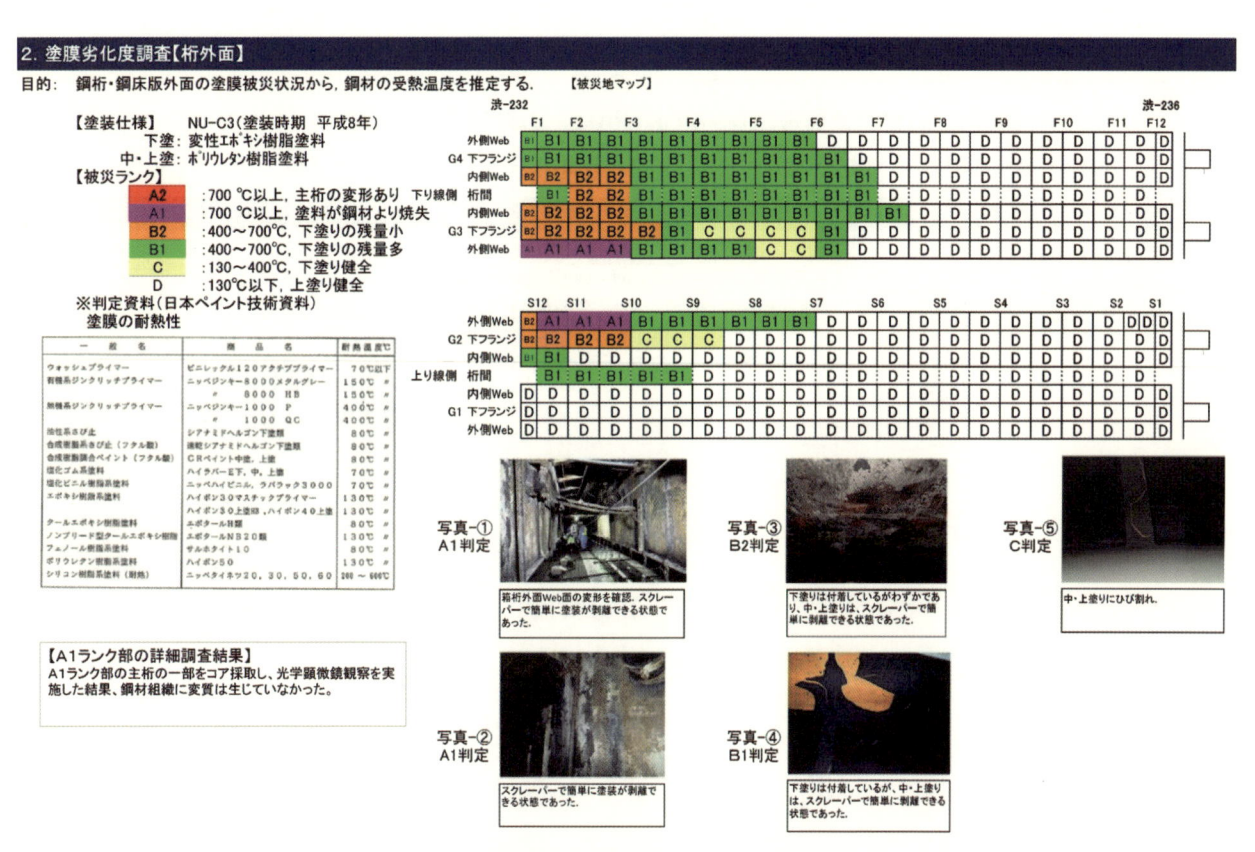

図-6.6.4 塗膜劣化度調査のまとめ事例 [6.6.1]

（出典：首都高速道路（株）：渋谷区南平台町付近（高速3号渋谷線高架下）の火災についてプレスリリース）

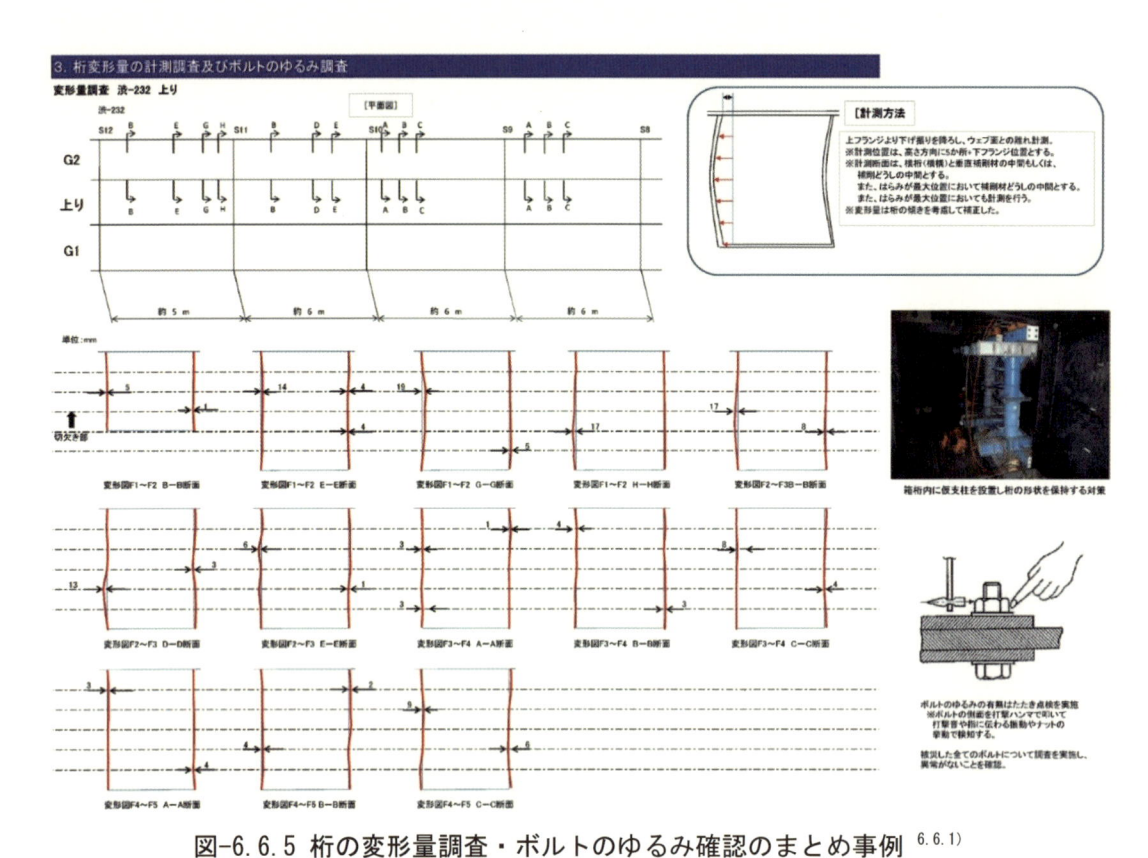

図-6.6.5 桁の変形量調査・ボルトのゆるみ確認のまとめ事例 [6.6.1)]

（出典：首都高速道路（株）：渋谷区南平台町付近（高速3号渋谷線高架下）の火災についてプレスリリース）

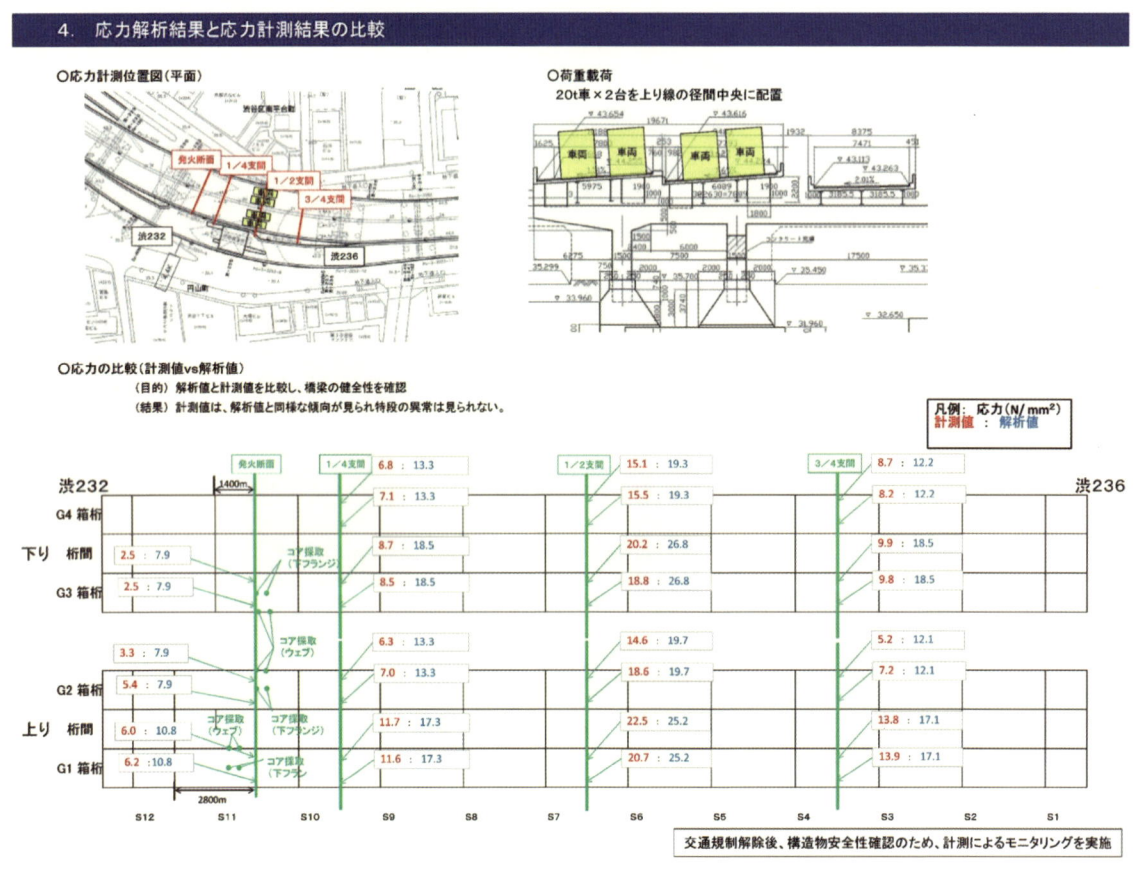

図-6.6.6 応力計測結果と解析値比較のまとめ事例 [6.6.1)]

（出典：首都高速道路（株）：渋谷区南平台町付近（高速3号渋谷線高架下）の火災についてプレスリリース）

6.6.5 通行止め解除に向けた応急対応

通行止めによる首都圏の交通影響の大きさから，前述したとおり，両事例とも，消防・警察の検証終了後に可能な範囲から早期に被害状況の把握を行うとともに，荷重車載荷試験により桁の安全性を確認している．高速3号渋谷線においては，桁腹板の変形量の大きい箇所の箱桁内に仮支柱を設置，高速7号小松川線においては，高架下から上り線側の4本の主桁を支持する仮支柱を設置して，桁の安全性を確保した上で，順次，通行止めの解除を行っている．

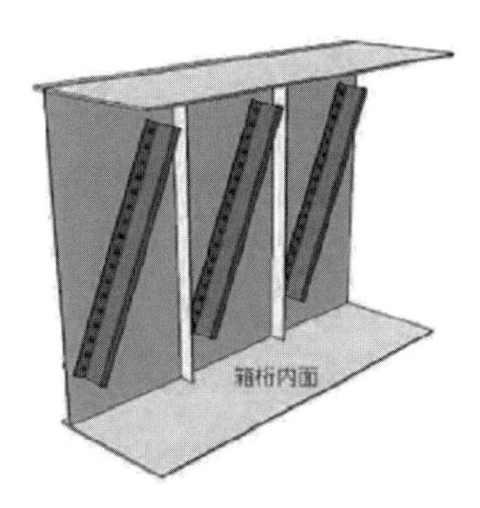

図-6.6.7　形鋼の挟み込みによる変形矯正イメージ _{提供）首都高速道路(株)}

写真-6.6.10　主桁下フランジ炭素繊維補強 _{提供）首都高速道路(株)}

6.6.6 通行止め解除後の恒久補修対応

高速3号渋谷線の変形した主桁腹板に対しては，**図-6.6.7**に示すように，形鋼を腹板の両側に配置し腹板を挟み込み，高力ボルトで締め付け，変形を矯正し補強している．高速7号小松川線では，主桁腹板の矯正や補強は，高速3号渋谷線と同様に実施され，**写真-6.6.5**で示したような主桁下フランジの変形箇所には，**写真-6.6.10**に示すように，炭素繊維を用いた補強が実施されている．この他，両事例とも火災により焼損した排水管やケーブルラックなどの附属物の取替えなどが実施されている．

6.6.7 再発防止対策

　高速3号渋谷線の出火原因は，塗替塗装工事における塗装除去作業中に，吊り足場内の照明器具の電球部分にシンナーが付着したことにより出火し，足場シートに着火して延焼したもので，施工者の施工計画書の作業手順において，ウェス拭きの塗膜除去作業でシンナーを使用することは記載されず，実作業においてシンナーを使用していたこと，引火性の高いシンナーを使用する直下で防爆性能を有さず，かつ表面が高温となる仮設照明（白熱球）が使用されていたこと，吊り足場に用いていたシートも防炎または難燃性能を有していないシートであったことが施工上の問題点であった．

　そこで，首都高速道路(株)では，全ての塗替塗装工事を対象に，下記の再発防止対策（事故発生当時）を講じることとされた．

① 作業手順の遵守について
- 消防法における危険物および指定可燃物を用いた作業を行う場合は，作業手順を詳細に記述した施工計画書を作成させ，その手順を遵守するよう受注者に対して指導を徹底する．
- 施工計画書に記載している作業以外の作業を行う際は，あらかじめ施工計画書を変更することを再度周知徹底する．

② 危険物等の取扱いおよび貯蔵について
- 防爆性能を有さない白熱球等，発火の原因となる恐れのある物品の使用を避けるよう，受注者に対して指導を徹底する．
- 危険物等の数量および保管方法について引き続き関係法令を遵守するよう受注者を指導するとともに，チェックシートにより具体的に把握する．
- 危険物等の保管方法および取扱いに関し疑義がある場合は，事前に管轄する消防署に確認を行うよう受注者を指導する．

③ 火災予防対策について
- 必要に応じて，火災予防に対する知識および技術を有する者による安全パトロールを実施する等，火災予防に関する安全管理を徹底するとともに受注者を指導する．
- 防炎または難燃性能を有する足場シートを用いるよう規定するとともに，防炎または難燃性能を有していないシートの使用を制限するよう受注者を指導する．

　高速7号小松川線の塗装工事現場での火災事故については，出火原因は不明であるが先の高速3号渋谷線での火災事故を受け再発防止に取り組む中で発生した．そこで，首都高速道路(株)では，火災事故の問題点の把握や再発防止策等について専門的な見地から検討するため，『首都高速道路の塗装塗替え工事による火災事故再発防止委員会』[4] を設置し審議が行われた．委員会の審議結果（中間とりまとめ）として，対策方針と再発防止策，今後の対応が公表されている．ここでは，そのうち対策方針（事故発生当時）を記載する．

〔対策方針〕
　首都高速道路(株)が火災事故の再発防止を図るためには，以下の方針に基づき対策を講ずべきであることを確認した．

① 火災事故の防止策に加え，万が一想定外の事象が発生した場合においても最悪事態を回避できるよう対策を検討する．
② 危険物等を用いた作業を行う場合は，作業者等が不慣れな場合もあることを十分考慮して安全対策を実施する．

③　火災防止対策としては，人的な対応のみに頼ることなく，換気設備・警報装置等の物的な安全措置を組みあわせる.

④　万が一火災が発生したとしても，人的被害を最小化することを目的とし，延焼・火災拡大の防止並びに脱出・避難に資する対策を実施する.

⑤　発注者，受注者および作業者の三者が相互に意思疎通を図ることを継続的に実施するとともに，安全意識の徹底・共有が図られるような仕組み，ツールを構築する.

　これらを受け，吊り足場内の避難標示の設置や避難用昇降機の設置，昇降階段の出入口にはパニックドアの設置などが実施されている. また，その後，塗装材料について，火災安全性を向上させるため，水性塗料の開発，現場適用[6.6.5]が進められている.

6.6.8 復旧に際してのポイント

　火災事故の防止に努めることはもちろんのことであるが，万が一，火災が発生し高架橋に影響があった場合には，発生した箇所の路線や区間によりその対応も異なると思われるが，早期に通行止めを解除し交通機能確保を行うためには，可能な限り早い時点で，鋼桁の受熱温度の推定や変形の状況等の被害状況の把握を行い，さらに荷重車を用いた載荷試験など実施して，橋梁の健全性を確認するとともに，変形が大きい場合には，箱桁の変形を防止するための仮支柱の設置や，高架下からの仮支柱（ベント）の設置を必要に応じ実施（応急措置）することが必要である.

　本事例の様に火災による鋼桁の変形が比較的小さい状況であれば，応急措置により交通開放を行った後に，恒久的な補修・補強として，改めて補修・補強部材の設置や排水管やケーブルなどの附属物の本補修を実施することも可能であり，被害の状況や現場の高架下条件等も考慮し，復旧に向けた方針を立案し実施することが重要と言える.

参考文献

6.6.1)　首都高速道路(株)：渋谷区南平台町付近（高速 3 号渋谷線高架下）の火災についてプレスリリース，2014/3/20～2014/4/11, https://www.shutoko.co.jp/company/press/h25/

6.6.2)　首都高速道路(株)：高速 3 号渋谷線高架下火災対策本部復旧検討委員会 専門家名簿，
https://www.shutoko.co.jp/~/media/pdf/corporate/updates/h26/04/18_shibuya_koukyu_meibo.pdf

6.6.3)　首都高速道路(株)：江戸川区西小松川町付近（高速 7 号小松川線高架下）の火災についてプレスリリース，2015/2/16～2015/3/30, https://www.shutoko.co.jp/company/press/h26/

6.6.4)　首都高速道路(株)：首都高速道路の塗装塗替え工事による火災事故再発防止委員会
https://www.shutoko.co.jp/company/enterprise/road/recurrence-prevention/

6.6.5)　首都高速道路(株)：首都高の技術，水性塗料
https://www.shutoko.jp/ss/tech-shutoko/save/suiseitoryou.html

6.7 大型貨物船が衝突した鋼連続トラス橋の応急復旧工事
～国道 437 号　大島大橋～

6.7.1 損傷の内容

① 発生日時：2018年（平成30年）10月22日午前0時30分頃

② 発生場所：山口県柳井市および周防大島町間の大畠瀬戸に架かる大島大橋（**図-6.7.1**）

③ 損傷内容：1971年（昭和46年）に建設された下路式曲弦三径間連続トラス橋に，外国籍の巨大貨物船（総重量25,431ton）が衝突し，中央径間の支間中央付近の下弦材および縦桁，下横構，下副支材が大きな損傷を受けた．また，検査路が脱落し，水道管や光ケーブル等が破断した．（**写真-6.7.1**，**写真-6.7.2**）

④ 損傷影響：大島大橋は，周防大島町と本土側とを結ぶ唯一の陸路であるが，下弦材等が大きな損傷を受け，橋の強度が著しく低下した状態となったため，通行の安全を確保する必要から，道路は一時全面通行止めや長期間にわたる通行規制を実施することになり，住民生活や経済活動等に大きな影響が生じた．周防大島町と柳井市を結ぶ路線バスは，通行規制により，1か月間以上の間，運休となった．学校施設は，通学な困難な状況となったことから，町内の小中学校，高校，専門学校で休校の措置がとられた．ライフライン等の被害状況としては，大島大橋に添架している送水管が破断したため，全島断水の事態に陥り，最大時には9,046世帯，14,590人の町民の生活に影響が及んだ．電力は，送配電ケーブルが破断・断線したが，架空線による別ルートで電力供給が行われ，停電は短時間で解消した．通信網は，光ケーブルが破断し，一時利用不能となった．（**写真-6.7.3**）

⑤ その他：大島大橋は，大畠瀬戸の最狭部に架かる橋梁で，事故当時の海面からの橋桁までの高さが約33ｍ，中央径間の橋脚間が幅約290ｍの水路であった．瀬戸内海は，潮汐の干満差が大きく，水道も狭く地形が複雑なため，全国で最も潮流が速い海域として知られている．その中でも，大畠瀬戸は，大島大橋の下を通過しなければならないうえに海峡の幅も狭いことから，通常の通航船舶は500t未満が多く，大型船は東側のクダコ水道（愛媛県の中島と怒和島の間）が推奨航路とされている（**図-6.7.2**）．

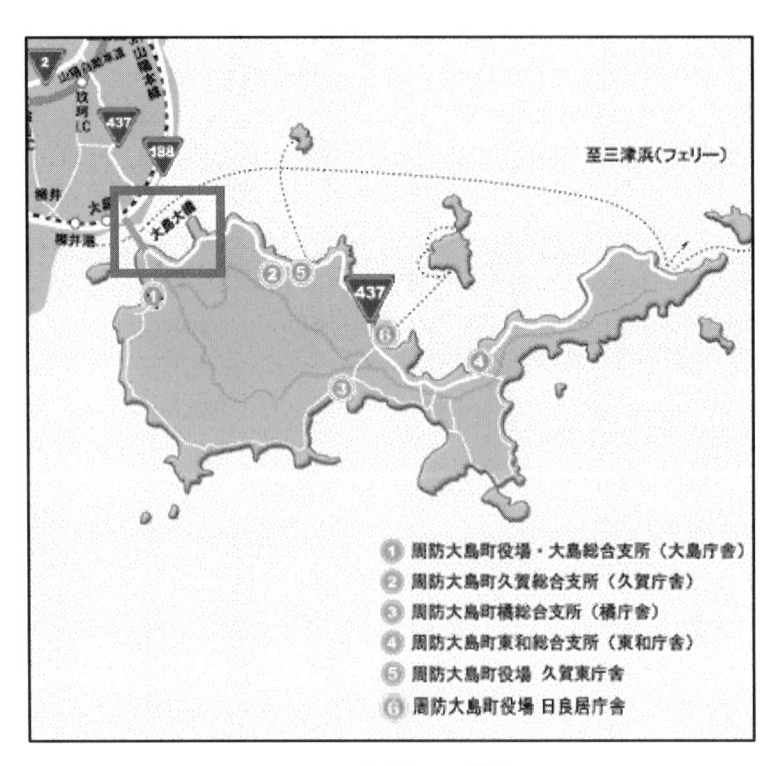

図-6.7.1架橋位置[6.7.1)]

出典）平成 30 年 10 月 22 日大島大橋外国船衝突事故対応記録，山口県，令和 2 年 3 月，P1

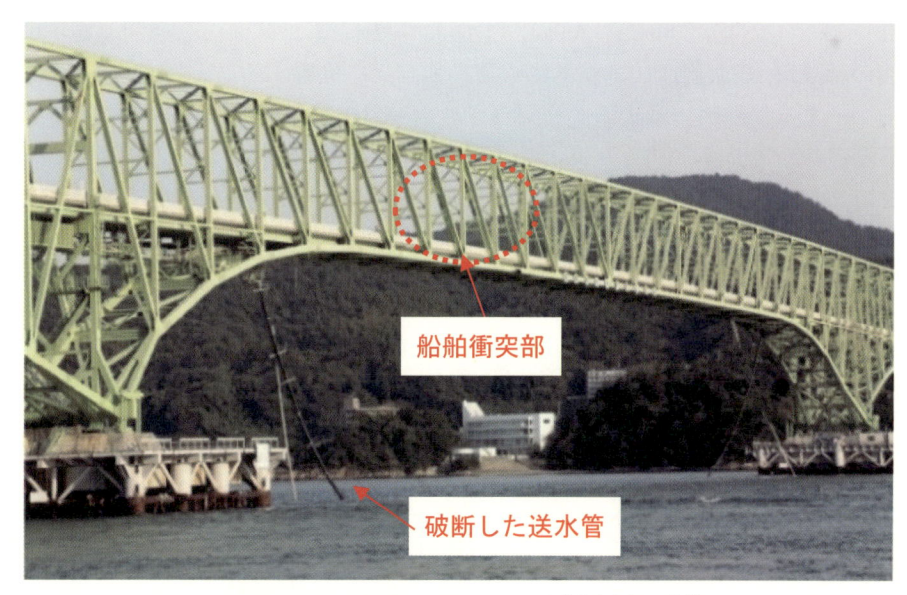

写真-6.7.1 橋梁の被災状況 ^{6.7.1)}を改変して転載

出典）平成 30 年 10 月 22 日大島大橋外国船衝突事故対応記録，山口県，令和 2 年 3 月，P2

総重量	25,431 ton
サイズ	L=180m×B=30m×D=15m
高さ	マスト 41.33m（喫水線からの高さ）

写真-6.7.2 衝突した船舶 ^{6.7.2)}を改変して転載

出典）平成 30 年 10 月 22 日大島大橋外国船衝突事故対応記録，山口県，令和 2 年 3 月，P2

  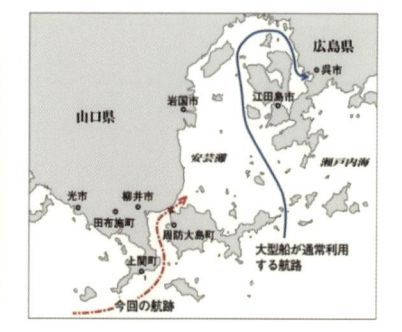

写真-6.7.3 通行規制の状況 ^{6.7.1)}　　　　　　　　図-6.7.2 航行経路

出典）平成 30 年 10 月 22 日大島大橋外国船衝突事故対応記録，山口県，令和 2 年 3 月，P4

6.7.2 構造物の損傷状況

　当該橋梁は，橋長729m（支間割200+325+200m），主構間隔11mの下路式曲弦三径間連続トラス橋である（図-6.7.3）.中央径間の架設は,最大流速10ノットにも及ぶ強潮流に位置することから,海上からの架設でなく,トラベラークレーンによる張り出し工法により架設された（**図-6.7.4**）.橋梁の損傷状況を**写真-6.7.4**,**写真-6.7.5**に示す.下弦材は，大規模な損傷が3箇所あり，下フランジおよびウェブは破断し，上フランジのみで繋がっている状況であり，損傷は格点部にも及んでいた．縦桁は，下フランジが横方向に大きく変形，ウェブが高さ方向全体に変形していた．下横構は，衝突位置で完全に破断している箇所もあり，全体的に大きく変形していた．

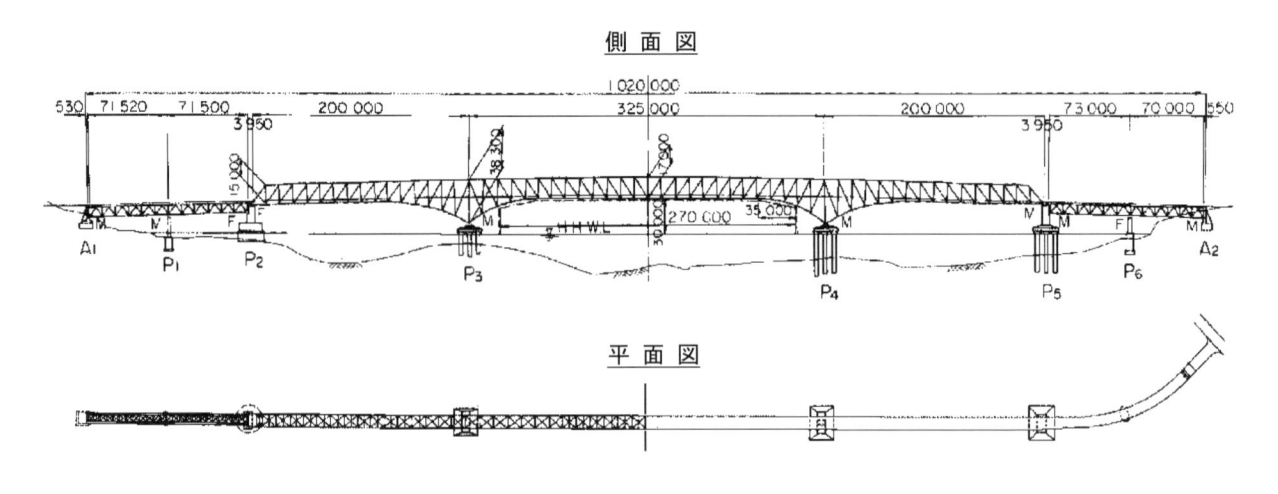

図-6.7.3 橋梁一般図 [6.7.3)]

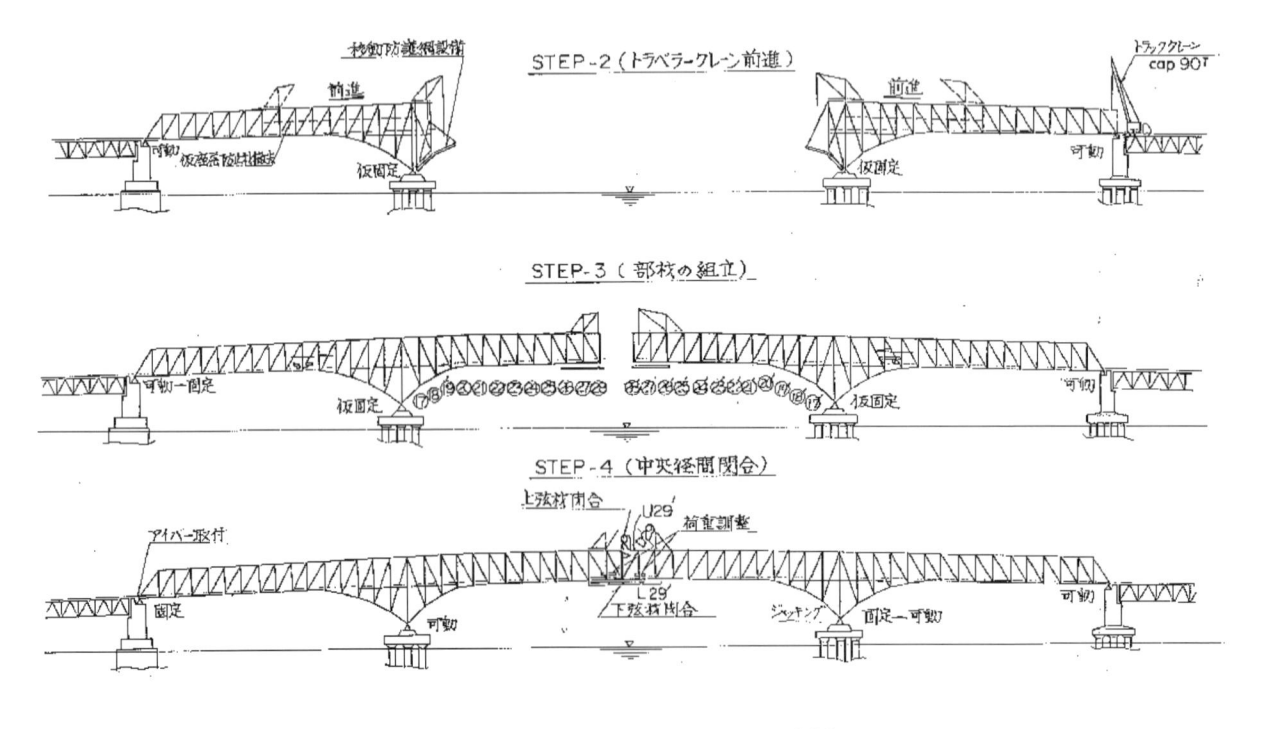

図-6.7.4 建設時架設計画図 [6.7.3)]

出典）大島大橋主橋梁（上部工）工事　工事報告書　日本道路公団広島建設局，日本鋼管(株)横河橋梁製作所工事共同体，昭和51年5月

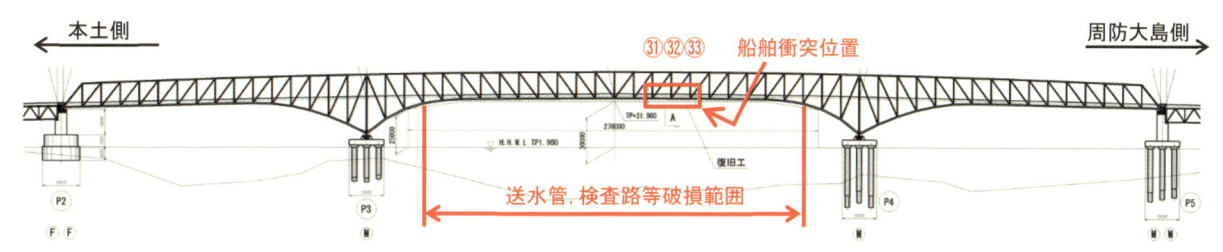

図-6.7.5 損傷状況箇所概要図

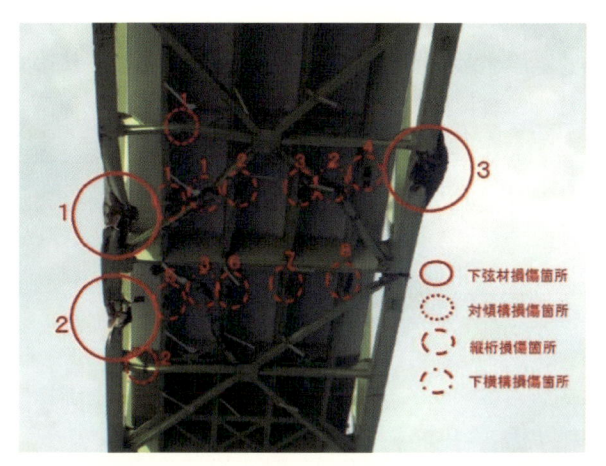

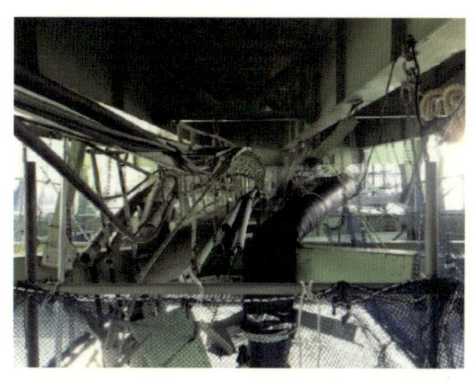

写真-6.7.4 損傷状況 ^{6.7.1)}を改変して転載

出典）平成 30 年 10 月 22 日大島大橋外国船衝突事故対応記録，山口県，令和 2 年 3 月，P2, 3

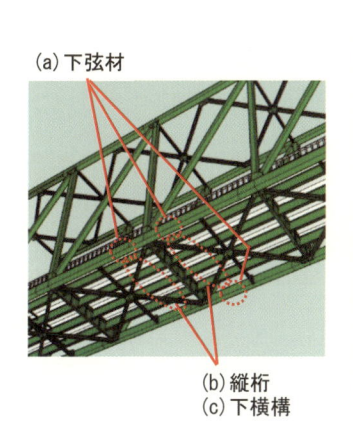

(a) 下弦材　　　　　　　　　　(b) 縦桁　　　　　　　　　　(c) 下横構

写真-6.7.5 損傷状況

6.7.3 調査

　損傷を受けた橋梁全体系の余耐力を定量的に評価することが難しく，また，調査時に橋体に負荷をかけた場合に，トラスの弦材が破断し，橋梁が崩壊する可能性が否定できない状況であったことから，速やかに，損傷の進展を抑止するための緊急対策が実施された．その後，被災した主構および床組部材の変形量調査，高力ボルトの破断を調査するための超音波探傷試験，鋼部材の変形に伴う溶接部のき裂を調査するための磁粉探傷試験が実施された．また，被災した橋梁の挙動を確認するため，荷重車載荷試験（12.8t車両）を行い，設計値と実挙動のたわみ量の比較・検証がされた．計測は，連通管式変位計と光波測量器の2系統でデータ収集が行われた．

　道路対応としては，事故直後から全面通行止めを行い，設計照査結果と荷重載荷の実績に基づき，段階的な通行規制の緩和を経て，応急復旧工事完了後の11月27日に一般車両通行規制が解除された（**表-6.7.1**）．

表-6.7.1国道の通行規制

10月22日【船舶衝突】
・全面通行止
10月24日6時40分
・通行止解除，以下の通行規制 ・片側交互通行規制（ただし，歩行者・軽車両（自転車等）および総重量2tを超える車両等は通行止） ・風による通行止め「平均風速5m/secを超える場合」
10月29日【緊急対策実施後】
・総重量2t超8tまでの車両「23時から翌朝5時まで」通行可能
11月18日5時【バイパスビーム取付完了後】
・総重量2t超8tまでの車両「21時から翌朝6時まで」通行可能に緩和 ・風による通行止め「平均風速10m/secを超える場合」に緩和
11月27日15時【応急復旧工事完了後】
・一般車両の通行規制を全面解除，特殊車両は通行規制を実施

6.7.4 応急復旧の方針

　応急復旧工事の基本方針は，当該橋梁が周防大島町と本土側とを結ぶ唯一の陸路であることから一日も早く一般車両の通行規制を解除するため，船舶衝突により損傷・欠損した部材の代替部材を，橋体に負荷をかけない工法で設置することとされた．応急復旧工事の概略工事フローを**図-6.7.6**に示す．近接調査や復旧作業のために必要な仮設吊り足場は，被災後の最大載荷重量から逆算して格子解析にて安全性を検証し，作業範囲と作業荷重が決定された．

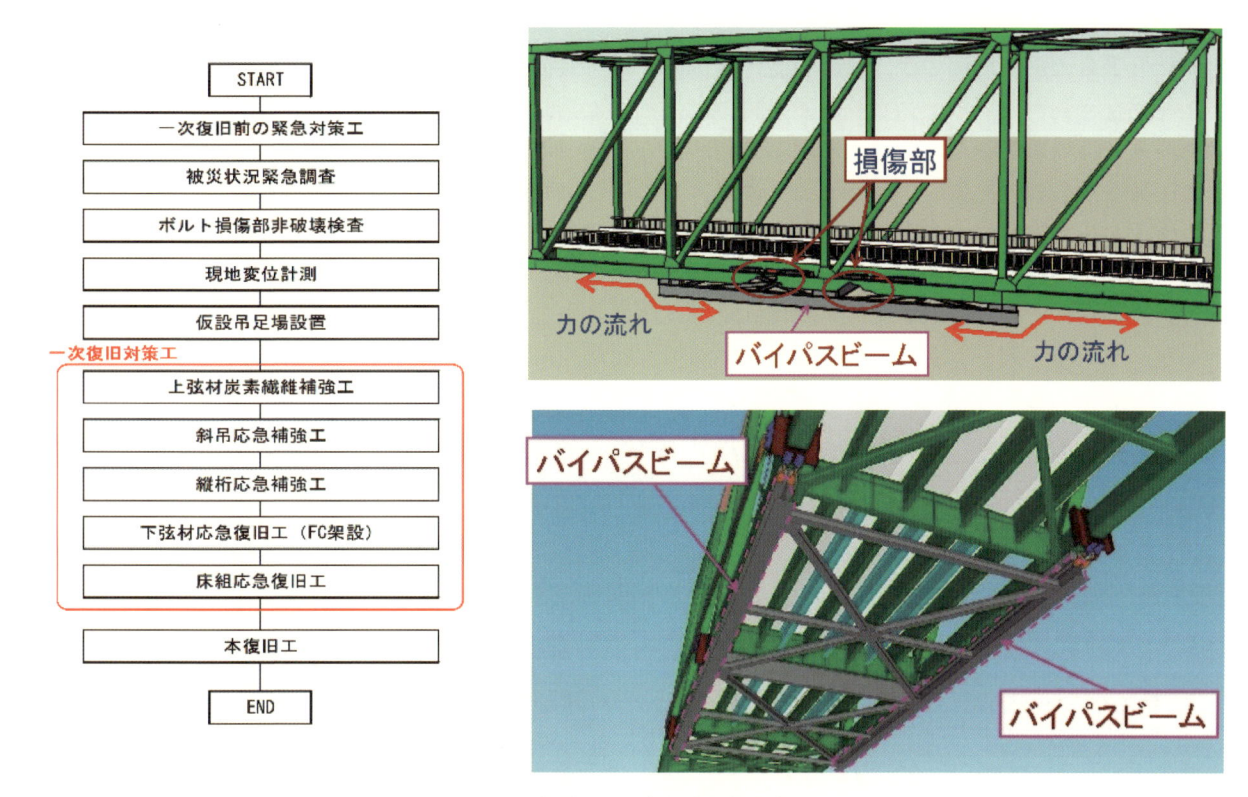

図-6.7.6 応急復旧工事の概略工事フロー

6.7.5 応急復旧工事の概要

① 補強設計概要

　応急復旧工事の補強設計では，被災した主構および床組部材の代替構造を，下弦材の下にバイパスする補強構造（バイパスビーム）を設置することとされた．また，バイパスビームの設置に先立ち，船舶衝突により主構部材の下弦材が著しい損傷を受けた際に，下弦材に作用していた軸力が床組部材の縦桁に再分配された可能性も否定できなかったことから，補強縦桁の追加を行うと共に，上弦材に炭素繊維補強を行い，上弦材の耐力を向上させた．バイパスビームは，単に下弦材に取り付けるだけでは死荷重に対して重りとなってしまうため，バイパスビームの固定に際し，側径間にカウンターウェイトを載荷し中央径間下弦材に圧縮力を加えた状態でバイパスビームを主構造に固定し，バイパスビーム固定後に荷重を除荷することで，追加設置したバイパスビームに下弦材が負担していた軸力を受け持たせている．カウンターウェイトには，通行規制下でも通行可能な10tonトラックを用いて，側径間に18台の10tonトラック（約300ton）を搭載させ，中央径間の支間中央で73mmアップさせた状態でバイパスビームを下弦材に高力ボルトで固定された（**図-6.7.7**）．

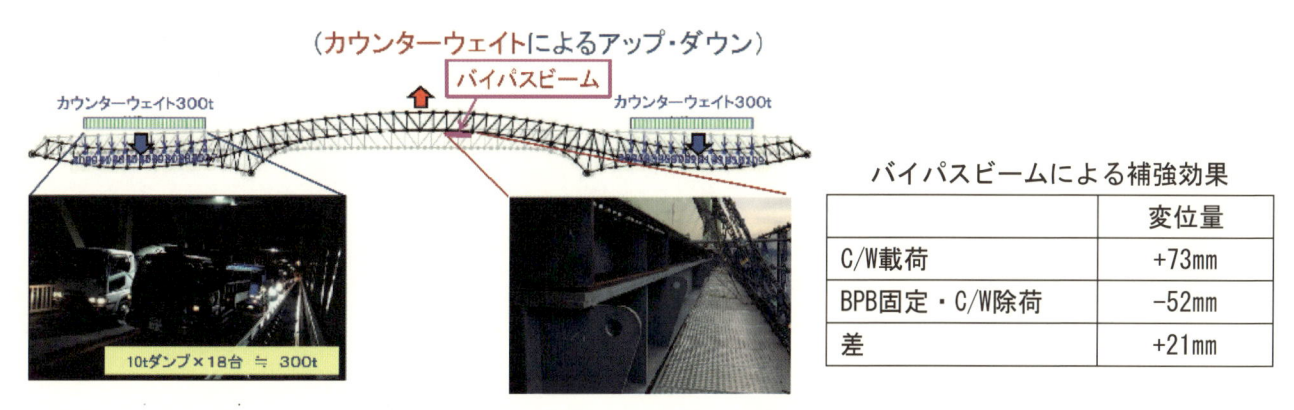

バイパスビームによる補強効果	
	変位量
C/W載荷	+73mm
BPB固定・C/W除荷	−52mm
差	+21mm

図-6.7.7 バイパスビームの取付

②　施工計画概要

　応急復旧工事の施工計画では，損傷を受けた橋体に最も負荷をかけずに，素早く通行規制を解除できる方法が最優先とされた．バイパスビームの架設では，橋体に余計な負荷をかけないようにするため，橋面上からのクレーン等の重機を用いた方法ではなく，長さ27mのバイパスビームを海上から一括架設する方法が採用された．海上からの一括架設を行う上で，最も大きい課題は強潮流であった．建設時には，この強潮流に配慮し，海上からの架設でなくトラベラークレーンによる工法が採用された．万が一，バイパスビーム架設時にクレーン等が橋体へ衝突し，二次災害を招くようなことがあれば，住民生活や経済活動に更なる影響を及ぼすことになる．そこで，クレーンが橋体へ衝突するような二次災害を防止するため，550ton吊起重機台船で用いたバランサービームを用いた架設方法が採用された．

　バイパスビームの架設は，バランサービームにより橋体との水平離隔を6.5m確保した状態で，バランサービームの先端に乗せたバイパスビームを取り付け位置の下まで近づけ，その後，ロープアクセスにより玉掛けを行い，上弦材に設置した電動チェーンブロックを用いて，下弦材下に取り付けるように計画された（図-6.7.8）．バイパスビームの架設は，潮流が比較的穏やかな限られた時間に，左右2主構のバイパスビームを1夜間で1本ずつ，計2夜間で施工する計画とされた．

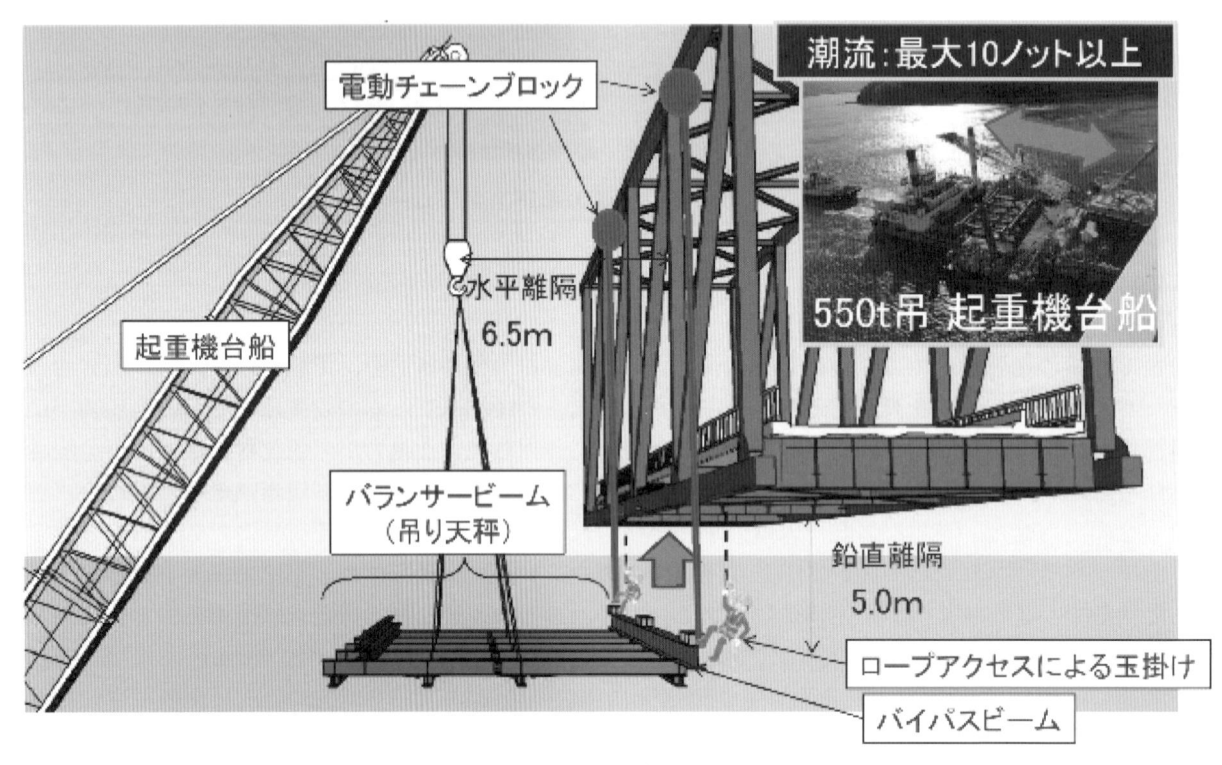

図-6.7.8 バイパスビームの架設計画

③　事前シミュレーション

　海上からのバイパスビームの架設が可能なほど潮流が穏やかになるのは，月間で3日程度しかなく，失敗すると次に施工できるのが1ヶ月先送りになってしまうため，工場ヤードでシミュレーションが実施された（**写真-6.7.6**）．シミュレーションでは，バイパスビームがバランサービームから離れたとき（バイパスビームの荷重がバランサービームから橋体へ受け変わったとき）に，バランサービームの重心位置が変わりバランサービームが傾くことになるが，このときの挙動が計画どおり安定したものか，各作業にどの程度の時間を要するか等を事前に確認された．また，本番で実際に作業を行う作業員や管理者が事前にシミュレーションを経験することで，作業手順の確認・把握，作業内容の事前把握による想定外作業の撲滅，危険作業の抽出および安全対策の精度を高めた．これにより，予定どおり11/15と11/16の2夜間でバイパスビームの架設が安全かつ確実に実施された（**写真-6.7.7**）．

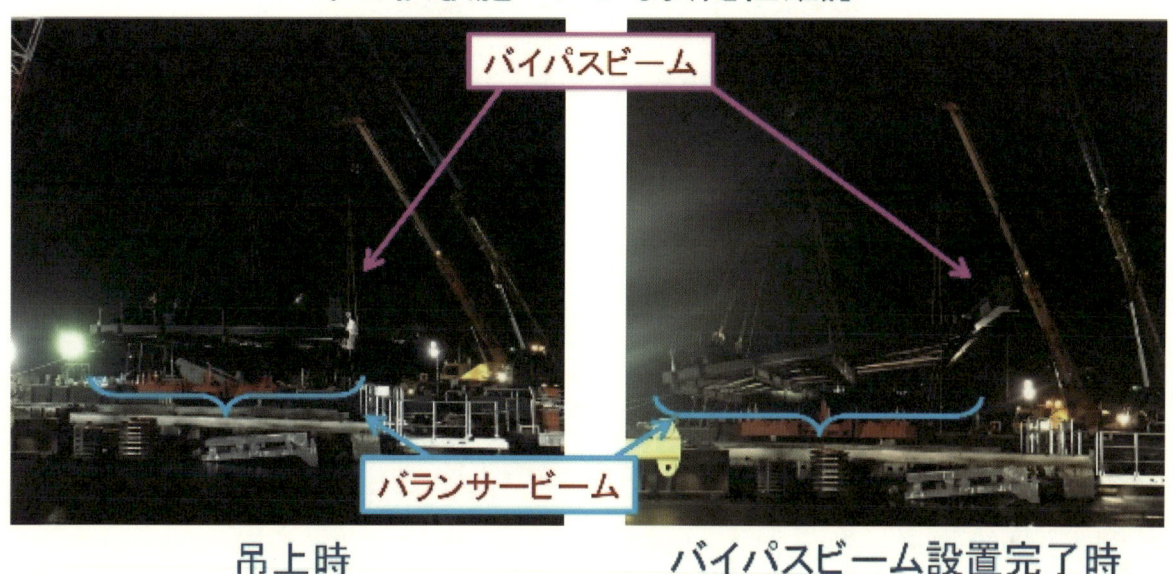

写真-6.7.6　バイパスビームのシミュレーション

写真-6.7.7　バイパスビームの現地施工

6.7.6 復旧のためのポイント

　上述した復旧方針を踏まえ実施した復旧作業の流れに沿って，それぞれのタイミングにおいて，早期復旧を行うために実施されたポイントを以下に示す．

① 補強設計および施工計画

　補強設計および施工計画では，工期短縮を最優先として，次のような方針がとられた．

- ● 現地施工の省力化および施工時の橋体への負荷軽減のため，起重機台船を用いたバイパスビームの一括架設が採用された．
- ● 潮流が穏やかな限られた時間の中で，確実に作業を完了するため，事前に架設シミュレーションが実施された．

② 現地施工および性能検証

　現地施工では，工程短縮および施工時の安全確保を最優先として，次のような方針がとられた．

- ● バイパスビームの製作と平行して，補強縦桁の設置や上弦材への炭素繊維補強を行うことで工程短縮と施工時の安全性が確保された．
- ● バイパスビームに死荷重の一部を負担させるため，バイパスビーム取り付け時に，側径間にカウンターウェイトを搭載した状態で高力ボルトの本締めが行われた．

参考文献

6.7.1)　　平成30年10月22日大島大橋外国船衝突事故対応記録，山口県，令和2年3月
　　　https://www.pref.yamaguchi.lg.jp/uploaded/attachment/20802.pdf

6.7.2)　　船舶事故調査の経過報告について，国土交通省 運輸安全委員会，平成31年3月28日
　　　https://www.mlit.go.jp/jtsb/ship/rep-acci/2019/keika20190328-0_2018tk0020.pdf

6.7.3)　　大島大橋主橋梁（上部工）工事 工事報告書 日本道路公団広島建設局，日本鋼管(株)横河橋梁製作所工事共同体，昭和51年5月

6.8　台風でタンカーが衝突した鋼床版箱桁橋の復旧工事
　　〜関西国際空港連絡橋〜

6.8.1　災害の内容

① 発生日時：2018年（平成30年）9月4日（火）13時40分頃
② 発生場所：関西国際空港連絡橋（以下，関空連絡橋）A1橋台〜P3橋脚
③ 橋梁形式：関空連絡橋（全長3.75 km)の中央部は，道路部と軌道部が上下一体となった2層トラス橋，両端は道路橋と鉄道橋が分離した鋼床版箱桁橋（**表-6.8.1**）

表-6.8.1　関空連絡橋の諸元

項　目	内　容
橋梁延長	3.75km
橋梁形式	海上中央部：鋼連続トラス橋　（道路・鉄道を上下に配置した2層構造） りんくう側および関空島側取付部：鋼床版箱桁橋等（道路・鉄道分離構造）
道路橋下の船舶通行路	海上中央付近（2箇所） 1箇所当たり　幅：130m 高さ：25m
橋脚間隔	海上中央部：150m りんくう側および関空島側取付部：60m〜110m 橋台、橋脚数：31基（海上部橋脚数29基）
道路	第1種第3級（設計速度80km/h） 幅員：29.5m（6車線）
鉄道	電車専用線（複線、設計最高速度120km/h） 軌間：1,067mm、動力：電気

④ 災害内容：関西地方を直撃した台風21号の猛烈な風により，関西国際空港付近に係留していたタンカーが走錨し関空連絡橋に衝突して，橋桁に大きな損傷を与えた．運輸安全委員会の船舶事故調査報告書[6.8.1)]によると，タンカーの右舷船尾部が道路橋（下り線）のP2橋脚付近に衝突し，衝突後船体が圧流されて右舷側がA1橋台〜P2橋脚間を沿うように圧着したため，船の揺動に伴い損傷範囲が広範囲に及ぶこととなった（**図-6.8.1**，**図-6.8.2**）．
⑤ 災害影響：道路・鉄道併用橋である関西国際空港へのアクセス路の通行止め

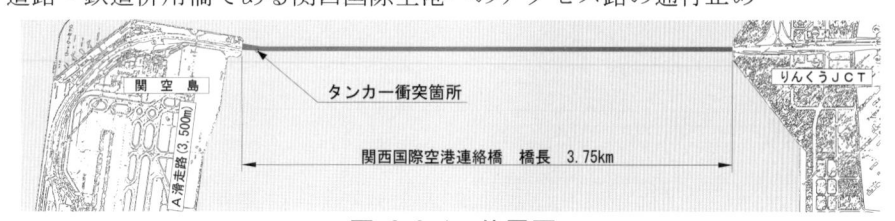

図-6.8.1　位置図

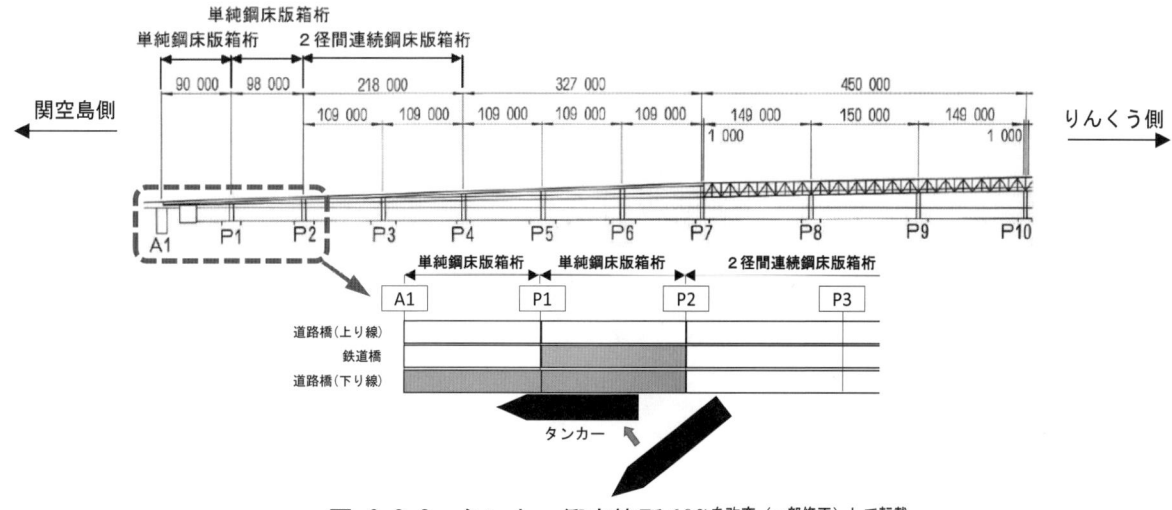

図-6.8.2　タンカー衝突箇所[6.8.2)]を改変（一部修正）して転載

（出典：佐溝純一，大原和章，栃木正喜，中岡仁志，橋豊，内田裕也，関西国際空港連絡橋タンカー船衝突により損傷した橋桁の復旧，橋梁と基礎　Vol.53　No.6，p.34，2019年6月）

6.8.2　構造物の災害状況

　災害翌日に橋脚上，箱桁内および船上から目視による損傷状況の調査を実施した．損傷は下り線の A1 橋台から P3 橋脚の 3 径間に及んでおり，単純鋼床版箱桁である A1 橋台～P1 橋脚，P1 橋脚～P2 橋脚の 2 連の損傷が激しいことが判明した（**写真-6.8.1**）．本節では，主に損傷の大きかった A1 橋台～P2 橋脚間について記載する．

● 　衝突箇所の箱桁橋は，A1～P1 桁が P1 橋脚支点部で約 1.5m，P1～P2 桁が P2 橋脚支点部で約 4m 程度橋軸直角方向に移動した（**図-6.8.3**，**図-6.8.4**，**写真-6.8.2**）．

● 　P1～P2 桁の橋軸直角方向への移動の影響により，道路橋が鉄道橋のブラケットへ衝突し，鉄道橋が約 50cm 橋軸直角方向に移動した（**図-6.8.4**，**写真-6.8.3**）．

● 　隣接する P2 橋脚～P4 橋脚の鋼 2 径間連続箱桁には，鋼床版張出し部の側縦桁，板リブ，鋼箱桁のウェブ，下フランジおよび耐風プレートに部分的な損傷が確認された（**写真-6.8.4**）．

● 　鋼製橋脚は，道路橋部の天端までコンクリートが充填されていた（**図-6.8.3**，**図-6.8.4**）ため，船上からの外観調査およびコンクリートが充填されていない鉄道橋部の梁の内部の調査を行った．その結果，タンカー衝突による塗装の剥がれ等はあったが，鋼板の変形がないことが確認された（**写真-6.8.5**）．

● 　支承はピボット支承であり，桁の移動により P1 橋脚と P2 橋脚の上沓と下沓が完全に分離していた（**写真-6.8.6**）．

● 　伸縮装置は，桁の橋軸直角方向への移動の影響により大きく変形していた（**写真-6.8.7**）．

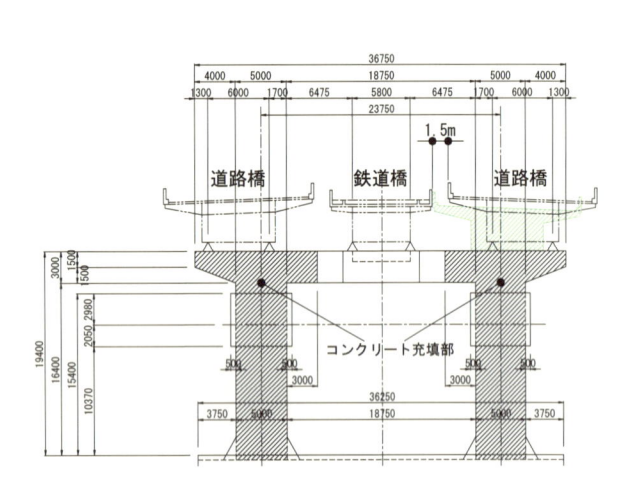

図-6.8.3　P1 橋脚断面図 ^{6.8.2)}を改変（一部修正）して転載

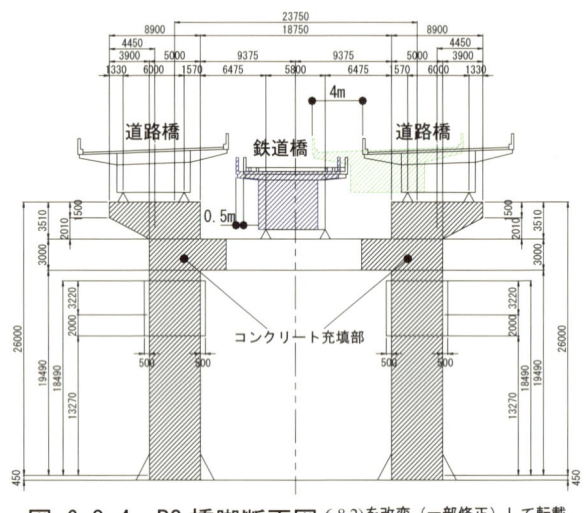

図-6.8.4　P2 橋脚断面図 ^{6.8.2)}を改変（一部修正）して転載

写真-6.8.1　A1～P1 桁および P1～P2 桁の損傷 ^{6.8.2)}

写真-6.8.2　橋面の損傷（P2 橋脚上）

（出典：佐溝純一，大原和章，枦木正喜，中岡仁志，橋豊，内田裕也，関西国際空港連絡橋タンカー船衝突により損傷した橋桁の復旧，橋梁と基礎　Vol.53　No.6, p.34～35, 2019 年 6 月）

写真-6.8.3　道路橋（左）の鉄道橋への衝突

写真-6.8.4　P2〜P4桁の損傷

写真-6.8.5　P1橋脚の状況

写真-6.8.6　支承の損傷（P1橋脚）[6.8.3]

写真-6.8.7　伸縮装置の損傷 [6.8.3]

（出典：内田裕也，関西国際空港連絡橋応急復旧工事－タンカー衝突により損傷した橋梁の早期復旧－，橋建技士会だより　Vol.33, p.6, 2020年11月30日）

6.8.3　復旧の方針

（1）全体方針

　復旧の全体方針は，『早期復旧』と『リスク低減・分散』とされた．訪日外国人（インバウンド）受け入れの玄関口である関西国際空港へのアクセス路が通行止め（通行規制）となることで，関西圏の経済に大きな影響を与えかねないため，早期復旧が第一に掲げられた．さらに，早期復旧が確実に実現できるように，工程遅延につながるリスクを低減・分散できる手法が採用された．

(2) 初動

　災害当日（9/4）の夕方，建設当時の施工会社に NEXCO 西日本関西支社から現場状況の確認および今後の復旧対応についての協力が要請された．これを受け，翌日（9/5）には，当該施工会社に関空連絡橋応急・復旧工事のプロジェクト実施体制が構築された．早期に各検討内容を洗い出し，期日を決めて検討事項を解決することで，復旧作業の迅速な対応が可能となった．**表-6.8.2** に，災害発生後から 1 週間（9/4〜9/11）に行われた協議等の主な履歴，**表-6.8.3** に暫定的な上り線の対面通行までの経緯を示す．

表-6.8.2　協議等の概略履歴

日　時		場　所	内　容
9月4日（火）	13:40頃	関空連絡橋（A1橋台〜P2橋脚）	タンカーが関空連絡橋に衝突
9月5日（水）	8:00	関空連絡橋現場	現地調査
9月6日（木）	8:00	関空連絡橋現場	撤去方法・工程概要
	8:30	関空連絡橋現場	現地確認
	16:00	NEXCO西日本　本社	国土交通省との撤去時期調整　連絡調整会議出席依頼
9月7日（金）	15:00	NEXCO西日本　本社	国土交通省提出資料・プレスリリース資料確認　体制構築・写真撮影依頼
	15:00	NEXCO西日本　関西支社	連絡調整会議（公的な場で方針確認・決定）
9月8日（土）	9:30	NEXCO西日本　阪奈事務所	規制打合せ
	11:00	NEXCO西日本　本社	国土交通省プレスリリース資料確認　復旧工程協議
	13:00	関空連絡橋現場	関空・NEXCO・JR・施工会社合同　現場確認打合せ
9月9日（日）	10:00	NEXCO西日本　関西支社	撤去工事施工計画説明他
9月10日（月）	16:30	NEXCO西日本　本社	設計条件確認、損傷桁使用判定条件
9月11日（火）		9月12日・14日の撤去実施予定をプレスリリース	

表-6.8.3　交通運用経緯

日　時		内　容
9月4日（火）	13:20	関空連絡橋　強風に伴う通行止め開始
	13:40頃	タンカー船が関空連絡橋に衝突
	23:40頃	ガス漏れ箇所の立ち入り禁止解除
9月5日（水）	0:40	緊急自動車通行措置開始（上り線を使用した片側交互通行）
	5:00頃	NEXCO先導によるバス通行開始　（片側交互通行）
9月7日（金）	5:10	上り線を使用した対面通行開始（図-6.8.5）

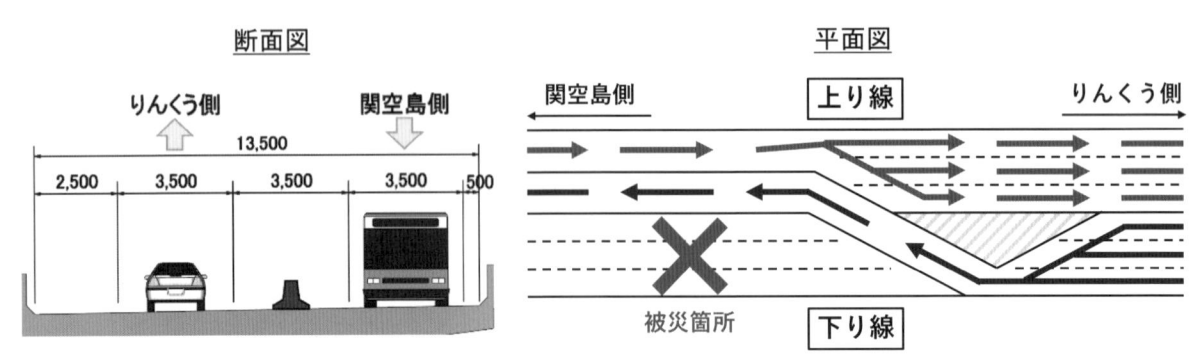

図-6.8.5　上り線を使用した対面通行

6.8.4　復旧工事の概要

（1）損傷した鋼桁の撤去

　A1〜P1桁，P1〜P2桁の2連は損傷が大きいため一旦桁を撤去し，補修または再製作された．

　タンカーが接触したのが単純桁部分であったため，撤去は一径間ずつ，大型フローティングクレーン船（以下，FC船）による海上からの一括吊上げが採用できたことは不幸中の幸いであった．

1）FC船の選定

　使用するFC船は以下の条件から，国内最大級となる3,700t吊りの「武蔵」が選定された．

- 吊上げ重量：1径間当たり約1,000t.
- A1橋台〜P1橋脚間の一部は，関空島の陸上部に位置しており，FC船が最接近できないため作業半径が大きくなり，大能力が必要.
- 「武蔵」が神戸港に停泊しており，直ちに手配できたこと.
- 工程短縮のため，2連に使用可能な同一の吊形状（吊具）を使用.

　また，道路橋の鋼床版張出し部と鉄道橋のブラケット部が複雑に絡み合っており，撤去時に部材の絡みを解く必要があった．2本ジブ（4点フック）を有した「武蔵」であれば桁平面内4点の高さ調整を行うことができるため，吊り桁本体を橋軸方向および橋軸直角方向に逐次回転を加えながら撤去を行うことが可能であった．

2）水深，海底支障物の調査

　FC船が座礁しないように，作業海域の水深や障害物の調査が事前に実施された．

3）橋桁の固定

　P2橋脚上においてP1〜P2桁の橋軸直角方向の重心は，道路橋の橋脚天端幅の外側に逸脱しており，道路橋が鉄道橋にもたれかかった状態であったため，落橋の恐れがあった．そのため，鉄道橋の沓座面から仮受け架台（H鋼受台）を立ち上げP2橋脚桁端を支持するとともに，レバーブロックによるずれ止めを実施し，落橋防止措置が講じられた（**図-6.8.6**）．また，道路橋との干渉により破損した鉄道橋のブラケット部材は鉄道橋の健全部と連結し，撤去時の落下による二次災害が生じないよう対策が実施された．

4）支障物の撤去

　道路橋上に散在した，タンカーの残骸や破断した鋼製壁高欄，倒壊した門型標識柱等，撤去作業の支障物が事前に撤去された．

5）吊金具の取り付け

　一括吊り上げにおける吊り点計画にあたっては，建設当時のFC船による一括架設の施工計画書より吊荷重に対する桁本体への補強が施されている当初の吊り点位置が明らかであったため，その位置の舗装を切削し，架設時の吊金具切断痕を確認したうえで同位置に完全溶込み溶接により吊金具が設置された（**写真-6.8.8**）．

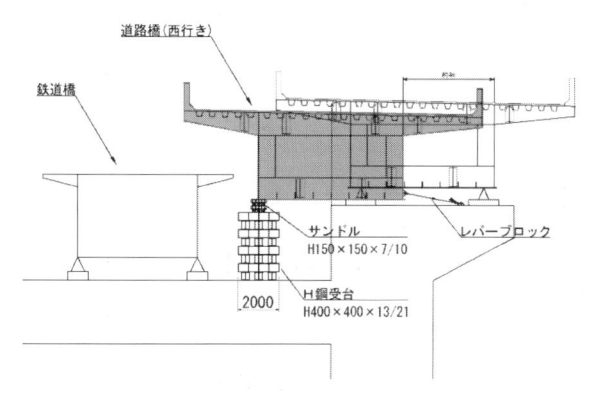

図-6.8.6　P2橋脚上の橋桁の落下防止措置 [6.8.2)]

写真-6.8.8　吊金具の取り付け

（出典：佐溝純一，大原和章，枦木正喜，中岡仁志，橋豊，内田裕也，関西国際空港連絡橋タンカー船衝突により損傷した橋桁の復旧，橋梁と基礎　Vol.53　No.6，p.36，2019年6月）

6) 吊上げ・撤去作業

　本来であれば，施工には鉄道のき電停止時間内およびA滑走路の運用停止時間内という時間的制約を受けるが，撤去時は鉄道および関西国際空港のA滑走路（**図-6.8.1**）が関空島の浸水などで復旧していなかったため，昼間に施工することができた（**写真-6.8.9**，**写真-6.8.10**）．撤去した桁はそれぞれ台船に搭載し，A1〜P1桁，P1〜P2桁はそれぞれ別の2つの工場へ運搬・陸揚げされた．

写真-6.8.9　FC船による撤去（A1〜P1桁）[6.8.4]　　　写真-6.8.10　FC船による撤去（P1〜P2桁）

（出典：引口学，集まれエンジニア！関西国際空港連絡橋復旧工事，溶接学会誌　Vol.90　No.3，p.10，2021年4月）

(2) 桁の再利用

　陸揚げ後，現地調査で実施できなかった詳細な調査（近接目視・測定・溶接部の非破壊検査）が実施された．再利用または再製作の判断は，橋軸直角方向の添接部で区切られたブロック単位で実施され，1ブロック内での部分的な再利用は，新旧部材の取合い精度確保等に時間を要することから，工程を優先し実施されなかった．

　1ブロック内に破断や大変形が認められる場合にはそのブロックは再製作対象とされた．破断が認められない場合は，溶接部のき裂がないことを磁粉探傷検査により，また「道路橋示方書・同解説」[6.8.5]の部材精度規定（**表-6.8.4**）を満足することを測定により確認したうえで再利用された．

表-6.8.4　道路橋示方書・同解説の部材精度規定（抜粋）[6.8.5]

番号	項　目		許容誤差(mm)	備考	測定方法
1	フランジ幅 b (m) 腹板高 h (m) 腹板間隔 b' (m)		±2 …… $b \leq 0.5$ ±3 …… $0.5 < b \leq 1.0$ ±4 …… $1.0 < b \leq 2.0$ $\pm(3+b/2)$ …… $2.0 < b$	左欄のbはb, h及びb'を代表したものである。	I形鋼桁　トラス弦材
2	板の平面度 δ (mm)	鋼桁及びトラス等の部材の腹板	$h/250$	h：腹板高 (mm)	
		箱桁及びトラス等のフランジ, 鋼床版のデッキプレート	$w/150$	w：腹板又はリブの間隔(mm)	
3	フランジの直角度 δ (mm)		$b/200$	b：フランジ幅 (mm)	
4	部材長 l (m)	鋼桁	±3 …… $l \leq 10$ ±4 …… $l > 10$		
		トラス, アーチ等	±2 …… $l \leq 10$ ±3 …… $l > 10$		
		伸縮継手	$0 \sim 30$		
5	圧縮材の曲がり δ (mm)		$l/1,000$	l：部材長 (mm)	

（出典：日本道路協会：道路橋示方書・同解説　II鋼橋・鋼部材編，平成29年11月）

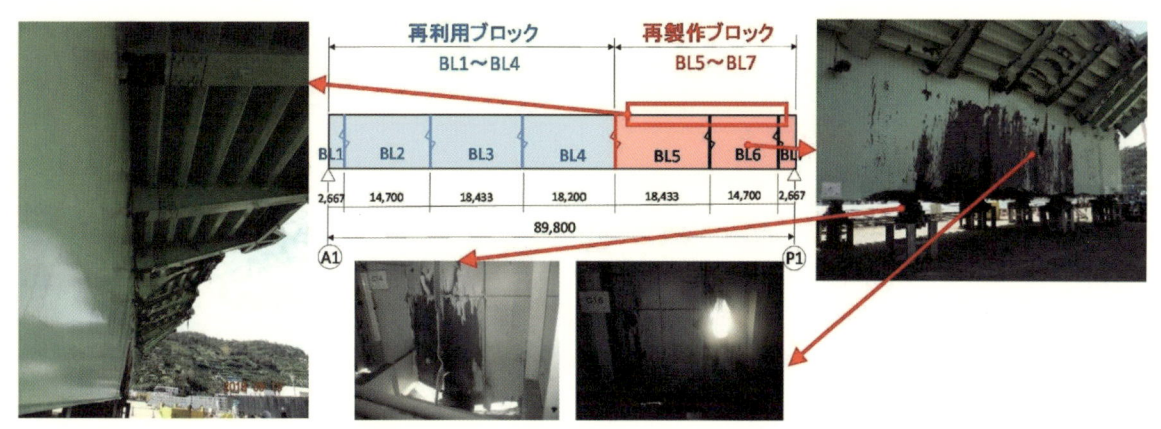

写真-6.8.11　損傷状況（A1〜P1桁）^{6.8.2)}

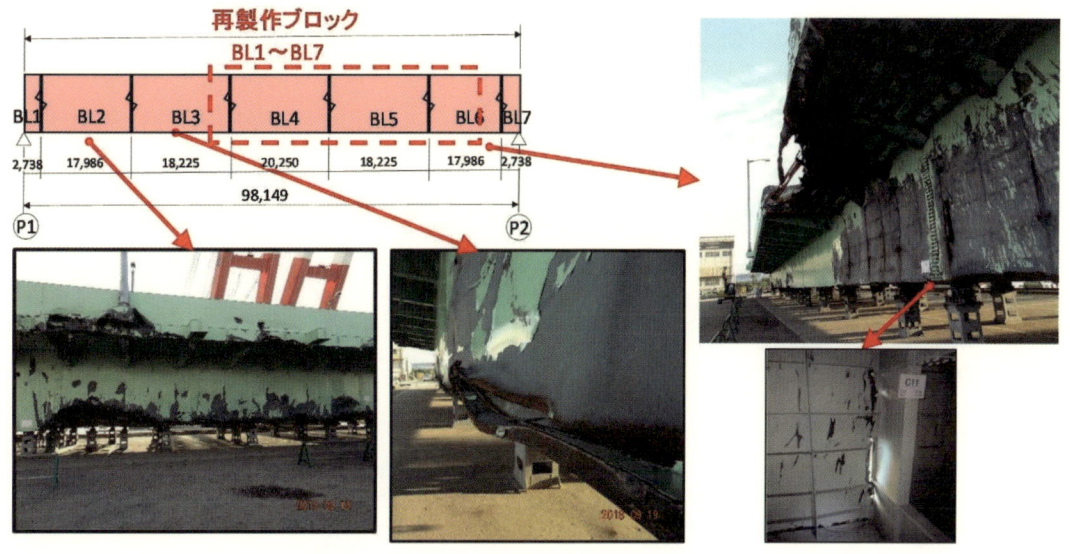

写真-6.8.12　損傷状況（P1〜P2桁）^{6.8.2)}

（出典：佐溝純一，大原和章，栃木正喜，中岡仁志，橋豊，内田裕也，関西国際空港連絡橋タンカー船衝突により損傷した橋桁の復旧，橋梁と基礎　Vol.53　No.6, p.37, 2019年6月）

　判定の結果，A1〜P1桁は7ブロック中4ブロック（全長約90mの内55m）が再利用，3ブロックが再製作された（**写真-6.8.11**）．P1〜P2桁は全長にわたり損傷が激しかったため，全7ブロックが再製作された（**写真-6.8.12**）．なお，A1〜P1桁の再利用範囲には鉄道橋のブラケット部材との接触により側縦桁と鋼製壁高欄の局部的な変形が見られた．当該箇所は，変形部分を切断撤去し新規部材に取り換えられた．

　再利用範囲には，タンカーが直接接触した箇所が無く過度な変形は無かったものの，隣接ブロックの変形の影響により鋼床版張出し部の一部に塗膜割れが見られた．当該箇所では，塗膜を除去し溶接部の非破壊検査を行い，溶接部に割れがないことが確認された．

　同様に，鋼床版ブラケット部のボルト添接部の塗装の剥がれがあり，添接板の滑りによるものと想定される剥がれであったことから，添接板の再製作，接合面の再塗装およびボルト交換が実施された．

（3）桁の再製作

　再製作にあたっては工程短縮を最優先とするため，箱桁形状，鋼床版のデッキプレート厚（12mm）等の基本構造は建設時と同様とされた（**図-6.8.7**）．ただし，以下の点は製作工程短縮のため変更された．製作工程を**表-6.8.5**に示す．

● フランジ，縦リブに設けられていた板継溶接を省略し1部材1断面とされた．

● 鋼製壁高欄は，地組立て時の組立て・溶接作業を削減するため，事前に組み立てられた部材（ユニット化）

　が使用された.
● 製作に時間を要する鋳鉄製排水桝は，鋼製排水桝に変更された.
なお，疲労耐久性，耐防食性の向上を図ることができるものについては以下のとおり最新基準類[6.8.5), 6.8.6)]が適用された.
● 鋼床版では，デッキプレートとUリブとの溶接における溶け込み量，Uリブと横リブ交差部形状，縦リブ継手構造について，最新の基準が適用された.
● 疲労耐久性の観点から，足場用吊金具の取付方向が橋軸方向から橋軸直角方向に変更された.
● 防食性能向上のため部材角部に 2R の面取り加工が施された.
● 「NEXCO 設計要領」で定めている増し塗り塗装が適用された.
工場製作時の工程短縮策を以下に示す.
● 組立て前に部材の精度を確認，確保したうえで上塗りまで工場塗装を施した後にヤードにて地組立てを行うことで，仮組立／解体を省略し工程が短縮された.
● 本工事のための塗装ヤードを確保し，全ての製作ブロックの塗装作業を並行して進めることで工程が短縮された.

　A1〜P1 桁は再利用部の端部継手部の部材形状を計測のうえ，再製作部の桁を製作し精度管理が行われた.支承は，今後実施予定の関空連絡橋の耐震設計が行われていたこともあり，耐震補強も考慮したうえで，A1 橋台〜P2 橋脚の全てをピボット支承から BP-B 支承に構造変更し再製作された.伸縮装置については，損傷が無かった A1 橋台部は再利用とし，変形が著しかった P1 橋脚，P2 橋脚部は鋼製フィンガージョイントが再製作された.

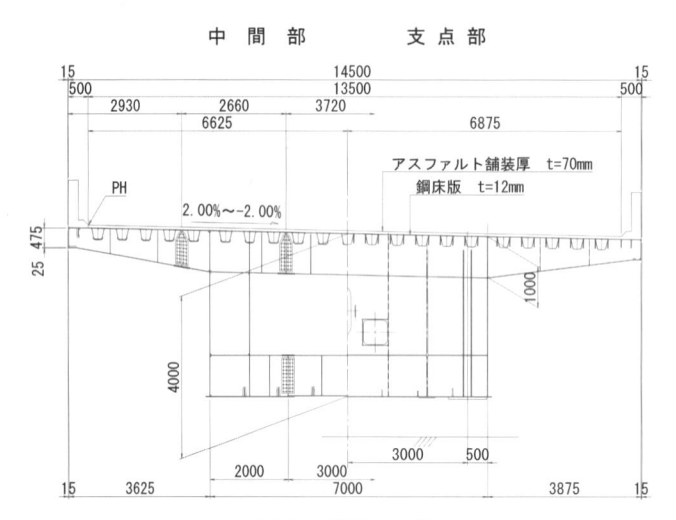

図-6.8.7　鋼床版箱桁の基本形状 [6.8.2)]

表-6.8.5　製作工程 [6.8.2)]を改変（一部修正）して転載

工種	2018年				2019年	
	9	10	11	12	1	2
図面CAD化・照査,数量算出	■					
材料手配	▬	▬				
工場製作			▬			
工場塗装				▬		
支承製作		▬	▬	▬		
地組立					▬	

（出典：佐溝純一，大原和章，杤木正喜，中岡仁志，橋豊，内田裕也，関西国際空港連絡橋タンカー船衝突により損傷した橋桁の復旧，橋梁と基礎　Vol.53　No.6, p.38, 2019 年 6 月）

(4) 桁の架設

　2019 年（平成 31 年）2 月 12 日の夜間に A1〜P1 桁，翌日の夜間に P1〜P2 桁の架設が実施された．撤去時とは異なり，すでに空港，鉄道が全面運用されていたため，関西国際空港の A 滑走路の運用停止可能時間内および鉄道のき電停止時間内に施工が完了できる工法として撤去時と同様の FC 船（3,700t 吊り「武蔵」）による一括架設が採用された．

　架設する A1 橋台〜P2 橋脚間は，関西国際空港 A 滑走路着陸帯から側方へ 1：7 の勾配で広がる制限表面（転移表面）内に位置するため，A 滑走路の運用中は転移表面から突出する構造物を設置できず，滑走路運用中は転移表面内に FC 船を配置することができない（**図-6.8.8**）．そこで，転移表面から外れる位置へ昼間のうちに FC 船を係留しておき，A 滑走路が運用停止される 23 時 30 分以降に転移表面に進入させた．さらに，鉄道のき電停止後に鉄道近接施工範囲内に進入させ，それぞれの桁が架設された（**写真-6.8.13**，**写真-6.8.14**，**写真-6.8.15**，**写真-6.8.16**）．P1〜P2 桁の架設工程を**表-6.8.6** に示す．

　なお，A 滑走路運用停止時間内および鉄道のき電停止時間内に確実に架設を終える必要があり，桁の据付け位置調整を短時間かつ高精度で行うために，支承周りにはワイヤによる桁引寄せ設備が設置された．さらに，油圧ジャッキによる桁位置調整装置が配置され荷重解放後でも位置調整を可能とした．橋梁に添架される標識，照明柱，ガス管は工場での地組立ての際に全て設置したうえで，桁と共に一括架設された．

　支承は，架設完了時に油圧ジャッキとライナーにより仮固定したうえで，後日，鋼製橋脚天端へ溶接により固定された．

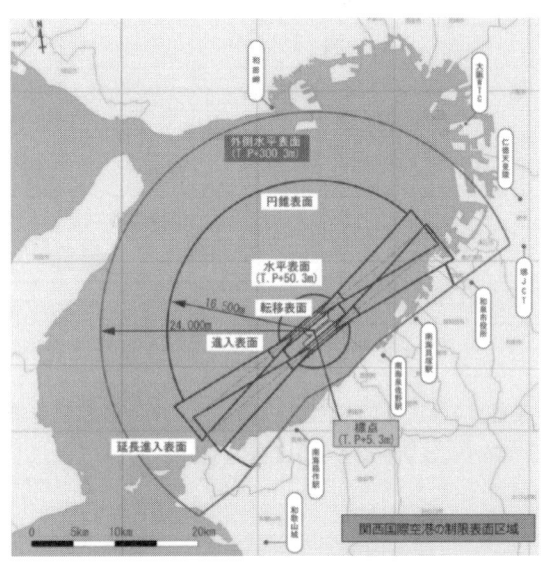

図-6.8.8　航空制限表面概略図 [6.8.7]

（出典：関西国際空港周辺における物件の設置制限について，関西エアポート㈱HP）

写真-6.8.13　台船からの吊り上げ（A1〜P1 桁）　　　**写真-6.8.14　FC 船による夜間架設（A1〜P1 桁）** [6.8.4]

（出典：引口学，集まれエンジニア！関西国際空港連絡橋復旧工事，溶接学会誌　Vol.90　No.3，p.11〜12，2021 年 4 月）

写真-6.8.15　台船からの吊り上げ（P1～P2 桁）[6.8.2)]

写真-6.8.16　FC 船による夜間架設（P1～P2 桁）

表-6.8.6　P1～P2 桁の架設工程 [6.8.2)]

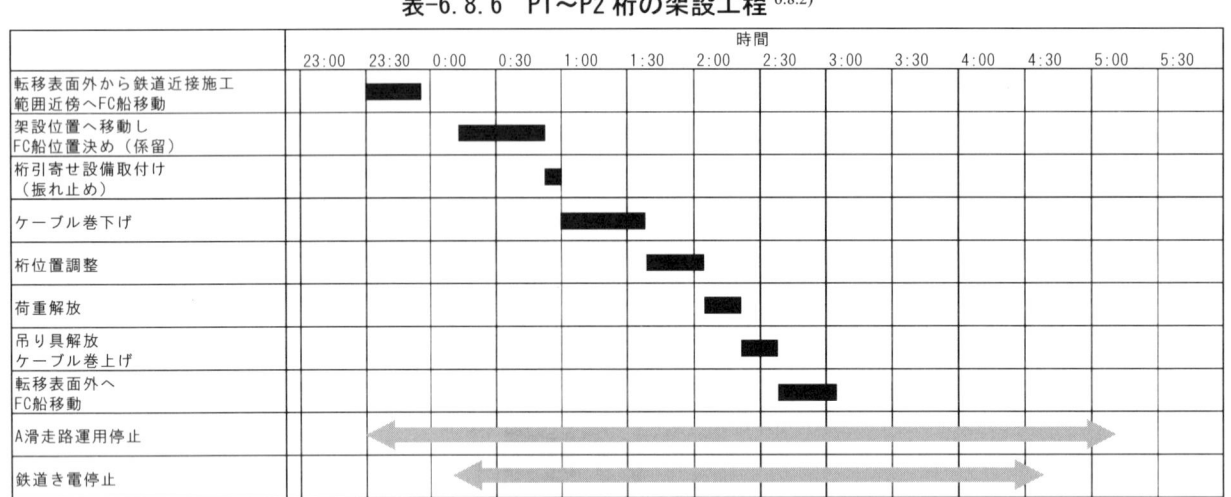

	23:00	23:30	0:00	0:30	1:00	1:30	2:00	2:30	3:00	3:30	4:00	4:30	5:00	5:30
転移表面外から鉄道近接施工範囲近傍へFC船移動		■												
架設位置へ移動しFC船位置決め（係留）			■	■										
桁引寄せ設備取付け（振れ止め）				■										
ケーブル巻下げ					■	■								
桁位置調整						■	■							
荷重解放							■							
吊り具解放ケーブル巻上げ							■	■						
転移表面外へFC船移動								■	■					
A滑走路運用停止		⟷	⟷	⟷	⟷	⟷	⟷	⟷	⟷	⟷	⟷	⟷	⟷	
鉄道き電停止			⟷	⟷	⟷	⟷	⟷	⟷	⟷	⟷	⟷	⟷		

（出典：佐溝純一，大原和章，枦木正喜，中岡仁志，橋豊，内田裕也，関西国際空港連絡橋タンカー船衝突により損傷した橋桁の復旧，橋梁と基礎　Vol.53　No.6，p.38～39，2019 年 6 月）

6.8.5　復旧工事以外の対応

(1) 関空連絡橋内上下線渡り線部の復旧

タンカー衝突の直後，交通の早期開放のため，関空連絡橋内の中央分離帯（鋼製地覆＋防護柵）の一部区間を撤去し上下線連絡用の渡り線が設けられた．

渡り線は，P8 橋脚～P9 橋脚付近に位置する第一渡り線（延長 136m）および P10 橋脚～P11 橋脚付近に位置する第二渡り線（延長 182m）の 2 区間に設置されていた．緊急を要した渡り線の構築は，鋼製地覆や防護柵を取り付けるためのスタッドを切断して実施された．

このため，中央分離帯の復旧は，鋼製地覆部を全て撤去し，防護柵設置のための鋼製架台を設置したうえでコンクリート地覆により復旧された（**写真-6.8.17**，**写真-6.8.18**）．

写真-6.8.17　復旧前状況（第二渡り線）　　　写真-6.8.18　防護柵設置完了状況（第二渡り線）

6.8.6　復旧に際してのポイント

　2019 年（平成 31 年）4 月 8 日（月）6 時をもって，関空連絡橋は被災から 7 ヶ月で完全復旧を果たすことができた．短期間で完全復旧を可能にした各施工段階での創意工夫を以下に示す．

① 初動体制と対応について
  ● 早期の実施体制構築と検討内容の洗い出しおよび期日を決めた検討事項の解決．

② 損傷した鋼桁の撤去について
  ● 部材の接触により複雑に絡み合った部材を FC 船の特徴を生かして安全に撤去．
  ● 橋脚天端から逸脱した道路橋を仮支持とずれ止めを用いて落橋防止．
  ● 撤去の吊り点計画を架設時の吊金具位置を利用して安全性を確保しながら短期間で実施．
  ● 1 工場で補修・再製作を行わず，2 工場に分けて補修・再製作を実施（工程遅延リスクの分散）．

③ 桁の再利用について
  ● 工程を優先して，再製作判断を添接部で区切られたブロック単位で実施．

④ 桁の再製作について
  ● 板継溶接の省略，鋼製排水桝の使用，仮組立の省略．

⑤ 桁の架設について
  ● 滑走路および鉄道の制約条件を考慮した段階的な FC 船の配置計画．
  ● 架設部材を桁寄せ装置や桁位置調整装置を使用して短時間で高精度に架設・据付．

　本節は，参考文献 6.8.2)の一部を再構成したものである．

参考文献

6.8.1) 国土交通省運輸安全委員会：船舶事故調査報告書，平成 31 年 4 月 10 日

6.8.2) 佐溝純一，大原和章，杤木正喜，中岡仁志，橋豊，内田裕也：関西国際空港連絡橋タンカー船衝突により損傷した橋桁の復旧，橋梁と基礎　Vol.53　No.6，2019 年 6 月

6.8.3) 内田裕也：関西国際空港連絡橋応急復旧工事－タンカー衝突により損傷した橋梁の早期復旧－，橋建技士会だより　Vol.33，2020 年 11 月 30 日

6.8.4) 引口学：集まれエンジニア！関西国際空港連絡橋復旧工事，溶接学会誌　Vol.90　No.3，2021 年 4 月

6.8.5) 日本道路協会：道路橋示方書・同解説　II鋼橋・鋼部材編，平成 29 年 11 月

6.8.6) 東日本高速道路株式会社，中日本高速道路株式会社，西日本高速道路株式会社：設計要領　第二集，平成 28 年 8 月

6.8.7) 関西国際空港周辺における物件の設置制限について，関西エアポート㈱HP
　　　http://www.kansai-airports.co.jp/regulations/file/seigen_kix.pdf，2024 年 1 月

6.9　ケーブルが腐食損傷したニールセンローゼ橋の応急復旧工事
　　〜山形県道4号　中津川橋〜

6.9.1 損傷の内容

① 損傷が確認された時期：2020年（令和2年）8月下旬

② 発生場所：主要地方道（県道4号）米沢飯豊線 中津川橋（山形県飯豊町小坂地内白川湖上）

③ 損傷内容：1973年に建設されたニールセンローゼ橋において，ケーブル（素線の一部が破断）および下弦材定着部に，著しい腐食損傷が発見され，直ちに通行止めの措置がとられた（**図-6.9.1**）.

④ 損傷影響：豪雪地帯の山間部にあり，約50年間に渡り山間部に暮らす地域住民の生活を支えてきた道路が遮断. 例年12月上旬から始まる本格的な降雪により，落橋する可能性も否めない危険な状況であった.

⑤ その他：現場周辺は，最深2〜3mの積雪となる豪雪地帯であり，冬期には一部の道路は閉鎖となることから，本橋の架かる米沢飯豊線のルートは,住民にとって冬期の唯一の暮らしに欠かせない道路であった. そのため，この道路が閉鎖となると，狭く曲がりくねった防護柵のない峠道を迂回することとなり，特にスクールバスの通行には不安の声があった（**図-6.9.2**）. また，積雪により落橋する可能性があることからも，降雪前までの約3ケ月で応急復旧を完了させ，通行止めを解除する必要があった.

図-6.9.1 当該橋梁の全景（補修前）

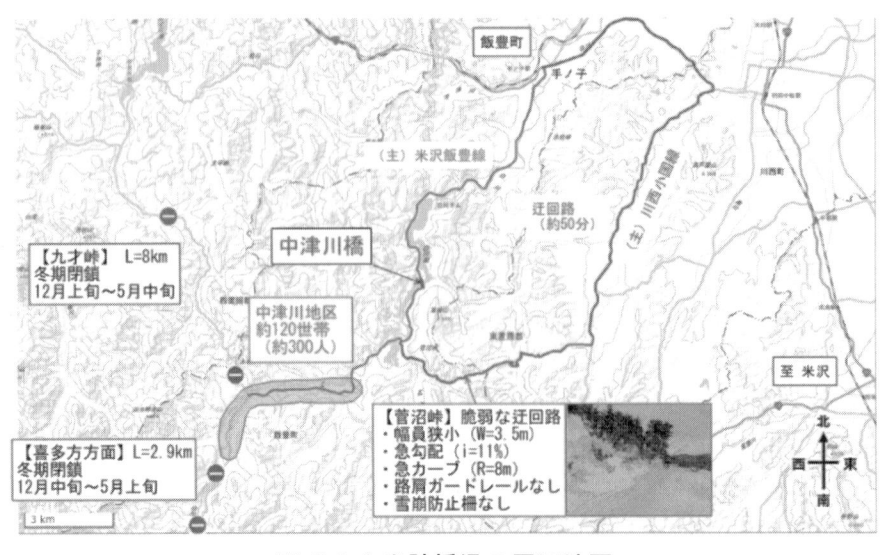

図-6.9.2 当該橋梁の周辺地図

6.9.2 構造物の損傷状況

　当該橋梁は，橋長181.6m，アーチライズ25m，全幅員7.3mの平行弦ニールセンローゼ橋であった（**図-6.9.3**）．全80本のケーブルには亜鉛めっき仕様の平行線ケーブルPWS61およびPWS70が使用されていた．外観目視による構造物の腐食損傷状況を**写真-6.9.1〜写真-6.9.3**に示す．ケーブルは下弦材内部の定着部付近で腐食し素線の一部が破断していた．腐食範囲は，**図-6.9.4**に示すように，多少のバラつきはあるものの，ほぼ橋梁全般に渡って生じていた．完全に破断して機能を喪失しているケーブルは見受けられなかったものの，下弦材内のケーブル定着部付近は目視確認できないこともあり，残存しているケーブル断面積は正確には把握できなかった．また，下弦材内部は常に滞水状態にあったことから，腐食の原因は，下弦材の上フランジに設けられたケーブル貫通孔から凍結防止剤を含む水分がケーブルを伝って下弦材内部に浸入し，腐食が進行したものと推察された．

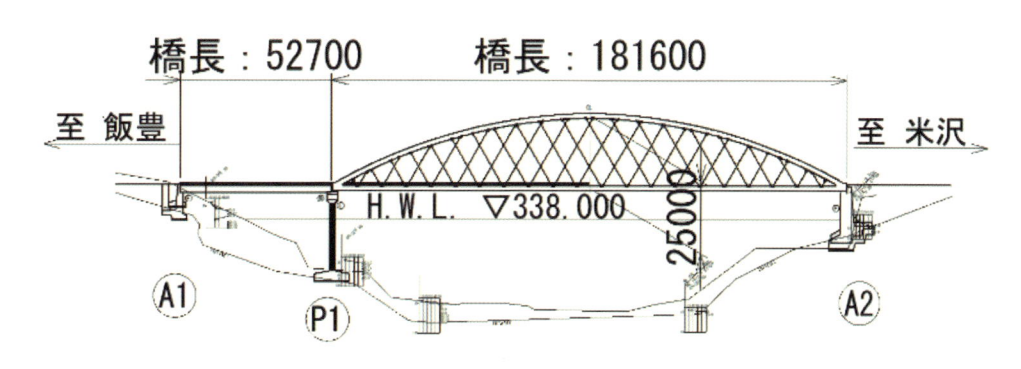

図-6.9.3 橋梁一般図

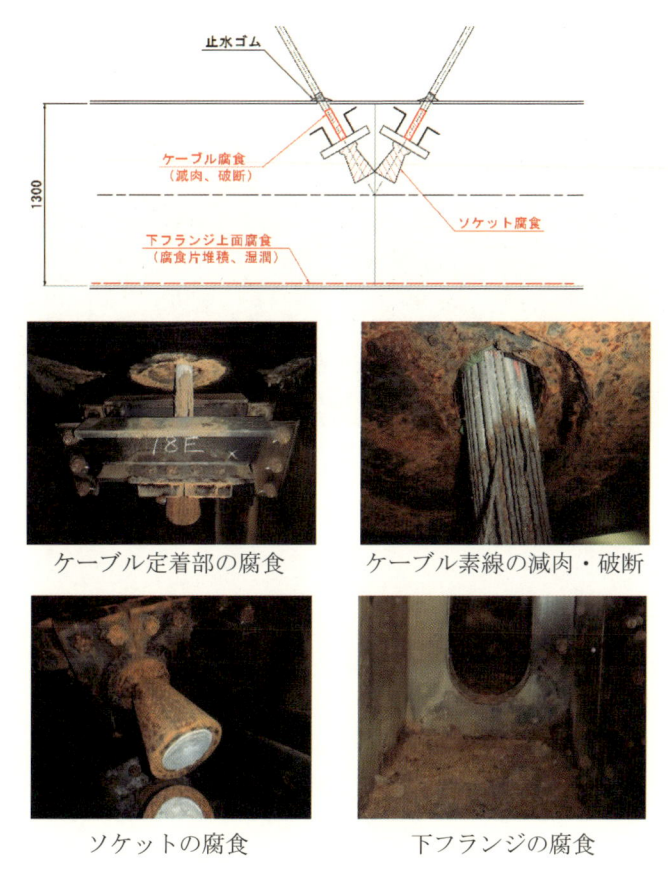

ケーブル定着部の腐食　　ケーブル素線の減肉・破断

ソケットの腐食　　下フランジの腐食

写真-6.9.1 下弦材内部定着部付近

写真-6.9.2 路面状況

写真-6.9.3 下弦材ケーブル貫通孔

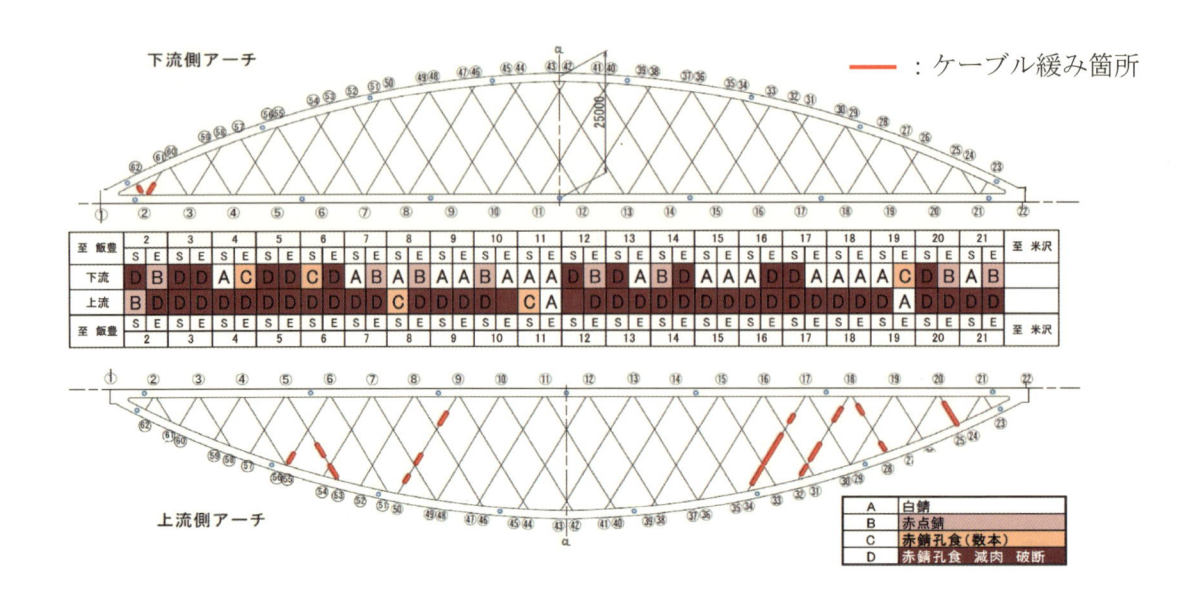

図-6.9.4 下弦材ケーブル定着部点検結果

6.9.3 調査

　調査においては，当該橋梁全体系の余耐力を定量的に評価することが難しく，また，調査時に橋体に負荷をかけた場合に，ケーブルが破断する可能性や，ケーブルの一部破断により連鎖的に他のケーブルに破断が広がる可能性が否定できない状況であったことから，外観目視調査と3Dスキャン測量による調査に留めた．3Dスキャン測量の結果，アーチリブと補剛桁に顕著な変形はなく，キャンバー値は設計値に対して規格値内でやや高めに残っている（路面高が高い）状態であった（**図-6.9.5**）．

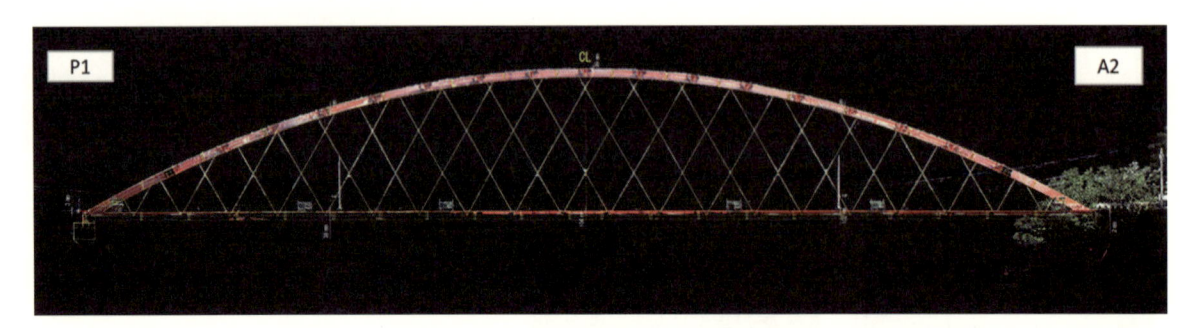

図-6.9.5 ３Ｄスキャン測量結果

6.9.4 応急復旧の方針

　復旧工事は，積雪前までに速やかに暫定供用する応急復旧工事と，損傷したケーブルを取り換えて元の状態に戻す本復旧工事に分けて行われた．ここでは応急復旧事例について記載する．

　応急復旧の補強方針は，ケーブルやアーチ主構の応力状態や耐荷力の安全率の推定はできないものの，一部のケーブルが破断しても現状のままからケーブルやアーチ主構の応力状態を変化させず，この時点の応力状態に留まるようにし（以下，応力状態を保存すると称す），落橋に至ることを避ける補強を行うことを基本方針とされた．補強構造の概要は次項に示す．

　また，応急復旧の施工方法は，工程上の条件として「積雪前までに暫定供用する」こと，安全上の条件として「橋梁の残存耐荷力が不明なため，橋体への負荷を最小限に抑える」ことの二つの施工条件を同時に満たすことを施工方法の選定条件とされた．応急復旧の施工方法の比較表を**表-6.9.1**に示す．案1のベント工法は，工程上，積雪前までの暫定供用が不可であるため，採用不適とされた．案2のクレーンを用いた工法は，安全上，ケーブルへの負担増が避けられないため，採用不適とされた．これらに対し，工程上および安全上の条件を満たすことができる案3の鉄塔を用いた吊策による工法が採用された．この工法は，橋梁外部に構築した鉄塔間を渡したメインケーブルを使用してロープアクセス作業を実施し，小型ウインチにより部材を揚重することで，クレーンや高所作業車を橋体に載せないで補強を行うことが可能な工法である．

表-6.9.1 応急復旧の施工方法の比較検討

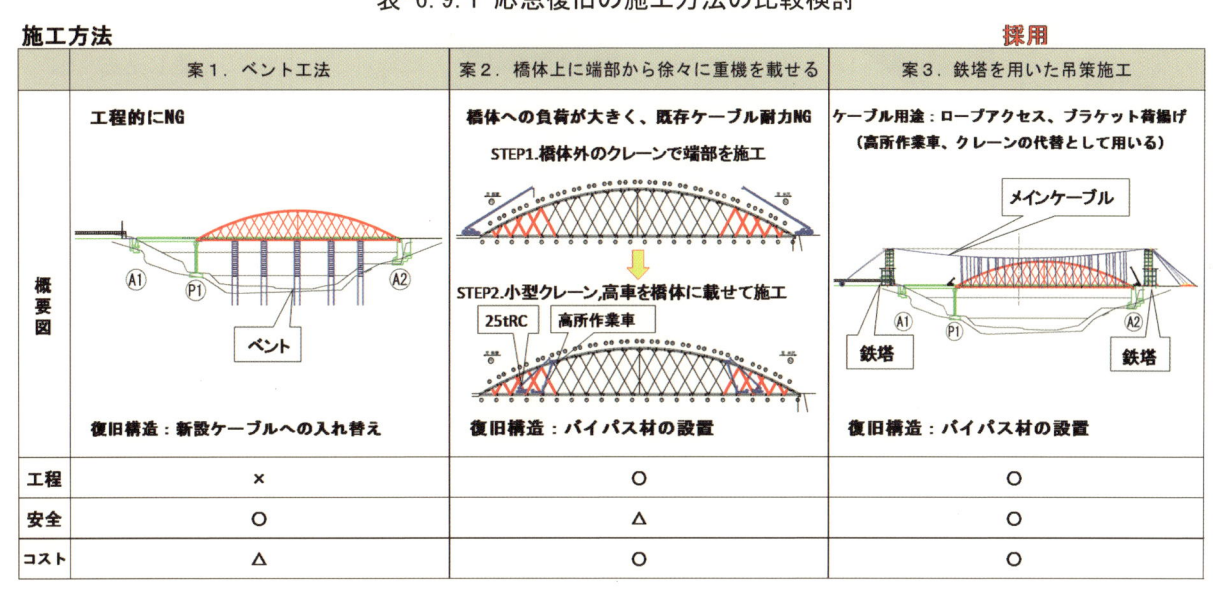

施工方法	案1．ベント工法	案2．橋体上に端部から徐々に重機を載せる	案3．鉄塔を用いた吊策施工（採用）
概要図	工程的にNG ／ 復旧構造：新設ケーブルへの入れ替え	橋体への負荷が大きく、既存ケーブル耐力NG ／ 復旧構造：バイパス材の設置	ケーブル用途：ロープアクセス、ブラケット荷揚げ（高所作業車、クレーンの代替として用いる） ／ 復旧構造：バイパス材の設置
工程	×	○	○
安全	○	△	○
コスト	△	○	○

6.9.5 応急復旧工事の概要

① 補強構造の選定

　応急復旧工事において，腐食損傷により失われた橋梁の耐荷力を回復させる補強構造として，「補強構造①：損傷ケーブルを1本ずつ新規ケーブルに更新する案」と「補強構造②：損傷ケーブルは残置し，荷重を支持できる別の機構（バイパス材）を追加する案」が検討された．補強構造①は，ケーブルの新規製作に長期間を要する工程上の理由と，ケーブルを撤去する際の構造系の変化が懸念される安全上の理由から，応急復旧では補強構造②の方法を採用された．後述の構造は，既存ケーブルの横に張力を負担するバイパス材を追加する構造であり，ケーブルが破断した際に，バイパス材がその荷重を負担し，構造系を保持する構造とされた（**図-6.9.6**）．

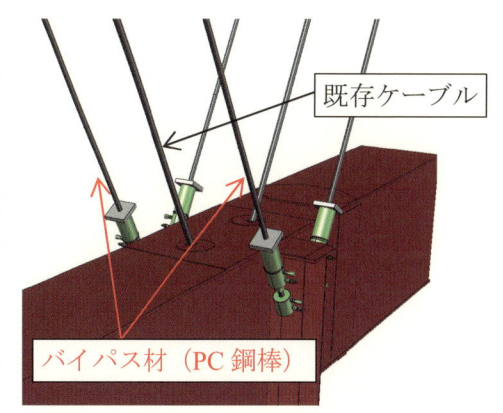

図-6.9.6 補強構造のイメージ

② ブラケット構造

　バイパス材を取り付けるためのブラケットは，本復旧時に撤去できるように「弦材幅外タイプ」が採用された（**図-6.9.7**）．ケーブル定着位置を弦材幅より外側に配置することでジャッキを出し入れするスペースが確保でき，ブラケット重量の軽量化が可能となった．また，バイパス材の設置の際にバイパス材をブラケットに水平に差し込むことができるため，クレーンや高所作業車を使わずに施工することが可能となった（**図-6.9.8**）．さらに，応急復旧工事だけでなく本復旧工事の際にも，バイパス材と本復旧ケーブルの離隔があった方が構造性や作業性で優位になると考えられた．

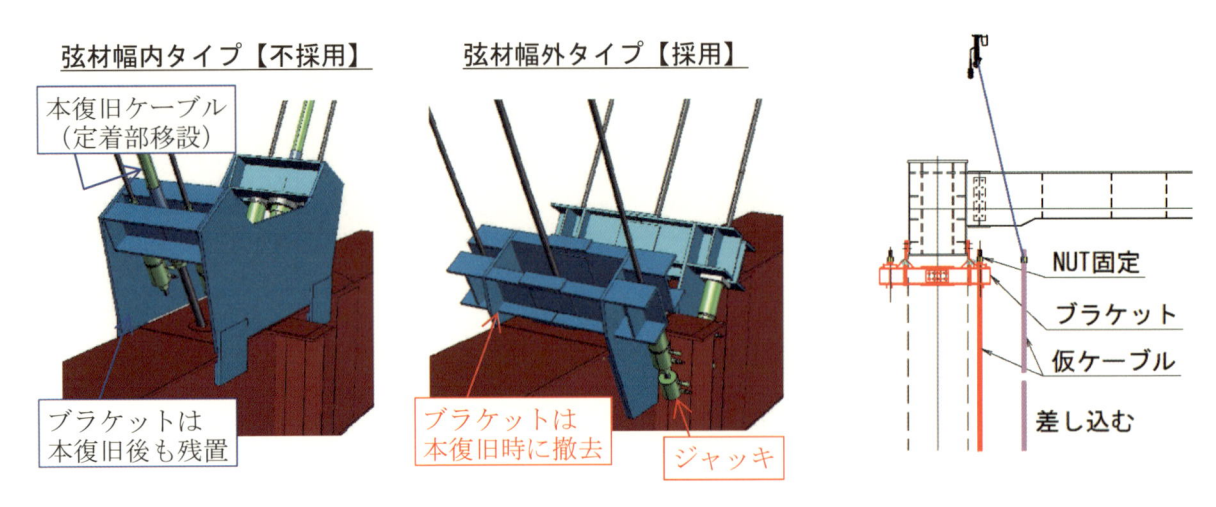

弦材幅内タイプ【不採用】　　　　弦材幅外タイプ【採用】

図-6.9.7 ブラケット構造のイメージ図　　　図-6.9.8 ケーブル設置方法のメージ図

③　現地施工方法の概要

　応急復旧工事で採用した工法の特徴は，橋体外に構築した高さ36mの鉄塔間にメインケーブル（Φ32）を4本渡し，ロープを伝って上下左右前後へ移動するロープアクセス技術を用いた点であり，高所作業車や足場，クレーンを使わない本工法の採用により，橋体への負荷が最小限に抑えられた．施工にあたっては，まず鉄塔を構築するため，基礎コンクリートの施工から始まり，鉄塔の構築，リードロープの設置，メインケーブルの引き込み，ケーブル端部の定着，20t級ウインチによる緊張，ロープ設備の設置という手順で行われた（図-6.9.9，図-6.9.10，写真-6.9.4）．

　仮設備解体等の復旧期間を短縮するため，A2側のケーブル定着部には，既存道路の掘削を最小限に抑えるようにするため，ウエイトを兼ねた20t級のウインチを用いてクローラクレーンのカウンターウエイトと併用してウインチの固定に必要な摩擦力が付加された（写真-6.9.5）．A1側のケーブル定着部には擁壁が利用された．

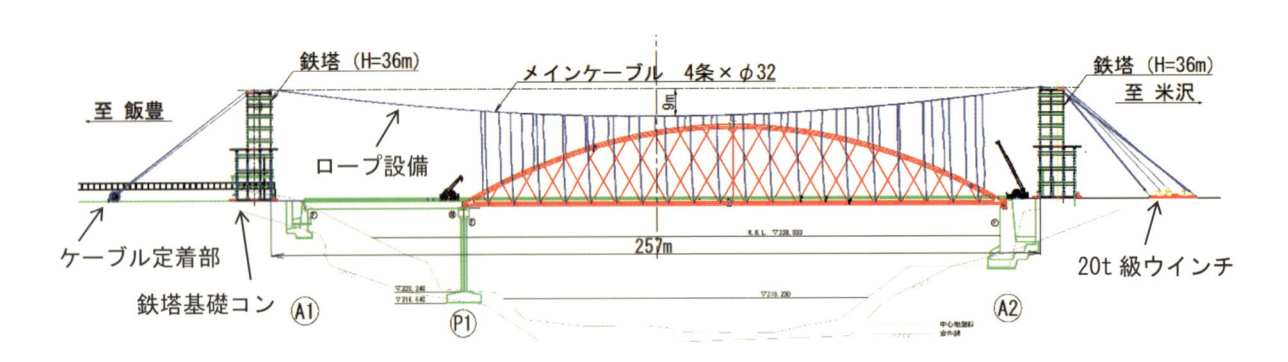

図-6.9.9 鉄塔を用いたケーブル工法の設備概要図

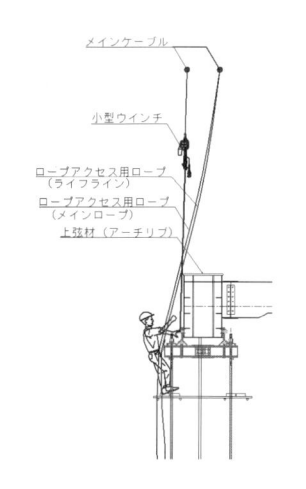

図-6.9.10 ロープ設備概要図

写真-6.9.4 応急復旧工事の仮設備全体写真

写真-6.9.5 20ton級ウェンチ

写真-6.9.6 ロープアクセス作業

　本工法の成立に大きな役割を果たした高さ36mの鉄塔は，控え索を取るスペースがないことから自立式とし，風荷重，地震荷重，ケーブルからの作用力を考慮した3次元骨組解析で設計された．施工中は常に鉄塔の傾斜を管理しながら作業し，ケーブルの緊張時に最大で約40mmの頂部変位が確認されたものの，その傾きはH/1000程度と道路橋示方書に規定される橋脚の傾きの許容値の半分以下と僅かであった．本工事では，ロープアクセスを塗装や点検といった作業ではなく，重量物の取付作業に使用した点が通常とは異なる．通常は総足場を設置して部材の取付作業を行うが，ここでは橋体への負荷を低減する目的で重量鳶の職人がロープアクセスで作業にあたった．これにより，事故発生リスクを保有する仮設足場の設置・解体の作業を無くすことができたことから，安全性の向上に加え，施工期間の短縮にも寄与した（**写真-6.9.6**）．

④　性能検証
　応急復旧工事後に，既設ケーブルとバイパス材とが一体で挙動することを検証するため，バイパス材張力導入前後の既設ケーブルの張力および荷重車載荷試験による張力負担が確認された．
　バイパス材への導入張力は，バイパス材と既設ケーブルが一体で挙動し，万が一既設ケーブルが破断したときに速やかに張力を負担できるよう，バイパス材取付時にたわみが解消される程度以上は緊張する必要がある．一方で，バイパス材はあくまでバックアップであり，常時に高い張力を与えることは，アーチリブに局部的な曲げを与えることとなり好ましくない．そこで，初期導入張力は，過去のPC鋼棒の使用実績や今回

の用途を考慮して，バイパス材（PC鋼棒）の耐力の5%（約5t）を目安に，現地での取付作業の中でたわみの確認をしながら決定された．また，バイパス材に張力を導入した際に，隣接するバイパス材の張力が抜ける懸念があったことから，「一次緊張」と「二次緊張」の2段階で緊張作業が実施された．二次緊張作業による既設ケーブルの張力変動結果（**図6.9.11**）から，既設ケーブルの張力は，二次緊張によりバイパス材に与えた張力と同程度だけ減少しており，その合計値は同等であることから，一体で挙動していることが確認された．

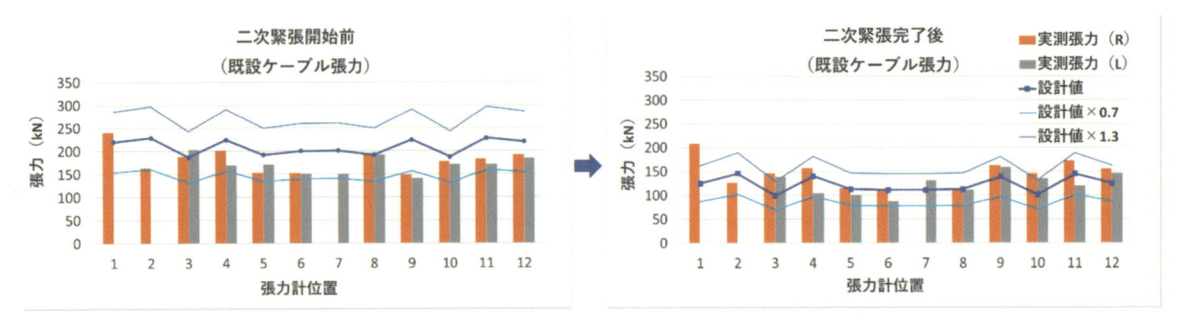

図-6.9.11 バイパス材張力導入前後の既設ケーブルの張力

　また，荷重車を載荷して，活荷重載荷時に既設ケーブルとバイパス材がどの程度の割合で張力を負担しているか確認された（**写真-6.9.7**）．荷重車は，張力変動を監視しながら，乗用車から4tユニック，25tラフタークレーンと段階的に重量を増加させた．最大荷重である25tラフタークレーン2台を橋梁の中央に載荷した結果として，[既設ケーブル1本：バイパス材2本] ＝ 4：6 程度の割合で活荷重を負担していた（**図-6.9.12**）．二次緊張時の確認結果より死荷重時の張力は既設ケーブル1本とバイパス材2本の張力比が1：1程度であり，この傾向に近い結果であった．このことより，今後の供用下においても双方は一体となって荷重を負担していることが確認された．これらの検証を踏まえ，暫定供用に至った（**表-6.9.2**）．

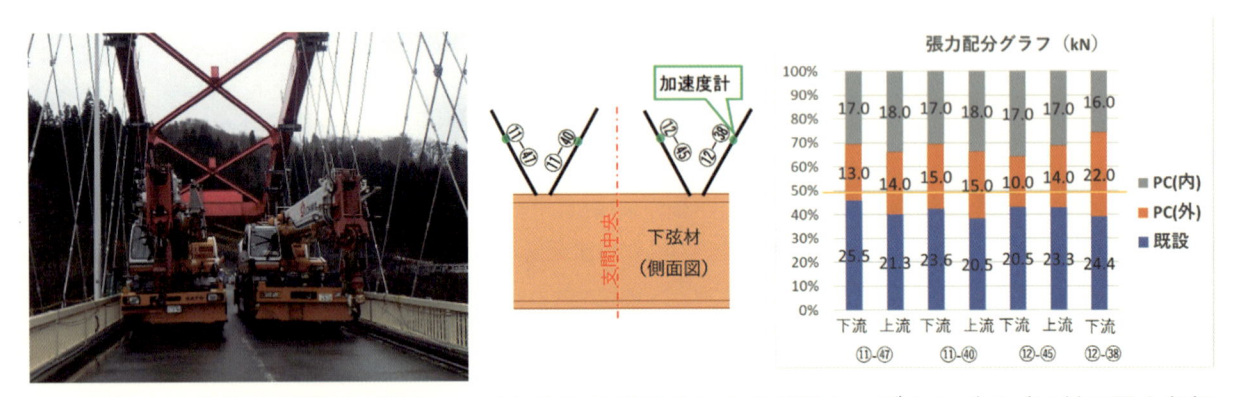

写真-6.9.7 荷重車試験の状況　　**図-6.9.12 荷重車による既設ケーブルとバイパス材の張力負担**

表-6.9.2 応急復旧工事の概略工程表

	9月	10月	11月	12月
調査				
設計・施工計画				
材料手配・工場製作				
仮設備工				
バイパス設置工				
モニタリング				
性能検証				

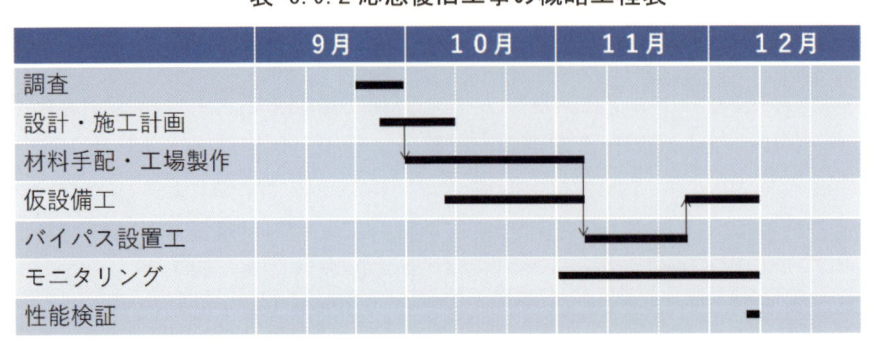

6.9.6 早期復旧のための創意工夫

上述した復旧方針を踏まえ実施した復旧作業の流れに沿って，それぞれのタイミングにおいて，早期復旧を行うために実施された創意工夫を以下に示す．

①　補強設計および施工計画

補強設計および施工計画では，工期短縮を最優先として，次のような方針がとられた．

- 工程と安全の両面から，全面足場+クレーン施工ではなく，ケーブル工法が採用された．
- ケーブル工法を考慮し，バイパス材は弦材幅の外側に定着する構造が採用された．

②　現地施工および性能検証

現地施工では，工期短縮および施工時の安全確保を最優先として，次のような方針がとられた．

- メインケーブルの定着部の掘削とアンカーブロックの構築および復旧作業を簡略化するため，20tクラスの大型ウインチとカウンターウエイトにより，アンカー定着する工法が採用された．
- ケーブルの主塔は控え索を取るスペースがない現地条件での安全確保のため自立式の主塔が採用された．
- ロープアクセス用のケーブルおよびフェールセーフの盛替え作業を省略するため，各施工箇所に全てロープを設置しておく方法が採用された．

6.9.7 復旧工事以外の対応

構造物の被害状況や早期復旧に向けた取り組みについて，先述した復旧工事の対応の他，次の対応がなされている．

①　道路管理者と施工者の連携

短期工程のニーズに対応するため，それを実現するための技術的なサポートと情報共有に努め，道路管理者と施工者が現地状況をリアルタイムに情報共有するためのデジタルコミュニケーションツールを活用した管理が行われた．

②　地域住民との交流

地域住民の方を対象とした現場見学会が実施され，工事の状況や内容の理解が得られた．また，地域住民の方から工事関係者へ激励を込めた芋煮会が開催され，地域住民と工事関係者との交流が深まるとともに，工事関係者のモチベーションが高められた．

6.9.8 復旧に際してのポイント

アーチ形式やケーブル形式の特殊橋梁は，橋を構成する各部材の内力が安定し構造が成立しているため，腐食や疲労により部材の一部が損傷すると，橋全体の安定を損ない応力状態が保持できなくなり，最悪の場合，落橋に至るケースも考えられる．そのため，道路管理者や点検作業を行う橋梁技術者は，日常点検や定期点検での点検項目・方法・判断基準を適切に設定し維持管理することや，塗替塗装や部材の補修等を適切に行うことでこれら特殊橋梁を長期間にわたり維持修繕していくことが求められる．仮に，部分的な損傷が発見された場合には，災害と同様に，二次災害の防止や供用制限を実施したうえで，橋体に負荷をかけない復旧方法を検討し対策を講じることが必要な場合もあるので留意されたい．

第7章　災害復旧事例の解説

　災害復旧は，改築や更新・架替えと同じように既設構造物を取扱う工事であるため，「第3章　改築事例の解説」や「第5章　更新・架替え事例の架設」に記載されている留意すべきことの多くは，災害復旧においても共通する事項となる．ここでは，第6章で示した9事例の課題と対応をまとめたうえで，災害復旧時に対応が必要と思われる主な実施事項と各実施段階でポイントとなる考え方や留意点について解説する．

7.1　事例のまとめ

　第6章で示した9つの災害復旧事例より，鋼橋の災害復旧において特有の主な課題をまとめると，(1)段階的な復旧方針の意思決定，(2)早期復旧のための創意工夫，(3) 不確実性を有する災害復旧における安全性確保となる．以下にこれらの課題と対応を簡潔に記載する．

7.1.1　段階的な復旧方針の意思決定

　災害復旧における基本方針は原形復旧であるが，原形復旧するための災害復旧工事は，規模が大きく長期化する傾向にある．工事が長期間に及ぶと人々の暮らしへの影響や経済的損失が大きくなる．そのため，災害復旧では，緊急復旧・応急復旧・本復旧に分けた速やかな復旧方針の意思決定が課題となる．**表-7.1.1**に，段階的な復旧方針が採用された主な対応事例を示す．

表-7.1.1　段階的な復旧方針の対応事例

節	分類	対応事例
6.1 ～ 6.3	地震	高速道路の緊急交通路としての機能確保および早期の一般交通の確保を目指し，緊急復旧工事・応急復旧工事・本復旧工事の3段階に分けた対応が実施されている．
6.4	台風（洗堀）	供用後90年以上が経過し架替事業が計画中であったことから，早期の交通開放のため，当面の機能確保を目的とした被災箇所のみの応急復旧工事が実施されている．
6.5	事故（火災）	首都高速の長期通行止めや車線規制，経済損失等を考慮して，被災した構造物と通行車両の両者の安全性ならびに構造物の長期耐久性を確保したうえで，最大限早期に復旧させることを最優先にするとともに，本復旧までの間に供用可能な部分から順次交通開放させる方針が採用されている．
6.6	事故（火災）	首都高速の長期通行止めや経済損失等を考慮して，通行止め解除に向けた応急復旧と通行止め解除後の恒久補修に分けた本復旧が実施されている．
6.7	事故（船舶衝突）	本土と島を結ぶ唯一の陸路であり一日も早い交通開放が求められたため，段階的な通行規制を行いつつ緊急・応急復旧が実施され，その後，本復旧が実施されている．
6.8	台風（船舶衝突）	空港へのアクセス路の通行止めや経済損失等を考慮して，被災箇所を避けた暫定的な通行を確保したうえで，早期かつ工程遅延につながるリスクを低減・分散した本復旧が実施されている．
6.9	緊急報告（腐食）	豪雪地帯に位置し冬期は迂回道路が閉鎖されることから，積雪前までに暫定供用する応急復旧と，損傷した部材を取り換える本復旧に分けた対応が実施されている．

7.1.2　早期復旧のための創意工夫

　災害復旧では，構造物の安全性を確保しつつ早期にその機能を回復し復旧することが課題となる．**表-7.1.2**に，早期復旧のための創意工夫として実施された主な対応事例を示す．

表-7.1.2　早期復旧のための創意工夫の事例

課題	対応事例	参照事例
全体工程	・ 非出水期期間に工事完了できる桁新設案の採用	6.4 台風（洗堀）
	・ 床版を2分割施工できるように非合成桁として設計	6.5 事故（火災）
	・ 再利用または再製作を最小のブロック単位で実施	6.8 台風（船舶衝突）
材料手配期間	・ 市場性の高い板厚や鋼材種別の材料の使用	6.1 地震
	・ 使用材料の板厚や鋼材種別の統一	6.4 台風（洗堀）
	・ 全主桁同一断面，使用材料の板厚や鋼材種別を最小化	6.5 事故（火災）
	・ ミルメーカーによる10日間での圧延材緊急ロール	6.5 事故（火災）
工場製作期間	・ 鋼部材への横断勾配の省略	6.4 台風（洗堀）
	・ 中塗上塗兼用塗料の採用	6.4 台風（洗堀）
	・ 製作キャンバーの省略	6.5 事故（火災）
	・ 製作工場における24時間フル稼働	6.5 事故（火災）
	・ 補修再製作を2工場に分けて実施（リスク分散）	6.8 台風（船舶衝突）
	・ 工場板継溶接の省略（1部材1断面）	6.8 台風（船舶衝突）
	・ 組立前の部材精度確認による仮組立の省略	6.8 台風（船舶衝突）
現場作業期間	・ 誤差吸収できる構造詳細の採用（手戻り防止）	6.1 地震
	・ 鋼床版継手として高力ボルト継手の採用	6.4 台風（洗堀）
	・ 仮設トラス桁を用いた鋼桁の撤去・架設工法の採用	6.5 事故（火災）
	・ 鋼桁のクレーン相吊り架設工法の採用	6.5 事故（火災）
	・ RC床版への早強コンクリートの使用，型枠プレハブ化等	6.5 事故（火災）
	・ 緊急コールセンター設置等の道路利用者対応，チラシ配布や低騒音機械使用等の周辺住民対応（作業中止リスク低減）	6.5 事故（火災）
	・ 台船一括架設による補強部材の設置（現場作業の省力化）	6.7 事故（船舶衝突）
	・ 事前シミュレーションの実施（手戻り防止）	6.7 事故（船舶衝突）
	・ フローティングクレーンによる一括撤去・架設工法の採用	6.8 台風（船舶衝突）
	・ 積雪前に工事完了できるケーブル工法の採用	6.9 緊急報告（腐食）
	・ 仮設備において自重式アンカー定着を採用	6.9 緊急報告（腐食）

7.1.3 不確実性を有する災害復旧における安全性確保

災害により被災した橋梁は，構造系の変化や応力の再分配等が生じ構造物の応力状態の把握が困難で不確実性を有することがある．また，過去に事例のない施工方法等においても不確実性を有することがある．これら不確実性を有する災害復旧工事における安全性確保のための対応事例を，**表-7.1.3** に示す．

表-7.1.3 不確実性を有する災害復旧における安全性確保のための対応事例

実施段階	対応事例	参照事例
初動段階	・ 初動対応として，落下の恐れのある裏面吸音板の撤去，仮受けベントの設置がされている．	6.5 事故（火災）
調査段階	・ 火災では損傷範囲および損傷程度を把握するための調査が極めて重要となる．その調査項目や方法等の対応事例は6.5.3や6.5.4を参照されたい．	6.5 事故（火災）
設計・計画段階	・ 損傷した主桁を意図して残置したまま新たに桁や対傾構を追加設置するという構造系を大きく変えない方法が選定されている（部材単位で形状を元に戻す等により耐荷性能を確保するのではなく，上部構造として耐荷性能を回復する方針）．	6.2 地震
	・ 損傷を受けた橋体に極力負荷をかけない施工方法が採用されている．	6.7 事故（船舶衝突）
	・ 一部のケーブルが破断しても主構の応力状態を変化させない補強方針が採用されている（落橋に至ることを避ける補強を行う方針）．	6.9 緊急報告（腐食）
	・ 橋体への負荷を最小限に抑える施工方法が採用されている．	6.9 緊急報告（腐食）
施工段階	・ 施工段階毎の応力状態を事前に把握し設計に反映，実際の施工過程で応力状態を計測している（不確実性を特定し，合理的かつ安全側の仮定に立ったうえで検証を実施することにより妥当性を確認する方針）．	6.2 地震
	・ 被災後の応力状態および施工段階毎の応力状態等を事前に解析で把握したうえで，実施工ではモニタリングにより挙動を確認しながら施工管理がされている．	6.3 地震
	・ 特殊工法であることから事前シミュレーションが実施されている．	6.7 事故（船舶衝突）
	・ 被災後の橋梁の挙動を確認するための荷重車載荷試験が実施されている．	6.7 事故（船舶衝突）
	・ 復旧後の性能検証として荷重車載荷試験による張力計測が実施されている．	6.9 緊急報告（腐食）
維持管理への配慮	・ 供用再開後の維持管理段階において再び大地震が生じた際に橋の状態の変化の把握に活用できるデータの取得が実施されている．	6.3 地震

7.2　事例を踏まえた災害復旧工事での主な実施事項と留意点

　ここでは，災害発生直後の初動から調査，計画・設計，施工，維持管理の各実施段階（**図-7.2.1**）において対応が必要と思われる主な実施事項と，各実施段階でポイントとなる考え方やプロセス，留意点について，過去事例から抽出された内容に加え，今後期待される技術や体制に関して災害復旧 WG 委員の主観的な意見を含めて取りまとめる.

---

1. **初動段階　～災害発生直後の初動対応～**
   - (1)　災害内容の把握
   - (2)　災害による影響度の把握
   - (3)　二次災害の防止
   - (4)　復旧方針の意思決定と体制作り

2. **調査段階　～災害復旧に向けて必要な調査～**
   - (5)　被災した橋梁の情報収集
   - (6)　被災した橋梁の目視調査
   - (7)　被災した橋梁の健全度調査（詳細調査）
   - (8)　被災した橋梁の安全性照査

3. **設計・計画段階　～早期復旧のための設計・施工計画～**
   - (9)　詳細な復旧方針の決定
   - (10)　災害復旧の設計
   - (11)　災害復旧の施工計画

4. **施工段階　～安全性確保のための復旧工事～**
   - (12)　施工前のシミュレーション
   - (13)　施工中の状態把握・モニタリング
   - (14)　施工後の橋体の挙動確認

5. **維持管理への配慮**
   - (15)　維持管理への配慮

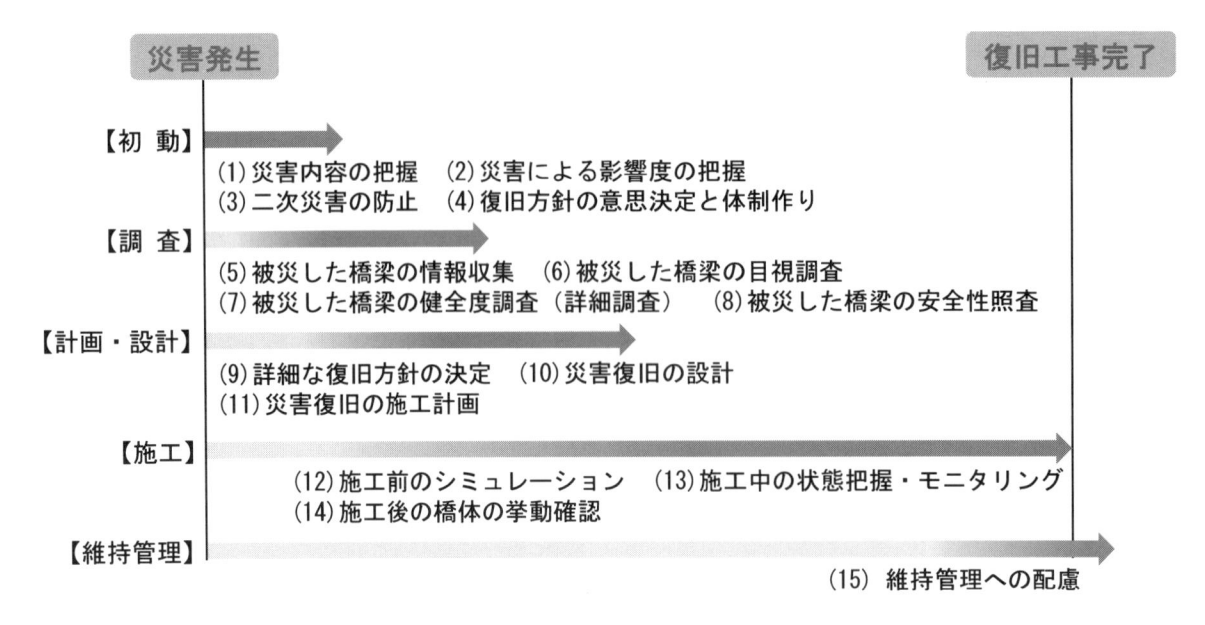

図-7.2.1　災害発生直後の初動から調査，計画・設計，施工，維持管理の各実施段階

7.2.1 初動段階　～災害発生直後の初動対応～

　鋼橋の被災が報告された直後の初動段階では，(1)災害内容の把握，(2)災害による影響度の把握，(3)二次災害の防止，(4)復旧方針の意思決定と体制作りを速やかに実施することがポイントとなる．**表-7.2.1** に各実施項目の目的とポイントを示す．

表-7.2.1　初動段階における実施項目の目的とポイント

実施項目	目 的	ポイント
(1)災害内容の把握	橋梁の一部または全体的な損傷を受けた橋梁を，遠望からの目視調査もしくは路面上からの目視調査等により被災度判定を行い，車両供用停止の要否や，第三者被害の防止，被害の拡大を防止するための緊急処置の要否を判断する．	被害の拡大防止を判断できる技術者が，被災箇所への経路を確認し，速やかに被災地へ行き，損傷状況や程度，範囲を調査して，被害を最小限に留めるために必要な判断を即座に行うことが重要となる．
(2)災害による影響度の把握	被災箇所の道路ネットワークや周辺地域の生活や物流，および橋梁に添架されているインフラ（上下水道，通信等）の損傷による影響度を把握する．また，代替経路の速やかな確保や被災を受けた橋梁の暫定供用の要否を判断する．	鋼橋の被災により最もダメージを受けているのは，道路利用者や周辺地域の方々であることを，常に念頭において行動することが極めて重要となる．
(3)二次災害の防止	橋梁を構成する部材や仮設物の落下や構造物の安定性がさらに損なわれることによる，二次災害を防止するために必要な落下防止対策や立入禁止措置を行う．	部材の損傷の程度が把握できない場合には，落下防止対策の作業中に，損傷の拡大や作業中の二次災害を引き起こす恐れがあるので留意が必要となる．
(4)復旧方針の意思決定と体制作り	本復旧前に緊急・応急復旧といった段階的な復旧を実施するかどうかの方針を早期に意思決定する．また，道路管理者および設計者・施工者は，突然必要とされる災害復旧に対して，調査・設計・施工を速やかに実施できる体制をいち早く整備する．	復旧方針と概略期間を可能な限り早期に意思決定することが重要となる．体制では，受発注者における災害復旧への対応力強化や事前の備え，受発注者間における災害協定の拡充，平常時と異なる契約方式の採用などを早期に意思決定することが重要となる．

(1) 災害内容の把握

　初動の被災度判定や緊急処置の要否は，詳細な調査を行えない段階で，有識者や専門技術者らによる定性的な技術的判断に基づき行われる事例が多い．そのため，鋼橋に詳しい有識者や，鋼材やコンクリートの材料に詳しい専門技術者らとともに被災状況を確認することも効果的である．また，災害発生直後は，被災した橋梁もしくは被災部位へアクセスできないことや，警察や消防による現場検証のため立ち入り禁止処置が施され近くに立ち入ることができない場合もある．被災部位へ近づけない場合には，ドローンを活用し，損傷部位に立ち入ることなく，かつ被災した橋体へ負荷をかけずに損傷状況の確認を行う方法も有効である．平常時にあらかじめ不測の災害を想定し，通行規制の要否の判断基準を定めておくことも有効と思われる．

　表-7.2.2 に，WG にて作成した災害内容把握時のチェックシート（例）を示すので参考にされたい．なお，初動段階では時間をかけずに分かる範囲で状況把握に努めるのが良い．

表-7.2.2　災害内容把握時のチェックシート（例）

項　目	確認事項等
□ 路線名・橋梁名	
□ 災害発生場所（住所）	
□ 災害発生日時・時刻	年　　月　　日　　時　　分頃　・不明
□ 調査日時	年　　月　　日　　時　　分頃（被災後約　　時間）・不明
□ 災害の種類	地震，洗堀，火災，衝突，著しい腐食損傷，著しい疲労損傷 その他（　　　　　　　　　　　　　　　　　　　　　　　）
□ 構造物の損傷状況（事前）	損傷があるか？（YES・NO），損傷概要（　　　　　　　　　）
□ 損傷箇所へのアクセス	アクセスが可能？（YES・NO），アクセス手段（　　　　　　　）
□ 被害状況の確認の要否	災害による被害・損傷状況の確認が可能か？（YES・NO）
□ 損傷の重大性	極めて重大な損傷，やや重大な損傷，やや軽微な損傷，軽微な損傷
□ 被災後の橋梁の供用状況	通常どおり供用，通行止め，一部通行規制（　　　　　　　　）
□ 被災後の周辺道路の供用状況	通常どおり供用，通行止め，一部通行規制（　　　　　　　　）
□ 橋梁の架橋位置	都市部，山間部，河川部，海域，その他（　　　　　　　　　）
□ 橋梁高架下の条件	幹線道路，鉄道，河川（　　　　　　　　　　　　　　　　　）
□ 橋梁形式	上部構造の形式（　　　　　　　　　　　　　　　　　　　　） 下部構造の形式（　　　　　　　　　　　　　　　　　　　　）
□ 路面上の変状	舗装の隆起・陥没（著しい変状あり・軽微な変状あり・変状なし） 伸縮装置や高欄の遊間（正常・異常）
□ 鋼部材の損傷状況	鋼部材の軽微な変形・著しい変形・破断，その他（　　　　　）
□ 床版の損傷の有無・概要	損傷の有無，概要（　　　　　　　　　　　　　　　　　　　） 範囲（　　　　　　　　　　），程度（　　　　　　　　　　）
□ 主部材の損傷の有無・概要	損傷の有無，概要（　　　　　　　　　　　　　　　　　　　） 範囲（　　　　　　　　　　），程度（　　　　　　　　　　）
□ 二次部材の損傷の有無・概要	損傷の有無，概要（　　　　　　　　　　　　　　　　　　　） 範囲（　　　　　　　　　　），程度（　　　　　　　　　　）
□ 格点の損傷の有無・概要	損傷の有無，概要（　　　　　　　　　　　　　　　　　　　） 範囲（　　　　　　　　　　），程度（　　　　　　　　　　）
□ 継手の損傷の有無・概要 （リベット・高力ボルト・溶接）	損傷の有無，概要（　　　　　　　　　　　　　　　　　　　） 範囲（　　　　　　　　　　），程度（　　　　　　　　　　）
□ 支承の損傷の有無・概要	損傷の有無，概要（　　　　　　　　　　　　　　　　　　　） 範囲（　　　　　　　　　　），程度（　　　　　　　　　　）
□ 伸縮装置の損傷の有無・概要	損傷の有無，概要（　　　　　　　　　　　　　　　　　　　） 範囲（　　　　　　　　　　），程度（　　　　　　　　　　）
□ 附属物の損傷の有無・概要	損傷の有無，概要（　　　　　　　　　　　　　　　　　　　） 範囲（　　　　　　　　　　），程度（　　　　　　　　　　）
□ その他の損傷の有無・概要	損傷の有無，概要（　　　　　　　　　　　　　　　　　　　） 範囲（　　　　　　　　　　），程度（　　　　　　　　　　）
□ 下部構造の損傷の有無・概要	損傷の有無，概要（　　　　　　　　　　　　　　　　　　　） 範囲（　　　　　　　　　　），程度（　　　　　　　　　　）

(2) 災害による影響度の把握

表-7.2.3に，災害による影響度把握時のチェックシート（例）を示すので参考にされたい．

表-7.2.3　災害による影響度把握時のチェックシート（例）

項　目	確認事項等
□ 災害による影響度の把握	影響度の把握が可能か？（YES・NO） 不明なもの（　　　　　　　　　　　　　　　　　　　　　　　　　　）
□ 道路ネットワークへの影響	道路ネットワークとしての機能を確保できているか？（YES・NO）
□ 道路利用者への影響	道路利用者への影響があるか？ （極めて影響あり・やや影響あり・ほとんど影響なし・影響なし）
□ 周辺地域の生活への影響	周辺地域の生活への影響があるか？ （極めて影響あり・やや影響あり・ほとんど影響なし・影響なし）
□ 物流への影響	物流への影響があるか？ （極めて影響あり・やや影響あり・ほとんど影響なし・影響なし）
□ 橋梁に添架されているインフラ 　（上下水道，通信等）の状況	損傷を受けているインフラの種類（　　　　　　　　　　　　　　　） （極めて影響あり・やや影響あり・ほとんど影響なし・影響なし）
□ 代替経路の状況	代替経路が必要か？（YES・NO），容易に確保可能か？（YES・NO） 代替経路を運用させるうえで，関係機関との協議は必要か？ 車両重量や通行時間帯の制約を設ける必要があるか？ その他の留意事項（　　　　　　　　　　　　　　　　　　　　　）

(3) 二次災害の防止

　被災した橋梁を構成する鋼部材・コンクリート片の一部落下や，工事中であれば足場材等の仮設物の落下により，第三者被害をもたらす恐れがある．また，地震での余震や豪雨が続いた場合には，構造物の安定性がさらに損なわれ，最悪のケースでは落橋に至る恐れがある．早期に入手可能な資機材を用いて被害を拡大させないための対策を講じるのが良い．

　表-7.2.4に，二次災害の防止にあたってのチェックシート（例）を示すので参考にされたい．

表-7.2.4　二次災害の防止にあたってのチェックシート（例）

項　目	確認事項等
□ 二次災害の恐れ	落橋の恐れや高架から落下しそうなものがあるか？（YES・NO） 対象（　　　　　　　　　　　　　　　　　　　　　　　　　　　）
□ 立入禁止措置	被災した橋梁や橋梁下への立入禁止措置が必要か？（YES・NO） 対象（　　　　　　　　　　　　　　　　　　　　　　　　　　　）
□ 落下防止設備の設置	落下防止ケーブル・ネットの設置が必要か？（YES・NO） 対象（　　　　　　　　　　　　　　　　　　　　　　　　　　　）
□ 簡易的な落橋防止装置の設置	落橋の恐れがある場合，簡易な落橋防止の設置が必要か？ （YES・NO），対象（　　　　　　　　　　　　　　　　　　　　）
□ 緊急ベントの設置	落橋や被害の拡大の恐れがある場合，ベント設置が必要か？ （YES・NO），対象（　　　　　　　　　　　　　　　　　　　　）
□ 可燃物の撤去	被災箇所の周辺に可燃物がないか？（YES・NO） 撤去可能か？（YES・NO），対象（　　　　　　　　　　　　　　）

(4) 復旧方針の意思決定と体制作り

災害内容と災害による影響度を把握したうえで，本復旧（全面復旧）にどの程度の期間を要するかを想定し，本復旧前に緊急・応急復旧を実施するかどうかの方針を早期に意思決定する．また，緊急・応急復旧工事の工期を速やかに設定する．災害復旧工事では，通常の調査・設計業務や工事業務と異なり，災害発生後に突然必要とされるため，道路管理者側も設計・施工者側もあらかじめ十分な組織体制や資機材，予算等が確保されていない中で立ち上げる必要がある．災害発生直後の調査や復旧工事を一刻も早く行うため，平常時と異なる契約方式の採用などを早期に意思決定することや，それに至る仕組みやプロセスを事前に整備しておくことも，災害に対する対応力強化の観点で重要となる．

表-7.2.5に，災害復旧に向けた体制作り時のチェックシート（例）を示すので参考にされたい．

表-7.2.5 復旧方針の意思決定と体制作りにあたってのチェックシート（例）

項　目	確認事項等
☐ 本復旧の方針・期間	復旧方針（　　　　　　　　　　　　　　　　　　　　　　　　） 期間の目安（　　　　　　　　　　　　　　　　　　　　　　　）
☐ 緊急復旧の方針・期間	緊急復旧が必要か？（YES・NO） 復旧方針（　　　　　　　　　　　　　　　　　　　　　　　　） 期間の目安（　　　　　　　　　　　　　　　　　　　　　　　） 対応者（　　　　　　　　　　　　　　　　　　　　　　　　　）
☐ 応急復旧の方針・期間	応急復旧が必要か？（YES・NO） 復旧方針（　　　　　　　　　　　　　　　　　　　　　　　　） 期間の目安（　　　　　　　　　　　　　　　　　　　　　　　） 対応者（　　　　　　　　　　　　　　　　　　　　　　　　　）
☐ 災害復旧時の体制作り	道路管理者として必要な災害復旧の体制を構築できているか？ （YES・NO）
☐ 有識者を入れた委員会の設立	学識経験者等の有識者を入れた委員会の設立が必要か？（YES・NO）
☐ 予算の確保	予算の確保はできたか？（YES・NO）
☐ 契約方式	契約方式は決定したか？（YES・NO）
☐ 発注者側の手続き	発注者側内の必要な手続きは完了したか？（YES・NO）
☐ 設計会社の選定	設計会社の選定ができたか？（YES・NO）
☐ 施工会社の選定	施工会社の選定ができたか？（YES・NO）
☐ 設計会社側の体制作り	設計体制は構築できたか？（YES・NO）
☐ 施工会社側の体制作り	施工体制は構築できたか？（YES・NO）
☐ 施工会社側の資機材等の手配	資機材等の手配の見込みは付いたか？（YES・NO）

7.2.2 調査段階　～災害復旧に向けて必要な調査～

　災害復旧に向けた最初のステップとなる調査段階では，(5)被災した橋梁の情報収集，(6)被災した橋梁の目視調査，(7)被災した橋梁の健全度調査（詳細調査），(8)被災した橋梁の安全性照査を速やかに実施することがポイントとなる．**表-7.2.6**に各実施項目の目的とポイントを示す．

表-7.2.6　調査段階における実施項目の目的とポイント

実施項目	目　的	ポイント
(5)被災した橋梁の情報収集	被災した橋梁の調査・診断の精度を高めるため，現地調査に先立ち，図面，設計計算書，数量計算書，架設計画書を確認し，被災した橋梁の概要を机上調査にて事前に把握する．補修補強や塗装塗替えの履歴を有する橋梁はそれら維持管理段階の情報も事前に入手する．	橋梁名と建設時の工事名が相違していたり，維持管理段階で構造改良していたりする場合があるので，道路等管理者は，平常時より災害発生時に備え，橋梁ごとに建設時と維持管理段階の情報をきちんと整理・管理しておくことが重要となる．
(6)被災した橋梁の目視調査	一刻も早く目視調査を行い，被災した橋梁の損傷状況を把握する．目視調査の結果は，健全度調査の対象や復旧方針を決定する際の判断材料となるため，正確かつなるべく精度よく行うことが望ましい．	近接目視調査が難しい場合には，ドローンや三次元計測技術の適用を検討するのが良い．また，同時期に建設された類似の橋梁が隣接している場合には，被災した橋梁だけでなく健全な隣接橋梁の状況もあわせて調査し両者の状況を比較することで損傷状況を精度よく把握できることもある．広い視野をもって現地を確認する意識がポイントとなる．
(7)被災した橋梁の健全度調査（詳細調査）	目視調査結果を踏まえ，被災した橋梁の損傷状況を詳細に把握する．健全度調査の結果は，安全性照査や復旧方針の決定，災害復旧の設計・計画に活用する．	健全度が明らかでない橋梁を調査する際，調査を行うための高所作業車等を橋面上に配置すること自体が，危険な状況を招く恐れがあるので留意が必要となる．
(8)被災した橋梁の安全性照査	橋梁を構成する部材の一部が損傷した場合には，損傷を受けて耐力を失った部位から損傷を受けていない健全な部位へ応力の再分配がなされ，橋梁全体の応力性状が不確かになっていることがある．これらの状況を適正に評価・診断する．	車線を暫定供用させる際には，机上の設計照査だけでなく，実際に路面上へ荷重車を載荷してたわみや応力を計測し，解析値と実測値を比較し検証する方法が有効である．

(5)　被災した橋梁の情報収集

　机上調査では，例えばベント設備が設置できないような橋の立地条件では，送出し工法やトラベラークレーン工法，ケーブルエレクション工法，一括架設工法等で架設された可能性が高く，鋼部材の断面が架設系

で決まっていることもあるので架設設計も確認するのが良い．また，建設後に構造改良が実施されている場合もあるため維持管理段階の情報も確認することが重要である．なお，建設時の情報が見つからない場合は，製作・施工会社にデータが保管されていることが多いので問い合わせてみると良い．

表-7.2.7 に，被災した橋梁の情報収集時のチェックシート（例）を示すので参考にされたい．

表-7.2.7　被災した橋梁の情報収集時のチェックシート（例）

項　目	確認事項等
□ 設計図面（建設時）	入手できたか？（YES・NO），建設年次（　　　　　）
□ 設計計算書（建設時）	入手できたか？（YES・NO）
□ 数量計算書（建設時）	入手できたか？（YES・NO）
□ 架設計画書（建設時）	入手できたか？（YES・NO），架設工法（　　　　　）
□ 補修補強履歴（維持管理段階）	入手できたか？（YES・NO） 主な補修補強履歴（　　　　　）
□ 塗装塗替え履歴（維持管理段階）	建設時の塗装仕様（　　　　　） 現在の塗装仕様と施工時期（　　　　　）
□ 点検記録（維持管理段階）	入手できたか？（YES・NO） 留意すべき点（　　　　　）

(6) 被災した橋梁の目視調査

表-7.2.8 および **表-7.2.9** に，被災した橋梁の目視調査時のチェックシート（例）を示す．とりわけ火災を受けた鋼橋の診断補修に際しては，目視調査による推定受熱温度の把握がポイントとなる．参考文献 7.1), 7.2) に，部材毎の外観の指標や調査方法が記載されているので参考にされたい．

表-7.2.8　被災した橋梁（主構造）の情報収集時のチェックシート（例）

項　目	目視調査時の確認事項
□ 上部構造の形式	一般橋梁（　　　　　）・特殊橋梁（　　　　　）
□ 床版	RC床版・PC床版・鋼床版・合成床版・その他（　　　　　）
□ 主部材（主桁・縦桁・横桁）	損傷の有無，概要（全体的な変形・局部的な変形・破断・塗膜損傷　） 範囲（　　　　　），程度（　　　　　）
□ 二次部材（対傾構・横構等）	損傷の有無，概要（全体的な変形・局部的な変形・破断・塗膜損傷　） 範囲（　　　　　），程度（　　　　　）
□ 格点	損傷の有無，概要（全体的な変形・局部的な変形・破断・塗膜損傷　） 範囲（　　　　　），程度（　　　　　）
□ 継手（リベット・高力ボルト・溶接）	損傷の有無，概要（破断・脱落・肌隙・溶接割れ・塗膜損傷　） 範囲（　　　　　），程度（　　　　　）
□ 床版	損傷の有無，概要（ひび割れ・変色・欠け落ち・陥没　） 範囲（　　　　　），程度（　　　　　）
□ 舗装	損傷の有無，概要（ポットホール・ひび割れ・段差・陥没　） 範囲（　　　　　），程度（　　　　　）
□ 防護柵	損傷の有無，概要（変形・破断・塗膜損傷・ひび割れ・変色　） 範囲（　　　　　），程度（　　　　　）
□ 下部構造	損傷の有無，概要（変形・破断・塗膜損傷・ひび割れ・変色　） 範囲（　　　　　），程度（　　　　　）

表-7.2.9　被災した橋梁（支承，附属物等）の情報収集時のチェックシート（例）

項　目	目視調査時の確認事項
□ 支承	損傷の有無，形式（　　　　　　　　　　　），損傷概要（本体の損傷・セットボルトの抜け等・異常な遊間　），範囲・程度（　　　　　　　　）
□ 伸縮装置	損傷の有無，形式（　　　　　　　　　　　），損傷概要（本体の損傷・非排水装置の損傷・異常な遊間　），範囲・程度（　　　　　　　　）
□ 変位制限装置	損傷の有無，形式（　　　　　　　　　　　），損傷概要（本体の損傷・取付構造の損傷・異常な遊間　），範囲・程度（　　　　　　　　）
□ 落橋防止装置	損傷の有無，形式（　　　　　　　　　　　），損傷概要（本体の損傷，取付構造の損傷，ケーブル破断・たるみ　），範囲・程度（　　　　　　）
□ 排水装置	損傷の有無，損傷概要（排水管の破断・変形・変色，取付構造の損傷，ボルトのゆるみ　），範囲・程度（　　　　　　　　）
□ 裏面吸音板	損傷の有無，損傷概要（パネルの落下・変形・変色，取付構造の損傷，ボルトのゆるみ　），範囲・程度（　　　　　　　　）
□ 遮音壁	損傷の有無，損傷概要（パネルの落下・変形，支柱の変形・傾き，ボルトのゆるみ　），範囲・程度（　　　　　　　　）
□ 照明柱	損傷の有無，損傷概要（照明設備の落下，支柱の変形・傾き，ボルトのゆるみ　），範囲・程度（　　　　　　　　）
□ 仮設足場	損傷の有無，形式（　　　　　　　　　），損傷概要（足場パネルの損傷，支持材の損傷，チェーンのゆるみ　），範囲・程度（　　　　　　）
□ その他	対象物（　　　　　　　），損傷概要（　　　　　　　　　　　　）範囲・程度（　　　　　　　　　　　　　　　）

(7) 被災した橋梁の健全度調査（詳細調査）

表-7.2.10 に，被災した橋梁の健全度調査時のチェック項目と調査事例（例）を示す．また，参考文献 7.2)に，調査事例とその方法や基準値等が記載されているので参考にされたい．

表-7.2.10　被災した橋梁の健全度調査時のチェックシート（例）

項　目	主な調査事例（例）
□ 鋼部材	変形量の詳細調査（手計測，3D スキャン），採取した試験片での強度調査・金属組織観察
□ 高力ボルト	ゆるみ調査，非破壊検査による軸力調査
□ 溶接	非破壊検査（MT 等）によるき裂調査
□ 鉄筋コンクリート床版	変状の詳細調査（たたき調査），強度調査，中性化調査
□ 鉄筋コンクリート部材	変状の詳細調査（たたき調査），強度調査，中性化調査
□ 塗膜	付着力調査（クロスカット試験，アドヒージョンテスト）

(8) 被災した橋梁の安全性照査

　被災した橋梁の安全性照査では，施工ステップや損傷状況を考慮した解析を行い，現状の橋梁全体の応力性状をできるだけ正確に評価・診断することが重要となる．そのため，格子解析や FEM 解析による設計照査だけでなく，実際に被災した橋梁の応力計測やたわみ計測を行い，解析値と実測値を比較・検証して安全性を高めることがポイントとなる．

7.2.3 設計・計画段階　～早期復旧のための設計・施工計画～

　早期復旧を可能とするための設計・計画段階では，(9)詳細な復旧方針の決定，(10)災害復旧の設計，(11)災害復旧の施工計画を速やかに実施することがポイントとなる．**表-7.2.11** に各実施項目の目的とポイントを示す．

表-7.2.11　設計・計画段階における実施項目の目的とポイント

実施項目	目　的	ポイント
(9) 詳細な復旧方針の決定	災害復旧における基本方針は，原形復旧であるが，原形復旧するための災害復旧工事は，規模が大きく長期化する傾向にある．そのような場合には，緊急交通路としての機能確保や早期の一般交通路確保のため，緊急復旧や応急復旧と，本復旧を分け，段階的に実施するのが望ましい．早期復旧に向けては，性能レベルの設定ならびに段階的な災害復旧の必要性の復旧方針を速やかに意思決定することが肝心となる．	原形復旧とは，従前の効用を復旧するもので，単なる元どおりではない．元どおりの復旧が不適当な場合や困難な場合，形状・材質・寸法・構造など量的な改良を実施することを検討するのが良い．
(10) 災害復旧の設計	災害復旧の設計では，不確実性を保有する被災した橋梁を，迅速かつ確実に復旧させることが大きな目的となる．	災害復旧の設計では，平常時のように経済性を優先するより，材料調達や工場製作にかかる期間の短縮や現地調査や計測の簡素化，施工時の安全性等を優先する思想をもつことが重要となる． また，部材単体の形状を元に戻すことで耐荷性能を確保するのではなく，橋全体として被災前と同等の耐荷性能に戻す思想をもつことが重要となる．
(11) 災害復旧の施工計画	災害復旧の施工計画では，不確実性を保有する被災した橋梁を，安全性を確保しつつ，迅速かつ確実に復旧させることが大きな目的となる．	災害復旧の施工計画では，被災後の現地状況や時期により，施工期間・時間・重量・サイズに制約を受けることや建設資機材や作業員の確保が難しいことが多い．そのため，損傷部材の撤去や新設部材の施工計画を立案する際は，現地条件の把握や関係機関との協議を速やかに行うと共に，施工体制の整備，現地作業員の確保，仮設部材や建設資機材等の手配を迅速に実施し，早期に現地施工に着手することが重要となる．

(9) 詳細な復旧方針の決定

　被災した橋梁を迅速に復旧するには，復旧方針を早急に決定し，工事着手する必要がある．「公共土木施設災害復旧事業費国庫負担法 [7.3)]」によると，「災害復旧事業とは，災害によって必要を生じた事業で，災害にかかった施設を原形に復旧する（原形に復旧することが不可能な場合において当該施設の従前の効用を復旧するための施設をすることを含む）」とされている．また，災害復旧事業（補助）の概要資料の概要 [7.4)]や災害復旧事業のあらまし（令和3年6月版）[7.5)]では，「原形復旧とは，従前の効用を復旧するもので，単なる元どおりではない．元どおりの復旧が不適当な場合や困難な場合，形状・材質・寸法・構造など量的な改良を実施することを検討するのが良い」とされている．

(10) 災害復旧の設計

　早期復旧のために実施された創意工夫の事例を**表-7.2.12**に示す．

表-7.2.12　災害復旧設計時における早期復旧のための創意工夫の事例

項　目	目的・実施事例
□ 断面構成	十分な詳細調査が完了していない場合や詳細の施工計画が固まっていない場合には設計や施工途中の手戻りリスクを低減するため，多少の応力余裕代（安全代）を見込んだ断面構成とする
□ 板厚，材質	材料調達を素早く行うため，市場性の高い板厚や材質を選定したり，材料をグルーピングしたりする
□ 横断勾配，製作キャンバー	工場製作時の原寸作業を省略するため，横断勾配や製作キャンバーを省略する
□ 省工程塗料	塗装工程を短縮するため，中上兼用塗料等の省工程塗料を用いる
□ 調整プレート，長孔	計測作業の省力化や誤差吸収機能を持たせ施工途中の手戻りリスクを低減するため，調整プレートやボルト孔に拡大孔・長孔を採用する
□ 左右対称構造	ヒューマンエラーを防止するため，左右対称の構造とする
□ 三次元モデル	合意形成の迅速化や設計品質の確保のため，三次元モデルを利活用する

(11) 災害復旧の施工計画

　表-7.2.13に，災害復旧の施工計画時のチェックシート（例）を示すので参考にされたい．

表-7.2.13　災害復旧の施工計画時のチェックシート（例）

項　目	確認事項等
□ 施工上の制約条件	無・有（　　　　　　　　　　　　　　　　　　　　　　）
□ 施工可能な時期	出水期・非出水期，鉄道き電停止・その他（　　　　　）
□ 施工可能な時間帯	昼間・夜間・その他（　　　　　　　　　　　　　　　）
□ 使用可能／調達可能な建設資機材	無・有（　　　　　　　　　　　　　　　　　　　　　）
□ 撤去部材の施工重量・サイズ等の制約	無・有（　　　　　　　　　　　　　　　　　　　　　）
□ 新設部材の施工重量・サイズ等の制約	無・有（　　　　　　　　　　　　　　　　　　　　　）
□ 搬入経路の制約	無・有（　　　　　　　　　　　　　　　　　　　　　）
□ 関係機関との協議	河川，道路，鉄道，空港，漁協関係者，隣接工事関係者
□ 施工体制の整備	済・確認事項（　　　　　　　　　　　　　　　　　　）
□ 現地作業員の確保	済・確認事項（　　　　　　　　　　　　　　　　　　）
□ 仮設部材・建設資機材の手配	済・確認事項（　　　　　　　　　　　　　　　　　　）

7.2.4 施工段階　～安全性確保のための復旧工事～

　災害復旧工事を安全かつ確実に行うための施工段階では，(12)施工前のシミュレーション，(13)施工中の状態把握・モニタリング，(14)施工後の橋体の挙動確認（性能検証）を速やかに実施することがポイントとなる．

(12) 施工前のシミュレーション

　迅速な復旧が求められる災害復旧の施工では，災害現場の諸条件や各種制約条件により，特殊工法が採用されるケースが多い．災害復旧工事で特殊工法を採用するリスクとして，施工時期の制約を受ける場合には不測の事態が生じると次の施工機会まで工程が遅延することや，供用中路線の近接作業の場合には不測の荷振れ等の事態が生じると第三者被害を招くことが挙げられる．人々の暮らしへの影響や経済損失をできる限り軽減するため，リスクは可能な限り低減しておくことが望ましい．そのため，主に特殊工法を採用する場合には，施工前にシミュレーションを行うことで，実際の挙動を検証し，危険作業を抽出して必要な安全対策を講じる等，事前に安全性を高めることが重要となる．ここでのポイントとしては，実際の挙動を確認するため，極力実物大で，実際の施工を行う管理者や作業員が，実際に使用する重機や資機材を用いて行うことが望ましい．また，周辺状況の三次元スキャンデータをとって三次元 CIM モデル上で施工前シミュレーションを行う方法も効果的である．

(13) 施工中の状態把握・モニタリング

　施工中の状態把握・モニタリングとしては，応力状態が明確でない被災した橋梁の挙動をモニタリングし，設計の妥当性を確認しながら施工を行うことで，施工中における安全性の確保ならびに施工後における橋の耐荷性能を確保することが目的とされる．ここでのポイントとしては，設計で想定した挙動と実際の挙動に差異が見受けられた場合には，施工を一旦中止し，計画・設計にフィードバックする等，PDCA サイクルを適切にまわすことが重要となる．損傷した部材，または床版や二次部材を含めて損傷した部材の周辺の部材を撤去する場合には，応力の再分配がなされ安定を保持していることもあるので，安易に部材を撤去することで被害が拡大する恐れも否定できないので，状態把握を行いながら撤去・設置を行うのが良い．

(14) 施工後の橋体の挙動確認

　施工後の橋体の挙動把握では，施工後の橋体の挙動を把握することで，被災した橋梁が安全な状態に機能回復していることを性能検証することが目的とされる．代表的な手法として，被災した橋梁の安全性照査と同様，実際に路面上へ荷重車を載荷して鋼桁の支間中央付近のたわみや応力を計測し，解析値と実測値を比較・検証する方法が有効である．

7.2.5 維持管理への配慮

　被災した橋梁は，災害を受けていない健全な橋梁と全く同じ挙動や応力性状を示すとは限らないことから，被災した橋梁を適切に維持管理するうえでの配慮として，復旧工事完了時の状況を初期値として記録しておくことが望ましい．

参考文献

7.1) 国総研資料第 710 号　鋼道路橋の受熱温度推定に関する調査，国総研，平成 24 年 12 月
7.2) 鋼構造シリーズ24 火災を受けた鋼橋の診断補修ガイドライン，土木学会，2015 年 4 月
7.3) 国土交通省：公共土木施設災害復旧事業費国庫負担法，昭和 26 年 3 月 31 日(平成 11 年 12 月 22 日改訂)
7.4) 国土交通省：災害復旧事業（補助）の概要
　　https://www.mlit.go.jp/river/hourei_tsutatsu/bousai/saigai/hukkyuu/ppt.pdf
7.5) 国土交通省：災害復旧事業のあらまし
　　https://www.mlit.go.jp/river/bousai/hukkyu/pdf/saigaihukkyujigyou.pdf

未来をつくる

わたしたちから
次の世代へ
快適な生活と
安心な営みのために
社会インフラというバトンを
未来に渡し続ける

JSCE 公益社団法人 土木學會
Japan Society of Civil Engineers

定価 4,290 円（本体 3,900 円＋税 10%）

鋼構造シリーズ 39

鋼橋の改築・更新と災害復旧　－事例と解説－

令和 6 年 9 月 6 日　第 1 版・第 1 刷発行

編集者……公益社団法人　土木学会　鋼構造委員会
　　　　　　鋼橋の更新・改築事例検討小委員会
　　　　　　委員長　大塚　敬三
発行者……公益社団法人　土木学会　専務理事　三輪　準二

発行所……公益社団法人　土木学会
　　　　　　〒160-0004　東京都新宿区四谷一丁目無番地
　　　　　　TEL　03-3355-3444　FAX　03-5379-2769
　　　　　　https://www.jsce.or.jp/
発売所……丸善出版株式会社
　　　　　　〒101-0051　東京都千代田区神田神保町 2-17　神田神保町ビル
　　　　　　TEL　03-3512-3256　FAX　03-3512-3270

©JSCE2024／Committee on Steel Structures
ISBN978-4-8106-1099-4
印刷・製本：株式会社大應／用紙：株式会社吉本洋紙店